# CURSO DE ESTATÍSTICA EXPERIMENTAL



Volume 15

**Frederico Pimentel-Gomes**

# CURSO DE ESTATÍSTICA EXPERIMENTAL

15ª EDIÇÃO

FEALQ

Av. Centenário, 1080
13416-000 Piracicaba, SP, Brasil

Fone: 19-3417-6609

livros@fealq.org.br
fealq.org.br

**Catalogação na Publicação**
**DIVISÃO DE BIBLIOTECA - DIBD/ESALQ/USP**

---

Pimentel-Gomes, Frederico
Curso de estatística experimental / Frederico Pimentel-Gomes. - - 15. ed.
- - Piracicaba : FEALQ, 2022.
451 p. : il. (Biblioteca de Ciências Agrárias Luiz de Queiroz, v.15)

ISBN: 978-85-7133-055-9

1. Estatística experimental I. Título II. Série

**CDD 310**

---

Elaborada por Maria Angela de Toledo Leme - CRB-8/3359

# SUMÁRIO

# OBRAS DO AUTOR


ALVES, M. J.; GARCIA, C. H.; PIMENTEL-GOMES, F. **Utilização do Sanest para análise de experimentos em látice**. Piracicaba, SP: Esalq, 1994.

PIMENTEL-GOMES, F. **Curso de estadística experimental**. Buenos Aires: Editorial Hemisferio Sur, 1978. (Versão em espanhol da 6ª edição brasileira).

PIMENTEL-GOMES, F. **Iniciação à estatística**. 6ª ed. São Paulo: Nobel, 1978 (Esgotado).

PIMENTEL-GOMES, F. **Iniciación a la estadística experimental**. Buenos Aires: Editorial Hemisferio Sur, 1979. (Versão em espanhol da 6ª edição brasileira do livro anterior).

PIMENTEL-GOMES, F.; NOGUEIRA, I. R. **Análise matemática**. 2ª ed. Piracicaba, SP: Esalq, 1980.

PIMENTEL-GOMES, F. **A estatística moderna na pesquisa agropecuária**. 3ª ed. Piracicaba, SP: Associação Brasileira para Pesquisa da Potassa e do Fosfato (Potafos), 1987.

PIMENTEL-GOMES, F.; CONAGIN, A. **Experimentos de adubação: planejamento e análise estatística**. Londrina, PR: Universidade Estadual de Londrina, 1987.

PIMENTEL-GOMES, F.; GARCIA, C. H. **Experimentos em látice: planejamento e análise por meio de pacotes estatísticos**. Piracicaba, SP: Ipef, 1991.

PIMENTEL-GOMES, F.; GARCIA, C. H. **Estatística aplicada a experimentos agronômicos e florestais**. Piracicaba, SP: Fealq, 2002.

VIANNA, A. T.; SANTIAGO, M.; PIMENTEL-GOMES, F. **Formação do gado Canchim pelo cruzamento Charolês-Zebu**. 2ª ed. São Paulo: Nobel, 1978.

# PREFÁCIO À 15ª EDIÇÃO

A 1ª edição deste **Curso de estatística experimental** foi feita em 1960, portanto, há quarenta anos. Nesse longo tempo, o livro sofreu constantes atualizações e ampliações. Os treze capítulos da 1ª edição passaram a dezesseis na 3ª, a dezoito na 4ª, e já eram vinte e um na 13ª; na 14ª edição, o número de capítulos manteve-se, mas o número de páginas aumentou. A revisão e a atualização foram amplas, abrangeram todos os capítulos, com aumento de páginas e da bibliografia citada, e inclusão de uma nova tabela, relativa ao teste de Tukey ao nível de 10% de probabilidade.

Com as modificações agora levadas a público nesta 15ª edição, acredito que este livro, ao qual dediquei mais de quarenta anos de minha vida, possa ser mais útil à pesquisa experimental no Brasil, na Argentina e no Uruguai, países em que é mais utilizado.

Para terminar, renovo, ao Conselho Nacional de Pesquisas (hoje Conselho Nacional de Desenvolvimento Científico e Tecnológico), ao Instituto de Genética da USP e à Fundação Rockefeller, meus agradecimentos, pois, sem o auxílio deles, este livro jamais teria sido publicado e, portanto, jamais teria chegado a esta 15ª edição, sinal evidente da boa aceitação que tem tido, tanto no Brasil como no exterior.

Piracicaba, 1º de maio de 2000

F. PIMENTEL-GOMES

# 1

# INTRODUÇÃO

## 1.1. A variação do acaso

Da mesma maneira que R. A. Fisher, podemos definir a estatística como a matemática aplicada aos dados de observação. Mas tais dados são, em muitos casos, colhidos por meio de trabalhos feitos propositadamente e em condições previamente especificadas: temos então **dados experimentais**, obtidos de **experimentos**. O estudo dos experimentos, seu planejamento, sua execução e análise constituem o objeto da estatística experimental.

O que dificulta o trabalho do experimentador e exige a análise estatística é a presença, em todos os dados obtidos, de efeitos de fatores não controlados (que podem ser controláveis ou não), pequenas diferenças de fertilidade do solo, variações ligeiras no espaçamento, na profundidade de semeadura, na constituição genética dos animais ou plantas etc. Esses efeitos, sempre presentes, não podem ser conhecidos individualmente e alteram, pouco ou muito, os resultados obtidos. Eles recebem a designação geral de **variação do acaso** ou **variação aleatória**. O efeito dessa variação é tal que pode alterar completamente os resultados experimentais. Assim, ao comparar no campo duas variedades de café, a pior das duas poderá, por simples acaso, por ter sido favorecida por uma série de pequenos fatores não controlados, exceder a melhor variedade. E, ao comparar experimentalmente a produção de leite obtida com duas rações basicamente equivalentes, com certeza quase absoluta obteremos para uma delas resultado melhor do que para a outra, por exemplo, 12,5 kg por vaca num caso, 11,8 kg no outro: a diferença observada deve-se à variação do acaso. Cabe ao experimentador, portanto, verificar se as diferenças observadas em um experimento têm ou não valor, isto é, se são ou não **significativas**. Uma diferença **não significativa**, se aceita como possivelmente devida ao acaso, é deixada de lado, até que novos resultados venham confirmá-la ou negá-la. Já um resultado significativo demonstra que os elementos ensaiados (variedades, rações, métodos de análise química etc.) não são equivalentes, dão resultados que aceitamos como realmente diferentes.

## 1.2. A média e o desvio padrão

O problema a seguir, bastante simples, é bem ilustrativo e permite introduzir alguns conceitos fundamentais da estatística. Suponhamos, por exemplo, que desejamos determinar o peso médio de uma cana de certa variedade no canavial de uma usina. Podemos começar tomando várias canas, ao acaso, em diversos pontos da lavoura. Os pesos dessas canas são anotados, em quilogramas, como mostrado a seguir:

| | |
|---|---|
| 1,58 | 1,32 |
| 1,76 | 1,51 |
| 1,38 | 1,55 |
| 1,71 | 1,54 |
| 1,50 | 1,67 |

A média aritmética desses 10 dados é a soma dividida por 10, e dá 1,552 kg. Mas este resultado apenas estima o verdadeiro peso médio de uma cana, que é desconhecido. Tanto é assim que, se repetirmos o experimento e pesarmos outras 10 canas, quase com certeza obteremos resultado diferente: 1,720 kg, por exemplo.

A influência dos fatores não controlados resumidos sob o nome de 'acaso' poderia ser avaliada pela diferença, chamada **desvio**, ou **afastamento**, ou **erro**, entre os valores observados e a média verdadeira. Se esta, supostamente conhecida, fosse, por exemplo, 1,50 kg, o desvio do primeiro valor observado seria 1,58 – 1,50 = 0,08.

Todos os desvios são mostrados a seguir, para os 10 pesos observados.

| | |
|---|---|
| 0,08 | – 0,18 |
| 0,26 | 0,01 |
| – 0,12 | 0,05 |
| 0,21 | 0,04 |
| 0,00 | 0,17 |

Como podemos verificar, os desvios podem ser positivos ou negativos.

Conhecidos os desvios em relação à verdadeira média, podemos calcular um número positivo **s**, chamado **desvio padrão** ou **afastamento padrão**, dado pela fórmula:

$$s = \sqrt{\frac{SQD}{N}}$$

onde SQD indica a soma dos quadrados dos desvios e **N** é o número de observações, isto é, o número de canas pesadas, no exemplo. Quanto maiores os desvios, em valor absoluto, tanto maior será o valor de **s**. Mas o desvio padrão **s** apenas estima um valor exato desconhecido σ (σ é a letra **s** no alfabeto grego), que obteríamos se repetíssemos infinitas vezes as pesagens.

No caso, temos:

$$SQD = (0{,}08)^2 + (0{,}26)^2 + \ \dots\ + (0{,}17)^2 = 0{,}1980$$

Logo:

$$s = \sqrt{0{,}1980 / 10} = 0{,}141$$

Poderíamos então dizer que a estimativa do peso médio de uma cana é 1,552 kg e que o desvio padrão dos valores observados é 0,141 kg. Se este desvio fosse, por exemplo, 1,41, em vez de 0,141, a variação entre os pesos das canas colhidas seria evidentemente muito maior. E se o desvio padrão fosse igual a zero, todos os desvios seriam nulos, e não haveria variação do acaso. O cálculo do desvio padrão permite, então, estimar a variação não controlada, isto é, a variação do acaso, ou aleatória, ou casual.

Na prática, porém, a média verdadeira **m** não é conhecida; temos apenas sua estimativa, $\hat{m}$ = 1,552. Como calcular o desvio padrão nessas condições? Podemos demonstrar que isso é possível calculando os desvios em relação à estimativa da média, desde que se substitua, na fórmula, $\overline{N}$ por N – 1.

Assim:

$$s = \sqrt{\frac{SQD}{N-1}}$$

No caso que estamos estudando, os desvios em relação à estimativa da média são:

| | |
|---|---|
| 0,028 | − 0,232 |
| 0,208 | − 0,042 |
| − 0,172 | − 0,002 |
| 0,158 | − 0,012 |
| − 0,052 | 0,118 |

Agora, obtemos:

$$SQD = (0{,}028)^2 + (0{,}208)^2 + \ \ldots\ + (0{,}118)^2 = 0{,}170960$$

Logo:

$$s = \sqrt{\frac{0{,}170960}{9}} = \sqrt{0{,}018996} = 0{,}138$$

Para evitar a extração da raiz quadrada, não raro se usa a **estimativa da variância**, $s^2$ = 0,018996, ou, aproximadamente, $s^2$ = 0,0190, em lugar do desvio padrão s = 0,138. A estimativa da variância freqüentemente é chamada de **quadrado médio**.

## 1.3. Graus de liberdade

O leitor terá com certeza reparado que não são iguais as duas estimativas de **s** obtidas na seção anterior. Mas isto não deve causar admiração, pois as estimativas, não sendo valores exatos, realmente variam. De uma maneira geral, quanto maior o número de observações, mais precisas serão as estimativas, embora isto não impeça que, em um ou outro caso, um experimento com menor número de dados proporcione estimativas mais próximas dos valores verdadeiros (geralmente desconhecidos) do que outro com dados mais abundantes.

Na seção anterior, quando admitimos como média verdadeira o valor m = = 1,50, achamos s = 0,141. Este valor, calculado com 10 desvios em relação à média verdadeira, certamente é menos digno de confiança do que se, nas mesmas condições, tivéssemos tomado 20 ou 30 observações. O número **N** de observações em que se baseia o cálculo de **s** quando se conhece a média verdadeira **m** dá, portanto, uma indicação sobre a precisão da estimativa **s** obtida e constitui seu **número de graus de liberdade**. Assim, a estimativa s = 0,141 tem 10 graus de liberdade. Quando, porém, como acontece quase sempre, a média verdadeira **m** não é conhecida e fazemos o cálculo de **s** a partir de uma estimativa $\hat{m}$, a teoria prova que isso equivale exatamente à perda de uma das observações. Assim, o cálculo de **s** com 10 observações, sem o conhecimento de **m**, nos deu s = 0,138, e esta estimativa tem 10 – 1 = 9 graus de liberdade, pois o uso da estimativa da média, em vez de seu valor exato, permite-nos obter uma estimativa de **s** menos precisa, aliás, de precisão equivalente à que teríamos com 9 observações, se conhecêssemos a média verdadeira **m**. No caso geral, com **N** observações, se utilizarmos uma estimativa de **m** para calcular **s**, este terá **N – 1** graus de liberdade.

## 1.4. Uma fórmula mais prática para calcular a soma dos quadrados dos desvios

Vimos anteriormente que a soma dos quadrados dos desvios (SQD), geralmente designada apenas por soma de quadrados, pode ser calculada desde que se obtenham todos os desvios em relação à média verdadeira ou à sua estimativa. Na prática, porém, é preferível evitar o cálculo dos desvios, pois é trabalhoso e geralmente exige o uso de maior número de decimais do que o dos dados originais. Ora, pode-se demonstrar com facilidade que, no caso de usarmos a estimativa da média, teremos:

$$SQD = \Sigma x^2 - \frac{(\Sigma x)^2}{N}$$

onde $\Sigma x^2$ indica a soma dos quadrados dos dados a serem analisados, $\Sigma x$ é a soma desses mesmos dados e N é seu número.

No caso das pesagens de 10 canas, referido na seção 1.2, temos:

$$\Sigma x^2 = (1,58)^2 + (1,76)^2 + \ \ldots \ + (1,67)^2 = 24,2580$$

$$\Sigma x = 1,58 + 1,76 \ + \ \ldots \ + 1,67 = 15,52$$

Logo:

$$SQD = 24,2580 - \left(\frac{1}{10}\right)(15,52)^2 =$$

$$= 24,2580 - 24,087040 = 0,170960$$

Obtemos, pois, o mesmo valor calculado anteriormente por outro método. O termo subtrativo (1/10) $(15{,}52)^2$ recebe o nome de **correção** e é geralmente indicado com a letra **C**. Em geral, porém, não há interesse em calcular **C** com número de decimais maior que o de $\Sigma x^2$. No caso anterior, o valor de C deve ser aproximado para 24,0870, de modo que obtemos:

$$SQD = 24{,}2580 - 24{,}0870 = 0{,}1710$$

$$s^2 = \frac{0{,}1710}{9} = 0{,}0190$$

$$s = \sqrt{0{,}0190} = 0{,}138$$

Essa estimativa do desvio padrão tem 9 graus de liberdade.

## 1.5. Erro padrão da média

Pesadas as 10 canas do canavial de uma usina, obtivemos os dados referidos na seção 1.2, e para eles calculamos a estimativa da média $\hat{m} = 1{,}552$ e o desvio padrão 0,138, este com 9 graus de liberdade. Se colhêssemos várias amostras de 10 canas, teríamos diversas estimativas para a média e poderíamos calcular com elas um novo desvio padrão, que seria o **erro padrão da média** $s(\hat{m})$. Mas há uma fórmula simples que permite obter o erro padrão da média $s(\hat{m})$ sem ser preciso colher novas amostras. Com efeito, demonstra-se que:

$$s^2(\hat{m}) = \hat{V}(\hat{m}) = \frac{s^2}{N}$$

onde o símbolo $\hat{V}$ indica estimativa da variância. No caso, temos:

$$\hat{V}(\hat{m}) = \frac{0{,}0190}{10} = 0{,}0019$$

$$s(\hat{m}) = \sqrt{0{,}0019} = 0{,}044$$

Dizemos então que a estimativa obtida para a média é $\hat{m} = 1{,}552 \pm 0{,}044$. O erro padrão da média evidentemente dá uma idéia da precisão da estimativa obtida para ela. Por exemplo, uma estimativa $\hat{m}_1 = 1{,}552 \pm 0{,}500$ teria, evidentemente, muito menor precisão do que a obtida anteriormente, pois seu erro padrão é maior.

## 1.6. Coeficiente e índice de variação

Chama-se **coeficiente de variação** (CV) o número dado pela fórmula:

$$CV = \frac{100s}{\hat{m}}$$

No exemplo da seção 1.2, tínhamos $\hat{m} = 1{,}552$ e $s = 0{,}138$. Logo, o coeficiente de variação é:

$$CV = \frac{100 \times 0{,}138}{1{,}552} = 8{,}89\%$$

O coeficiente de variação dá uma idéia da precisão do experimento. Tendo em vista os coeficientes de variação obtidos comumente nos ensaios agrícolas de campo, podemos considerá-los **baixos**, quando inferiores a 10%; **médios**, quando de 10 a 20%; **altos**, quando de 20 a 30%; **muito altos**, quando superiores a 30%.

O coeficiente de variação é estatística útil, usada há muito tempo, mas tem defeito importante: ignora o número de repetições. Por exemplo, na seção 1.5, uma amostra de 100 canas, em vez de 10, com a mesma estimativa do desvio padrão $s = \sqrt{0{,}0190} = 0{,}138$, teria o mesmo coeficiente de variação:

$$CV = \frac{100s}{\hat{m}} = \frac{100 \times 0{,}138}{1{,}552} = 8{,}89\%$$

Mas, com 100 canas, em vez de 10, o erro padrão da média, que era de 0,044, diminuiu muito, pois temos agora:

$$V(\hat{m}) = \frac{0{,}0190}{100} = 0{,}000190$$

$$s(\hat{m}) = \sqrt{0{,}000190} = 0{,}0138$$

em lugar de 0,044. A precisão da estimativa da média aumentou, portanto, e isto não é indicado pelo CV, que permaneceu o mesmo. Já o **índice de variação** (IV) não tem esse defeito, pois leva em conta o número de repetições (N). Ele é definido desta maneira:

$$IV = \frac{100s(\hat{m})}{\hat{m}}$$

onde $s(\hat{m}) = s/\sqrt{N}$ é o erro padrão da média. Substituindo este valor na fórmula anterior, temos:

$$IV = \frac{100}{\hat{m}} \quad \frac{s}{\sqrt{N}} = \frac{100s}{\hat{m}\sqrt{N}}$$

Para a nova amostra, de 100 canas, em vez de 10, o novo índice de variação é:

$$IV = \frac{100 \times 0,138}{1,552\sqrt{100}} = 0,889\%$$

É fácil perceber que:

$$IV = \frac{100s}{\hat{m}\sqrt{N}} = \frac{100s}{\hat{m}} \times \frac{1}{\sqrt{N}} = CV \times \frac{1}{\sqrt{N}} = \frac{CV}{\sqrt{N}}$$

isto é, o índice de variação (IV) é o coeficiente de variação (CV) dividido por $\sqrt{N}$, ou seja, pela raiz quadrada do número de repetições, dado pelo número de unidades da amostra.

## 1.7. Exercícios

1) Os pesos ao nascer de 12 bezerros machos da raça Charolesa são os seguintes, em quilogramas:

| | | |
|---|---|---|
| 47 | 45 | 37 |
| 41 | 46 | 47 |
| 34 | 25 | 40 |
| 45 | 48 | 40 |

Calcular as estimativas da média e do desvio padrão desses dados. Calcular também o erro padrão da média, o coeficiente de variação e o índice de variação.

2) Admitindo-se que seja de 20% o coeficiente de variação relativo ao peso de cabeças de repolho, pergunta-se quantos repolhos devemos pesar para obter um erro padrão da média igual a 5% dela.

**Resposta**: É suficiente pesar 16 cabeças de repolho.

3) Para determinar a produção média de um canavial, demarcaram-se nele, em vários pontos escolhidos ao acaso, 10 pequenas áreas de 100 $m^2$ cada, cuja produção foi pesada. Os resultados, obtidos em kg por 100 $m^2$, foram os seguintes:

| | | | | |
|---|---|---|---|---|
| 850 | 840 | 720 | 900 | 780 |
| 810 | 920 | 780 | 740 | 800 |

Calcular a produção média, em toneladas por hectares, e o erro padrão dessa média. Sendo de 400 hectares a área de colheita da usina, qual é a produção de cana esperada e qual seu erro padrão?

**Resposta**: A produção média nas 10 parcelas é 81,4 ± 2 t/ha. A produção de cana esperada em 400 hectares será 400 × 81,4 = 32.560 toneladas, com erro padrão 400 × 2 = 800 toneladas.

4) Uma classe de 16 alunos teve as seguintes notas em uma prova de matemática:

| | | | |
|---|---|---|---|
| 7,5 | 4,5 | 7,5 | 6,0 |
| 4,0 | 5,5 | 7,0 | 4,0 |
| 8,0 | 3,5 | 8,0 | 5,0 |
| 8,0 | 3,5 | 4,5 | 5,5 |

Calcular a média aritmética, as estimativas da variação e do desvio padrão, o coeficiente de variação e o índice de variação. Obter também o erro padrão da média.

## 1.8. Bibliografia

ANDERSON, R. L.; BANCROFT, T. A. **Statistical theory in research**. Nova York: McGraw-Hill, 1952.

BRIEGER, F. G. **Curso de estatística analítica**, I Parte. Piracicaba, SP: Escola Superior de Agricultura "Luiz de Queiroz", 1955.

DIXON, W. J.; MASSEY, F. J. **Introduction to statistical analysis**, 2ª ed. Nova York: McGraw-Hill, 1957.

FEDERER, Walter T. **Experimental design**. Nova York: Macmillan, 1955.

PIMENTEL-GOMES, F. **Iniciação à estatística**. 6ª ed. São Paulo: Nobel, 1978.

PIMENTEL-GOMES, F. **A estatística moderna na pesquisa agropecuária**. 3ª ed. Piracicaba, SP: Potafos, 1987.

PIMENTEL-GOMES, F. O índice de variação, um substituto vantajoso do coeficiente de variação. **Rev. Agricultura, 66**: 206, 1991.

# 2

# PRINCÍPIOS BÁSICOS DE EXPERIMENTAÇÃO

## 2.1. Unidade experimental ou parcela

Quando se realiza um experimento, é preciso escolher uma unidade para a experimentação, para a colheita dos dados que deverão refletir os efeitos dos tratamentos ensaiados. Por exemplo, quando se estuda a alimentação de vacas leiteiras, a unidade experimental pode ser uma vaca, que receberá uma das rações e cuja produção será pesada separadamente, ou um grupo de vacas, que serão consideradas em conjunto.

No caso de experimentos de competição de variedades de cana, a unidade experimental poderá ser uma única linha de cana de 10 metros de comprimento ou, como é usual, três a cinco linhas vizinhas desse tamanho, as quais são colhidas e pesadas em conjunto. Em experimentos com café, a unidade experimental pode ser um grupo de duas a oito covas ou mesmo uma só.

A unidade experimental, no caso de experimentos com vegetais, tem recebido por vezes o nome de **canteiro** ou **talhão**, mas a denominação **parcela**, aplicável também no caso de experimentação animal, parece preferível.

## 2.2. Princípios básicos de experimentação

A experimentação moderna, embora multiforme, obedece a alguns princípios básicos que são indispensáveis à validade das conclusões alcançadas. O primeiro deles é a necessidade imperiosa, indeclinável de repetição. Se tivermos duas variedades de milho, A e B, plantadas em duas parcelas da mesma área, próximas ou não, o fato de A ter produzido mais do que B tem pouco significado, pois muitas explicações, além do fator variedade, podem justificar os resultados obtidos. Por exemplo, a parcela em que A foi semeada pode ter melhor solo ou dispor de mais água. Podemos, porém, procurando contornar a situação, semear diversas parcelas com A e diversas parcelas com B e considerar a produção média de cada variedade — e aqui intervém o **princípio da repetição**. Mas esse princípio, sozinho, não resolve totalmente o problema, pois, se todas as parcelas com A estiverem agrupadas propositadamente em um local e as parcelas com B em outro, a diferença de fertilidade do solo ou de fartura de água continuará a ser uma explicação possível, uma hipótese razoável. Torna-se necessária, pois, a intervenção de outro princípio, de introdução relativamente recente, que é o da **casualização** ou **aleatorização**. Admitimos, pois, que temos 4 parcelas com a variedade A e 3 com a variedade B, e que a distribuição das variedades pelas parcelas tenha sido feita inteiramente ao acaso. Então, se qualquer parcela com A produziu mais do que qualquer parcela com B, o cálculo de probabilidades indicaria que a probabilidade de isso acontecer por acaso é:

$$p = \frac{4!\,3!}{7!} = \frac{1.2.3.4 \times 1.2.3}{1.2.3.4.5.6.7} = \frac{1}{35}$$

e essa conclusão é válida, independentemente de qualquer hipótese além da casualização. Isto quer dizer que o resultado obtido pode de fato provir de simples acaso, ou seja, é possível que as duas variedades sejam realmente equivalentes e que a diferença a favor da variedade A provenha de circunstâncias fortuitas, como a maior fertilidade do solo das parcelas com ela semeadas. Mas a probabilidade de isso acontecer por simples acaso é de apenas 1/35. Logo, há uma probabilidade de 34/35 de que o resultado obtido não seja casual, isto é, de que se deva a um fator sistemático, que seria a melhor produtividade da variedade A.

Outro princípio, de uso muito freqüente, mas não obrigatório, é o do **controle local**. Suponhamos que queremos ainda comparar as duas variedades A e B de milho. Para melhorar a precisão da comparação, plantaremos sempre A e B em duas parcelas tão semelhantes quanto possível, bem próximas, que constituirão um **bloco**. Os blocos poderão ser espalhados por toda a área em estudo ou agrupados. Poderá haver ou não grande variação de fertilidade ou de outros fatores de um bloco para outro, isto não importa. O que importa é que cada bloco seja tão uniforme quanto possível. Em outras palavras, a variação dentro dos blocos deve ser a menor possível, ao passo que a variação entre blocos pode ser grande ou pequena, sem restrições. Esse tipo de delineamento, que é talvez o mais importante e de uso mais generalizado, é conhecido por **blocos ao acaso** ou **blocos casualizados**. Quando não há controle local, mas apenas repetição e casualização, temos o que se chama um experimento **inteiramente ao acaso**, ou **inteiramente casualizado**.

Em um experimento inteiramente casualizado com 4 tratamentos, cada um repetido 5 vezes, por exemplo, teríamos 4 – 1 = 3 graus de liberdade (GL) para tratamentos e 5 × 4 – 1 = 19 graus de liberdade ao todo. A análise da variância obedeceria à seguinte decomposição para os graus de liberdade:

| **Causa de variação** | **GL** |
|---|---|
| Tratamentos | 3 |
| Resíduo ou erro | 16 |
| Total | 19 |

O número de graus de liberdade para o resíduo é obtido por diferença: 19 – 3 = 16.

Suponhamos agora que os tratamentos são agrupados em blocos, cada um encerrando todos os tratamentos. Temos então 5 blocos, de onde se segue o esquema seguinte para a análise da variância:

| **Causa de variação** | **GL** |
|---|---|
| Blocos | 4 |
| Tratamentos | 3 |
| Resíduo ou erro | 12 |
| Total | 19 |

O controle local pode ser levado mais longe, o que é feito, por exemplo, nos **quadrados latinos**. Nestes delineamentos, os tratamentos são postos simultaneamente em linhas e colunas. Cada linha inclui todos os tratamentos, e o mesmo acontece com cada coluna. Devemos ter, necessariamente, o número de linhas igual tanto ao de tratamentos como ao de colunas. Por exemplo, em um quadrado latino com 5 linhas e 5 colunas (5 × 5), temos 5 tratamentos e o esquema da análise é o seguinte:

| **Causa de variação** | **GL** |
|---|---|
| Linhas | 4 |
| Colunas | 4 |
| Tratamentos | 4 |
| Resíduo | 12 |
| Total | 24 |

O controle local conduz sempre a uma diminuição do número de graus de liberdade para o resíduo, o que é um mal. Quando, porém, há grande diminuição da variância residual, como em geral acontece, ganha-se em precisão. Isto levou os experimentadores a aumentarem cada vez mais a aplicação do controle local, com a introdução dos delineamentos em parcelas subdivididas (*split plot*, em inglês), em blocos incompletos equilibrados, em reticulados (*lattices*), em blocos incompletos parcialmente equilibrados etc. Em muitos casos, porém, o abuso do controle local, principalmente nesses delineamentos mais complexos, conduz a tamanha perda de graus de liberdade e a tal complicação nos cálculos que o experimentador não raro chega à conclusão de que deveria preferivelmente ter usado um delineamento mais simples. Isto é particularmente importante quando o experimentador não tem facilidades de computação eletrônica, nem acesso aos conhecimentos especializados de um matemático estatístico competente, que o ajude nos casos mais difíceis.

## 2.3. Exigências do modelo matemático

Toda análise da variância de um experimento pressupõe um modelo matemático e a aceitação de algumas hipóteses básicas. Se tomarmos como exemplo um experimento em blocos ao acaso, teremos como modelo matemático:

$$y_{ij} = m + t_i + b_j + e_{ij}$$

onde $\mathbf{y_{ij}}$ é o valor observado relativo à parcela que recebeu o tratamento **i** no bloco **j**; **m** é a média geral; $\mathbf{t_i}$ mede o efeito do tratamento **i**; $\mathbf{b_j}$ mede o efeito do bloco **j**; e $\mathbf{e_{ij}}$ é a contribuição do acaso, isto é, a parte da variação devida a fatores não controlados. Na análise, admitimos as seguintes hipóteses:

- Os diversos efeitos são aditivos, como se vê no modelo matemático adotado, e não, por exemplo, multiplicativos, como seria o caso em um modelo:

$y_{ij} = m \cdot t_i \cdot b_j \cdot e_{ij}$

- Os erros ou desvios $e_{ij}$ são independentes, do que resulta que não são correlacionados.
- Os erros $e_{ij}$ têm todos a mesma variância $\sigma^2$.
- Os erros $e_{ij}$ têm distribuição normal.

Essas hipóteses parecem muito restritivas, mas não são tanto assim, pois, em geral, não há grande importância no fato de que se verifiquem apenas aproximadamente. Por exemplo, os testes mais em uso (**t** e **F**) não se alterarão muito se a distribuição for apenas aproximadamente normal, ou mesmo se ela se afastar bastante da normalidade. Saliente-se, aliás, que a normalidade dos erros jamais se verifica nos experimentos, pois, como primeira condição, deveria haver possibilidade de observações desde $-\alpha$ até $+\alpha$, o que não ocorre. Mas é suficiente que exista uma aproximação razoável, principalmente quando há repetições para todos os tratamentos (Pimentel-Gomes, 1987; Snedecor e Cochran, 1967).

A desigualdade de variâncias provoca problemas mais sérios, mas não deve ser encarada com excessivo rigor, pois é suficiente que as diferenças entre elas não sejam muito grandes (Box, 1954; Conagin et al., 1990). Para avaliar a heterogeneidade das variâncias, usam-se, em geral, os testes de Bartlett e de F máximo, quociente do maior quadrado médio sobre o menor. Lamentavelmente, ambos os testes são muito sensíveis à falta de normalidade (Snedecor e Cochran, 1967). Não havendo suspeita de grave afastamento da normalidade, uma solução recomendável é dada na seção 8.1 deste livro, a qual permite a aplicação sem susto da análise da variância, juntamente com os testes F, de Tukey, de Duncan, de Bonferroni e **t** de Student.

Quando as variâncias são excessivamente heterogêneas, pode-se tentar a transformação da variável em estudo. A transformação recomendável freqüentemente pode ser obtida com o auxílio da equação de regressão $V = A\,\hat{m}^b$, onde $\hat{m}$ é a estimativa da média de sua variância. A transformação indicada é então:

$$y = (x+k)^{1-\frac{b}{2}}, \quad \text{para } b \neq 2$$
$$y = \log(x+k), \quad \text{para } b = 2$$

onde **k** é uma constante positiva ou nula (Thöni, 1978) e o logaritmo pode ser decimal ou neperiano.

Há casos, porém, em que, independentemente de estudo da heterogeneidade das variâncias, é indicada a transformação dos dados. Isso ocorre, por exemplo, no caso de contagens com números relativamente baixos. Admite-se então, em geral, que se trate da distribuição de Poisson, para a qual o valor de b = 1 e, portanto, a transformação indicada é:

$$y = (x + k)^{1-\frac{1}{2}} = (x + k)^{\frac{1}{2}} = \sqrt{x + k}$$

Quando se incluem valores de **x** inferiores a 15, convém tomar k = 0,5 ou k = 3/8. É o que ocorre comumente com experimentos de insetos em laboratório. Quando todos os valores de **x** são maiores do que 15, pode-se tomar k = 0.

Outro caso a considerar é o que trata de porcentagens p = x/n · 100, relativas a **n** observações por parcela. Em tais condições, os dados têm, em geral, distribuição binomial e a transformação indicada é $y = \text{arc sen}\sqrt{x/n}$, que pode ser comodamente aplicada com o auxílio de uma calculadora, com **y** expresso em graus ou em radianos, indiferentemente. Mas só se faz necessária a transformação quando a porcentagem cai abaixo de 15% ou excede 85%. Assim, se todos os dados estiverem no intervalo [15%, 85%], a transformação não será necessária. Além disso, no caso de x = 0, o valor 0/n deve ser substituído por 1/4n e, no caso de x = n, o valor n/n deverá ser substituído por 1 – 1/4n = = 4n – 1/4n.

## 2.4. Um exemplo de aplicação do modelo matemático

Num ensaio inteiramente casualizado, o modelo matemático é:

$$y_{ij} = m + t_i + e_{ij}$$

onde $\mathbf{y_{ij}}$ é o valor observado relativo à parcela **j** que recebeu o tratamento **i**; **m** é a média geral; $\mathbf{t_i}$ mede o efeito do tratamento **i**; e $\mathbf{e_{ij}}$ é a contribuição do acaso.

Facilita muito a compreensão do assunto considerar um exemplo teórico no qual, conhecidos os termos do segundo membro do modelo, obtemos as observações. Tomemos, pois, o caso de um experimento bem simples, inteiramente casualizado, com três tratamentos e duas repetições para cada um deles. Os tratamentos podem ser, por exemplo, três híbridos de milho. Tomemos m = 4.200 kg/ha como média geral da produção, e sejam os efeitos de tratamento os seguintes:

$t_1 = +600$ kg/ha $\quad t_2 = -500$ kg/ha $\quad t_3 = -100$ kg/ha

É usual tomar os efeitos de tratamentos de tal modo que sua soma algébrica seja nula. É o que acontece nesse caso, pois temos:

$$+600 - 500 - 100 = 0$$

As **médias dos tratamentos** $m_i = m + t_i$ serão:

$$m_1 = 4.200 + 600 = 4.800 \text{ hg/ha}$$
$$m_2 = 4.200 - 500 = 3.700 \text{ hg/ha}$$
$$m_3 = 4.200 + 100 = 4.100 \text{ hg/ha}$$

Para obter os valores observados, devemos, porém, introduzir erros ou desvios casuais. Tais erros podem ser obtidos de tabelas especiais, como a de Dixon e Massey (1957). Sejam os seguintes os erros obtidos, relativos a uma distribuição normal, com $\sigma = 60$:

$$e_{11} = +70 \qquad e_{21} = +30 \qquad e_{31} = -40$$
$$e_{12} = -80 \qquad e_{22} = +60 \qquad e_{32} = +55$$

Os valores observados seriam, então:

$$y_{11} = 4.200 + 600 + 70 = 4.870$$
$$y_{12} = 4.200 + 600 - 80 = 4.720$$
$$y_{21} = 4.200 - 500 + 30 = 3.730$$
$$y_{22} = 4.200 - 500 + 60 = 3.760$$
$$y_{31} = 4.200 - 100 - 40 = 4.060$$
$$y_{32} = 4.200 - 100 + 55 = 4.155$$

Na prática, porém, não conhecemos os valores dos termos do segundo membro, isto é, da média geral **m**, dos efeitos de tratamentos $\mathbf{t_i}$, nem dos erros $\mathbf{e_{ij}}$; conhecemos apenas os valores observados $\mathbf{y_{ij}}$. Podemos, porém, estimar a média geral e os efeitos de tratamentos e, portanto, as médias de tratamentos. Quanto aos erros individuais, não podemos sequer estimá-los; temos de nos contentar com uma estimativa **s** do valor exato $\sigma$ do desvio padrão.

A estimativa da média geral seria:

$$\hat{m} = \frac{1}{6}[4.870 + 4.720 + \ \dots \ + 4.155] = 4.216 \text{ kg/ha}$$

As médias estimadas para tratamentos são:

$$\hat{m}_1 = \frac{1}{2}[4.870 + 4.720] = 4.795 \text{ kg/ha}$$

$$\hat{m}_2 = \frac{1}{2}[3.730 + 3.760] = 3.745 \text{ kg/ha}$$

$$\hat{m}_3 = \frac{1}{2}[4.060 + 4.155] = 4.108 \text{ kg/ha}$$

Por sua vez, o desvio padrão, estimado por método que veremos no Capítulo 3, nos dá s = 73,5 kg/ha, com 3 graus de liberdade.

## 2.5. Experimentação intensiva e experimentação extensiva

Feito um experimento em um lugar, com todas as suas parcelas agrupadas em uma pequena área, seus resultados, a rigor, só são válidos para a área em questão e para o ano agrícola em que forem colhidos os dados. Tais limitações são muito graves e comprometem a maior parte do valor das conclusões obtidas. Para conseguir conclusões mais gerais, pode-se começar utilizando blocos, completos ou não, isto é, cada um com todos os tratamentos ou só com alguns deles, e distribuir esses blocos por toda a região para a qual se procura obter conclusões. No caso de uma região pequena (uma fazenda, por exemplo), 6 ou 7 blocos poderão ser suficientes. Se, ao contrário, estivermos interessados em uma região mais vasta (a faixa canavieira paulista, por exemplo), será preferível fazer numerosos experimentos distintos, relativamente simples, cada um válido para uma pequena área, pela qual se distribuem os blocos.

Fazer dois ou três experimentos compactos e deles tirar conclusões para áreas muito maiores é perigoso, mesmo que eles se limitem a determinado tipo de solo, pois a experiência mostra que áreas relativamente próximas, de solos de mesmo tipo, não raro reagem de maneira bem diferente.

No que se refere a experimentos com animais, especialmente quando recebem rações suplementares, boas aguadas e abrigo, a influência do solo e do tempo é muito menor, de modo que as conclusões obtidas sofrem menos limitações de espaço e tempo.

Por outro lado, as condições de trabalho nas fazendas têm, em geral, características diferentes das que prevalecem nas estações experimentais. Nas fazendas, as variedades ou linhagens cultivadas e os espaçamentos podem ser distintos; a quantidade de sementes por hectare geralmente é menor; os tratos culturais, o combate às pragas e moléstias são quase sempre menos cuidadosos; as adubações e a defesa contra a erosão costumam ser menos intensivas. Daí decorre que resultados obtidos em ensaios feitos em estações experimentais freqüentemente não são válidos para as propriedades particulares da região, como a experiência tem demonstrado em vários países.

Os experimentos chave, de cunho nitidamente científico, concentrados nas estações experimentais, são objeto da experimentação intensiva, que pesquisa novas possibilidades. Já a experimentação extensiva considera os experimentos nas fazendas, nas condições da prática, essenciais para que se avalie adequadamente a aplicabilidade e a conveniência econômica dos novos métodos indicados pela experimentação intensiva.

## 2.6. Bibliografia


ANDERSON, R. L.; BANCROFT, T. A. **Statistical theory in research**. Nova York: McGraw-Hill, 1952.

ARRUDA, H. VAZ DE. **Contribuição para o estudo da adubação mineral do milho nas terras roxas do município de Ribeirão Preto**. Piracicaba, SP, 1959. Escola Superior de Agricultura "Luiz de Queiroz".

BARTLETT, M. S. The use of transformations. **Biometrics, 3**: 39-52, 1947.

CAMPOS, H. **Estatística aplicada à experimentação com cana-de-açúcar**. Piracicaba, SP: Fealq, 1984.

COCHRAN, W. G.; COX, GERTRUDE M. **Experimental design**. 2ª ed. Nova York: John Wiley, 1957.

DIXON, W. J.; MASSEY, F. J. **Introduction to statistical analysis**. 2ª ed. Nova York: McGraw-Hill, 1957.

FEDERER, WALTER T. **Experimental design**. Nova York: MacMillan, 1955.

FISHER, R. A. **The design of experiments**. 6ª ed. Nova York: Hafner, 1951.

HOPP, H. **A guide to extensive testing on farms**. Washington: USDA, 1954.

QUENOUILLE, M. H. **The design and analysis of experiment**. Londres: Charles Griffin, 1953.

SILVEIRA NETO, S.; NAKANO, O.; BARBIN, D. S.; VILLA NOVA, N. A. **Manual de ecologia dos insetos**. São Paulo: Ed. Agronômica Ceres, 1976.

SNEDECOR, G. W.; COCHRAN, W. G. **Statistical methods**. 6ª ed. Ames, Iowa: Iowa State College Press, 1967.

STEEL, R. G. D.; TORRIE, J. H. **Principles and procedures of statistics**. 2ª ed. Nova York: McGraw-Hill, 1981.

THÖNI, H. **Transformations of variables used in the analysis of experimental and observational data. A review**. Ames, Iowa: Iowa State Univ., 1967.

# 3

# OS TESTES OU PROVAS DE SIGNIFICÂNCIA

## 3.1. O teste F

O teste básico para a análise da variância é o teste **z** de Fisher, hoje geralmente substituído pelo seu equivalente F, de Snedecor, que tem em vista comparar estimativas de variâncias. Se $s_1^2$ e $s^2$ são as estimativas a comparar, então:

$$F = \frac{s_1^2}{s^2}$$

As tabelas de F mais comuns foram feitas supondo $s_1^2 > s^2$, de modo que os valores de F das tabelas são sempre maiores do que 1. Mas este livro inclui também, no final, tabelas para $F < 1$ (Tabelas 3 e 4)*.

Suponhamos, por exemplo, a seguinte análise da variância de um experimento com 4 tratamentos e 6 repetições.

| **Causa de variação** | **GL** | **SQ** | **QM** |
|---|---|---|---|
| Tratamentos | 3 | 32,64 | 10,88 |
| Resíduo | 20 | 28,80 | 1,44 |
| Total | 23 | 61,44 | |

Admitindo a **hipótese de nulidade**, isto é, supondo que os tratamentos sejam todos equivalentes, o quadrado médio (QM) para os tratamentos é uma estimati-

* As Tabelas 1 a 18 estão reunidas na parte final deste livro.

va da variância $\sigma^2$, da mesma forma que o quadrado médio referente ao resíduo. Sendo estimativas independentes do mesmo parâmetro, elas não deveriam diferir, a não ser por acaso. Para compará-las, usamos o teste F. Teríamos:

$$F = \frac{10,88}{1,44} = 7,56$$

As tabelas de F (de números 1 e 2), para 3 e 20 graus de liberdade, dão o valor 3,10 para o nível de 5% de probabilidade, e de 4,94 para o nível de 1%. Isto quer dizer que há uma probabilidade de 95% de se obter, por simples acaso, um valor de F igual ou inferior a 3,10, e há uma probabilidade de 5% de se obter valores de F superiores a 3,10. Analogamente, é de 1% a probabilidade de que F exceda 4,94, e de 99% a probabilidade de que F não exceda 4,94. No caso em questão, o valor obtido excede o limite de 1% e se diz **significativo ao nível de 1%**. Isto quer dizer que há uma probabilidade inferior a 1% de que o valor de F observado tenha ocorrido por acaso.

Na análise da variância, quase sempre esperamos que todos os quadrados médios obtidos sejam iguais ou superiores ao que se obtém do resíduo. Nestas condições, só se justifica o uso das tabelas de limites unilaterais de F. Quando, porém, não sabemos *a priori* se o numerador é maior ou menor que o denominador, devemos utilizar as tabelas de limites bilaterais de F. Esta situação às vezes ocorre na análise de variância, quando, ao contrário do que se esperava, o quadrado médio (QM) relativo a tratamentos é menor do que o quadrado médio residual. Se no exemplo acima o quadrado médio para tratamentos fosse 0,090, teríamos:

$$F = \frac{0,090}{1,44} = 0,062$$

Seria aconselhado o uso dos limites bilaterais (Tabelas 3 e 4), que são, no caso de $F < 1$, com 3 e 20 graus de liberdade:

5% ____________ 0,071
1% ____________ 0,023

O valor de F obtido, sendo inferior ao limite de 5%, mas superior ao de 1%, diz-se significativo ao nível de 5%. Um fato como este, embora não deva ser esperado, ocorre às vezes e, não raro, é sintoma de defeitos na análise da variância. Uma das explicações possíveis é a presença de erros grosseiros no cálculo das somas de quadrados ou dos números de graus de liberdade. Outra explicação bem comum é a de que o resíduo inclui alguma importante causa de variação que foi controlada, mas não foi isolada na análise da variância. A existência de correlação que não tenha sido levada em conta também é uma explicação dessa anomalia. Por exemplo, em um experimento em parcelas subdivididas, geralmente as subparcelas de cada parcela são positivamente correlacionadas, o que nos leva a isolar dois resíduos distintos na análise da variância (veja-se o Capítulo 9). Se na análise da variância os dois resíduos forem postos juntos, os componentes a serem comparados com o quadrado médio do resíduo (b) poderão tornar-se significativamente inferiores ao quadrado médio residual, erroneamente estimado.

Às vezes, porém, nenhuma dessas explicações serve, mas isso não deve provocar surpresa, porque, do ponto de vista do cálculo de probabilidades, o caso, embora pouco provável, não é impossível e deverá ocorrer vez ou outra.

## 3.2. O teste *t*

Outro teste clássico é o teste **t**, que pode ser usado para comparar médias. Como requisitos para sua aplicação conscienciosa, é preciso considerar, porém, o que se segue: 1) as comparações feitas pelo teste **t** devem ser escolhidas antes da análise dos dados; 2) pode-se fazer no máximo tantas comparações quantos são os graus de liberdade para tratamentos, e os contrastes devem ser ortogonais. Mas o que devemos entender por **contraste**? E o que são **contrastes ortogonais**? Se $m_1$, $m_2$, $m_3$ e $m_4$ são as verdadeiras médias dos quatro tratamentos de um experimento, todos com o mesmo número (r) de repetições:

$$Y_1 = m_1 - m_2$$

$$Y_2 = m_1 + m_2 + m_3 - 3m_4$$

são exemplos de contrastes. O que caracteriza um contraste é que, se as médias que nele ocorrem forem todas iguais, o contraste deverá ser nulo. De fato, com $m_1 = m_2 = m_3 = m_4 = M$, temos:

$$Y_1 = M - M = 0$$

$$Y_2 = M + M + M - 3M = 0$$

Para que isso aconteça, a soma algébrica dos coeficientes deve ser nula.

Consideremos agora os contrastes:

$Y_1 = m_1 - m_2 + 0 \cdot m_3 = m_1 - m_2$

$Y_2 = m_1 + m_2 - 2m_3$

Os coeficientes do primeiro contrastre são:

| 1 | –1 | 0 |
|---|---|---|

e os do segundo são:

| 1 | 1 | –2 |
|---|---|---|

Se multiplicarmos o primeiro coeficiente de $Y_1$ pelo primeiro de $Y_2$, e assim por diante, obteremos:

| 1 | –1 | 0 |
|---|---|---|

e a soma desses números é zero. Dizemos então que os contrastes $Y_1$ e $Y_2$ são ortogonais. Na análise da variância, os contrastes ortogonais são importantíssimos. Do ponto de vista prático, a ortogonalidade indica que a variação de um contraste é inteiramente independente da variação de outro qualquer que lhe seja ortogonal.

Em um experimento com quatro médias, $m_1$, $m_2$, $m_3$, $m_4$, há três graus de liberdade para tratamentos e podemos, então, obter três contrastes ortogonais, como os seguintes, se todos eles tiverem o mesmo número de repetições:

$$Y_1 = m_1 - m_2$$
$$Y_2 = m_1 + m_2 - 2m_3$$
$$Y_3 = m_1 + m_2 + m_3 - 3m_4$$

Mas os três contrastes a seguir também serviriam:

$$Y_1' = 3m_1 - 2m_2 - m_3$$
$$Y_2' = m_2 - 2m_3 + m_4$$
$$Y_3' = 3m_1 + 5m_2 - m_3 - 7m_4$$

Os valores $m_1$, $m_2$, $m_3$, $m_4$, verdadeiras médias dos tratamentos em estudo, não são conhecidos. Conhecemos, porém, suas estimativas, geralmente indicadas por $\hat{m}_1$, $\hat{m}_2$, $\hat{m}_3$, $\hat{m}_4$, assim como uma estimativa **s** do desvio padrão residual, que veremos adiante como calcular. Queremos agora provar os contrastes $Y_1$, $Y_2$, $Y_3$. Como fazer? Tomemos o contraste $Y_1$ para começar. Devemos obter primeiro uma estimativa para $Y_1$ e outra para seu erro padrão. Temos:

$$\hat{Y}_1 = \hat{m}_1 - \hat{m}_2$$

Se as estimativas das médias forem:

$$\hat{m}_1 = 26,0 \quad \hat{m}_3 = 22,8$$
$$\hat{m}_2 = 24,8 \quad \hat{m}_4 = 24,0$$

teremos:

$$\hat{Y}_1 = 26,0 - 24,8 = 1,2$$

Qual será seu erro padrão?

Dado um contraste:

$$Y = c_1 m_1 + c_2 m_2 + \ \dots \ + c_n m_n$$

onde o primeiro tratamento tem $r_1$ repetições, o segundo, $r_2$, e assim por diante, então a estimativa da variância da estimativa $\hat{Y}$ de Y é:

$$\hat{V}(\hat{Y}) = \left( \frac{c_1^2}{r_1} + \frac{c_2^2}{r_2} + \ \dots \ + \frac{c_n^2}{r_n} \right) s^2 \tag{3.2.1}$$

onde $\mathbf{s}^2$ é o quadrado médio residual. E como a variância é o quadrado do erro padrão, este será:

$$s(\hat{Y}) = \sqrt{\hat{V}(\hat{Y})}$$

Para $Y_1$, temos $c_1 = 1$, $c_2 = -1$; os outros coeficientes são nulos. Se o número de repetições for 6 para todos os tratamentos, teremos:

$$\hat{V}(\hat{Y}_1) = \left( \frac{1}{6} + \frac{1}{6} \right) s_2 = \frac{1}{3} s_2$$

e se $s^2 = 1,44$, com 20 graus de liberdade, como na análise que vimos na seção 3.1, então:

$$s(\hat{Y}_1) = \sqrt{\frac{1}{3} 1,44} = 1,20 \sqrt{\frac{1}{3}} = 0,693$$

Vamos agora provar o contraste pelo teste **t**. O que geralmente se procura é verificar se esse contraste difere de zero, o que se consegue da seguinte forma:

Calcula-se:

$$t = \frac{\hat{Y}_1 - 0}{s(\hat{Y}_1)} = \frac{1,20}{0,693} = 1,73$$

Com 20 graus de liberdade, os limites de **t** (Tabela 9) são: para o nível de 5%, 2,09; para o de 1%, 2,84. Como o valor de **t** obtido sequer atinge o limite de 5%, diz-se que **não é significativo** e conclui-se que o contraste $Y_1$ provavelmente não difere de zero, isto é, não se rejeita a hipótese de nulidade, a hipótese de que $m_1$ e $m_2$ sejam iguais. Note-se que não fica provado que essas médias são iguais, mas apenas que não existe motivo para afirmar que são diferentes, o que é uma afirmativa bem mais fraca.

Vejamos agora o caso do contraste $Y_2$. Temos:

$$\hat{Y}_2 = \hat{m}_1 + \hat{m}_2 - 2\hat{m}_3$$

$$= 26,0 + 24,8 - 2 \times 22,8 = 5,2$$

$$\hat{V}(\hat{Y}_2) = \left(\frac{1}{6} + \frac{1}{6} + \frac{4}{6}\right) s^2 = s^2$$

$$s(\hat{Y}_2) = s = \sqrt{1,44} = 1,20$$

$$t = \frac{5,2 - 0}{1,20} = 4,33$$

Esse valor excede os limites de **t** para 5% e 1%, dados anteriormente. Diremos, pois, que esse contraste difere significativamente de zero, o que equivale, neste caso, a dizer que a média dos dois primeiros tratamentos difere da média do terceiro, pois:

$$Y_2 = m_1 + m_2 - 2m_3 = 2\left(\frac{m_1 + m_2}{2} - m_3\right)$$

Analogamente, vamos testar o contraste $Y_3$.

Feita a escolha dos contrastes a testar antes de examinar os dados, nada há a objetar contra o uso do teste **t**. Mas não é lícito, por exemplo, comparar por esse processo a maior média com a menor, ou as duas maiores com a menor. Isso pode ser feito, porém, pelos testes de Tukey, de Duncan e de Scheffé, mais recentes, que passamos a expor.

Note-se que, no caso de um contraste entre duas médias apenas, como $Y_1 = m_1 - m_2$, temos:

$$t = \frac{\hat{m}_1 - \hat{m}_2}{s\sqrt{\frac{1}{r_1} + \frac{1}{r_2}}}$$

onde a primeira média se supõe obtida com $r_1$ repetições, e a segunda, com $r_2$. Mas o teste **t** é realmente mais geral, como vimos anteriormente.

Quando variam os números de repetições de tratamentos e se aplica a Fórmula (3.2.1) para calcular a variância da estimativa do contraste:

$$Y = c_1m_1 + c_2m_2 + \ldots + c_nm_n$$

a condição de ortogonalidade é mais complicada do que aquela vista no começo desta seção. Com efeito, para dois contrastes:

$$Y_1 = a_1m_1 + a_2m_2 + \ldots + a_nm_n$$

$$Y_2 = b_1m_1 + b_2m_2 + \ldots + b_nm_n$$

essa condição é:

$$\frac{a_1b_1}{r_1} + \frac{a_2b_2}{r_2} + \ \ldots \ + \frac{a_nb_n}{r_n} = 0$$

## 3.3. O teste de Tukey

O teste de Tukey, baseado na amplitude total estudentizada (*studentized range*, em inglês), pode ser utilizado para comparar todo e qualquer contraste entre duas médias de tratamentos. No caso que estamos discutindo, em que há 4 tratamentos, existem 6 contrastes distintos que podem ser estudados. O teste é exato e de uso muito simples quando o número de repetições é o mesmo para todos os tratamentos, o que admitiremos de início.

Começamos calculando o valor $\Delta = q\,s/\sqrt{r}$, onde **q** é o valor da amplitude total estudentizada ao nível de 5% ou de 1% de probabilidade; **s** é a estimativa do desvio padrão residual; e **r** é o número de repetições, suposto o mesmo para todos os tratamentos. No caso em questão, temos n = 4 tratamentos, n' = 20 graus de liberdade para o resíduo, e o valor **q** ao nível de 5% de probabilidade é, então, 3,96 (ver Tabela 7).

Temos, então:

$$\Delta = 3,96\frac{1,20}{\sqrt{6}} = 1,94$$

Portanto, todo contraste entre duas médias, isto é, do tipo:

$$Y = m_i - m_u$$

cuja estimativa exceder o valor Δ = 1,94 será significativo ao nível de 5% de probabilidade. Tal acontece com a diferença entre a maior e a menor das médias encontradas, pois:

$$\hat{Y} = \hat{m}_1 - \hat{m}_3 = 26,0 - 22,8 = 3,2$$

Se adotarmos o nível de 1% de probabilidade, teremos:

$$\Delta = 5,02\frac{1,20}{\sqrt{6}} = 2,46$$

e aquele mesmo contraste será ainda significativo nesse nível.

No caso de serem diferentes os números de repetições, o teste de Tukey poderá ainda ser usado, mas será apenas aproximado. Temos, nesse caso:

$$\Delta = q\sqrt{\left(\frac{1}{2}\right)\hat{V}(\hat{Y})}$$

Se, por exemplo, $\hat{m}_1$ tivesse 6 repetições e $\hat{m}_3$ apenas 5, teríamos, ao nível de 5% de probabilidade:

$$\Delta = 3,96\sqrt{\frac{1}{2}\left(\frac{1}{6}+\frac{1}{5}\right)(1,44)} = 2,03$$

A diferença observada, $\hat{Y} = 3,2$ , continuaria significativa.

O teste de Tukey pode ser adaptado também à avaliação de contrastes mais complicados, mas não abordaremos este assunto, porque o teste de Scheffé parece ser, em geral, mais conveniente.

No entanto, muito raramente, pode acontecer, mesmo que o teste F não tenha sido significativo na análise da variância, que se obtenham um ou mais contrastes significativos pelo teste de Tukey. Isso acontece, por exemplo, no caso dado pela análise da variância e pelas médias seguintes, obtidas de um ensaio (fictício) com 4 tratamentos e 6 repetições.

| Causa de variação | GL | SQ | QM | F |
|---|---|---|---|---|
| Tratamentos | 3 | 54,24 | 18,08 | 3,01 |
| Resíduo | 20 | 120,00 | 6,00 | |
| Total | 23 | 174,24 | | |

Nesse caso temos F = 3,01, valor que apenas se aproxima do correspondente ao nível de 5% de probabilidade (3,10). As médias são:

$$\hat{m}_1' = 26,0 \qquad \hat{m}_3' = 23,8$$

$$\hat{m}_2' = 24,3 \qquad \hat{m}_4' = 22,0$$

Como $s = \sqrt{6}$, obtemos, ao nível de 5%:

$$\Delta = 3,96\frac{\sqrt{6,00}}{\sqrt{6}} = 3,96$$

Verifica-se que $\hat{Y} = \hat{m}_1' - \hat{m}_4' = 4$ excede esse limite e é, pois, significativo ao nível de 5% pelo teste de Tukey. Por outro lado, pode ocorrer que o teste F seja significativo, sem que nenhuma das diferenças entre médias seja significativa pelo teste de Tukey.

Fatos semelhantes ocorrem com o teste de Duncan, dado a seguir, que também não concorda inteiramente com o teste F. Tais discordâncias se devem à aceitação de hipóteses diferentes nas deduções teóricas e são de pouca importância prática.

As Tabelas 6 a 8 permitem aplicar o teste de Tukey aos níveis de 10% e de 1% de probabilidade, respectivamente.

## 3.4. O teste de Duncan

Duncan (1955) introduziu um novo teste ou prova para comparação de médias, ao qual chegou depois de uma tentativa anterior. Sua aplicação é bem mais trabalhosa do que a do teste de Tukey, mas são obtidos resultados mais detalhados e são discriminados com maior facilidade os tratamentos, isto é, o teste de Duncan indica resultados significativos em casos em que o teste de Tukey não permite obter significação estatística. Tal como o teste de Tukey, o de Duncan exige, para ser exato, que todos os tratamentos tenham o mesmo número de repetições.

Para o uso do teste, necessitamos de tabelas especiais (Tabelas 9 e 10), uma para o nível de 5% de probabilidade, outra para o de 1%.

Voltando ao exemplo que estamos discutindo, começamos calculando uma amplitude total mínima significativa (*shortest significant range*) pelo teste de Duncan para o contraste entre a maior e a menor das médias:

$$D = z\frac{s}{\sqrt{r}}$$

onde **r** é o número de repetições, **s** é o desvio padrão e **z** é tirado das tabelas, para o número de médias ordenadas abrangidas pelo contraste em estudo e o número de graus de liberdade do resíduo. Logo, ao nível de 5% de probabilidade, temos:

$$D_4 = 3{,}18\frac{1{,}20}{\sqrt{6}} = (3{,}18)\ (0{,}49) = 1{,}56$$

pois a comparação entre a maior e a menor das 4 médias abrange todas as médias do ensaio. Para comparar a segunda colocada, logo abaixo da maior, com a menor de todas, temos um contraste que abrange 3 médias:

$$D_3 = 3{,}10\frac{1{,}20}{\sqrt{6}} = (3{,}10)\ (0{,}49) = 1{,}52$$

Esse valor servirá para testar também o contraste entre a maior média e a penúltima por ordem de grandeza, isto é, entre $m_1$ e $m_3$.

Finalmente, para duas médias consecutivas, temos:

$$D_2 = 2{,}95\frac{1{,}20}{\sqrt{6}} = 2{,}95 \times 0{,}49 = 1{,}45$$

e esse resultado corresponde ao que obteríamos com o teste **t**.

As médias que não podem ser distinguidas por esse teste podem ser reunidas por uma barra, como se vê a seguir.

$$\hat{m}_1 = 26{,}0 \qquad \hat{m}_2 = 24{,}8 \qquad \hat{m}_4 = 24{,}0 \qquad \hat{m}_3 = 22{,}8$$

Sempre que existe uma barra unindo duas médias, isso indica que elas não diferem significativamente. Assim, $m_1$ não é significativamente diferente de $m_2$, pois $\hat{m}_1 - \hat{m}_2 = 1{,}2$ não excede 1,45. Mas $m_1$ é significativamente superior a $m_4$, pois $\hat{m}_1 - \hat{m}_4 = 2$, que excede $D_3 = 1{,}52$.

Em vez de barras, é também usual, e até mais prático, usar letras:

$\hat{m}_1 = 26{,}0$ a
$\hat{m}_2 = 24{,}8$ ac
$\hat{m}_4 = 24{,}0$ bc
$\hat{m}_3 = 22{,}8$ b

Quando a mesma letra aparece junto às duas médias, isso indica que a diferença entre elas não é significativa; quando não há nenhuma letra comum às duas médias, sabe-se que a diferença alcançou significação estatística. Não diferem significativamente entre si, portanto, as médias $m_4$ e $m_3$, pois a ambas as estimativas, $\hat{m}_4 = 24{,}0$ e $\hat{m}_3 = 22{,}8$, corresponde a mesma letra **b**. Ao contrário, é significativa a diferença entre $m_1$ e $m_4$, pois nenhuma letra é comum às duas estimativas $\hat{m}_1 = 26{,}0$ e $\hat{m}_4 = 24{,}0$.

Tanto o método das barras como o das letras são hoje comumente usados também para resumir os resultados da comparação de médias de tratamentos por outros critérios, tais como o teste de Tukey.

Note-se que, quando, num grupo de médias, a maior não difere estatisticamente da menor pelo teste de Duncan, não se admite diferença significativa, pelo mesmo teste, entre médias intermediárias. Por exemplo, sendo **s** = 10, com 20 graus de liberdade, e **r** = 6, vamos considerar as médias:

$\hat{m}_1 = 32{,}8$
$\hat{m}_2 = 32{,}6$
$\hat{m}_3 = 20{,}4$
$\hat{m}_4 = 20{,}1$
$\hat{m}_5 = 20{,}0$

Nesse caso, temos:

$D_5 = 13{,}3$
$D_2 = 12{,}0$

de modo que não é significativa a diferença entre a maior e a menor das médias, pois $\hat{m}_1 - \hat{m}_5 = 12{,}8$, valor inferior a 13,3. No entanto, temos $\hat{m}_2 - \hat{m}_3 = 12{,}2$, valor que excede $D_2 = 12{,}0$. Mas este resultado não é válido, pela regra acima, de maneira que podemos aceitar como não significativas, pelo teste de Duncan, todas as diferenças entre essas médias.

Quando o número de médias é amplo (superior a 10, por exemplo), a aplicação do teste de Duncan se torna muito trabalhosa.

No caso de serem diferentes os números de repetições dos tratamentos, podemos usar uma generalização semelhante à que se faz para o teste de Tukey, tomando:

$$D = z\sqrt{\left(\frac{1}{2}\right)\hat{V}(\hat{Y})}$$

## 3.5. O teste de Scheffé

O teste de Scheffé só deverá ser aplicado quando o teste F tiver dado resultado significativo. Se o valor de F obtido não for significativo, nenhum contraste poderá ser significativo, e, portanto, a aplicação do teste de Scheffé não se justificará. Quando, porém, o valor de F obtido for significativo, pelo menos um dos contrastes entre tratamentos será significativo. Mas o contraste em questão pode ser muito complicado ou sem interesse prático. E pode ainda acontecer que nenhum dos contrastes entre duas médias apenas seja significativo.

O teste de Scheffé é de uso bem mais geral que os de Tukey e de Duncan e permite avaliar qualquer contraste. Para isso, calculamos:

$$S = \sqrt{(n-1)\hat{V}(\hat{Y})F}$$

onde Y é o contraste em questão, **n** é o número de tratamentos e F é o valor da tabela ao nível de 5% ou de 1%, correspondente aos números de graus de liberdade para tratamentos e para o resíduo. Se as médias de tratamentos forem independentes (não correlacionadas) e

$$Y = c_1m_1 + c_2m_2 + \ldots + c_nm_n$$

teremos:

$$\hat{V}(\hat{Y}) = s^2\left(\frac{c_1^2}{r_1} + \frac{c_2^2}{r_2} + \ldots + \frac{c_n^2}{r_n}\right)$$

como já vimos, onde $r_i$ é o número de repetições do tratamento **i**. Logo:

$$S = s\sqrt{(n-1)\left(\frac{c_1^2}{r_1} + \frac{c_2^2}{r_2} + \ldots + \frac{c_n^2}{r_n}\right)F}$$

No exemplo discutido em 3.1 e 3.2, se considerarmos o contraste:

$$Y = 3m_1 - m_2 - m_3 - m_4$$

teremos:

$$\hat{Y} = 3(26,0) - 24,8 - 22,8 - 24,0 = 6,4$$

e, ao nível de 5%, F = 3,10. Logo:

$$S = 1,20\sqrt{3\left(\frac{9}{6}+\frac{1}{6}+\frac{1}{6}+\frac{1}{6}\right)3,10} = 5,17$$

A estimativa obtida (6,4) excede o valor de S calculado, logo o contraste será significativo ao nível de 5%. Para o nível de 1% já não será significativo, pois então obteremos:

$$S = 1,20\sqrt{3\left(\frac{9}{6}+\frac{1}{6}+\frac{1}{6}+\frac{1}{6}\right)4,94} = 6,53$$

Note-se que um contraste pode ser significativo quando avaliado pelo teste de **t**, e não ser significativo quando utilizamos o teste de Tukey, o de Duncan ou o de Scheffé. Isso se deve ao fato de que esses testes permitem testar qualquer contraste que interesse, ao passo que o teste **t** só pode ser aplicado justificativamente nas condições expostas antes, isto é, a contrastes previamente escolhidos, ortogonais e em número não superior ao dos graus de liberdade para tratamentos. Entretanto, pode-se tolerar o uso do teste **t** para **alguns** contrastes, mesmo não ortogonais, desde que seu número não exceda o número de graus de liberdade para tratamentos.

## 3.6. O teste de Bonferroni

O teste de Bonferroni é um aperfeiçoamento do teste **t**. Com efeito, recomendamos que só se aplique o teste **t** a contrastes escolhidos previamente, antes de serem examinados os dados, e que tais contrastes, em número no máximo igual ao de graus de liberdade para tratamentos, devem ser ortogonais.

Sabe-se, porém, que, mesmo com essas restrições, a prova de **t**, aplicada a dois ou mais contrastes em um mesmo ensaio, não é exata. Com efeito, no exemplo discutido na seção 3.2, se foi de 5% o nível de significância adotado para cada um dos três contrastes, a probabilidade de que pelo menos um seja significativo por simples acaso é, aproximadamente, de 3 × 5% = 15%. No caso geral, se o nível de probabilidade for $\alpha$ para cada contraste, a probabilidade de que pelo menos um de **n** contrastes ortogonais seja significativo é de $n\alpha$. Para contornar essa dificuldade, o teste de Bonferroni indica o uso, para cada contraste, de um nível de probabilidade $\alpha' = \alpha/n$; então, para o conjunto, teremos $n\alpha' = \alpha$. Para facilitar a aplicação do teste de Bonferroni, construíram-se tabelas especiais, como a Tabela 11. Por exemplo, com $\alpha = 5\%$ e $n = 3$, o valor de **t** para cada contraste corresponde a uma probabilidade $\alpha' = 5\%/3 = 1{,}67\%$ e, com 20 graus de liberdade, vale **t** = 2,61. Este valor de **t** é que seria usado ao se aplicar o teste a 3 contrastes ortogonais relativos aos dados das seções 3.1 e 3.2.

## 3.7. Propriedades dos novos testes

Os testes de Tukey e de Duncan têm fundamentos muito semelhantes. O teste de Duncan é, porém, menos conservador, isto é, proporciona diferenças significativas com mais facilidade, porque o autor adotou o seguinte critério: tomando o nível de significância de 5% de probabilidade num contraste que inclua duas médias, ele exige uma probabilidade de 95% (0,95) de que não apontemos como significativa uma diferença realmente nula; já para o caso de 3 médias, tal probabilidade será $0{,}9025 = (0{,}95)^2$ ou 90,25%; para 4 médias, ela baixa para $0{,}8574 = (0{,}95)^3$ ou 85,74%; e, em geral, para **n** médias, a probabilidade será $(0{,}95)^{n-1}$.

Já no caso do teste de Tukey, mais exigente, temos sempre uma probabilidade de 95% de não apontar como significativa uma diferença realmente nula entre todas as médias de tratamentos. Não é de admirar, pois, que, com $n > 2$, o teste de Duncan dê resultados significativos em casos em que isso não acontece com o teste de Tukey. Isto se explica porque o teste de Duncan nos leva a afirmativas erradas com maior freqüência. O mesmo acontece, com perigo muito maior, com o teste **t** aplicado indiscriminadamente, o que hoje não se aceita mais. O teste de Duncan estabelece, pois, um meio-termo entre o rigor um tanto excessivo do teste de Tukey e a falta de rigor exagerada do teste **t** usado sem as devidas cautelas.

Já o teste de Scheffé é ainda mais perigoso, desaconselhável para a comparação de duas médias, mas presta bons serviços para provar contrastes mais complicados, e para isto seu uso é indicado.

O teste de Bonferroni é muito bom para pequeno número de contrastes, mas excessivamente conservador quando esse número cresce. Por exemplo, com 6 tratamentos, podem ser obtidos 15 contrastes diferentes entre duas médias. O teste de Bonferroni aplicado a 10 ou mais desses contrastes é mais conservador do que o de Tukey. Mas não se deve esquecer que o teste de Bonferroni pode ser aplicado também a contrastes mais complexos.

## 3.8. Interpolação harmônica

Nas tábuas de **t**, **F**, **q** e **z** funciona bem a interpolação harmônica, em que se usam as recíprocas dos números de graus de liberdade para armar a regra de três.

Por exemplo, qual será o limite de 1% de **t** correspondente a 36 graus de liberdade? A tabela de **t** nos dá:

Para 30 graus de liberdade __________ 2,75
Para 40 graus de liberdade __________ 2,70

Armamos então a seguinte regra de três:

$$\frac{1}{30} - \frac{1}{40} = \frac{1}{120} \longrightarrow 2,75 - 2,70 = 0,05$$

$$\frac{1}{30} - \frac{1}{36} = \frac{1}{180} \longrightarrow y$$

Logo:

$$y = \frac{\frac{1}{180}(0,05)}{\frac{1}{120}} = 0,033 \approx 0,03$$

de onde resulta que o limite buscado é 2,75 – 0,03 = 2,72.

Procuremos agora o valor de F (unilateral) para $n_1$ = 12 graus de liberdade, $n_2$ = 200, ao nível de 1% de probabilidade. A coluna correspondente a $n_1$ = 12 existe na Tabela 2 e nela temos:

$$n_2 = 120 \rightarrow 2,34$$

$$n_2 = \infty \quad \rightarrow 2,18$$

A regra de três é:

$$\frac{1}{120} - \frac{1}{\infty} = \frac{1}{120} \longrightarrow 2,34 - 2,18 = 0,16$$

$$\frac{1}{120} - \frac{1}{200} = \frac{1}{300} \longrightarrow y$$

$$y = \frac{\frac{1}{300}(0,16)}{\frac{1}{120}} = 0,06$$

O valor procurado é 2,34 – 0,06 = 2,28.

Se quisermos o valor de F para $n_1 = 22$, $n_2 = 200$, por exemplo, será preciso obter primeiro os valores para $n_1 = 20$, $n_2 = 120$, e para $n_1 = 24$, $n_2 = \infty$, para depois, por meio deles, chegar ao número buscado correspondente a $n_1 = 22$, $n_2 = 200$, que é 1,93, ao nível de 1% de probabilidade.

Nas tabelas de **q** e de **z**, a interpolação se faz exatamente do mesmo modo.

Embora a interpolação harmônica seja a mais indicada e, em alguns casos, como o do último exemplo, seja a única possível, geralmente funciona mais ou menos bem a interpolação linear, semelhante à que se usa para tábuas e logaritmos.

Para o valor de **t** ao nível de 1% de probabilidade, correspondente a 36 graus de liberdade, teríamos:

Para 30 graus de liberdade ____________ 2,75
Para 40 graus de liberdade ____________ 2,70

Logo, uma diferença de 10 graus de liberdade dá uma variação de 0,05. E obtemos a regra de três:

$$10 \longrightarrow 0,05$$

$$6 \longrightarrow y$$

Portanto:

$$y = \frac{6(0,05)}{10} = 0,03$$

de onde resulta que o limite buscado é 2,75 – 0,03 = 2,72, como anteriormente.

## 3.9. Intervalos de confiança

Consideremos uma estimativa $\hat{Y}$ de um contraste Y, e seja $s(\hat{Y})$ seu erro padrão, com **n'** graus de liberdade. Se o valor de **t** para este número de graus de liberdade, e ao nível de 5% de probabilidade, for $\mathbf{t_0}$, então haverá uma probabilidade de 95% de que tenhamos:

$$\hat{Y} - t_0 s(\hat{Y}) < Y < Y + t_0 s(\hat{Y})$$

isto é, em 95% dos casos, o **intervalo de confiança** (variável) de extremos $\hat{Y} - t_0 s(\hat{Y})$ e $\hat{Y} + t_0 s(\hat{Y})$ conterá o verdadeiro valor do contraste. Isto quer dizer que, se repetirmos muitas vezes o experimento, em 95% dos casos o intervalo de extremos $\hat{Y} - t_0 s(\hat{Y})$ e $\hat{Y} + t_0 s(\hat{Y})$ conterá o valor verdadeiro Y do contraste. Podemos exprimir isso, em outras palavras, dizendo que é de 95% a **probabilidade fiducial** de que o verdadeiro valor do contraste esteja dentro do intervalo de confiança determinado em certo experimento.

Por exemplo, consideremos o contraste $Y = m_1 - m_3$ no exemplo de 3.2. Temos, então:

$$\hat{Y} = 26,0 - 22,8 = 3,2$$

$$s(\hat{Y}) = s\sqrt{\frac{2}{6}} = 1,20 \times 0,577 = 0,693$$

São 20 os graus de liberdade do resíduo, logo, ao nível de 5%, temos $t_0 = 2,09$. Assim:

$$\hat{Y} - t_0 s(\hat{Y}) = 3,20 - 1,45 = 1,75$$

$$\hat{Y} + t_0 s(\hat{Y}) = 3,20 + 1,45 = 4,65$$

Dizemos, pois, que há uma probabilidade fiducial de 95% de que o valor exato Y do contraste entre os dois tratamentos esteja entre 1,75 e 4,65, querendo dizer com isso que, em um grande número de experimentos semelhantes, intervalos análogos ao intervalo de extremos 1,75 e 4,65, que foi determinado, encerrarão o verdadeiro valor de Y em 95% dos casos.

O conceito de intervalo de confiança (*confidence interval*, em inglês), introduzido por Neyman, veio substituir os **limites** ou **intervalos fiduciais** de Fisher. Os dois conceitos conduzem aos mesmos resultados, na maioria dos casos, mas os fundamentos lógicos são diferentes.

No caso de termos não um contraste, mas apenas uma média, $Y = m_1$, por exemplo, a Fórmula (3.2.1) poderá ainda ser aplicada, e obteremos intervalos de confiança para a média em questão. Teremos:

$$\hat{m}_1 = 26,0 \quad s(\hat{m}_1) = 1,20\sqrt{\frac{1}{6}} = 0,490$$

$$m_1 - t_0 s(\hat{m}) = 26,0 - 2,09 \times 0,490 = 24,98$$

$$m_1 + t_0 s(\hat{m}) = 26,0 + 2,09 \times 0,490 = 27,02$$

Há, pois, uma probabilidade fiducial de 95% de que a verdadeira média $m_1$ esteja entre 24,98 e 27,02. De maneira análoga, poderíamos obter o intervalo de confiança para níveis diferentes de probabilidade.

Nos casos em que se aplicam os testes de Tukey e de Scheffé, intervalos de confiança baseados nesses testes podem ser obtidos.

Por exemplo, para um contraste qualquer $Y = m_i - m_u$, os extremos do intervalo de confiança serão $\hat{Y} - q\frac{s}{\sqrt{r}}$ e $\hat{Y} + q\frac{s}{\sqrt{r}}$. Para $Y = m_1 - m_3$, no exemplo de 3.2, obteremos, ao nível de 5% de probabilidade:

$$\hat{Y} = 26,0 - 22,8 = 3,2$$

$$\hat{Y} - q\frac{s}{\sqrt{r}} = 3,2 - 3,96\frac{1,20}{\sqrt{6}} = 1,26$$

$$\hat{Y} + q\frac{s}{\sqrt{r}} = 3,2 + 3,96\frac{1,20}{\sqrt{6}} = 5,14$$

Para o caso do teste de Scheffé, os extremos do intervalo de confiança são:

$$\hat{Y} - \sqrt{(n-1)\,\hat{V}(\hat{Y})\,F} \quad , \quad \hat{Y} + \sqrt{(n-1)\,\hat{V}(\hat{Y})\,F}$$

Ainda no caso do exemplo 3.2, o contraste:

$$Y = 3m_1 - m_2 - m_3 - m_4$$

nos dá $\hat{Y} = 6,4$, e os extremos do intervalo de confiança, ao nível de 1% de probabilidade, são:

$$6,4 - \sqrt{3\left(\frac{9}{6} + \frac{1}{6} + \frac{1}{6} + \frac{1}{6}\right)1,44 \times 4,94} = -0,13$$

$$6,4+\sqrt{3\left(\frac{9}{6}+\frac{1}{6}+\frac{1}{6}+\frac{1}{6}\right)1,44\times 4,94}=12,93$$

pois a Tabela 2 nos dá F = 4,94, e:

$$\hat{V}(\hat{Y})=\left(\frac{9}{6}+\frac{1}{6}+\frac{1}{6}+\frac{1}{6}\right)1,44$$

Em experimentos agrícolas ou zootécnicos, o nível de 5% de probabilidade parece mais indicado e conveniente do que de 1%.

## 3.10. Determinação do número necessário de repetições

Um dos problemas mais interessantes da experimentação é a determinação prévia do número necessário de repetições. Numerosas soluções já foram propostas, mas nenhuma mostra-se inteiramente satisfatória.

Na experimentação agrícola ou zootécnica, a experiência indica que dificilmente se conseguem resultados razoáveis com ensaios com menos de 20 parcelas. Este número deve ser tomado, pois, em geral, como mínimo.

Assim, num experimento com 2 tratamentos, devemos ter pelo menos 10 repetições, para que haja no mínimo 20 parcelas ao todo.

Outra indicação útil é que devemos ter, em geral, pelo menos 10 graus de liberdade para o resíduo.

Essas duas restrições, embora muito úteis na prática, podem, porém, ser deixadas de lado em alguns casos. Isso ocorre nos experimentos de grande precisão (alguns ensaios físicos ou químicos de laboratório, por exemplo) ou quando temos um grupo numeroso de experimentos a serem estudados em conjunto, tendo em vista unicamente resultados gerais. Nesse caso, cada experimento tem individualmente pouco valor e, portanto, podemos, se necessário, reduzir um pouco o número de repetições, a fim de, com os recursos disponíveis, poder aumentar o número de ensaios.

Em primeiro lugar, devemos contar com uma estimativa prévia do desvio padrão $s_2$, com $n_2$ graus de liberdade, obtido de ensaios anteriores, em condições análogas. Além disso, devemos fixar a diferença mínima **d** que deverá ser estatisticamente comprovada pelo ensaio. Então, sendo **q** a amplitude total estudentizada para o experimento a ser feito, e sendo F o valor da tábua, ao nível $\alpha$ escolhido de probabilidade, com número de graus de liberdade $n_1$ (do novo experimento) e $n_2$, o número de repetições **r** é dado pela fórmula:

$$r = \frac{q^2 s_2^2 F}{d^2}$$

Esse número de repetições garantirá uma probabilidade $\alpha$ de que o ensaio não venha comprovar a diferença, isto é, uma probabilidade $1 - \alpha$ de que seja comprovada estatisticamente, pelo teste de Tukey.

Como os valores de **q** e **F** a serem usados no segundo membro dependem de **r**, é claro que só se pode obter uma solução por aproximações sucessivas, a partir de uma tentativa inicial qualquer.

Vejamos um exemplo. Suponhamos que planejamos um experimento com 5 variedades de cana-de-açúcar e que temos, de ensaio anterior, uma estimativa do desvio padrão residual $s_2 = 7{,}4$ t/ha, com $n_2 = 60$ graus de liberdade, e consideremos que o novo experimento deva comprovar, pelo teste de Tukey, qualquer diferença de produção de 15 t/ha ou mais. Vamos admitir que o ensaio seja em blocos casualizados e tomemos 5 repetições, como tentativa inicial. Nesse caso, teremos 4 graus de liberdade para tratamentos (variedades) e $n_1 = 16$ graus de liberdade para o resíduo. Logo, ao nível de 5% de probabilidade, a tabela nos dá $q = 4{,}33$. Por sua vez, o valor de F, também ao nível de 5%, com $n_1 = 16$ e $n_2 = 60$ graus de liberdade, é $F = 1{,}81$. Teríamos, pois:

$$r = \frac{(4,33)^2 (7,4)^2 (1,81)^2}{(15)^2} = 8,3 \text{ repetições}$$

O número de repetições conveniente estará entre o número usado inicialmente (5) e o valor agora obtido (8,3). Logo, 5 repetições são insuficientes.

Tentemos agora $r = 7$ repetições. Obteremos:

$q = 4{,}17$ e $F = 1{,}70$

Logo:

$$r = \frac{(4,17)^2 (7,4)^2 (1,70)}{(15)^2} = 7,2 \text{ repetições}$$

O número necessário estaria entre 7 e 7,2 repetições. Mas, como tal número não pode deixar de ser inteiro, deveremos tomar ou 7, número que pecará ligeiramente por falta, ou 8, que pecará por excesso. Uma vez que usamos o valor de F correspondente a 5% de probabilidade, com 7 repetições haverá uma probabilidade muito próxima de 95% de que uma diferença de produção entre variedades de 15 t/ha será estatisticamente comprovada pelo experimento. Para este fim, não raro se usa um nível de segurança mais baixo, a fim de obter número também mais baixo de repetições. Assim, por exemplo, alguns estatísticos recomendam usar F ao nível de 25% de probabilidade. Se assim procedêssemos no exemplo anterior, chegaríamos à conclusão de que 5 repetições são insuficientes e 6 estão um pouco além do mínimo necessário. Caberia ao experimentador, então, a decisão final, entre 5 e 6 repetições.

Podemos obter uma solução interessante também, de modo análogo, quando conhecemos o coeficiente de variação (CV) e a diferença mínima **d**, em porcentagem, a ser comprovada. Temos, então:

$$r = \frac{q^2 (CV)^2 F}{d^2}$$

Seja, por exemplo, o caso de um coeficiente de variação, de ensaio anterior, CV = 15%, calculado com um desvio padrão que tinha n = 60 graus de liberdade. Se quisermos saber o número necessário de repetições de um experimento a ser feito, com 8 tratamentos e d = 25%, tomando como ponto de partida 3 repetições, encontraremos:

$$r = \frac{(4,99)^2 (15)^2 (1,86)}{(25)^2} = 16,7$$

Três repetições não são, pois, suficientes. Novas tentativas nos permitirão verificar que serão necessárias aproximadamente 11 repetições para alcançar a precisão desejada.

Uma solução prática e rápida para a determinação do número necessário de repetições pode ser obtida pela fórmula de Tukey, dada na seção 3.3, com pequena modificação. Com efeito, a fórmula:

$$\Delta = q \frac{s}{\sqrt{r}} \qquad (3.10.1)$$

se dividida pela estimativa da média ($\hat{m}$) e multiplicada por 100, nos dá:

$$\frac{\Delta \times 100}{\hat{m}} = q \frac{\frac{s}{\hat{m}} \times 100}{\sqrt{r}}$$

isto é:

$$d = q\frac{CV}{\sqrt{r}} \qquad (3.10.2)$$

onde **d** é a diferença mínima significativa Δ em porcentagem da média ($\hat{m}$). Com essa fórmula, podemos calcular a diferença mínima significativa (em porcentagem) pelo teste de Tukey para um número **r** de repetições e tendo em vista um dado coeficiente de variação. Por exemplo, num ensaio em blocos casualizados com 4 tratamentos e 6 repetições, o resíduo tem 15 graus de liberdade. O valor de **q**, para 4 médias e 15 GL para o resíduo, é, pela Tabela 10, q = 4,08. Se tivermos CV = 10%, o valor de **d** será:

$$d = 4,08\frac{10}{\sqrt{6}} = 16,7\%$$

Valores como esse são apresentados na Tabela 3.10.1, que nos permite ter uma idéia da precisão obtida para dado número de repetições. Seu exame nos mostra claramente que a maioria dos experimentos de campo tem precisão insuficiente, de tal modo que raramente se consegue, com um só deles, comprovar diferenças entre médias de tratamentos menores do que o coeficiente de variação.

Uma fórmula análoga a (3.10.1), agora baseada no teste **t**, é a seguinte:

$$dms = \frac{ts\sqrt{2}}{\sqrt{r}} \qquad (3.10.3)$$

onde dms é a **diferença mínima significativa** (pelo teste **t**) para a diferença entre duas médias, ambas com **r** repetições. Por exemplo, com 8 tratamentos e 6 repetições, num ensaio inteiramente casualizado, o resíduo apresentará 40 GL. Se tivermos $s^2 = 15,21$, o valor de **s** será $s = \sqrt{15,21} = 3,90$ e teremos, ao nível de 5% de probabilidade:

$$dms = \frac{2,02 \times 3,90\sqrt{2}}{\sqrt{6}} = 4,55$$

Note-se que, em condições análogas, o teste de Tukey daria:

$$\Delta = q\frac{s}{\sqrt{r}} = 4,52 \qquad \frac{3,90}{\sqrt{6}} = 7,20$$

Verifica-se, pois, que o teste de Tukey, que é exato, é muito mais exigente do que o teste **t**, o qual, aliás, seria desaconselhado para testar todas ou muitas das diferenças entre as médias dos 8 tratamentos, tomadas duas a duas.

Para obter o número de repetições necessárias para comprovar, pelo teste **t**, uma diferença **d** entre duas médias, a Fórmula (3.10.3) nos dá, quando se supõe conhecido o valor de $s^2$ a ser obtido:

$$r = \frac{2t^2s^2}{d^2}$$

A fórmula relativa ao teste **t** correspondente a (3.10.2) é:

$$d = \frac{t(CV)\sqrt{2}}{\sqrt{r}}$$

com **d** e CV em porcentagem. Por exemplo, com 8 tratamentos, CV = 10%, r = 6 repetições e 40 GL para o resíduo, temos, ao nível de 5% de probabilidade:

$$d = \frac{2{,}02 \times 10\sqrt{2}}{\sqrt{6}} = 11{,}7\%$$

A Tabela 3.10.1, calculada pelo teste de Tukey, nos dá Δ = 18,6% em condições idênticas, valor bem maior, mas esse teste tem aplicação mais ampla e segura.

## 3.11. Erros de tipo I e II

Ao tomar uma decisão, tendo em vista a aplicação de um teste de significância, podem ocorrer dois tipos de erro:

- Erro de tipo I — Consiste em aceitar como diferentes médias de tratamentos que, na verdade, são iguais.
- Erro de tipo II — Consiste em aceitar como iguais médias de tratamentos que são diferentes.

Os níveis de probabilidade mencionados nos testes estatísticos referem-se apenas ao erro de tipo I. Por exemplo, o teste de Tukey, ao nível de 5% de probabilidade, significa que, se as médias forem exatamente iguais, variações do acaso nos levarão a obter um resultado significativo em 5% dos casos, ou seja, em média, em 100 ensaios semelhantes, 5 darão resultado significativo,

**Tabela 3.10.1.** Diferença mínima significativa, em porcentagem, ao nível de 5% de probabilidade, para ensaios em blocos casualizados com diversos coeficientes de variação.

| Número de tratamentos | Número de repetições | Coeficientes de variação | | | | | |
|---|---|---|---|---|---|---|---|
| | | 5% | 10% | 15% | 20% | 25% | 30% |
| 2 | 4 | 11,2% | 22,5% | 33,8% | 45,0% | 56,3% | 67,5% |
| 2 | 6 | 7,4% | 14,8% | 22,2% | 29,7% | 37,1% | 44,5% |
| 2 | 8 | 5,9% | 11,8% | 17,7% | 23,6% | 29,5% | 35,4% |
| 2 | 10 | 5,1% | 10,1% | 15,2% | 20,2% | 25,3% | 30,4% |
| 2 | 16 | 3,8% | 7,5% | 11,3% | 15,1% | 18,8% | 22,6% |
| 4 | 4 | 11,0% | 22,1% | 33,1% | 44,2% | 55,2% | 66,2% |
| 4 | 6 | 8,3% | 16,7% | 25,0% | 33,3% | 41,6% | 49,9% |
| 4 | 8 | 7,0% | 13,9% | 20,9% | 27,8% | 34,8% | 41,8% |
| 4 | 10 | 6,1% | 12,2% | 18,4% | 24,5% | 30,6% | 36,7% |
| 4 | 16 | 4,7% | 9,4% | 14,1% | 18,9% | 23,6% | 28,3% |
| 8 | 4 | 11,9% | 23,9% | 35,6% | 47,7% | 59,7% | 71,2% |
| 8 | 6 | 9,3% | 18,6% | 27,9% | 37,2% | 46,5% | 55,8% |
| 8 | 8 | 7,9% | 15,8% | 23,7% | 31,6% | 39,5% | 47,5% |
| 8 | 10 | 7,0% | 14,0% | 21,0% | 28,0% | 35,0% | 42,1% |
| 8 | 16 | 5,5% | 10,9% | 16,4% | 21,9% | 27,3% | 32,8% |
| 12 | 4 | 12,4% | 24,8% | 37,2% | 49,7% | 62,1% | 74,5% |
| 12 | 6 | 9,9% | 19,7% | 29,5% | 39,4% | 49,2% | 59,1% |
| 12 | 8 | 8,4% | 16,8% | 25,2% | 33,7% | 42,1% | 50,5% |
| 12 | 10 | 7,5% | 15,0% | 22,5% | 30,0% | 37,4% | 44,9% |
| 25 | 2 | 20,5% | 41,0% | 61,5% | 82,0% | 102,5% | 123,0% |
| 25 | 4 | 13,4% | 26,9% | 40,4% | 53,8% | 67,2% | 80,7% |
| 25 | 6 | 10,8% | 21,6% | 32,5% | 43,3% | 54,1% | 64,9% |
| 100 | 2 | 22,3% | 44,7% | 67,0% | 89,3% | 111,7% | 134,0% |
| 100 | 4 | 15,4% | 30,8% | 46,2% | 61,7% | 77,1% | 92,5% |

embora, repetimos, as médias verdadeiras, desconhecidas, sejam exatamente iguais. Para reduzir a ocorrência do erro de tipo I, deveríamos, então, diminuir essa probabilidade e aplicar a prova de Tukey ao nível de 1%, por exemplo. Mas, ao reduzir a probabilidade do erro de tipo I, automaticamente aumentamos a probabilidade do erro de tipo II, isto é, de aceitar como iguais médias realmente diferentes. Por outro lado, quando um teste de comparação de médias não dá resultado significativo, isto não prova que as médias sejam iguais, pois não existe nenhum teste estatístico capaz de comprovar a igualdade delas. A conclusão correta de um teste que não se revelou significativo é apenas que **não se comprovou diferença significativa entre as médias**. Tal diferença pode ser nula, mas quase sempre é pequena, e não nula, tendo em vista a imprecisão das estimativas, medidas pelo erro padrão da média. Na verdade, **não há nenhum teste estatístico de comparação de médias que possa comprovar a igualdade delas**. E o mesmo vale para os testes estatísticos em geral, nos termos em que se realizam.

## 3.12. Bibliografia


BRIEGER, F. G. Limites unilaterais e bilaterais na análise estatística. **Bragantia, 6**: 479-545, 1946.

CANTATORE DE FRANK, NORMA. **Manual de estadística aplicada**. Buenos Aires: Editorial Hemisferio Sur, 1980.

CHEW, V. **Comparisons among treatment means in an analysis of variance**. Washington: USDA, 1977.

CONAGIN, A. **Princípios de técnica experimental e análise estatística de experimentos**, 1961. (mimeo).

DAGNELIE, P. **Théorie et méthodes statistiques**. Bélgica: Presses Agronomiques de Gembloux, 1975. 2v.

DUNCAN, DAVID B. Multiple range and multiple F tests. **Biometrics, 11**: 1-42, 1955.

FEDERER, WALTER T. **Experimental designs**. Nova York: Macmillan, 1955.

HALD, A. **Statistical theory with engineering applications**. Nova York: John Wiley, 1952.

HARTLEY, H. O. Some recent development in analysis of variance. **Communications of pure and applied Mathematics, 8**: 47-72, 1955.

KRAMER, CLYDE YOUNG. Extension of multiple range tests to group means with unequal numbers of replications. **Biometrics, 12**: 307-10, 1956.

KRAMER, CLYDE YOUNG. Extension of multiple range test to group correlated adjusted means. **Biometrics, 13**: 13-8, 1957.

PIMENTEL-GOMES, F. A comparação entre médias de tratamentos na análise da variância. **Anais..., 11**: 1-12, 1954. Escola Superior de Agricultura "Luiz de Queiroz".

PIMENTEL-GOMES, F. **Iniciação à estatística**. 6ª ed. São Paulo: Nobel, 1978.

PIMENTEL-GOMES, F. A decadência do teste **t**. **Rev. Agricultura, 29**: 215-8, 1954.

ROY, S. N.; BOSE, R. C. Simultaneous confidence interval estimation. **Ann. Math. Stat., 24**: 513-36, 1953.

SCHEFFÉ, HENRY. A method for judging all contrasts in the analysis of variance. **Biometrika, 40**: 87-104, 1953.

SNEDECOR, GEORGE W.; COCHRAN, W. G. **Statistical methods**. 6ª ed. Ames, Iowa: Iowa State College Press, 1967.

# 4

# EXPERIMENTOS INTEIRAMENTE CASUALIZADOS

## 4.1. Generalidades

Quando dispomos de um terreno bem uniforme, é inútil estabelecer blocos, que produzirão como único resultado a diminuição no número de graus de liberdade para o resíduo. Em tais condições, o experimento inteiramente casualizado será preferível. O mesmo pode acontecer em experimentos de laboratório em que as condições sejam sempre muito uniformes, ou em pesquisas com animais, quando temos um rebanho muito homogêneo. No caso de experimentos em vasos, se a posição deles for mudada com freqüência, ao acaso, também não se justificará a introdução de blocos. Cumpre notar, entretanto, que um terreno aparentemente uniforme pode ser bastante heterogêneo. Além disso, embora uniforme em relação a uma planta, pode revelar-se com manchas de fertilidade diferentes ao ser cultivado com outra planta. De maneira que, na ausência de informações seguras sobre a uniformidade do terreno em relação à planta em estudo, é sempre preferível introduzir blocos, que serão úteis se houver heterogeneidade e pouco ou nada prejudicarão se forem todos semelhantes. No caso de ensaios com animais, estes, embora homogêneos, podem estar em baias com diferenças importantes de iluminação, exposição ao calor ou aos ventos frios etc., o que exige a organização de blocos.

Os experimentos inteiramente casualizados apresentam certas vantagens importantes em relação a experimentos de delineamentos mais complexos, tais como:

- Qualquer número de repetições ou de tratamentos pode ser usado, e o número de repetições pode variar de um tratamento para outro sem que isto dificulte a análise.
- O número de graus de liberdade para o resíduo é o maior possível.

Apesar da vantagem apontada no primeiro item, devemos, em geral, usar o mesmo número de repetições para todos os tratamentos. Entretanto, a morte de animais ou plantas, ou outras causas que levem à perda de parcelas, pode reduzir o número de repetições de alguns tratamentos. Isto, porém, não trará nenhuma dificuldade no caso de um experimento inteiramente casualizado.

A principal desvantagem desse tipo de experimento é que geralmente conduz a estimativas bastante altas da variância residual, pois as variações de toda ordem, além das que se atribuem a tratamentos, são tomadas como variações de acaso.

## 4.2. Um exemplo

Suponhamos um experimento (fictício) de alimentação de porcos em que se usaram quatro rações (A, B, C, D), cada uma fornecida a cinco animais escolhidos ao acaso. Os aumentos de peso observados, em quilogramas, constam na tabela a seguir.

| **Rações** | | | |
|---|---|---|---|
| **A** | **B** | **C** | **D** |
| 35 | 40 | 39 | 27 |
| 19 | 35 | 27 | 12 |
| 31 | 46 | 20 | 13 |
| 15 | 41 | 29 | 28 |
| 30 | 33 | 45 | 30 |
| 130 | 195 | 160 | 110 |

Como temos 4 tratamentos, o número de graus de liberdade para tratamentos é 4 – 1 = 3. Os 20 animais usados nos experimentos nos dão 19 graus de liberdade para o total. Logo, restam 16 para o resíduo.

Quanto às diversas somas de quadrados, são obtidas assim:

$$\Sigma x^2 = 35^2 + 19^2 + \ldots + 40^2 + \ldots + 30^2 = 19.625$$

$$G = \Sigma x = 35 + 19 + \ldots + 40 + \ldots + 30 = 595$$

$$C = \frac{G^2}{N} = \frac{595^2}{20} = 17.701,25$$

$$\begin{aligned} \text{SQTotal} &= \Sigma x^2 - C \\ &= 19.625 - 17.701,25 \\ &= 1.923,75 \end{aligned}$$

$$\begin{aligned} \text{SQT} &= \frac{1}{5}(130^2 + 195^2 + 160^2 + 110^2) - C \\ &= 823,75 \end{aligned}$$

$$\begin{aligned} \text{SQResíduo} &= \text{SQTotal} - \text{SQT} \\ &= 1.923,75 - 823,75 \\ &= 1.100,00\ . \end{aligned}$$

SQT é a soma de quadrados para tratamentos.

Obtidas as somas de quadrados, os quadrados médios (QM) são calculados mediante sua divisão pelos respectivos números de graus de liberdade.

Obtemos, então, a seguinte análise da variância.

| **Causa de variação** | **GL** | **SQ** | **QM** | **F** |
|---|---|---|---|---|
| Tratamentos | 3 | 823,75 | 274,58 | 3,99* |
| Resíduo | 16 | 1.100,00 | 68,75 | |
| Total | 19 | 1.923,75 | s = 8,3 | |

O desvio padrão é:

$$s = \sqrt{68,75} = 8,3$$

O valor de F é:

$$F = \frac{274,58}{68,75} = 3,99$$

com 3 graus de liberdade (dos tratamentos) e 16 (do resíduo).

As tabelas de F (Tabelas 1 e 2) dão os limites 3,24 para o nível de 5%, e 5,29 para o de 1%. Logo, esse resultado é significativo ao nível de 5%, o que se indica por um asterisco: 3,99*. A significância ao nível de 1% seria indicada por dois asteriscos.

Pelo fato de ser significativo ao nível de 5%, o teste F indica que há uma probabilidade superior a 95% de que exista **pelo menos um contraste** entre tratamentos que difere de zero, que não é nulo. Mas esse contraste pode ser muito complicado, sem nenhum interesse prático.

As médias dos tratamentos — $m_1$, $m_2$, $m_3$, $m_4$ — não são conhecidas, mas temos suas estimativas:

$$\hat{m}_1 = \frac{130}{5} = 26 \qquad \hat{m}_2 = 39$$

$$\hat{m}_3 = \frac{160}{5} = 32 \qquad \hat{m}_4 = 22$$

Se nos interessa a comparação entre duas médias de tratamentos escolhidas entre as quatro de que dispomos, um teste conveniente para avaliar o contraste entre elas, como já vimos, é o de Tukey. Para usar esse teste, calculamos:

$$\Delta = q\frac{s}{\sqrt{r}}$$

onde **q** é o valor de amplitude total estudentizada para o nível de 5% ou de 1% de probabilidade, **s** é o desvio padrão residual (8,3, no caso) e **r** é o número de repetições. Para usar esse teste, é vantajoso que todos os tratamentos tenham o mesmo número **r** de repetições. Tabelas de **q** aparecem reproduzidas no final deste livro (Tabelas 6, 7 e 8). Com n = 4 tratamentos e n' = 16 graus de liberdade para o resíduo, a tabela de **q** para o nível de 5% nos dá q = 4,05, logo:

$$\Delta = 4{,}05\frac{8{,}3}{\sqrt{5}} = 15{,}0$$

Para o contraste $\hat{Y}_1 = m_2 - m_4$, por exemplo, obtemos a estimativa:

$$\hat{Y}_1 = \hat{m}_2 - \hat{m}_4 = 39 - 22 = 17$$

Essa estimativa excede o valor de Δ = 15, logo é significativa ao nível de 5%, isto é, a segunda ração difere significativamente da quarta. Para comparar a segunda ração com a primeira, usaríamos o contraste $Y_2 = m_2 - m_1$, para o qual temos a estimativa $\hat{Y}_2 = 39 - 26 = 13$. Este valor não excede o limite Δ = 15, logo não chega a ser significativo ao nível de 5%, isto é, não se comprovou diferença entre as duas médias.

Por outro lado, esse método também nos permite calcular 'intervalos de confiança' para os contrastes. Para o primeiro ($Y_1 = m_2 - m_4$), por exemplo, os extremos do intervalo de confiança são:

$$17 - 15 = 2$$
$$17 + 15 = 32$$

isto é, temos uma probabilidade fiducial de 95% de que o verdadeiro valor de $Y_1 = m_2 - m_4$, que é desconhecido, esteja entre 2 e 32.

Para o segundo contraste ($Y_2 = m_2 - m_1$), os limites do intervalo de confiança, calculados do mesmo modo, seriam –2 e 28.

Para comparação de médias, atualmente muitos preferem o teste de Duncan. Os valores de **z** ao nível de 5% de probabilidade (Tabelas 9 e 10) são:

Para quatro médias: 3,23
Para três médias: 3,15
Para duas médias: 3,00

Logo, temos:

$$D_4 = 3{,}23\frac{8{,}3}{\sqrt{5}} = 12{,}0$$

$$D_3 = 3{,}15\frac{8{,}3}{\sqrt{5}} = 11{,}7$$

$$D_2 = 3{,}00\frac{8{,}3}{\sqrt{5}} = 11{,}1$$

As médias, em ordem decrescente, são:

$$\hat{m}_2 = 39$$
$$\hat{m}_3 = 32$$
$$\hat{m}_1 = 26$$
$$\hat{m}_4 = 22$$

A diferença entre a maior média (39) e a menor (22) é 17, valor que excede $D_4 = 12$. Logo, ela é significativa, pelo teste de Duncan, ao nível de 5% de probabilidade. Também a diferença entre a maior média (39) e a penúltima (26), que é 13, excede $D_3 = 11{,}7$. Logo, ela é igualmente significativa ao nível de 5%. Os resultados das comparações aparecem resumidos no quadro a seguir.

| 39 | 32 | 26 | 22 |
|---|---|---|---|
| a | ab | b | b |

Para contrastes mais complicados, que envolvam mais de duas médias, esses métodos não são convenientes, sendo indicado, nesses casos, o teste de Scheffé. Para o contraste:

$$Y = c_1m_1 + c_2m_2 + \ldots + c_nm_n$$

onde se exige $c_1 + c_2 + \ldots + c_n = 0$; o limite a calcular é:

$$S = s\sqrt{\frac{n-1}{r}(c_1^2 + c_2^2 + \ldots + c_n^2)F}$$

onde **n** é o número de tratamentos, **r** é o número de repetições, **s** é o desvio padrão e **F** é tirado da tábua de limites unilaterais no nível conveniente de probabilidade, geralmente 5% ou 1%, com 3 e 16 graus de liberdade.

Por exemplo, suponhamos que queremos comparar a segunda ração com a média da primeira e da quarta. O contraste que nos interessa é:

$$m_2 - \frac{1}{2}(m_1 + m_4) \qquad \text{ou} \qquad Y_3 = 2m_2 - (m_1 + m_4)$$

para o qual obtemos:

$$\hat{Y}_3 = 2 \times 39 - (22 + 26) = 30$$

$$S = 8,3\sqrt{\frac{3}{5}(4+1+1)3,24} = 28,3$$

Como temos $\hat{Y}_3 > S$, o contraste $Y_3$ é significativo ao nível de 5%. O intervalo de confiança para $Y_3$ teria por extremos 1,7 e 58,3, isto é, temos uma probabilidade fiducial de 95% de que o verdadeiro valor de $Y_3$ esteja entre esses limites.

O método de Scheffé pode ser usado para qualquer tipo de contraste e também se aplica quando o número de repetições não é o mesmo para todos os tratamentos. Mas os métodos de Tukey e de Duncan, no caso da comparação de duas médias, dão resultados melhores que o de Scheffé e devem, pois, ser preferidos.

Sabemos que pelo menos um contraste entre as médias difere significativamente de zero, se o teste F for significativo. Pode-se obter facilmente um contraste entre médias que será significativo (pelo teste de Scheffé) se o teste F tiver dado resultado significativo. Esse contraste é:

$$Y_0 = c_1m_1 + c_2m_2 + \ldots + c_nm_n$$

com $c_i = \hat{m}_1 - \hat{m}$, onde $\hat{m}$ é a média geral estimada do experimento, e $\hat{m}_i$ (i = 1, 2, ..., n) é a estimativa da média do tratamento i. No exemplo em discussão, $\hat{m} = 595/20 = 29{,}75$, logo esse contraste é:

$$\begin{aligned} Y_0 &= (26{,}0-29{,}75)m_1 + (39{,}0-29{,}75)m_2 + (32{,}0-29{,}75)m_3 + \\ &+ (22{,}0-29{,}75)m_4 \\ &= -3{,}75m_1 + 9{,}25m_2 + 2{,}25m_3 - 7{,}75m_4 \end{aligned}$$

Temos para ele:

$$\begin{aligned} \hat{Y}_0 &= -3{,}75\hat{m}_1 + 9{,}25\hat{m}_2 + 2{,}25\hat{m}_3 - 7{,}75\hat{m}_4 \\ &= -3{,}75 \times 26{,}0 + 9{,}25 \times 39{,}0 + 2{,}25 \times 32{,}0 - 7{,}75 \times 22{,}0 \\ &= 167{,}8 \end{aligned}$$

e, pela prova de Scheffé, com $s = \sqrt{68{,}75} = 8{,}3$, $F = 3{,}24$, ao nível de 5% de probabilidade:

$$S = 8{,}3\sqrt{\left(\frac{3}{5}\right)[(3{,}75)^2 + (9{,}25)^2 + (2{,}25)^2 + (7{,}75)^2]\,3{,}24} = 148{,}5$$

A estimativa de $\hat{Y}_3$ ($\hat{Y}_0 = 167{,}8$) supera o valor S = 148,5 e é, portanto, significativa ao nível de 5% de probabilidade, como se esperava. Mas esse contraste é excessivamente complicado e, provavelmente, não tem nenhum interesse. Os contrastes que mais interessam são aqueles entre duas médias apenas ou outros sugeridos pelos tratamentos, e não pelos valores de suas médias, como $Y_0$.

Quanto ao teste **t**, poderia ser aplicado a três contrastes ortogonais escolhidos previamente. Por exemplo:

$$\begin{aligned} Y_1 &= m_1 - m_2 \\ Y_2 &= \qquad\qquad m_3 - m_4 \\ Y_3 &= m_1 + m_2 - m_3 - m_4 \end{aligned}$$

Temos:

$$\hat{Y}_1 = 26,0 - 39,0 = -13,0$$

$$\hat{V}(\hat{Y}_1)\left(\frac{1}{5}+\frac{1}{5}\right)s^2 = \frac{2}{5}s^2$$

$$s(\hat{Y}_1) = s\sqrt{\frac{1}{5}} = 8,3 \times 0,6325 = 5,25$$

$$t = \frac{-13,0}{5,25} = -2,48$$

Há 16 graus de liberdade para o resíduo, logo o limite de **t** para 5% (Tabela 5) é 2,12, e para 1% é 2,92. Segue-se que o valor encontrado é significativo para 5%, o que indica que as rações A e B produzem resultados distintos por esse teste.

Obtemos, analogamente:

$$\hat{Y}_2 = 32,0 - 22,0 = 10,0$$

$$s(\hat{Y}_2) = s\sqrt{\frac{2}{5}} = 5,25 \qquad t = 1,90$$

e ainda:

$$\hat{Y}_3 = 11,0 \qquad s(\hat{Y}_3) = s\sqrt{\frac{4}{5}} = 7,42 \qquad t = \frac{11,0}{7,42} = 1,48$$

Os dois últimos valores de **t** encontrados não são significativos, o que indica não ter sido comprovada diferença em nenhum desses dois contrastes.

## 4.3. Um exemplo com parcela perdida

Consideremos os mesmos dados do exemplo anterior, mas suponhamos que morreu o primeiro animal do lote que recebeu a ração A, ou que por qualquer outro motivo essa ração foi fornecida apenas a quatro animais. Os dados a analisar serão, pois, os da tabela que se segue, cuja análise da variância é dada a seguir.

| Rações | | | |
|---|---|---|---|
| **A** | **B** | **C** | **D** |
| — | 40 | 39 | 27 |
| 19 | 35 | 27 | 12 |
| 31 | 46 | 20 | 13 |
| 15 | 41 | 29 | 28 |
| 30 | 33 | 45 | 30 |
| 95 | 195 | 160 | 110 |

| Causa de variação | GL | SQ | QM | F |
|---|---|---|---|---|
| Tratamentos | 3 | 895,99 | 298,66 | 4,49** |
| Resíduo | 15 | 998,75 | 66,58 | |

Temos, nesse caso:

$$\Sigma x^2 = 19^2 + 31^2 + \ldots + 40^2 + \ldots + 30^2 = 18.400$$

$$\Sigma x = 19 + 31 + \ldots + 40 + \ldots + 30 = 560$$

$$C = \frac{560^2}{19} = 16.505,26$$

$$SQTotal = \Sigma x^2 - C = 1.894,74$$

$$SQT = \frac{95^2}{4} + \frac{195^2 + 160^2 + 110^2}{5} - C = 895,99$$

O quadrado de 95 é dividido por 4 porque 95 é a soma de 4 parcelas apenas. Os outros quadrados são divididos por 5 porque cada um se refere a 5 parcelas.

Temos ainda:

SQResíduo = SQTotal – SQT = 998,75

O número de graus de liberdade para o resíduo é, como no caso anterior, obtido por diferença: 18 – 3 = 15.

A seguir, completa-se a análise da variância da mesma maneira como foi feito anteriormente.

A comparação entre duas médias quaisquer pode ser feita pelo teste de Tukey. Se ambas tiverem 5 repetições e se adotarmos o nível de 5% de probabilidade, usaremos, com $s = \sqrt{66,58} = 8,2$:

$$\Delta = 4,08\frac{8,2}{\sqrt{5}} = 15,0$$

Já quando uma das médias a comparar for a que tem só 4 repetições, utilizaremos:

$$\Delta' = 4,08\sqrt{\frac{1}{2}\left(\frac{1}{4}+\frac{1}{5}\right)66,58} = 15,8$$

As médias, em ordem decrescente, são:

$\hat{m}_2 = 39,0$ a
$\hat{m}_3 = 32,0$ ab
$\hat{m}_1 = 23,8$ ab
$\hat{m}_4 = 22,0$ b

Só diferirá significativamente, portanto, pelo teste de Tukey, ao nível de 5% de probabilidade, a maior média em relação à menor.

Já pelo teste de Duncan a comparação entre a maior e a menor média, ambas com 5 repetições, será testada, ao nível de 5% de probabilidade, perante o valor:

$$D_4 = 3,25\frac{8,2}{\sqrt{5}} = 11,9$$

ao passo que a comparação entre a maior média (39,0) e a penúltima (23,8), uma com 5 e a outra com 4 repetições, será testada por:

$$D_3' = 3,16\sqrt{\frac{1}{5}\left(\frac{1}{4}+\frac{1}{5}\right)66,58} = 12,2$$

Por esse teste, há, pois, diferença significativa, ao nível de 5% de probabilidade, entre essas médias. O resultado final das comparações pelo teste de Duncan aparece resumido a seguir, pela convenção já conhecida.

| 39,0 | 32,0 | 23,8 | 22,0 |
|---|---|---|---|
| a | ab | b | b |

Para comparar, por exemplo, os três tratamentos de maior média com o de menor média, o teste de Scheffé é indicado. Ele se aplicará ao contraste:

$$Y = m_1 + m_2 + m_3 - 3m_4$$

e obteremos, ao nível de 5% de probabilidade:

$$S = 8,2\sqrt{3\left(\frac{1}{4}+\frac{1}{5}+\frac{1}{5}+\frac{9}{5}\right)3,29} = 40,3$$

Como:

$$\hat{Y} = 23,8 + 39,0 + 32,0 - 3(22,0) = 25,2$$

vê-se que o contraste não é significativo ao nível de 5%.

Se escolhido de antemão, podemos testar pelo teste **t** o contraste entre os tratamentos A e B, por exemplo.

Temos:

$$\hat{Y} = -\hat{m}_1 + \hat{m}_2 = -23,8 + 39,0 = 15,2$$

$$s(\hat{Y}) = 8,2\sqrt{\frac{1}{4}+\frac{1}{5}} = 5,50$$

$$t = \frac{15,2}{5,50} = 2,76$$

Com 15 graus de liberdade, o limite de **t** para 5% é 2,13, e para 1% é de 2,95. Logo, o contraste é significativo ao nível de 5% pelo teste **t**, ao passo que não o era pelo teste de Tukey. Mas se a comparação tiver sido escolhida *a priori*, antes de examinar os dados, ou se tiver fundamento em motivos biológicos estranhos aos resultados obtidos no experimento, o teste **t** é perfeitamente válido, e a conclusão indicada por ele deve prevalecer sobre as obtidas por outros testes. Aliás, o teste de Duncan, no caso em questão, produziu resultado que concorda com aquele obtido pelo teste **t**.

## 4.4. Um ensaio de alimentação de leitoas

Tomemos como exemplo um experimento realizado pelos técnicos Manoel Becker, Luís Paulin Neto, Geraldo Leme da Rocha e Benjamin Cintra. Dois tratamentos foram estudados (feno de alfafa e feno de quicuio), aplicados a 8 leitoas Duroc Jersey bem homogêneas. A quatro leitoas, escolhidas por sorteio, foi fornecida a ração com feno de alfafa, e às quatro restantes, a ração com feno de quicuio. Os ganhos de peso no período experimental (três meses) são dados a seguir.

| | Feno de alfafa | Feno de quicuio |
|---|---|---|
| | 67,5 kg | 65,0 kg |
| | 70,5 kg | 58,5 kg |
| | 76,0 kg | 65,0 kg |
| | 67,5 kg | 64,0 kg |
| Médias | 70,4 kg | 63,1 kg |

A análise da variância, que não apresenta dificuldades, conduziu aos seguintes resultados:

| Causa de variação | GL | SQ | QM | F |
|---|---|---|---|---|
| Rações | 1 | 105,13 | 105,13 | 9,70* |
| Resíduo ou erro | 6 | 77,37 | 12,90 | |
| Total | 7 | 182,50 | s = 3,59 | |

A significação do teste F, ao nível de 5% de probabilidade, indica que uma diferença entre médias, como a que foi obtida ou maior, poderia ser obtida por acaso em menos de 5% dos casos. Em outras palavras, se concluirmos que o feno de alfafa é realmente melhor, haverá mais de 95% de probabilidade de estarmos fazendo uma afirmação correta.

Em um caso como esse, em que comparamos apenas duas médias e temos, pois, um só grau de liberdade para tratamentos, os testes F, **t**, de Tukey, de Scheffé e de Duncan são todos exatamente equivalentes, de modo que é inútil aplicar qualquer outro teste além do teste F, já utilizado.

As médias obtidas são:

Feno de alfafa: 70,4 kg
Feno de quicuio: 63,1 kg

cada uma delas com erro padrão:

$$\sqrt{\frac{12,90}{4}} = 1,80 \text{ kg}$$

Note-se que esse ensaio não obedeceu às normas explicitadas anteriormente sobre os mínimos de 20 parcelas e de 10 graus de liberdade para o resíduo. No entanto, conduziu a resultado razoável, graças principalmente ao baixo coeficiente de variação (5,4%). Seria muito melhor, sem nenhuma dúvida, se contasse com os mínimos indicados, pois então seriam mais precisos os resultados. No entanto, o experimento, embora do tipo mais simples e com poucos animais, atingiu plenamente o fim objetivado.

## 4.5. Bibliografia

COCHRAN, WILLIAM G.; COX, GERTRUDE M. **Experimental designs**. Nova York: John Wiley, 1957.

DUNCAN, DAVID B. Multiple range and multiple F tests. **Biometrics, 11**: 1-42, 1955.

FEDERER, WALTER T. **Experimental design**. Nova York: Macmillan, 1955.

JOHN, P. W. M. **Statistical design and analysis of experiments**. Nova York: Macmillan, 1971.

KRAMER, CLYDE YOUNG. Extension of multiple range tests to group means with unequal numbers of replications. **Biometrics, 12**: 307-10, 1956.

PIMENTEL-GOMES, F. **Iniciação à estatística**. 6. ed. São Paulo: Nobel, 1978.

PIMENTEL-GOMES, F. **A estatística moderna na pesquisa agropecuária**. 3ª ed. Piracicaba, SP: Potafós, 1987.

SNEDECOR, GEORGE W.; COCHRAN, W. G. **Statistical methods**. 6ª ed. Ames, Iowa: Iowa State College Press, 1967.

# 5

# EXPERIMENTOS EM BLOCOS CASUALIZADOS

## 5.1. Generalidades

Os blocos ao acaso, ou blocos casualizados, constituem talvez o tipo mais importante de delineamento. O controle local neste caso é representado pelos blocos, cada um dos quais inclui todos os tratamentos. Para que o experimento seja eficiente, cada bloco deverá ser tão uniforme quanto possível, mas os blocos poderão diferir bastante uns dos outros. Por exemplo, se nos interessa estudar a adubação dos canaviais de uma usina de açúcar, escolheremos para cada bloco um terreno bem uniforme, mas poderemos espalhar os blocos por toda a propriedade, obtendo, assim, conclusões válidas para toda a área cultivada, e não apenas para determinado local.

Nos experimentos zootécnicos, cada bloco será constituído de animais com características semelhantes. Por exemplo, se estudarmos rações para gado leiteiro, poderemos pôr no mesmo bloco animais de idades, épocas de parição e produções de leite semelhantes. E, para obtermos conclusões gerais, poderemos pôr num bloco as melhores vacas, em outro, as piores, e em outros, ainda, vacas de produção intermediária.

Dentro de cada bloco, os tratamentos são atribuídos às parcelas inteiramente ao acaso. Num experimento com 6 tratamentos (variedades A, B, C, D, E, F, por exemplo) e 4 repetições, poderíamos ter o seguinte plano:

1º bloco: C A D B F E
2º bloco: E B D A F C
3º bloco: A F B C E D
4º bloco: F E A B D C

Mas as parcelas, no campo, não precisam estar em linha. Poderiam ficar num grupo compacto, como é comum em terrenos planos, nos quais, em geral, não se conhece a direção em que varia a fertilidade. O primeiro bloco poderia, portanto, ter a seguinte disposição:

C A D
B F E

ou esta outra, se considerada conveniente:

C A D B
F E

pois o essencial não é a disposição topográfica, mas sim a homogeneidade dessas parcelas dentro do bloco. Nas encostas, onde a fertilidade geralmente decresce seguindo as linhas de maior declive, as parcelas de cada bloco, em geral, seguem uma mesma curva de nível.

## 5.2. Um exemplo

Num experimento de competição de variedades de batatinha feito pelo engenheiro agrônomo Oscar A. Garay em Balcarce, Argentina, em blocos casualizados, as produções obtidas, em t/ha, foram as seguintes:

| Variedades | 1º bloco | 2º bloco | 3º bloco | 4º bloco | Totais de variedades |
|---|---|---|---|---|---|
| Kennebec | 9,2 | 13,4 | 11,0 | 9,2 | 42,8 |
| Huinkul | 21,1 | 27,0 | 26,4 | 25,7 | 100,2 |
| S. Rafaela | 22,6 | 29,9 | 24,2 | 25,1 | 101,8 |
| Buena Vista | 15,4 | 11,9 | 10,1 | 12,3 | 49,7 |
| B 25-50 E | 12,7 | 18,0 | 18,2 | 17,1 | 66,0 |
| B 1-52 | 20,0 | 21,1 | 20,0 | 28,0 | 89,1 |
| B 116-51 | 23,1 | 24,2 | 26,4 | 16,3 | 90,0 |
| B 72-53 A | 18,0 | 24,6 | 24,0 | 24,6 | 91,2 |
| **Totais de blocos** | 142,1 | 170,1 | 160,3 | 158,3 | 630,8 |

Temos agora:

$$\Sigma x^2 = (9,2)^2 + (21,1)^2 + \dots + (13,4)^2 + \dots + (24,6)^2 = 13.584,36$$

$$G = \Sigma x = 9,2 + 21,1 + \dots + 13,4 + \dots + 24,6 = 630,8$$

$$C = \frac{(630,8)^2}{32} = 12.434,65$$

$$\text{SQTotal} = \Sigma x^2 - C = 1.149,71$$

$$\text{SQT} = \frac{1}{4}[(42,8)^2 + (100,2)^2 + \dots + (91,2)^2] - C = 919,72$$

E, sendo SQB a soma de quadrados para blocos, temos ainda:

$$\text{SQB} = \frac{1}{8}[(142,1)^2 + \dots + (158,3)^2] - C = 50,53$$

Finalmente, a soma de quadrados para o resíduo será:

SQR = 1.149,71 – 919,72 – 50,53 = 179,46

Temos, pois, a seguinte análise de variância:

| **Causa de variação** | **GL** | **SQ** | **QM** | **F** |
|---|---|---|---|---|
| Blocos | 3 | 50,53 | 16,84 | 1,97 |
| Tratamentos | 7 | 919,72 | 131,39 | 15,37** |
| Resíduo | 21 | 179,46 | 8,55 | |
| | 31 | 1.149,71 | s = 2,92 | |

O número de graus de liberdade para tratamentos é 8 – 1 = 7, e para blocos é 4 – 1 = 3. Como ao todo temos 32 – 1 = 31 graus de liberdade, restam 21 para o resíduo.

O valor de F para blocos é:

$$F = \frac{16,84}{8,55} = 1,97$$

com 3 e 21 graus de liberdade. O resultado obtido (1,97) não é significativo, pois não atinge o limite de 5% de probabilidade (3,07). Raramente interessa testar o efeito de blocos, de modo que, em geral, nem é preciso calcular o quadrado médio e o valor de F.

O valor de F para tratamentos é:

$$F = \frac{131,39}{8,55} = 15,37^{**}$$

Para o nível de 1% de probabilidade, o valor da tabela de limites unilaterais de F (Tabela 2), com 7 e 21 graus de liberdade, é 3,64. Logo, o valor obtido (15,37) é significativo ao nível de 1% de probabilidade, o que se indica com dois asteriscos.

Note-se que o efeito dos tratamentos é inteiramente independente de ser ou não significativo o efeito de blocos.

Para comparar as médias de tratamentos entre si, podemos usar o teste de Tukey. Precisamos procurar o valor de **q** (Tabelas 6, 7 e 8) com n = 8 tratamentos e n' = 21 graus de liberdade para o resíduo. A Tabela 7 dá q = 4,77 para n = 8; n' = 20 e q = 4,68 para n = 8; n' = 24. O valor desejado pode ser obtido por interpolação harmônica, que se faz tomando por base as recíprocas dos números de graus de liberdade. Temos, pois, para $x = \frac{1}{20}$, o valor q = 4,77 e, para $x = \frac{1}{24}$, $q = 4,68$.

Como:

$$\frac{1}{20} - \frac{1}{24} = \frac{1}{120}$$

então uma variação de 1/120 nos deu uma diminuição de 4,77 – 4,68 = 0,09 no valor de **q**. Por outro lado:

$$\frac{1}{20} - \frac{1}{21} = \frac{1}{420}$$

Logo, fazemos a regra de três:

$$\frac{1}{120} \longrightarrow 0,09$$

$$\frac{1}{420} \longrightarrow y$$

$$y = (0,09)\frac{1}{420} : \frac{1}{120} = (0,09)\frac{120}{420} = 0,026 \approx 0,03$$

Segue-se que o valor de **q** correspondente a 8 tratamentos e 21 graus de liberdade para o resíduo é q = 4,77 – 0,03 = 4,74.

A interpolação linear, mais fácil mas menos aconselhável, nesse caso dá q = 4,75, valor praticamente igual ao obtido anteriormente.

Temos, pois, para o nível de 5%:

$$\Delta = 4,74\frac{2,92}{\sqrt{4}} = 6,92$$

pois o desvio padrão residual é $s = \sqrt{8,55} = 2,92$.

As médias de tratamentos, em ordem decrescente, são:

1. S. Rafaela ________ 25,5 t/ha
2. Huinkul ________ 25,1 t/ha
3. B 72-53 A ________ 22,8 t/ha
4. B 116-51 ________ 22,5 t/ha
5. B 1-52 ________ 22,3 t/ha
6. B 25-50 E ________ 16,5 t/ha
7. Buena Vista ________ 12,4 t/ha
8. Kennebec ________ 10,7 t/ha

Qualquer diferença entre duas dessas médias superior a 6,92 é significativa ao nível de 5%. Logo, a variedade S. Rafaela não difere significativamente das quatro que lhe seguem, mas supera todas as demais variedades, de B 25-50 E em diante.

Se usássemos o teste de Duncan, teríamos, ao nível de 5% de probabilidade:

$$D_2 = 2,94\frac{2,92}{\sqrt{4}} = 4,29$$

$$D_3 = 3,09\frac{2,92}{\sqrt{4}} = 4,51$$

Ainda:

$D_4 = 4,64$ $D_5 = 4,74$ $D_6 = 4,81$ $D_7 = 4,86$ $D_8 = 4,90$

Agora a diferença entre a média de produção da variedade B 25-50 E e a da variedade Kennebec, igual a 5,8 t/ha, se torna significativa ao nível de 5% de probabilidade, pois excede o valor $D_3 = 4,51$.

O resultado final das comparações é dado a seguir:

25,5  25,1  22,8  22,5  22,3        16,5  12,4  10,7

ou

| 25,5 | 25,1 | 22,8 | 22,5 | 22,3 | 16,5 | 12,4 | 10,7 |
|---|---|---|---|---|---|---|---|
| a | a | a | a | a | b | bc | c |

Há, pois, um grupo de variedades de alta produção (S. Rafaela, Huinkul, B 72-53 A, B 116-51, B 1-52), que se destacam nitidamente das demais, do ponto de vista estatístico.

Para comparar grupos de tratamentos, pode-se usar o teste de Scheffé, de maneira inteiramente análoga àquela mostrada no capítulo anterior. Por exemplo, para comparar a média das duas variedades de maior produção (S. Rafaela, Huinkul) e a média das três seguintes (B 72-53 A, B 116-51, B 1-52), usaríamos o contraste:

$$Y = 3m_1 + 3m_2 - 2m_3 - 2m_4 - 2m_5$$

para o qual, se tomarmos o nível de 5% de probabilidade, teremos:

$$S = 2,92\sqrt{\left(\frac{7}{4}\right)(9+9+4+4+4)2,49} = 33,39$$

Como:

$$\hat{Y} = 3(25,5 + 25,1) - 2(22,8 + 22,5 + 22,3) = 16,6$$

verificamos que esse contraste não é significativo ao nível de 5% de probabilidade pelo teste de Scheffé.

## 5.3. Outro exemplo

Em uma pesquisa sobre o efeito do óleo de milho no teor de colesterol do sangue, o médico Dr. Ben Hur C. Paiva obteve os dados da Tabela 5.3.1, relativos a sete pacientes.

A análise é feita tomando-se os pacientes como blocos. Os resultados obtidos são dados a seguir.

**Tabela 5.3.1.** Teor de colesterol no sangue, em mg por 100 g.

| | **Antes da dieta de óleo de milho** | **Depois da dieta de óleo de milho** | **Totais de blocos** |
|---|---|---|---|
| 1º paciente | 270 | 175 | 445 |
| 2º paciente | 410 | 308 | 718 |
| 3º paciente | 350 | 248 | 598 |
| 4º paciente | 360 | 231 | 591 |
| 5º paciente | 350 | 196 | 546 |
| 6º paciente | 430 | 190 | 620 |
| 7º paciente | 268 | 252 | 520 |
| **Totais de tratamentos** | 2.438 | 1.600 | 4.038 |

**Análise da variância**

| **Causa de variação** | **GL** | **SQ** | **QM** | **F** |
|---|---|---|---|---|
| Blocos | 6 | 22.000 | | |
| Tratamentos | 1 | 50.160 | 50.160 | 21,70** |
| Resíduo | 6 | 13.863 | 2.311 | |

Há, pois, efeito significativo da dieta sobre o teor de colesterol no sangue. As médias são as seguintes:

Antes da dieta________ 348,3 ± 18,2 mg
Depois da dieta________ 228,6 ± 18,2 mg

A diferença para menos é 119,7 ± 25,7 mg. O intervalo de confiança para essa diferença, ao nível de 95% de probabilidade, tem por extremos 56,7 mg e 182,7 mg.

Note-se que, nesse caso, não foram atendidas as recomendações gerais dadas em 3.10, relativas ao uso de no mínimo 20 parcelas e à exigência de pelo menos 10 graus de liberdade para o resíduo. No entanto, uma vez que o resultado foi significativo, a conclusão permanece válida, sem que nenhuma objeção possa ser levantada contra ela. Se, porém, o resultado não fosse significativo, poderíamos admitir que tal fato decorresse da deficiente precisão do ensaio, o que poderia ser corrigido com a inclusão de mais alguns pacientes, isto é, com o aumento do número de repetições.

Snedecor e Cochran (1967) discutem longamente casos como esse, de ensaio em blocos casualizados com apenas dois tratamentos, freqüentemente mencionados na bibliografia como 'dados emparelhados'. Parece-nos preferível, porém, aplicar-lhes o método geral da análise dos ensaios em blocos ao acaso.

Convém observar, porém, que, com dois tratamentos por bloco, a análise da variância e os testes **t** e F são perfeitamente válidos, mesmo que cada tratamento tenha uma variância diferente, o que contrariaria a hipótese **c** da seção 2.3. Em outras palavras, se antes da dieta a variância fosse $\sigma_1^2$, e depois da dieta fosse $\sigma_2^2$, o quadrado médio do resíduo estimaria $(\sigma_1^2+\sigma_2^2)/2$, isto é, a média das duas variâncias. O teste F aplicado nesta seção continua válido e corresponderia exatamente ao teste **t** aplicado ao contraste de tratamentos $Y = m_1 - m_2$. Só não seriam válidos os erros padrão das médias estimadas (18,2 mg), pois na verdade seriam diferentes para as duas médias, e não sabemos quanto valem, porque conhecemos apenas uma estimativa (2.311 $mg^2$) da média das duas estimativas $\sigma_1^2$ e $\sigma_2^2$. Mas é correto o erro padrão da estimativa do contraste entre as duas médias (25,7 mg), que é o que mais interessa.

## 5.4. Um exemplo com parcela perdida

Suponhamos agora que, no experimento do exemplo 5.2, tenha sido perdida a parcela com a variedade Kennebec no primeiro bloco (9,2). A análise poderá ser feita, então, mediante a estimativa de um valor que substituirá o que deveria ser obtido nessa parcela. Essa estimativa de maneira alguma representa o valor que seria obtido, pois não é possível saber qual é, mas trata-se apenas de um artifício de cálculo que conduz ao mesmo resultado a que se chegaria por processos muito mais complexos, considerando apenas os dados realmente obtidos.

No caso de um experimento em blocos ao acaso, o valor de **y** que representará a parcela perdida será:

$$y = \frac{rB + nT - G}{(r-1)(n-1)}$$

onde **B** é o total das parcelas restantes no bloco em que figura a parcela perdida, **r** é o número de blocos, **n** é o número de tratamentos, **T** é o total do tratamento de parcela perdida nos outros blocos e **G** é o total das parcelas disponíveis. No caso, temos B = 132,9; T = 33,6; G = 621,6; r = 4; n = 8. Logo:

$$y = \frac{4(132,9) + 8(33,6) - 621,6}{3 \times 7} = 8,5$$

Esse valor é colocado no lugar do dado perdido e a análise é feita como anteriormente, com a única diferença de que se perde um grau de liberdade para o resíduo. Obtemos, pois, a seguinte análise da variância:

| **Causa de variação** | **GL** | **SQ** | **QM** | **F** |
|---|---|---|---|---|
| Blocos | 3 | 53,31 | | |
| Tratamentos | 7 | 932,45 | 133,21 | 14,87** |
| Resíduo | 20 | 179,15 | 8,96 | |
| Total | 30 | 1.164,91 | s = 2,99 | |

Cumpre salientar, porém, que na última análise o quadrado médio relativo ao resíduo está corretamente estimado, mas o que corresponde a tratamentos está ligeiramente exagerado. Para corrigi-lo, basta subtrair da soma dos quadrados para tratamentos o número **U**, dado pela fórmula:

$$U = \frac{n-1}{n}\left(y - \frac{B}{n-1}\right)^2$$

No caso, obtemos:

$$U = \frac{7}{8}\left(8,5 - \frac{132,9}{7}\right)^2 = 96,47$$

Logo, a verdadeira soma de quadrados para tratamentos seria 932,45 – 96,47 = = 835,98.

O quadrado médio para tratamentos será 835,98/7 = 119,43 e obtemos, enfim:

$$F = \frac{119,43}{8,96} = 13,33^{**}$$

Essa correção em geral influi pouco, de modo que muitas vezes é dispensada. Por outro lado, como sempre reduz o quadrado médio para tratamentos, se este já for pequeno, não significativamente maior do que o quadrado médio residual, sabe-se de antemão que, depois de corrigido, também não poderá superá-lo significativamente.

O teste **t** poderá ser usado, com os cuidados já vistos anteriormente, e ainda levando-se em conta que, ao comparar a média do tratamento com parcela perdida com outro tratamento qualquer, o erro padrão da estimativa da diferença Y entre essas duas médias será:

$$s(\hat{Y}) = s\sqrt{\frac{2}{r} + \frac{n}{r(r-1)(n-1)}} = \sqrt{\hat{V}(\hat{Y})}$$

sendo, pois, um pouco maior do que o erro padrão da diferença entre as médias de dois tratamentos sem parcela perdida, que é:

$$s(\hat{Y}) = s\sqrt{\frac{2}{r}}$$

As novas médias de tratamentos são as mesmas dadas antes, com exceção apenas daquela referente à variedade Kennebec, cuja média será agora:

$$\hat{m}_1 = \frac{33,6 + 8,5}{4} = 10,5 \text{ t/ha}$$

Para comparação dessa média com a da variedade B 25 – 50 E, por exemplo, como $s = \sqrt{8,96} = 2,99$, teríamos:

$$t = \frac{16,5 - 10,5}{2,99\sqrt{\frac{2}{4} + \frac{8}{4.3.7}}} = 2,60^{*}$$

com 20 graus de liberdade.

O teste de Tukey pode ser usado ao nível de 5% de probabilidade com:

$$\Delta = 4,77\frac{2,99}{\sqrt{4}} = 7,13$$

para médias em que não houve parcela perdida, e com:

$$\Delta' = (4,77)s\sqrt{\frac{1}{2}\left[\frac{2}{r} + \frac{n}{r(r-1)(n-1)}\right]}$$

$$= (4,77)\ (2,99)\sqrt{\frac{1}{2}\left[\frac{2}{4} + \frac{8}{4.3.7}\right]}$$

$$= 7,79$$

quando uma das médias a comparar é a que teve perda de uma parcela.

O teste de Duncan pode ser aplicado de maneira análoga.

O teste de Scheffé pode ser usado em qualquer caso, levando-se em conta, porém, que, sendo $\hat{m}_i$ a estimativa da média do tratamento com parcela perdida, e $\hat{m}_u$, a estimativa da média de outro tratamento qualquer, temos:

$$\hat{V}(\hat{m}_i) = \left[\frac{1}{r} + \frac{n}{r(r-1)(n-1)}\right]s^2$$

$$\hat{V}(\hat{m}_u) = \frac{1}{r}s^2$$

$$\text{Cov}(\hat{m}_i, \hat{m}_u) = 0$$

onde Cov indica covariância. Assim, para um contraste:

$$Y = m_6 + m_7 - 2m_8$$

temos:

$$\hat{V}(\hat{Y}) = \hat{V}(\hat{m}_6) + \hat{V}(\hat{m}_7) + 4\hat{V}(\hat{m}_8)$$
$$= 2\hat{V}(\hat{m}_6) + 4\hat{V}(\hat{m}_8)$$

$$\hat{V}(\hat{Y}) = 2\frac{1}{r}s^2 + 4\left[\frac{1}{r} + \frac{n}{r(r-1)(n-1)}\right]s^2$$
$$= \left[\frac{6}{r} + \frac{4n}{r(r-1)(n-1)}\right]s^2$$

Logo, como $r = 4$, $n = 8$, $s^2 = 8{,}96$:

$$\hat{V}(\hat{Y}) = \frac{79}{42}s^2 = \frac{79}{42}8{,}96 = 16{,}85$$

Teremos, pois:

$$S = \sqrt{(n-1)\hat{V}(\hat{Y})F}$$
$$= \sqrt{7(16{,}85)(2{,}49)}$$
$$= 17{,}14$$

onde usamos o valor de F para o nível de 5% de probabilidade. Como:

$$\hat{Y} = 16{,}5 + 12{,}4 - 2(10{,}5) = 7{,}9$$

o contraste não é significativo, pelo teste de Scheffé, pois essa estimativa não supera o valor de S obtido.

## 5.5. O caso de duas parcelas perdidas

Quando há duas ou mais parcelas perdidas em um experimento em blocos casualizados, como deverá ser feita a análise?

O método mais simples e eficiente parece ser o que se segue, explicado por meio do exemplo de 5.2, em que supomos perdida uma parcela no primeiro bloco, com a variedade Kennebec (9,2), e outra no segundo bloco, com a variedade Huinkul (27,0). Começamos substituindo por incógnitas os valores perdidos e procuramos realizar a análise estatística com os valores conhecidos e com essas incógnitas. Obtemos a tabela a seguir.

| Variedades | 1º bloco | 2º bloco | 3º bloco | 4º bloco | Totais de variedades |
|---|---|---|---|---|---|
| Kennebec | x | 13,4 | 11,0 | 9,2 | 33,6 + x |
| Huinkul | 21,1 | y | 26,4 | 25,7 | 73,2 + y |
| S. Rafaela | 22,6 | 29,9 | 24,2 | 25,1 | 101,8 |
| Buena Vista | 15,4 | 11,9 | 10,1 | 12,3 | 49,7 |
| B 25-50 E | 12,7 | 18,0 | 18,2 | 17,1 | 66,0 |
| B 1-52 | 20,0 | 21,1 | 20,0 | 28,0 | 89,1 |
| B 116-51 | 23,1 | 24,2 | 26,4 | 16,3 | 90,0 |
| B 72-53 A | 18,0 | 24,6 | 24,0 | 24,6 | 91,2 |
| **Totais de blocos** | 132,9 + x | 143,1 + y | 160,3 | 158,3 | 594,6 + x + y |

Temos agora:

$$\Sigma x^2 = 12.770,72 + x^2 + y^2$$

$$\Sigma x = 594,6 + x + y \qquad C = \frac{(594,6 + x + y)^2}{32}$$

$$SQTotal = \Sigma x^2 - C$$

$$SQT = \frac{1}{4}[(33,6 + x)^2 + (73,2 + y)^2 + \ldots] - C$$

$$SQB = \frac{1}{8}[(132,9 + x)^2 + (143,1 + y)^2 + \ldots] - C$$

$$Z = SQR = SQTotal - SQT - SQB = 12.770,72 + x^2 + y^2 -$$

$$-\frac{1}{4}[(33,6 + x)^2 + (73,2 + y)^2 + \ldots] -$$

$$-\frac{1}{8}[(132,9 + x)^2 + (143,1 + y)^2 + \ldots] + \frac{(594,6 + x + y)^2}{32}$$

Na última igualdade, só fazemos figurar os termos que encerram as variáveis **x** e **y**, pois os demais não interessam.

Agora procuraremos determinar **x** e **y** de maneira que seja mínima a soma de quadrados do resíduo (Z = SQR). Isto se consegue facilmente igualando a zero as derivadas parciais $\partial Z/\partial x$, $\partial Z/\partial y$. Obtemos:

$$\frac{1}{2}\frac{\partial Z}{\partial x} = x - \frac{1}{4}(33,6 + x) - \frac{1}{8}(132,9 + x) + \frac{1}{32}(594,6 + x + y) = 0$$

$$\frac{1}{2}\frac{\partial Z}{\partial y} = y - \frac{1}{4}(73,2 + y) - \frac{1}{8}(143,1 + y) + \frac{1}{32}(594,6 + x + y) = 0$$

de onde formamos o sistema de equações:

$$\begin{cases} 21x + \phantom{21}y = 205,8 \\ \phantom{21}x + 21y = 563,4 \end{cases}$$

Daí tiramos x = 8,5, y = 26,4. Com estes valores, podemos terminar a análise da maneira usual, com os resultados dados a seguir.

| **Causa de variação** | **GL** | **SQ** | **QM** | **F** |
|---|---|---|---|---|
| Blocos | 3 | 51,46 | | |
| Variedades | 7 | 926,10 | 132,30 | 14,04** |
| Resíduo | 19 | 178,93 | 9,42 | |
| Total | 29 | 1.156,49 | s = 3,06 | |

Note-se que as duas parcelas perdidas acarretam a perda de dois graus de liberdade no resíduo.

A soma de quadrados para o resíduo encontra-se corretamente estimada por esse processo, mas a que corresponde a tratamentos (variedades, neste caso) está ligeiramente exagerada. A sobreestimação resultante para o quadrado médio de tratamentos em geral é desprezível, mas, em um trabalho rigoroso, poderá ser corrigida, da maneira explicada a seguir.

Substituímos novamente por **x** e **y** os dados perdidos e obtemos, mais uma vez, a soma dos quadrados para o resíduo, agora, porém, sem levar em conta os tratamentos.

$$Z = SQRC = x^2 + y^2 + \ldots - \frac{1}{8}[(132,9 + x)^2 + (143,1 + y)^2 + \ldots]$$

SQRC é o que se costuma chamar soma de quadrados para o resíduo, ou erro, condicional, isto é, a soma dos quadrados para o resíduo quando os tratamentos são desprezados. A seguir, igualamos a zero as derivadas parciais $\partial Z/\partial x$ e $\partial Z/\partial y$ e resolvemos o sistema de equações obtido. Chegamos assim ao sistema:

$$x - \frac{1}{8}(132,9 + x) = 0$$

$$y - \frac{1}{8}(143,1 + y) = 0$$

de onde tiramos x = 19,0 e y = 20,4. Com estes valores, podemos agora calcular SQRC:

$$\text{SQRC} = \text{SQTotal} - \text{SQB} = 977,78$$

Mas SQRC inclui a soma de quadrados para tratamentos, que agora pode ser obtida por subtração:

$$\begin{aligned} \text{SQT} &= \text{SQRC} - \text{SQR} \\ &= 977,78 - 178,93 \\ &= 798,85 \end{aligned}$$

Esse é o verdadeiro valor da soma de quadrados para tratamentos. O quadrado médio correspondente é:

$$\text{QMT} = \frac{798,85}{7} = 114,12$$

Logo:

$$F = \frac{114,12}{9,42} = 12,11^{**}$$

Note-se que esse valor de F é inferior ao obtido anteriormente, sem a correção de que estamos tratando.

O método que acaba de ser descrito é bem geral e pode ser usado quando há três ou mais parcelas perdidas, e ainda para delineamentos mais complicados do que os blocos casualizados.

As médias de tratamentos são as seguintes:

1. S. Rafaela ________ 25,5 t/ha
2. Huinkul ________ 24,9 t/ha
3. B 72-53 A ________ 22,8 t/ha
4. B 116-51 ________ 22,5 t/ha
5. B 1-52 ________ 22,3 t/ha
6. B 25-50 E ________ 16,5 t/ha
7. Buena Vista ________ 12,4 t/ha
8. Kennebec ________ 10,5 t/ha

Para os testes de comparação de médias, necessitamos calcular a estimativa da variância de um contraste. Para isto há uma regra aproximada de J. Taylor, baseada no **número efetivo de repetições**.

Consideremos o contraste $Y = m_i - m_u$, entre as médias dos tratamentos **i** e **u**, e seja **n** o número de tratamentos. Tomamos como igual a um o número efetivo de repetições do tratamento **i** para cada bloco em que **i** e **u** ocorram; esse número será igual a (n – 2)/(n – 1) para cada bloco em que o tratamento **i** aparecer, mas **u** não aparecer; finalmente, o número efetivo de repetições será zero quando **i** não aparecer no bloco. Para o tratamento **u** adota-se a mesma regra.

Por exemplo, para comparar a variedade 2 (Huinkul) com a variedade 6 (B 25-50 E), temos, para a primeira, $r_1 = 3$ repetições efetivas e, para a segunda, $r_2 = 3 + 6/7 = 27/7$ repetições efetivas. Logo:

$$\hat{V}(\hat{m}_2 - \hat{m}_6) = \left(\frac{1}{r_1} + \frac{1}{r_2}\right)s^2 = \left(\frac{1}{3} + \frac{7}{27}\right)s^2 = \frac{16}{27}(9,42)$$

Essa regra se aplica a qualquer caso de parcelas perdidas, com boa aproximação.

No caso do teste de Tukey, por exemplo, teríamos, para o nível de 5% de probabilidade:

$$\Delta = q\sqrt{\frac{1}{2}\hat{V}(\hat{Y})}$$

$$= 4,79\sqrt{\left(\frac{1}{2}\right)\left(\frac{16}{27}\right)9,42}$$

$$= 8,00$$

Como:

$$\begin{aligned} \hat{Y} &= \hat{m}_2 - \hat{m}_6 \\ &= 24,9 - 16,5 \\ &= 8,4 \end{aligned}$$

verifica-se que o contraste em estudo é significativo.

## 5.6. Outros tipos de ensaios em blocos casualizados

O delineamento que acabamos de estudar neste capítulo se denominaria com mais propriedade delineamento em **blocos completos casualizados**, porque são feitos ensaios mais complexos, em que se organizam blocos, mas cada um deles não inclui todos os tratamentos: temos então os **blocos incompletos casualizados**, dos quais alguns tipos são discutidos nos Capítulos 10 e 11. Por outro lado, há casos, raros, em que cada bloco inclui todos os tratamentos duas ou mais vezes. Podemos ter, por exemplo, em um experimento com 3 tratamentos, blocos de 6 parcelas, com duas repetições de cada tratamento em cada bloco. O delineamento assim obtido tem a vantagem de proporcionar, com o mesmo número de parcelas, maior número de graus de liberdade para o resíduo.

Um exemplo interessante de ensaio em blocos casualizados com duas repetições por bloco é dado por um experimento do engenheiro agrônomo Duvilio Ometto, com dois tratamentos (aradura profunda e aradura superficial) e 12 repetições. Se o experimento fosse em blocos completos casualizados do tipo usual (com uma repetição por bloco), o número de graus de liberdade do resíduo seria 11. Como, porém, foram feitos apenas 6 blocos, cada um com duas repetições para cada tratamento, o esquema de análise da variância passa a ser o seguinte:

| **Causa de variação** | **GL** |
|---|---|
| Blocos | 5 |
| Tratamentos | 1 |
| Resíduo | 17 |
| Total | 23 |

Ganhamos, pois, 6 graus de liberdade para o resíduo.

Designando-se por A e B os dois tratamentos, cada bloco incluirá tanto A como B duas vezes, em ordem obtida por sorteio, como, por exemplo: ABBA, ABAB, AABB etc.

A análise segue normas inteiramente análogas às que se usam para os blocos casualizados, como veremos a seguir.

No ensaio referido, os dados de produção de milho, em kg por parcela de 200 m$^2$, foram os indicados a seguir.

| | **Aradura profunda** | | **Aradura normal** | | **Totais de blocos** |
|---|---|---|---|---|---|
| 1º bloco | 5,5 | 7,0 | 6,0 | 6,8 | 25,3 |
| 2º bloco | 6,8 | 6,2 | 5,2 | 5,9 | 24,1 |
| 3º bloco | 4,6 | 6,0 | 4,4 | 4,7 | 19,7 |
| 4º bloco | 6,4 | 6,8 | 7,2 | 5,6 | 26,0 |
| 5º bloco | 7,7 | 8,8 | 7,1 | 6,4 | 30,0 |
| 6º bloco | 6,2 | 5,8 | 7,6 | 4,5 | 24,1 |

Temos:

$$\Sigma x = 149,2 \qquad \Sigma x^2 = 955,22$$

$$C = \frac{(149,2)^2}{24} = 927,53$$

$$SQTotal = 955,22 - 927,53 = 27,69$$

$$SQT = \frac{1}{12}[(77,8)^2 + (71,4)^2] - C = 1,70$$

$$SQB = \frac{1}{4}[(25,3)^2 + \ \dots \ + (24,1)^2] - C = 13,92$$

Obtemos, pois, a análise de variância dada a seguir, na qual não foi significativo o efeito de tratamentos.

| **Causa de variação** | **GL** | **SQ** | **QM** | **F** |
|---|---|---|---|---|
| Blocos | 5 | 13,92 | | |
| Tratamentos | 1 | 1,70 | 1,70 | 2,39 |
| Resíduo | 17 | 12,07 | 0,71 | |
| Total | 23 | 27,69 | | |

## 5.7. O caso de um bloco ou tratamento perdido

Uma das vantagens dos ensaios em blocos casualizados é que a perda total de um ou mais blocos ou de um ou mais tratamentos em nada dificulta a análise estatística. Se, por exemplo, no ensaio de 5.2 fosse perdido o primeiro bloco, restariam os outros três, e teríamos, então, um ensaio em 3 blocos completos casualizados, com 8 tratamentos. Analogamente, perdidas todas as parcelas de 3 variedades, por exemplo, restariam as demais, em um ensaio com 5 tratamentos e 4 repetições, em blocos completos ao acaso.

## 5.8. Exercícios

1) Em uma horta temos 6 canteiros compridos, cada um dos quais comporta 5 parcelas. Planejar detalhadamente um experimento a ser feito nesses canteiros, com 5 tratamentos e 6 repetições, nos seguintes casos: a) inteiramente casualizado; b) em blocos casualizados.

2) O mesmo exercício anterior, supondo-se que temos só 4 tratamentos.

3) Uma fazenda dispõe de terras de dois tipos distintos, embora semelhantes (de lombada e de encosta). O fazendeiro deseja fazer um experimento com 8 fórmulas de adubação e 6 repetições. Para obter resultados bem gerais, que delineamento deverá utilizar? Se usou blocos casualizados, o que é preferível, como deverá dispor os blocos? Note-se que convirá repetir o ensaio pelo menos em dois anos agrícolas.

4) Analisar os dados seguintes, referentes à produção de cana-planta de um ensaio de variedades de cana feito pela Cooperativa dos Usineiros do Oeste do Estado de São Paulo.

| **Variedades** | **1º bloco** | **2º bloco** | **3º bloco** | **4º bloco** | **Totais de variedades** |
|---|---|---|---|---|---|
| Co 413 | 88,7 | 109,7 | 90,7 | 99,7 | 388,8 |
| Co 419 | 123,9 | 151,7 | 131,9 | 114,5 | 522,0 |
| CB 41-76 | 115,4 | 116,4 | 152,7 | 142,5 | 527,0 |
| CB 36-24 | 122,2 | 141,6 | 165,7 | 162,7 | 592,2 |
| CB 40-19 | 137,5 | 126,7 | 162,0 | 114,5 | 540,7 |
| CB 41-70 | 111,7 | 159,0 | 120,0 | 107,5 | 498,2 |
| CB 41-60 | 137,9 | 148,2 | 150,0 | 122,5 | 558,6 |
| **Totais de blocos** | 837,3 | 953,3 | 973,0 | 863,9 | 3.627,5 |

5) Em um ensaio de competição de variedades de mandioca, em blocos ao acaso, realizado pelo Instituto de Pesquisas Agronômicas do Leste (atual Centro Nacional de Pesquisa de Mandioca e Fruticultura da Embrapa), em Cruz das Almas, BA, as produções foram as seguintes, em t/ha.

| Variedades | 1º bloco | 2º bloco | 3º bloco | 4º bloco |
|---|---|---|---|---|
| Aipim bravo | 14,5 | 15,8 | 24,0 | 17,0 |
| Milagrosa | 5,7 | 5,9 | 10,5 | 6,6 |
| Sutinga | 5,3 | 7,7 | 10,2 | 9,6 |
| Salangó Preta | 4,6 | 7,1 | 10,4 | 10,8 |
| Mamão | 14,8 | 12,6 | 18,8 | 16,0 |
| Escondida | 8,2 | 8,2 | 12,7 | 17,5 |

Fazer a análise da variância e a comparação das médias. Obter intervalo de confiança para a diferença entre as variedades Mamão e Escondida.

## 5.9. Bibliografia


ANDERSON, R. L.; BANCROFT, T. A. **Statistical theory in research**. Nova York: McGraw-Hill, 1952.

CALZADA BENZA, JOSÉ. **Métodos estadísticos para la investigación**. Lima, 1964.

CARVALHO, M. J. RODRIGUES. **A estatística na experimentação agrícola**. Lisboa: Liv. Sá da Costa, 1946.

COCHRAN, WILLIAM G.; COX, GERTRUDE M. **Experimental designs**. 2ª ed. Nova York: John Wiley, 1957.

DAGNELIE, P. **Théorie et méthodes statistiques**. Presses Agronomiques de Gembloux, 1975. v. 2.

FEDERER, WALTER T. **Experimental design**. New York: Macmillan, 1955.

JOHN, P. W. M. **Statistical design and analysis of experiments**. Nova York: Macmillan, 1971.

KEMPTHORNE, O. **The design and analysis of experiments**. Nova York: John Wiley, 1952.

MYERS, J. L. **Fundamentals of experimental design**. 3ª ed. Boston: Allyn and Bacon, 1979.

PIMENTEL-GOMES, F.; CONAGIN, A. Experimentos de adubação: planejamento e análise estatística. In: EMBRAPA. **Métodos de pesquisa em fertilidade do solo**. Brasília, 1991.

STEEL, R. G. D.; TORRIE, J. H. **Principles and procedures of statistics**. 2ª ed. Nova York: McGraw-Hill, 1981.

# 6

# EXPERIMENTOS EM QUADRADOS LATINOS

## 6.1. Generalidades

Nos quadrados latinos, os blocos são organizados de duas maneiras diferentes, uns constituindo **linhas** e os outros, **colunas**.

Suponhamos, por exemplo, que queremos experimentar 5 rações (A, B, C, D, E) em 5 vacas, com 5 capins distintos usados para pastagens. Evidentemente, é aconselhável um delineamento em que cada ração seja experimentada em cada uma das vacas e com cada um dos capins. Tal delineamento, que é um quadrado latino de $5 \times 5$, poderá ter o esquema a seguir.

| | **Vaca 1** | **Vaca 2** | **Vaca 3** | **Vaca 4** | **Vaca 5** |
|---|---|---|---|---|---|
| Capim 1 | B | E | D | A | C |
| Capim 2 | C | A | B | D | E |
| Capim 3 | D | B | C | E | A |
| Capim 4 | A | C | E | B | D |
| Capim 5 | E | D | A | C | B |

Esse tipo de delineamento também é usado para eliminar a heterogeneidade do solo em duas direções perpendiculares (linhas, em uma direção, colunas, na outra), e temos então de levar em conta a localização topográfica das parcelas, como se vê no esquema seguinte de um quadrado latino de $6 \times 6$.

| | Coluna 1 | Coluna 2 | Coluna 3 | Coluna 4 | Coluna 5 | Coluna 6 |
|---|---|---|---|---|---|---|
| Linha 1 | B | F | C | A | D | E |
| Linha 2 | D | A | E | C | B | F |
| Linha 3 | A | D | F | B | E | C |
| Linha 4 | C | B | D | E | F | A |
| Linha 5 | E | C | B | F | A | D |
| Linha 6 | F | E | A | D | C | B |

Nesse caso, os tratamentos são seis (A, B, C, D, E, F), distribuídos de tal forma que cada um aparece uma só vez em cada linha ou coluna.

Os quadrados latinos constituem um bom tipo de delineamento, mas sua flexibilidade é muito menor do que a dos blocos casualizados. Como o número de repetições deve ser igual ao número de tratamentos, em geral não se usam quadrados latinos no caso de termos mais de 8 tratamentos, pois então o número de repetições seria, não raro, um tanto exagerado.

Por outro lado, os quadrados latinos de $3 \times 3$ e $4 \times 4$ encerram tão poucas parcelas que só podem ser usados se o experimento inclui vários quadrados latinos.

Os quadrados latinos mais usados são os de $5 \times 5$ a $8 \times 8$.

## 6.2. Um exemplo

Em um experimento de competição de variedades de cana-de-açúcar foram usadas cinco variedades (A, B, C, D, E) dispostas em um quadrado latino de $5 \times 5$. As produções de cana-planta, em kg por parcela, são dadas na tabela que se segue.

| | | | | | | **Totais de linhas** |
|---|---|---|---|---|---|---|
| | D432 | A518 | B458 | C583 | E331 | 2.322 |
| | C724 | E478 | A524 | B550 | D400 | 2.676 |
| | E489 | B384 | C556 | D297 | A420 | 2.146 |
| | B494 | D500 | E313 | A486 | C501 | 2.294 |
| | A515 | C660 | D438 | E394 | B318 | 2.325 |
| **Totais de colunas** | 2.654 | 2.540 | 2.289 | 2.310 | 1.970 | 11.763 |

Temos:

$$\Sigma x^2 = 5.792.451 \qquad \Sigma x = 11.763$$

$$C = \frac{(11.763)^2}{25} = 5.534.727$$

Logo:

$$SQTotal = \Sigma x^2 - C = 257.724$$

A soma dos quadrados para as linhas é:

$$SQLinhas = \frac{1}{5}[(2.322)^2 + (2.676)^2 + \dots + (2.325)^2] - C$$

$$= 30.480$$

E para as colunas obtemos:

$$SQColunas = \frac{1}{5}[(2.654)^2 + \dots + (1.970)^2] - C$$

$$= 55.640$$

Para obter a soma de quadrados relativa a tratamentos, calculamos primeiro os totais deles:

A – Co 290 ________ 2.463
B – Co 421 ________ 2.204
C – Co 419 ________ 3.024
D – POJ 2.878 ______ 2.067
E – CP 36-13 ______ 2.005

Temos, então:

$$SQT = \frac{1}{5}[(2.463)^2 + \dots + (2.005)^2] - C = 137.488$$

Podemos, então, completar a análise da variância, que é dada a seguir.

| **Causa de variação** | **GL** | **SQ** | **QM** | **F** |
|---|---|---|---|---|
| Linhas | 4 | 30.480 | | |
| Colunas | 4 | 55.640 | | |
| Tratamentos | 4 | 137.488 | 34.372 | 12,09** |
| Resíduo | 12 | 34.116 | 2.843 | |
| Total | 24 | 257.724 | | |

Podemos agora comparar entre si as diversas médias de variedades pelo teste de Tukey. Como $s = \sqrt{2.843} = 53,3$, para o nível de 5% de probabilidade temos:

$$\Delta = 4,51 \frac{53,3}{\sqrt{5}} = 107,5$$

onde q = 4,51 é o valor da Tabela 7 para n = 5 tratamentos, e n' = 12 graus de liberdade para o resíduo. As médias de tratamentos são, em ordem decrescente:

C – Co 419 ______ 604,8 a
A – Co 290 ______ 492,6 b
B – Co 421 ______ 440,8 b
D – POJ 2.878 ____ 413,4 b
E – CP 36-13 _____ 401,0 b

Vemos que a Co 419 supera todas as outras variedades, pois a diferença entre a média dela e a da variedade próxima, Co 290, é 112,2, valor que excede o limite Δ = 107,5.

O teste de Duncan pode ser usado da maneira já abordada.

A comparação entre a Co 290 e a média das duas últimas variedades poderia ser feita pelo teste de Scheffé, considerando o contraste:

$$Y = 2m_2 - m_4 - m_5$$

para o qual teríamos:

$$S = 53,3\sqrt{\frac{4}{5}(4+1+1)3,26} = 210,8$$

No entanto:

$$\hat{Y} = 2 \times 492,6 - 413,4 - 401,0 = 170,8$$

Logo, o contraste em questão não é significativo.

Se tivéssemos planejado de antemão comparar a Co 290 com a POJ 2.878, por exemplo, poderíamos fazê-lo pelo teste **t**:

$$t = \frac{492,6 - 413,4}{33,71} = 2,35\,*$$

onde:

$$33,71 = 53,3\sqrt{\frac{1}{5} + \frac{1}{5}}$$

é o erro padrão da diferença das duas médias, ambas com 5 repetições. O valor de t = 2,35 obtido é significativo ao nível de 5% de probabilidade.

Uma comparação que às vezes também é interessante é a de cada tratamento com a média geral. Tal contraste pode ser avaliado pelo teste de Scheffé. Facilmente se demonstra que, nesse caso, temos:

$$S = \sqrt{F}s(n-1)/n$$

onde **n** é o número de tratamentos. Temos, então, no caso, para o nível de 5% de probabilidade:

$$S = \frac{\sqrt{3,26} \times 53,3 \times 4}{5} = 76,75$$

Como a média geral é 470,5, logo se verifica que só a variedade Co 419 difere dela.

## 6.3. Outro exemplo

Em um experimento de adubação de cana da Usina Monte Alegre, com fertilizantes minerais e adubos verdes, havia os tratamentos que constam da tabela seguinte, com os respectivos totais de açúcar provável, em kg por parcela.

| | | **Com crotalária** | |
|---|---|---|---|
| | **Sem crotalária** | **Sem adubo mineral** | **Com adubo mineral** |
| **Com calcário** | 431,78 ($T_1$) | 490,15 ($T_2$) | 459,89 ($T_3$) |
| **Sem calcário** | 412,23 ($T_4$) | 480,74 ($T_5$) | 482,33 ($T_6$) |

O delineamento utilizado foi um quadrado latino de 6 × 6. Os valores obtidos para as parcelas constam da Tabela 6.3.1.

**Tabela 6.3.1.** Dados, em kg/parcela, de um experimento de adubação de cana-de-açúcar em quadrado latino de 6 × 6.

| | | | | | | | **Totais de linhas** |
|---|---|---|---|---|---|---|---|
| | 79,80 | 59,52 | 78,65 | 72,91 | 76,93 | 85,66 | 453,47 |
| | 83,73 | 69,85 | 74,05 | 77,25 | 84,46 | 81,10 | 470,44 |
| | 73,79 | 53,60 | 72,17 | 84,12 | 86,99 | 69,41 | 440,08 |
| | 77,93 | 87,24 | 67,54 | 89,87 | 82,99 | 72,16 | 477,73 |
| | 73,50 | 81,25 | 65,70 | 76,57 | 77,67 | 81,05 | 455,74 |
| | 64,47 | 81,31 | 85,61 | 74,55 | 63,81 | 89,91 | 459,66 |
| **Totais de colunas** | 453,22 | 432,77 | 443,72 | 475,27 | 472,85 | 479,29 | 2.757,12 |

Temos:

$$\Sigma x^2 = 213.718,8104 \qquad \Sigma x = 2.757,12 \qquad C = 211.158,6304$$

Logo:

$$SQTotal = 213.718,8104 - 211.158,6304 = 2.560,1800$$

$$SQLinhas = \frac{1}{6}[(453,47)^2 + \ \ldots \ + (459,66)^2] - C = 146,6124$$

$$SQColunas = \frac{1}{6}[(453,22)^2 + \ \ldots \ + (479,29)^2] - C = 303,5828$$

$$SQT = \frac{1}{6}[(413,78)^2 + \ \ldots \ + (482,33)^2] - C = 819,1283$$

| **Causa de variação** | **GL** | **SQ** | **QM** | **F** |
|---|---|---|---|---|
| Linhas | 5 | 146,6124 | | |
| Colunas | 5 | 303,5828 | | |
| Tratamentos | 5 | 819,1283 | 163,83 | 2,53 |
| Resíduo | 20 | 1.290,8565 | 64,54 | |
| Total | 35 | 2.560,1800 | | |

O valor de F obtido não atinge o limite de 5%, que é de 2,71. Mas é preciso considerar que os graus de liberdade para tratamentos podem e devem ser analisados com maior detalhe, isolando-se o efeito de cada causa de variação, como se segue.

## *A) Efeito do calcário*

| | |
|---|---|
| Tratamentos com calcário: | 1.381,82 (18 parcelas) |
| Tratamentos sem calcário: | 1.375,30 (18 parcelas) |
| Total geral: | 2.757,12 (36 parcelas) |

$$SQCalcário = \frac{1}{8}[(1.381,82)^2 + (1.375,30)^2] - C = 1,1808$$

com um só grau de liberdade.

### *B) Efeito da crotalária (sem considerar adubação mineral)*

| | |
|---|---|
| Tratamentos com crotalária: | 1.913,11 (24 parcelas) |
| Tratamentos sem crotalária: | 844,01 (12 parcelas) |
| Total geral: | 2.757,12 (36 parcelas) |

$$\text{SQCrotalária} = \left(\frac{1}{24}\right)(1.913{,}11)^2 + \left(\frac{1}{12}\right)(844{,}01)^2 - C = 703{,}6876$$

também com um grau de liberdade.

### *C) Efeito do adubo dentro da crotalária*

| | |
|---|---|
| Com crotalária, com adubo: | 942,22 (12 parcelas) |
| Com crotalária, sem adubo: | 970,89 (12 parcelas) |
| Com crotalária: | 1.913,11 (24 parcelas) |

$$\text{SQAd.d.Crot.} = \frac{(942{,}22)^2 + (970{,}89)^2}{12} - \frac{(1.913{,}11)^2}{24} = 34{,}2486$$

Outro processo para obter essas somas de quadrados seria considerar os contrastes ortogonais:

$$Y_1 = T_1 + T_2 + T_3 - T_4 - T_5 - T_6$$
$$Y_2 = -2T_1 + T_2 + T_3 - 2T_4 + T_5 + T_6$$
$$Y_3 = -T_2 + T_3 - T_5 + T_6$$

que dão, respectivamente, o efeito do calcário (A), o da crotalária (B) e o do adubo mineral dentro da crotalária (C).

Dada uma função linear contraste entre totais de tratamentos:

$$Y = c_1T_1 + c_2T_2 + \ \dots\ + c_nT_n$$

a soma de quadrados correspondente é:

$$SQ\hat{Y} = \frac{\hat{Y}^2}{c_1^2r_1 + c_2^2r_2 + \ \dots\ + c_n^2r_n}$$

onde:

$$\hat{Y} = c_1\hat{T}_1 + c_2\hat{T}_2 + \ \dots\ + c_n\hat{T}_n$$

e $r_1, r_2, \ldots, r_n$ são os números de repetições dos diversos tratamentos. Se o número de repetições for **r** para todos os tratamentos, teremos:

$$SQ\hat{Y} = \frac{\hat{Y}^2}{r(c_1^2 + c_2^2 + \ldots + c_n^2)}$$

Para o caso (A), teremos:

$$\hat{Y} = 431,78 + 490,15 + 459,89 - 412,23 - 480,74 - 482,33 = 6,52$$

$$SQ\hat{Y}_1 = \frac{(6,52)^2}{6 \times 6} = 1,1808$$

Analogamente, encontramos:

$$\hat{Y}_2 = 225,09$$

$$SQ\hat{Y}_2 = \frac{(225,09)^2}{(4+1+1+4+1+1)6} = 703,6876$$

$$\hat{Y}_3 = 28,67$$

$$SQ\hat{Y}_3 = \frac{(28,67)^2}{(1+1+1+1)6} = 34,2487$$

A soma de quadrados para as interações pode ser obtida por subtração:

$$SQI = 819,1283 - (1,1808 + 703,6876 + 34,2487) = 80,0112$$

com dois graus de liberdade. Mas também podemos separar esses dois graus de liberdade, considerando um grau de liberdade para a interação A × B e outro para A × C. Para a interação A × B, teríamos de considerar a função linear:

$$Y_4 = -2T_1 + T_2 + T_3 + 2T_4 - T_5 - T_6$$

obtida multiplicando-se ordenadamente os coeficientes de $Y_1$ e $Y_2$. Então:

$$\hat{Y}_4 = -52,13$$

$$SQA \times B = \frac{(52,13)^2}{(4+1+1+4+1+1)6} = 37,7436$$

E para A × C obtemos, analogamente:

$$\hat{Y}_5 = -T_2 + T_3 + T_5 - T_6$$

$$\hat{Y}_5 = -31,85$$

$SQA \times C = 42,2676$

Teríamos, portanto, a seguinte análise da variância.

| Causa de variação | GL | SQ | QM | F |
|---|---|---|---|---|
| Linhas | 5 | 146,6124 | | |
| Colunas | 5 | 303,5828 | | |
| Calcário (A) | 1 | 1,1808 | 1,18 | 0,018 |
| Crotalária (B) | 1 | 703,6876 | 703,69 | 10,90** |
| Adubo d. crot. (C) | 1 | 34,2486 | 34,25 | 0,531 |
| Interação A × B | 1 | 42,2676 | 42,27 | 0,655 |
| Interação A × C | 1 | 37,7350 | 37,74 | 0,585 |
| Tratamentos | (5) | (819,1196) | | |
| Resíduo | 20 | 1.290,6712 | 64,53 | |
| Total | 35 | 2.559,9800 | s = 8,03 | |

Vemos, pois, que o efeito da crotalária foi significativo ao nível de 1%. Todos os demais componentes são sem significação.

A aplicação do teste F, no mesmo ensaio, a cinco contrastes distintos, como nesse caso, cada um deles correspondente a um grau de liberdade para tratamentos, equivale exatamente ao uso do teste **t** para esses mesmos contrastes, nos termos da prova de Bonferroni. Nessas condições, se adotado o nível de 5% de probabilidade (Tabela 1) para o ensaio todo, deveríamos adotar para cada contraste o nível de 5/5 = 1%, o que nos levaria a usar a Tabela 2. Nela encontramos, com 1 e 20 graus de liberdade, F = 8,10, o que nos mostra que o efeito da crotalária (para o qual obtivemos F = 10,90) é significativo ao nível de 5%. Se adotássemos o nível de 1% para o ensaio, teríamos de buscar o limite de F (correspondente a $\alpha$ = 0,2%) em uma tabela especial, e obteríamos F = 12,61.

Alternativamente, podemos manter o limite de probabilidade $\alpha$, escolhido para o ensaio, e dizer que o nível correspondente para cada um de **n** contrastes estudados é $n\alpha$. Com $\alpha$ = 5%, no caso em discussão, o nível de probabilidade para cada contraste é 5 × 5 = 25%, pois temos n = 5. Já com $\alpha$ = 1%, no conjunto, o nível de probabilidade para cada contraste seria de 5 × 1 = 5%.

## 6.4. Um exemplo com parcela perdida

No exemplo discutido em 6.2, suponhamos que foi perdida a parcela com tratamento A (variedade Co 290) na primeira linha. Temos então de estimar um valor para substituir o que deveria ser obtido. A fórmula é, nesse caso:

$$y = \frac{r(L + C + T) - 2G}{(r - 1)(r - 2)}$$

onde **r** é o número de repetições; **G** é o total geral das parcelas não perdidas; **L**, **C**, **T** são, respectivamente, total da linha, da coluna e do tratamento em que figura a parcela perdida.

No caso, temos:

$$y = \frac{5(1.804 + 2.022 + 1.945) - 2 \times 11.245}{4 \times 3} = 530$$

Colocamos esse valor no lugar do número que deveria ter sido obtido na parcela perdida e realizamos a análise da variância da maneira usual. Obtemos então os resultados da tabela a seguir.

| Causa de variação | GL | SQ | QM | F |
|---|---|---|---|---|
| Linhas | 4 | 30.357 | | |
| Colunas | 4 | 56.563 | | |
| Tratamentos | 4 | 138.041 | 34.510 | 11,15** |
| Resíduo | 11 | 34.041 | 3.095 | |
| Total | 23 | 259.002 | | |

Tal como no caso dos blocos ao acaso, esse método conduz a um valor ligeiramente exagerado para o quadrado médio correspondente a tratamentos. Embora o valor obtido seja, na maioria dos casos, perfeitamente satisfatório, se quisermos ser estritamente rigorosos, poderemos corrigi-lo pela subtração da soma de quadrados de uma correção:

$$U = \left(\frac{r - 1}{r}\right)^2 \left[y - \frac{r(L + C) - G}{(r - 1)^2}\right]^2$$

onde as letras têm a mesma significação dada acima. Obtemos:

$$U = \left(\frac{4}{5}\right)^2 \left[530 - \frac{5(1.804 + 2.022) - 11.245}{16}\right]^2$$

$$= \frac{16}{25}(530 - 493)^2$$

$$= 876$$

O valor correto da soma de quadrados para tratamentos será:

$$138.041 - 876 = 137.165$$

de onde se segue que o valor correto do quadrado médio para tratamentos é 34.291 e o de F é:

$$F = \frac{34.291}{3.095} = 11,08^{**}$$

As médias, em ordem decrescente, serão agora:

C – Co 419 ________ 604,8
A – Co 290 ________ 495,0
B – Co 421 ________ 440,8
D – POJ 2.878 ______ 413,4
E – CP 36-13 ______ 401,0

Para comparar as médias entre si, o teste **t** pode ser usado, com os cuidados já apontados, e tendo em vista que o erro padrão da diferença entre a média do tratamento com uma parcela perdida e a média de outro tratamento qualquer é:

$$s\sqrt{\frac{2}{r} + \frac{1}{(r-1)(r-2)}}$$

sendo, pois, um pouco maior do que o erro padrão para a diferença entre as médias de dois tratamentos sem parcela perdida, dado por:

$$s\sqrt{\frac{2}{r}}$$

com $s = \sqrt{3.095} = 55,6.$

Os testes de Tukey e de Duncan podem ser usados da maneira explicada no Capítulo 3. Para o teste de Tukey, por exemplo, temos:

$$\Delta = q\frac{s}{\sqrt{r}}$$

no caso de um contraste entre duas médias de tratamentos sem parcela perdida, e:

$$\Delta' = q\sqrt{\frac{1}{2}\hat{V}(\hat{Y})} = qs\sqrt{\left(\frac{1}{2}\right)\left(\frac{2}{r} + \frac{1}{(r-1)(r-2)}\right)}$$

para um contraste entre o tratamento com parcela perdida e outro qualquer. No caso, temos, ao nível de 5% de probabilidade:

$$\Delta = 4,58\frac{55,6}{\sqrt{5}} = 113,9$$

$$\Delta' = 4,58 \times 55,6\sqrt{\frac{1}{2}\left(\frac{2}{5} + \frac{1}{4.3}\right)} = 125,3$$

Logo, a variedade Co 419 supera significativamente a Co 421, pois temos:

$$\hat{Y} = 604,8 - 440,8 = 164,0$$

valor que excede o limite $\Delta = 113,9$. Por outro lado, a Co 290 não difere significativamente ao nível de 5% da Co 419, pois temos então:

$$\hat{Y} = 604,8 - 495,0 = 109,8$$

valor que não atinge o limite $\Delta' = 125,3$.

O teste de Scheffé pode ser usado em qualquer caso, levando-se em conta, porém, que, sendo $\hat{m}_i$ a estimativa da média do tratamento com parcela perdida, e $\hat{m}_u$, a estimativa da média de outro tratamento qualquer, temos:

$$\hat{V}(\hat{m}_i) = \left[\frac{1}{r} + \frac{1}{(r-1)(r-2)}\right]s^2$$

$$\hat{V}(\hat{m}_u) = \frac{1}{r}s^2$$

e que essas médias não são correlacionadas. Como já vimos, no caso de um contraste $Y = c_1m_1 + c_2m_2 + \ldots + c_nm_n$, temos:

$$\hat{V}(\hat{Y}) = c_1^2\hat{V}(\hat{m}_1) + c_2^2\hat{V}(\hat{m}_2) + \ldots + c_n^2\hat{V}(\hat{m}_n)$$

Por exemplo, seja o contraste $Y = m_1 + m_2 - 2m_5$. Temos:

$$\hat{V}(\hat{Y}) = \hat{V}(\hat{m}_1) + \hat{V}(\hat{m}_2) + 4\hat{V}(\hat{m}_5)$$

$$= \left(\frac{1}{5} + \frac{1}{4.3}\right)s^2 + \frac{1}{5}s^2 + \frac{4}{5}s^2$$

$$= \frac{77}{60}s^2$$

$$= \frac{77}{60} \times 3.095 = 3.972$$

Logo, ao nível de 5%, obtemos:

$$S = \sqrt{(n-1)\hat{V}(\hat{Y})F} = \sqrt{4(3.972)3,36} = 231,0$$

Com $\hat{Y} = 495,0 + 440,8 - 2 \times 401,0 = 133,8$, verificamos que o contraste não é significativo ao nível de 5% de probabilidade.

## 6.5. Quadrados latinos com tratamentos, linhas ou colunas perdidos

Casos de análise relativamente difícil ocorrem em quadrados latinos com tratamentos, linhas ou colunas perdidos.

Quando faltam duas ou mais linhas ou colunas, ou dois ou mais tratamentos, a análise torna-se bastante difícil. Detalhes a respeito são dados por Yates e Hale (1939).

O caso de um só tratamento perdido, que não é raro, é mais simples, e será discutido a seguir. Esse caso também é estudado por Yates (1936).

Tomaremos como exemplo o quadrado latino da seção 6.2, supondo que foi perdido o tratamento A. Restam, pois, parcelas dispostas em um quadrado latino incompleto, como se segue, onde os asteriscos indicam as parcelas perdidas.

| | | | | | | **Totais de linhas** |
|---|---|---|---|---|---|---|
| | 432 (D) | * | 458 (B) | 583 (C) | 331 (E) | 1.804 |
| | 724 (C) | 478 (E) | * | 550 (B) | 400 (D) | 2.152 |
| | 489 (E) | 384 (B) | 556 (C) | 297 (D) | * | 1.726 |
| | 494 (B) | 500 (D) | 313 (E) | * | 501 (C) | 1.808 |
| | * | 660 (C) | 438 (D) | 394 (E) | 318 (B) | 1.810 |
| **Totais de colunas** | 2.139 | 2.022 | 1.765 | 1.824 | 1.550 | 9.300 |

Verifica-se, portanto, que cada linha encerra todos os tratamentos restantes (B, C, D, E); o mesmo acontece com cada coluna. As somas de quadrados de tratamentos são calculadas da maneira usual. No entanto, as parcelas restantes de cada linha não incluem todas as colunas, e vice-versa, de modo que, para calcular a soma de quadrados para linhas, é necessário ajustá-las em relação às colunas; analogamente, no cálculo da soma de quadrados para colunas, há a necessidade de um ajuste relativo aos efeitos de linhas. Em geral, calculamos a soma de quadrados de linhas sem ajuste e obtemos a soma de quadrados de colunas ajustadas para os efeitos de linhas. A soma de quadrados para o resíduo é obtida, então, da maneira usual.

No caso, temos:

$$\begin{aligned} \text{SQTotal} &= \Sigma x^2 - C \\ &= 4.571.730 - 4.324.500 \\ &= 247.230 \end{aligned}$$

$$\text{SQT} = \left(\frac{1}{5}\right)[(2.204)^2 + (3.024)^2 + (2.067)^2 + (2.005)^2] - C = 134.441$$

$$\text{SQLinhas} = \left(\frac{1}{4}\right)[(1.804)^2 + \ \ldots \ + (1.810)^2] - C = 27.890$$

Resta calcular a soma de quadrados de colunas (ajustadas), o que se faz pela fórmula:

$$\text{SQColunas(aj.)} = \frac{1}{n(n-1)(n-2)}\Sigma[(n-1)C + L]^2 - \frac{1}{(n-1)(n-2)}(\Sigma x)^2$$

onde **n** é o número de linhas, **C** é o total de cada coluna e **L** é o total da linha correspondente à parcela perdida nessa coluna. Para a primeira coluna, por exemplo, temos C = 2.139, e o valor de L correspondente é L = 1.810, total da quinta linha. Encontramos, assim, o valor ajustado 4(2.139) + 1.810 = 10.366.

Para as outras colunas, procedemos de maneira análoga e obtemos:

$$\text{SQColunas(aj.)} = \left(\frac{1}{60}\right)435.870.856 - \left(\frac{1}{12}\right)(9.300)^2 = 57.014$$

A análise da variância é, portanto, a seguinte.

| **Causa de variação** | **GL** | **SQ** | **QM** | **F** |
|---|---|---|---|---|
| Linhas | 4 | 27.890 | | |
| Colunas (aj.) | 4 | 57.014 | | |
| Tratamentos | 3 | 134.441 | 44.814 | 12,86** |
| Resíduo | 8 | 27.885 | 3.486 | |
| Total | 19 | 247.230 | s = 59,0 | |

As comparações entre tratamentos se fazem da maneira usual, sem dificuldade alguma. Por exemplo, para comparar médias de tratamentos pelo teste de Tukey, ao nível de 5% de probabilidade, encontramos:

$$\Delta = 4,53\frac{\sqrt{3.486}}{\sqrt{5}} = 119,6$$

As médias de tratamentos são:

C – Co 419 ________ 604,8
B – Co 421 ________ 440,8
D – POJ 2.878 ______ 413,4
E – CP 36-13 ______ 401,0

Verificamos, pois, que a variedade Co 419 supera significativamente todas as demais, e que estas não diferem significativamente entre si.

No caso de perda de uma linha, é necessário calcular a soma de quadrados de tratamentos ajustados para colunas, o que se faz pela fórmula seguinte, inteiramente análoga àquela usada acima:

$$\text{SQTrat.(aj.)} = \frac{1}{n(n-1)(n-2)}\Sigma[(n-1)T+C]^2 - \frac{1}{(n-1)(n-2)}(\Sigma x)^2$$

onde T é o total de cada tratamento e C é o total da coluna em que esse tratamento foi perdido. A estimativa da variância da estimativa de um contraste $Y = m_i - m_u$ entre duas médias de tratamentos dá, então:

$$\hat{V}(\hat{Y}) = \frac{2(n-1)}{n(n-2)}s^2$$

As médias de tratamentos ajustados são calculadas pela fórmula:

$$\hat{m}_i = \frac{1}{n(n-2)}\left[(n-1)T+C-\frac{1}{n-1}\Sigma x\right]$$

No quadrado latino de 6.2, admitindo-se que seja perdida a última linha, teríamos, para o tratamento B, por exemplo, T = 1.886 e, para a coluna correspondente, que é a quinta, obtemos C = 1.652. Como $\Sigma x = 9.438$, fica:

$$\hat{m}_2 = \left(\frac{1}{15}\right)\left(4\times 1.886+1.652-\frac{9.438}{4}\right) = 455,8$$

As outras médias ajustadas são calculadas de maneira análoga.

## 6.6. Exercícios

1) Planejar detalhadamente um experimento em quadrado latino de 5 × 5.

**Sugestão**: Escrever ao acaso um quadrado latino de 5 × 5 qualquer, tal como o que foi dado, e, por sorteio, trocar a ordem das linhas e depois a das colunas. As letras também deverão ser atribuídas aos tratamentos por sorteio.

2) Analisar o experimento de 6.2, admitindo que se perdeu a parcela da primeira linha e a da primeira coluna, cuja produção foi 432 kg.

3) Em um ensaio de alimentação de suínos, usou-se um quadrado latino de 4 × 4, com os resultados a seguir, referentes aos ganhos de peso, em kg, ao fim de 252 dias.

| | **1ª coluna** | **2ª coluna** | **3ª coluna** | **4ª coluna** |
|---|---|---|---|---|
| Leitegada 1 | 93,0 (A) | 108,6 (B) | 108,9 (C) | 102,0 (D) |
| Leitegada 2 | 115,4 (B) | 96,5 (D) | 77,9 (A) | 100,2 (C) |
| Leitegada 3 | 102,1 (C) | 94,9 (A) | 116,9 (D) | 96,0 (B) |
| Leitegada 4 | 117,6 (D) | 114,1 (C) | 118,7 (B) | 97,6 (A) |

Os tratamentos eram: A) castração aos 56 dias de idade; B) animais inteiros; C) castração aos 7 dias de idade; D) castração aos 21 dias. As colunas objetivavam controlar a variação de peso dos leitões dentro de cada leitegada.

Analisar os dados e comparar as médias de tratamentos.

## 6.7. Bibliografia

CALZADA BENZA, JOSÉ. **Métodos estadísticos para la investigación**. Lima, 1966.

CANTATORE DE FRANK, N. **Manual de estadística aplicada**. Buenos Aires: Editorial Hemisferio Sur, 1980.

CARVALHO, M. J. RODRIGUES. **A estatística na experimentação agrícola**. Lisboa: Liv. Sá da Costa, 1946.

COCHRAN, WILLIAM G.; COX, GERTRUDE M. **Experimental designs**. 2ª ed. Nova York: John Wiley, 1957.

FEDERER, WALTER T. **Experimental design**. Nova York: Macmillan, 1955.

KEMPTHORNE, OSCAR. **The design and analysis of experiments**. Nova York: John Wiley, 1952.

SANCHES, SAMUEL F. **Análise estatística de um experimento em quadrado latino com perda de parcelas, linha, coluna ou tratamento**. Piracicaba, SP, 1978. Dissertação (Mestrado).

SNEDECOR, GEORGE W.; COCHRAN, W. G. **Statistical methods**. 6ª ed. Ames, Iowa: Iowa State College Press, 1967.

YATES, F.; HALE, R. W. The analysis of latin square when two or more rows, columns or treatments are missing. **Jour. Royal Stat. Soc. Suppl. 6**: 67-79, 1939.

YATES, F. Incomplete latin squares. **Jour. Agr. Sci., 26**: 301-15, 1936.

# 7

# EXPERIMENTOS FATORIAIS

## 7.1. Generalidades

Na definição de F. Yates, experimentos fatoriais são aqueles que incluem todas as combinações de vários conjuntos de tratamentos ou fatores. Por exemplo, podemos, em um experimento com novas linhagens de algodão, combinar 4 linhagens com 3 espaçamentos, obtendo um fatorial de $4 \times 3$, em que temos todas as 12 combinações possíveis. Em um experimento de adubação mineral podemos combinar 3 doses de nitrogênio com 3 de fósforo e 3 de potássio, obtendo um fatorial de $3 \times 3 \times 3$ ou $3^3$, com 27 diferentes combinações.

Os experimentos fatoriais geralmente são mais eficientes do que os experimentos simples com um só conjunto de tratamentos (por exemplo, só competição de cultivares, sem variação de espaçamento, e, de outro lado, só espaçamentos, com um cultivar apenas) e permitem tirar conclusões mais gerais. Se plantarmos os 4 cultivares novos (A, B, C, D) em um mesmo espaçamento $E_1$, só poderemos concluir que A, por exemplo, é o melhor cultivar **se esse espaçamento for usado**. É possível, porém, que com outro espaçamento $E_2$ o cultivar B venha a superar largamente qualquer outro cultivar com qualquer outro espaçamento. Em um experimento fatorial com cultivares e espaçamentos simultaneamente, essa possibilidade é pesquisada, de modo que as conclusões têm maior generalidade.

No caso de experimento de adubação só com potássio, por exemplo, é possível que o solo não reaja simplesmente porque, além do potássio, falta fósforo. Por outro lado, se, como é costume, todas as parcelas receberem fósforo e nitrogênio, ficaremos sem saber se há necessidade desses elementos. Já um experimento fatorial resolve inteiramente o problema, pois pesquisa todas as possibilidades.

O principal defeito dos experimentos fatoriais é que o número de tratamentos aumenta rapidamente. Ora, um ensaio fatorial em blocos casualizados, com grande número de tratamentos, perde bastante sua eficiência, em geral. Somos levados, não raro, a usar blocos incompletos e a adotar o sistema de confundimento (*confounding*), de onde resultam maiores complicações no planejamento e na análise dos experimentos. Outra solução é o uso dos fatoriais fracionários ou dos fatoriais incompletos, em que não são usadas todas as combinações dos fatores. Não há dúvida, porém, de que os experimentos fatoriais são, em geral, muito convenientes e de uso bastante comum.

## 7.2. Um exemplo

A Tabela 7.2.1 reproduz as produções, em t/ha, de parcelas de um experimento fatorial de adubação, de $2^3$, em blocos casualizados, em que os fatores são nitrogênio (N), fósforo (P) e potássio (K). Cada um pode estar ausente ou presente.

Como é usual, (1) representa a testemunha, isto é, a parcela sem adubo, N indica presença de nitrogênio e ausência dos demais elementos, e assim por diante.

A análise da variância, não levando em conta o esquema fatorial, seria a seguinte:

**Análise da variância**

| Causa de variação | GL | SQ | QM | F |
|---|---|---|---|---|
| Blocos | 3 | 3,2011 | | |
| Tratamentos | 7 | 4,5246 | 0,6464 | 3,88** |
| Resíduo | 21 | 3,4955 | 0,1665 | |
| Total | 31 | 11,2212 | | |

No entanto, esse resultado tem pouco interesse, pois em um experimento fatorial os efeitos dos diversos fatores devem ser isolados e provados separadamente, como faremos a seguir.

**Tabela 7.2.1.** Produções, em t/ha, de um experimento de adubação de milho, fatorial de $2^3$.

| | (1) | N | P | NP | K | NK | PK | NPK | Totais de blocos |
|---|---|---|---|---|---|---|---|---|---|
| 1º bloco | 1,32 | 1,80 | 1,66 | 1,72 | 2,58 | 2,72 | 2,26 | 2,95 | 17,01 |
| 2º bloco | 2,12 | 2,20 | 2,66 | 3,85 | 3,56 | 3,20 | 2,08 | 3,28 | 22,95 |
| 3º bloco | 1,75 | 2,95 | 1,73 | 2,62 | 2,86 | 2,25 | 1,95 | 2,40 | 18,51 |
| 4º bloco | 2,35 | 2,96 | 2,58 | 3,00 | 2,75 | 2,75 | 2,70 | 3,35 | 22,44 |
| | 7,54 | 9,91 | 8,63 | 11,19 | 11,75 | 10,92 | 8,99 | 11,98 | 80,91 |

O efeito do N será dado pela comparação de todos os tratamentos com N com todos os demais, sem N, o que poderá ser indicado assim:

| (1) | N | P | NP | K | NK | PK | NPK |
|---|---|---|---|---|---|---|---|
| –1 | +1 | –1 | +1 | –1 | +1 | –1 | +1 |

isto é, o efeito do nitrogênio, medido pelo contraste:

$$\hat{Y}(N) = -7,54 + 9,91 - 8,63 + 11,19 - 11,75 + 10,92 - 8,99 + 11,98$$
$$= 7,09$$

será:

$$\hat{N} = \frac{7,09}{16} = 0,443 \text{ t/ha}$$

onde 16 é o número de parcelas em cada grupo: 16 parcelas sem N e 16 com N.

A soma de quadrados referentes ao efeito do nitrogênio será:

$$SQN = \frac{(7,09)^2}{4 \times 8} = 1,5709$$

com um grau de liberdade, onde 4 é o número de repetições e 8 é a soma dos quadrados dos coeficientes do contraste:

$$(-1)^2 + (+1)^2 + (-1)^2 + (+1)^2 + (-1)^2 + (+1)^2 + (-1)^2 + (+1)^2 = 8$$

Para o fósforo (P), teríamos:

| (1) | N | P | NP | K | NK | PK | NPK |
|---|---|---|---|---|---|---|---|
| –1 | –1 | +1 | +1 | –1 | –1 | +1 | +1 |

Logo:

$$\hat{Y}(P) = -7,54 - 9,91 + 8,63 + 11,19 - 11,75 - 10,92 + 8,99 + 11,98$$
$$= 0,67$$

Portanto:

$$\hat{P} = \frac{0,67}{16} = 0,042 \text{ t/ha}$$

$$SQP = \frac{(0,67)^2}{4 \times 8} = 0,0140$$

Os efeitos de N, P e K são denominados **efeitos principais**.

No quadro a seguir estão indicados todos os contrastes a estudar, com – simbolizando –1 e + indicando +1.

| | **(1)** | **N** | **P** | **NP** | **K** | **NK** | **PK** | **NPK** |
|---|---|---|---|---|---|---|---|---|
| Efeito do N | – | + | – | + | – | + | – | + |
| Efeito do P | – | – | + | + | – | – | + | + |
| Efeito do K | – | – | – | – | + | + | + | + |
| Interação N × P | + | – | – | + | + | – | – | + |
| Interação N × K | + | – | + | – | – | + | – | + |
| Interação P × K | + | + | – | – | – | – | + | + |
| Interação N × P × K | – | + | + | – | + | – | – | + |

Os sinais para as interações são obtidos por meio do produto dos sinais dos efeitos principais respectivos. Obtemos, pois, os dados da tabela seguinte.

| **Causa de variação** | $\hat{Y}$ | **SQ** | **GL** | **Estimativa do efeito** |
|---|---|---|---|---|
| Efeito do N | 7,09 | 1,5709 | 1 | 0,443 |
| Efeito do P | 0,67 | 0,0140 | 1 | 0,042 |
| Efeito do K | 6,37 | 1,2680 | 1 | 0,398 |
| Interação N × P | 4,01 | 0,5025 | 1 | 0,251 |
| Interação N × K | –2,77 | 0,2398 | 1 | –0,173 |
| Interação P × K | –4,07 | 0,5177 | 1 | –0,254 |
| Interação N × P × K | 3,63 | 0,4118 | 1 | –0,227 |

A análise completa da variância será, pois, a seguinte.

| Causa de variação | GL | SQ | QM | F |
|---|---|---|---|---|
| Nitrogênio (N) | 1 | 1,5709 | 1,5709 | 9,43** |
| Fósforo (P) | 1 | 0,0140 | 0,0140 | 0,084 |
| Potássio (K) | 1 | 1,2680 | 1,2680 | 7,62* |
| Interação N × P | 1 | 0,5025 | 0,5025 | 3,02 |
| Interação N × K | 1 | 0,2398 | 0,2398 | 1,44 |
| Interação P × K | 1 | 0,5177 | 0,5177 | 3,11 |
| Interação N × P × K | 1 | 0,4118 | 0,4118 | 2,47 |
| (Tratamentos) | (7) | (4,5246) | | |
| Blocos | 3 | 3,2011 | | |
| Resíduo | 21 | 3,4955 | 0,1665 | |
| Total | 31 | 11,2212 | | |

Conclui-se, pois, que só são significativos os efeitos do nitrogênio e do potássio. O solo em estudo não reagiu à adubação fosfatada. As interações não são significativas, o que geralmente acontece nos experimentos de adubação.

É importante salientar que:

$$\text{Efeito de N na presença de P} = \hat{\text{N}} + \text{Interação N} \times \text{P}$$
$$= 0,443 + 0,251$$
$$= 0,694 \text{ t/ha}$$

$$\text{Efeito de N na ausência de P} = \text{N} - \text{Interação N} \times \text{P}$$
$$= 0,443 - 0,251$$
$$= 0,192 \text{ t/ha}$$

e analogamente para os outros casos. É claro, porém, que esses valores poderiam ser obtidos diretamente:

$$\text{Efeito de N na presença de P} = \left(\frac{1}{8}\right)(\text{NPK} + \text{NP} - \text{PK} - \text{P})$$
$$= \left(\frac{1}{8}\right)(11,98 + 11,19 - 8,99 - 8,63)$$
$$= 0,694 \text{ t/ha}$$

Outro processo para obter as somas de quadrados, às vezes preferível, é o que se segue.

Para o caso do nitrogênio, por exemplo, somamos de um lado os totais de todos os tratamentos sem esse elemento. Obtemos:

Com nitrogênio______44,00
Sem nitrogênio ______36,91

E temos, enfim:

$$SQN = \left(\frac{1}{16}\right)[(44,00)^2 + (36,91)^2] - C = 1,5709$$

Analogamente, obteríamos a soma de quadrados referente ao fósforo e ao potássio. Quanto às interações, seria mais difícil obtê-las individualmente, mas poderíamos conseguir em conjunto uma soma de quadrados para interações (SQI), por subtração:

$$SQI = SQT - SQN - SQP - SQK$$
$$= 1,6717$$

com 4 graus de liberdade. Nos experimentos de adubação, em que as interações raramente são significativas, esse esquema de análise seria satisfatório, em geral, e produziria o resultado exposto a seguir.

| **Causa de variação** | **GL** | **SQ** | **QM** | **F** |
|---|---|---|---|---|
| Nitrogênio | 1 | 1,5709 | 1,5709 | 9,43** |
| Fósforo | 1 | 0,0140 | 0,0140 | 0,084 |
| Potássio | 1 | 1,2680 | 1,2680 | 7,62* |
| Interações | 4 | 1,6717 | 0,4179 | 2,51 |
| (Tratamentos) | (7) | (4,5246) | | |
| Blocos | 3 | 3,2011 | | |
| Resíduo | 21 | 3,4955 | 0,1665 | |

## 7.3. Outro exemplo

Consideremos os dados seguintes de um experimento fatorial em que os fatores eram adubação mineral completa (A) e adubação com vinhaça (V). As parcelas foram dispostas em blocos ao acaso.

| | Tratamentos | | | | Totais de blocos |
|---|---|---|---|---|---|
| | A | AV | V | (1) | |
| 1º bloco | 0,020 | 5,150 | 3,040 | 0,020 | 8,230 |
| 2º bloco | 2,005 | 4,770 | 4,760 | 0,630 | 12,165 |
| 3º bloco | 0,700 | 3,960 | 5,860 | 0,110 | 10,630 |
| 4º bloco | 1,120 | 5,230 | 5,520 | 0,115 | 11,985 |
| | 3,845 | 19,110 | 19,180 | 0,875 | 43,010 |

Seguindo o procedimento usual, obtemos a seguinte análise da variância.

| Causa de variação | GL | SQ | QM | F |
|---|---|---|---|---|
| Blocos | 3 | 2,4731 | 0,8244 | 1,33 |
| Tratamentos | 3 | 71,5373 | 23,8458 | 38,46** |
| Resíduo | 9 | 5,5799 | 0,6200 | |
| Total | 15 | 79,5903 | | |

Faz-se necessário, porém, levar em conta o esquema fatorial do experimento e decompor convenientemente os 3 graus de liberdade para tratamentos, o que é feito a seguir.

| | A (3,845) | AV (19,110) | V (19,180) | 1 (0,875) | $\hat{Y}$ | SQ |
|---|---|---|---|---|---|---|
| A | + | + | – | – | 2,900 | 0,5256 |
| V | – | + | + | – | 33,570 | 70,4341 |
| A × V | – | + | – | + | –3,040 | 0,5776 |

Obtemos, pois, a análise da variância dada a seguir.

| Causa de variação | GL | SQ | QM | F |
|---|---|---|---|---|
| Adubo mineral (A) | 1 | 0,5256 | 0,5256 | 0,848 |
| Vinhaça (V) | 1 | 70,4341 | 70,4341 | 113,60** |
| Interação (A × V) | 1 | 0,5776 | 0,5776 | 0,932 |
| (Tratamentos) | (3) | (71,5373) | | |
| Blocos | 3 | 2,4731 | | |
| Resíduo | 9 | 5,5799 | 0,6200 | |
| Total | 15 | 79,5903 | | |

Conclui-se, pois, que só é significativo o efeito da vinhaça. Também aqui outro procedimento poderia ter sido seguido no cálculo da soma dos quadrados. Para o caso do adubo mineral, por exemplo, teríamos:

Com adubo mineral __________22,955
Sem adubo mineral__________20,055

$$SQA = \frac{1}{8}[(22,955)^2 + (20,055)^2] - C = 0,5256$$

E teríamos ainda, analogamente:

$$SQV = \frac{1}{8}[(39,290)^2 + (4,720)^2] - C = 70,4341$$

A soma de quadrados referente à interação seria obtida por subtração:

$$SQI = SQT - SQA - SQV = 0,5776$$

## 7.4. Um exemplo com interação significativa

Consideremos agora o seguinte experimento fatorial de 2 × 2, em que os fatores eram adubo mineral (A) e torta dos filtros Oliver de usinas de açúcar (T).

| | **Tratamentos** | | | | **Totais de blocos** |
|---|---|---|---|---|---|
| | **(1)** | **A** | **T** | **AT** | |
| 1º bloco | 18,0 | 20,6 | 19,6 | 19,2 | 77,4 |
| 2º bloco | 8,6 | 21,0 | 15,0 | 19,6 | 64,2 |
| 3º bloco | 9,4 | 18,6 | 14,6 | 18,4 | 61,0 |
| 4º bloco | 11,4 | 20,6 | 15,8 | 20,2 | 68,0 |
| | 47,4 | 80,8 | 65,0 | 77,4 | 270,6 |

A análise da variância, feita nos moldes indicados nos exemplos anteriores, é a seguinte.

| **Causa de variação** | **GL** | **SQ** | **QM** | **F** |
|---|---|---|---|---|
| Blocos | 3 | 37,83 | | |
| Adubo mineral (A) | 1 | 131,11 | 131,11 | 31,29** |
| Torta (T) | 1 | 12,61 | 12,61 | 3,01 |
| Interação A × T | 1 | 27,57 | 27,57 | 6,58* |
| (Tratamentos) | (3) | (171,29) | | |
| Resíduo | 9 | 37,68 | 4,19 | |
| Total | 15 | 246,80 | | |

A interação significativa indica que o comportamento de um fator depende das doses do outro. No caso, a ação da torta é influenciada pela presença ou ausência de adubo mineral. Quando isto acontece, a análise anterior não é a mais indicada e deve ser modificada. Poderíamos, com maior vantagem, adotar o seguinte esquema para os três graus de liberdade de tratamentos:

| | GL |
|---|---|
| Adubo mineral | 1 |
| Torta na ausência de adubo mineral | 1 |
| Torta na presença de adubo mineral | 1 |

O cálculo pode ser feito como se segue.

| | (1) | A | T | AT | $\hat{Y}$ | SQ |
|---|---|---|---|---|---|---|
| Adubo mineral | – | + | – | + | 45,8 | 131,10 |
| Torta na ausência de adubo mineral | – | 0 | + | 0 | 17,6 | 38,72 |
| Torta na presença de adubo mineral | 0 | – | 0 | + | –3,4 | 1,45 |

Obtemos, pois, a seguinte análise da variância.

| Causa de variação | GL | SQ | QM | F |
|---|---|---|---|---|
| Blocos | 3 | 37,83 | | |
| Adubo mineral | 1 | 131,10 | 131,10 | 31,29** |
| Torta na ausência de adubo mineral | 1 | 38,72 | 38,72 | 9,24* |
| Torta na presença de adubo mineral | 1 | 1,45 | 1,45 | 0,346 |
| (Tratamentos) | (1) | (171,27) | | |
| Resíduo | 9 | 37,68 | 4,19 | |
| Total | 15 | 246,78 | | |

Verifica-se agora que o solo reagiu à adubação com torta, mas só na ausência de adubação mineral.

Outro modo de calcular as diversas somas de quadrados seria o seguinte:

| | |
|---|---|
| Com adubo mineral | 158,2 |
| Sem adubo mineral | 112,4 |

$$SQA = \frac{1}{8}[(158,2)^2 + (112,4)^2] - C = 131,11$$

| | |
|---|---|
| Com torta, sem adubo mineral | 65,0 |
| Sem torta, sem adubo mineral | 47,4 |

$$\text{SQTorta na ausência ad. min.} = \frac{1}{4}[(65,0)^2 + (47,4)^2] - \frac{(65,0+47,4)^2}{8} = 38,72$$

Com torta, com adubo mineral______77,4
Sem torta, com adubo mineral ______80,8

$$\text{SQTorta na presença ad. min.} = \frac{1}{4}[(77,4)^2 + (80,8)^2] - \frac{(77,4+80,8)^2}{8} = 1,44$$

As pequenas diferenças observadas na última decimal considerada se devem às aproximações feitas no cálculo.

## 7.5. Confundimento

Se no exemplo de 7.2 repetirmos os tratamentos em blocos de quatro parcelas, de tal maneira que no contraste correspondente à interação N × P × K os tratamentos com sinal **mais** fiquem em um bloco, e os com sinal **menos**, em outro bloco, o efeito da interação ficará confundido com o dos blocos, isto é, o contraste estimará ao mesmo tempo a interação N × P × K e a diferença entre blocos, logo não se poderá avaliar bem nenhum desses efeitos. Como a interação N × P × K já é sabidamente de interesse nulo ou quase nulo, não há desvantagem nesse confundimento, que, por outro lado, traz a vantagem de reduzir a quatro parcelas o tamanho dos blocos. Assim, em cada repetição, teremos dois blocos, um com os tratamentos N, P, K e NPK, distribuídos ao acaso, outro com os tratamentos (1), NP, NK e PK, distribuídos ao acaso dentro do bloco. A análise de variância seria então a seguinte.

| Causa de variação | GL | SQ | QM | F |
|---|---|---|---|---|
| Nitrogênio (N) | 1 | 1,5709 | 1,5709 | 8,22* |
| Fósforo (P) | 1 | 0,0140 | 0,0140 | 0,073 |
| Potássio (K) | 1 | 1,2680 | 1,2680 | 6,63* |
| Interação N × P | 1 | 0,5025 | 0,5025 | 2,63 |
| Interação N × K | 1 | 0,2398 | 0,2398 | 1,25 |
| Interação P × K | 1 | 0,5177 | 0,5177 | 2,71 |
| (Tratamentos) | (6) | (4,1128) | | |
| Blocos | 7 | 3,6669 | | |
| Resíduo | 18 | 3,4415 | 0,1912 | |
| Total | 31 | 11,2212 | | |

A soma de quadrados para blocos é calculada da maneira usual:

$$SQB = \left(\frac{1}{4}\right)[(8,02)^2 + (8,99)^2 + \ldots + (11,64)^2] - C = 3,6669$$

onde 8,02 é o total do primeiro bloco, 8,99 é o do segundo etc.

A soma de quadrados para o resíduo é obtida por subtração.

Em um experimento fatorial de 3 × 3 com os fatores N e P, por exemplo, temos 2 graus de liberdade para N, 2 para P e 4 para a interação N × P. Podemos confundir dois graus de liberdade dessa interação usando blocos de 3 parcelas, da maneira indicada a seguir.

| 1º bloco | 2º bloco | 3º bloco |
|---|---|---|
| 00 | 10 | 20 |
| 11 | 02 | 12 |
| 22 | 21 | 01 |

O primeiro algarismo refere-se ao nível de N, o segundo, ao de P.

Se o ensaio tiver 6 repetições, o esquema da análise da variância será o seguinte.

| Causa de variação | Graus de liberdade |
|---|---|
| N | 2 |
| P | 2 |
| Interação (parte não confundida) | 2 |
| (Tratamentos) | (6) |
| Blocos | 17 |
| Resíduo | 30 |
| Total | 53 |

Um caso mais importante é o do confundimento em um ensaio fatorial de 3 × 3 × 3, com N, P, K, por exemplo. Uma repetição inclui, então, 27 parcelas, o que seria excessivo para um bloco só. Por isso, em geral, prefere-se usar o confundimento de 2 graus de liberdade da interação tripla N × P × K. Com duas repetições, o esquema da análise de variância seria o seguinte.

| **Causa de variação** | **Graus de liberdade** |
|---|---|
| N | 2 |
| P | 2 |
| K | 2 |
| Interação N × P | 4 |
| Interação N × K | 4 |
| Interação P × K | 4 |
| Interação N × P × K (parte não confundida) | 6 |
| (Tratamentos) | (24) |
| Blocos | 5 |
| Resíduo | 24 |
| Total | 53 |

Acontece, porém, que já se espera que a interação N × P × K não ocorra, de modo que poderíamos até incluir no resíduo os seus graus de liberdade, e assim ele passaria a contar com 30 graus de liberdade.

Por outro lado, em ensaios de pouca precisão, tendo como objetivo a obtenção de informações gerais sobre uma região, pode-se fazer em cada local apenas uma repetição do experimento fatorial de 3 × 3 × 3 com N, P, K, com o esquema de análise seguinte.

| **Causa de variação** | **Graus de liberdade** |
|---|---|
| N | 2 |
| P | 2 |
| K | 2 |
| Interação N × P | 4 |
| Interação N × K | 4 |
| Interação P × K | 4 |
| Interação N × P × K (parte não confundida) | 6 |
| (Tratamentos) | (24) |
| Blocos | 2 |
| Total | 26 |

Nesse caso, não temos resíduo propriamente, mas podemos usar como resíduo a interação N × P × K, com 6 graus de liberdade.

O problema do confundimento, tendo em vista a distribuição dos tratamentos pelos blocos, de maneira a só confundir com eles interações de ordem elevada (de três ou mais fatores, em geral), é bastante difícil, salvo em casos particulares. No caso mais comum do experimento fatorial de 3 × 3 × 3, com confundimento de 2 graus de liberdade da interação tripla, há quatro modos distintos de fazer o confundimento, designados por Yates (1937) de W, X, Y e Z, como vemos a seguir.

| Grupo W | | | Grupo X | | |
|---|---|---|---|---|---|
| **1º bloco** | **2º bloco** | **3º bloco** | **1º bloco** | **2º bloco** | **3º bloco** |
| 000 | 001 | 102 | 000 | 001 | 002 |
| 012 | 010 | 011 | 011 | 012 | 010 |
| 021 | 022 | 020 | 022 | 020 | 021 |
| 101 | 102 | 100 | 102 | 100 | 101 |
| 110 | 111 | 112 | 110 | 111 | 112 |
| 122 | 120 | 121 | 121 | 122 | 120 |
| 202 | 200 | 201 | 201 | 202 | 200 |
| 211 | 212 | 210 | 212 | 210 | 211 |
| 220 | 221 | 222 | 220 | 221 | 222 |

| Grupo Y | | | Grupo Z | | |
|---|---|---|---|---|---|
| **1º bloco** | **2º bloco** | **3º bloco** | **1º bloco** | **2º bloco** | **3º bloco** |
| 000 | 001 | 002 | 000 | 001 | 002 |
| 011 | 012 | 010 | 012 | 010 | 011 |
| 022 | 020 | 021 | 021 | 022 | 020 |
| 101 | 102 | 100 | 102 | 100 | 101 |
| 112 | 110 | 111 | 111 | 112 | 110 |
| 120 | 121 | 122 | 120 | 121 | 122 |
| 202 | 200 | 201 | 201 | 202 | 200 |
| 210 | 211 | 212 | 210 | 211 | 212 |
| 221 | 222 | 220 | 222 | 220 | 221 |

Qualquer um dos grupos pode ser usado, indiferentemente.

## 7.6. Um ensaio fatorial 3 × 3 × 3 com duas repetições

Tomamos como exemplo um experimento de adubação de cana com N, P, K, feito por Strauss (1951), com confundimento de dois graus de liberdade da interação tripla N × P × K. Foi usado o confundimento correspondente ao grupo W, e foram feitas duas repetições, com os resultados dados na Tabela 7.6.1 a seguir, em t/ha, para os 27 tratamentos.

**Tabela 7.6.1.** Produção de cana-de-açúcar, em t/ha, de um experimento fatorial de adubação.

| Tratamentos | 1ª repetição | 2ª repetição | Totais parciais | Tratamentos | 1ª repetição | 2ª repetição | Totais parciais | Tratamentos | 1ª repetição | 2ª repetição | Totais parciais |
|---|---|---|---|---|---|---|---|---|---|---|---|
| 000 | 37,0 | 29,3 | 66,3 | 001 | 60,2 | 39,1 | 99,3 | 002 | 28,3 | 24,3 | 52,6 |
| 012 | 42,6 | 37,0 | 79,6 | 010 | 57,6 | 19,5 | 77,1 | 011 | 66,6 | 41,8 | 108,4 |
| 021 | 68,4 | 64,4 | 132,8 | 022 | 76,0 | 66,0 | 142,0 | 020 | 66,8 | 55,1 | 121,9 |
| 101 | 33,5 | 28,6 | 62,1 | 102 | 42,8 | 27,7 | 70,5 | 100 | 32,6 | 37,0 | 69,6 |
| 110 | 45,7 | 61,3 | 107,0 | 111 | 63,4 | 63,0 | 126,4 | 112 | 63,4 | 50,8 | 114,2 |
| 122 | 49,7 | 52,8 | 102,5 | 120 | 58,2 | 53,4 | 111,6 | 121 | 71,1 | 56,8 | 127,9 |
| 202 | 36,2 | 35,2 | 71,4 | 200 | 56,6 | 30,5 | 87,1 | 201 | 41,3 | 36,9 | 78,2 |
| 211 | 47,4 | 55,4 | 102,8 | 212 | 69,1 | 49,5 | 118,6 | 210 | 50,2 | 67,2 | 117,4 |
| 202 | 59,0 | 56,2 | 115,2 | 221 | 59,4 | 43,2 | 102,6 | 222 | 55,4 | 69,5 | 124,0 |
| | 419,5 | 420,2 | 839,7 | | 543,3 | 391,9 | 935,2 | | 475,7 | 439,4 | 915,1 |
| $W_1 = 839{,}7$ | | | | $W_2 = 935{,}2$ | | | | $W_3 = 915{,}1$ | | | |

| | $N_0$ | $N_1$ | $N_2$ | |
|---|---|---|---|---|
| $P_0$ | 218,2 | 202,2 | 236,7 | 657,1 |
| $P_1$ | 265,1 | 347,6 | 338,8 | 951,5 |
| $P_2$ | 396,7 | 342,0 | 342,7 | 1.081,4 |
| | 880,0 | 891,8 | 918,2 | 2.690,0 |

| | $N_0$ | $N_1$ | $N_2$ | |
|---|---|---|---|---|
| $K_0$ | 265,3 | 288,2 | 319,7 | 873,2 |
| $K_1$ | 340,5 | 316,4 | 283,6 | 940,5 |
| $K_2$ | 274,2 | 287,2 | 314,9 | 876,3 |
| | 880,0 | 891,8 | 918,2 | 2.690,0 |

| | $P_0$ | $P_1$ | $P_2$ | |
|---|---|---|---|---|
| $K_0$ | 223,0 | 301,5 | 348,7 | 873,2 |
| $K_1$ | 239,6 | 337,6 | 363,3 | 940,5 |
| $K_2$ | 194,5 | 312,4 | 369,4 | 876,3 |
| | 657,1 | 951,5 | 1.081,4 | 2.690,0 |

Temos:

$$\text{SQTotal} = 144.737,58 - C = 10.735,73$$

$$\text{SQBlocos} = \left(\frac{1}{9}\right)[(419,5)^2 + \ldots + (439,4)^2] - C = 1.628,33$$

A soma de quadrados de tratamentos deveria ser:

$$SQT = \left(\frac{1}{2}\right)[(66,3)^2 + (79,6)^2 + \ \ldots \ + (124,9)^2] - C = 7.890,72$$

mas é preciso descontar a parte correspondente aos 2 graus de liberdade confundidos com blocos. A parte a descontar é dada por:

$$\left(\frac{1}{18}\right)[(839,7)^2 + (935,2)^2 + (915,1)^2] - C = 281,66$$

Logo:

$$SQT = 7.890,72 - 281,66 = 7.609,06$$

com 24 graus de liberdade.

Temos ainda:

$$SQN \text{ e } P = \left(\frac{1}{6}\right)[(218,2)^2 + \ \ldots \ + (342,7)^2] - C = 6.363,21$$

$$SQN = \left(\frac{1}{18}\right)[(880,0)^2 + (891,8)^2 + (918,2)^2] - C = 42,51$$

$$SQP = \left(\frac{1}{18}\right)[(657,1)^2 + (951,5)^2 + (1.081,4)^2] - C = 5.251,41$$

Logo:

$$SQN \times P = 6.363,21 - 42,51 - 5.251,41 = 1.069,29$$

com 4 graus de liberdade.

De maneira análoga, calculamos SQN × K e SQP × K. Finalmente, a soma de quadrados referente aos 6 graus de liberdade da interação N × P × K não confundidos é obtida por subtração da soma de quadrados de tratamentos (não confundidos): SQT = 7.609,06.

Chega-se, pois, à seguinte análise da variância.

| **Causa de variação** | **GL** | **SQ** | **QM** | **F** |
|---|---|---|---|---|
| Nitrogênio | 2 | 42,51 | 21,26 | 0,341 |
| Fósforo | 2 | 5.251,41 | 2.625,70 | 42,06** |
| Potássio | 2 | 160,38 | 80,19 | 1,28 |
| Interação N × P | 4 | 1.069,29 | 267,32 | 4,28* |
| Interação N × K | 4 | 622,11 | 155,53 | 2,49 |
| Interação P × K | 4 | 165,05 | 41,26 | 0,661 |
| Interação N × P × K (parte não confundida) | 6 | 298,31 | 49,72 | 0,796 |
| (Tratamentos) | (24) | (7.609,06) | | |
| Blocos | 5 | 1.628,33 | | |
| Resíduo | 24 | 1.498,34 | 62,43 | |
| Total | 53 | 10.735,73 | | |

Poderíamos, aliás, adicionar ao resíduo os 6 graus de liberdade não confundidos da interação N × P × K e obter um resíduo de maior precisão, com 30 graus de liberdade, $s^2 = 59,89$.

Isso alteraria ligeiramente os valores de F, mas, nesse caso, não haveria modificação nas conclusões finais, que indicam efeito significativo para o fósforo e para a interação N × P. Uma consulta ao quadro em que temos as produções totais correspondentes às diversas combinações de doses de N com doses de P nos revela logo a razão dessa interação significativa: na ausência de N, o efeito do fósforo foi bem mais acentuado do que na sua presença, fato inesperado, para o qual conviria uma explicação, que poderia ser dada por prejuízos causados à germinação dos toletes pelo adubo nitrogenado. À vista disso, poderíamos refazer a análise no que se refere a efeitos de N e P, da maneira mostrada a seguir.

| **Causa de variação** | **GL** | **SQ** | **QM** | **F** |
|---|---|---|---|---|
| Níveis de P dentro de $N_0$ | 2 | 2.854,47 | 1.427,24 | 23,83** |
| Níveis de P dentro de $N_1$ | 2 | 2.262,03 | 1.131,02 | 18,88** |
| Níveis de P dentro de $N_2$ | 2 | 1.204,20 | 602,10 | 10,05** |
| Resíduo | 30 | 1.796,65 | 59,89 | |

As médias obtidas são estas dadas a seguir, todas com erro padrão de 3,2 t/ha.

| | | |
|---|---|---|
| $N_0P_0$ 36,4 t/ha | $N_1P_0$ 33,7 t/ha | $N_2P_0$ 39,5 t/ha |
| $N_0P_1$ 44,2 t/ha | $N_1P_1$ 57,9 t/ha | $N_2P_1$ 56,5 t/ha |
| $N_0P_2$ 66,1 t/ha | $N_1P_2$ 57,0 t/ha | $N_2P_2$ 57,1 t/ha |

Mais um passo à frente poderá ser dado considerando-se os componentes linear e quadrático em cada caso, da maneira indicada no Capítulo 12.

## 7.7. Um ensaio fatorial 3 × 3 × 3 com uma só repetição

Consideremos agora os dados da primeira repetição do experimento discutido em 7.6. Temos:

$$\text{SQTotal} = 4.535,55$$

$$\text{SQBlocos} = \left(\frac{1}{9}\right)[(419,5)^2 + (543,3)^2 + (475,7)^2] - C = 853,88$$

Organizamos, agora, os quadros seguintes, à semelhança do que fizemos anteriormente.

| | $N_0$ | $N_1$ | $N_2$ | |
|---|---|---|---|---|
| $P_0$ | 125,5 | 108,9 | 134,1 | 368,5 |
| $P_1$ | 166,8 | 172,5 | 166,7 | 506,0 |
| $P_2$ | 211,2 | 179,0 | 173,8 | 564,0 |
| | 503,5 | 460,4 | 474,6 | 1.438,5 |

| | $N_0$ | $N_1$ | $N_2$ | |
|---|---|---|---|---|
| $K_0$ | 161,4 | 136,5 | 165,8 | 463,7 |
| $K_1$ | 195,2 | 168,0 | 148,1 | 511,3 |
| $K_2$ | 146,9 | 155,9 | 160,7 | 463,5 |
| | 503,5 | 460,4 | 474,6 | 1.438,5 |

| | $P_0$ | $P_1$ | $P_2$ | |
|---|---|---|---|---|
| $K_0$ | 126,2 | 153,5 | 184,0 | 463,7 |
| $K_1$ | 135,0 | 177,4 | 198,9 | 511,3 |
| $K_2$ | 107,3 | 175,1 | 181,1 | 463,5 |
| | 368,5 | 506,0 | 564,0 | 1.438,5 |

Temos, então:

$$\text{SQN} = \left(\frac{1}{9}\right)[(503,5)^2 + (460,4)^2 + (467,6)^2] - C = 107,20$$

$$\text{SQP} = \left(\frac{1}{9}\right)[(368,5)^2 + (506,0)^2 + (564,0)^2] - C = 2.240,39$$

$$\text{SQK} = \left(\frac{1}{9}\right)[(463,7)^2 + (511,3)^2 + (463,5)^2] - C = 168,54$$

Além disso:

$$SQN \text{ e } P = \left(\frac{1}{3}\right)[(125,5)^2 + \ \dots \ + (173,8)^2 - C = 2.630,76$$

$$\therefore SQN \times P = 2.630,76 - 107,20 - 2.240,39 = 283,1$$

Analogamente, obtemos:

$$SQN \times K = 464,65$$

$$SQP \times K = 141,71$$

Finalmente, a soma de quadrados para os 6 graus de liberdade da interação N × P × K não confundidos é obtida por subtração:

$$SQN \times P \times K = 4.535,55 - \begin{bmatrix} 853,88 + 107,20 + 2.240,39 + \\ + 168,54 + 283,17 + 464,65 + \\ + 141,71 \end{bmatrix}$$

$$= 276,01$$

Chegamos, assim, à seguinte análise da variância, na qual a interação tripla é tomada como resíduo.

| **Causa de variação** | **GL** | **SQ** | **QM** | **F** |
|---|---|---|---|---|
| Nitrogênio (N) | 2 | 107,20 | 53,60 | 1,17 |
| Fósforo (P) | 2 | 2.240,39 | 1.120,20 | 24,35** |
| Potássio (K) | 2 | 168,54 | 84,27 | 1,83 |
| Interação N × P | 4 | 283,17 | 70,79 | 1,54 |
| Interação N × K | 4 | 464,65 | 116,16 | 2,53 |
| Interação P × K | 4 | 141,71 | 35,43 | 0,770 |
| Blocos | 2 | 853,8 | | |
| Interação N × P × K (parte não confundida) | 6 | 276,01 | 46,00 | |
| Total | 26 | 4.535,55 | | |

No entanto, é mais conveniente, em geral, procurar aumentar o número de graus de liberdade do resíduo incluindo nele parte dos graus de liberdade das interações duplas. Para isto, é aconselhável distinguir no efeito de cada elemento, com dois graus de liberdade, um para o componente linear e outro para o componente quadrático, da maneira como será explicado no Capítulo 12. Por exemplo, no caso do fósforo, o componente linear (P') seria dado pelo contraste:

$$Y_1 = -P_0 + P_2$$

$$= -368,5 + 564,0 = 195,5$$

$$SQP' = \frac{(195,5)^2}{2 \times 9} = 2.123,35$$

e o componente quadrático (P") pelo contraste:

$$Y_2 = P_0 - 2P_1 + P_2$$

$$= -368,5 - 2 \times 506,0 + 564,0$$

$$= -79,5$$

$$SQP'' = \frac{(-79,5)^2}{6 \times 9} = 117,04$$

Nas interações duplas N × P, N × K e P × K, a parte que realmente interessa é a interação entre componentes lineares: N' × P', N' × K', P' × K'. Temos:

$$N' \times P' = \left(\frac{1}{6}\right)[N_0P_0 + N_2P_2 - N_0P_2 - N_2P_0] = \left(\frac{1}{6}\right)(-46,0)$$

Logo:

$$SQ\ N' \times P' = \frac{(-46,0)^2}{6 \times 2} = 176,33$$

Analogamente, obtemos:

SQ N' × K' = 7,36 SQ P' × K' = 21,33

Chegamos, assim, à seguinte análise da variância, na qual os graus de liberdade e a soma de quadrados do resíduo são obtidos por subtração.

| **Causa de variação** | **GL** | **SQ** | **QM** | **F** |
|---|---|---|---|---|
| Nitrogênio (N) | 2 | 107,20 | 53,60 | 0,837 |
| Fósforo (P) | 2 | 2.240,39 | 1.120,20 | 17,49** |
| Potássio (K) | 2 | 168,54 | 84,67 | 1,32 |
| Interação N' × P' | 1 | 176,33 | 176,33 | 2,75 |
| Interação N' × K' | 1 | 7,36 | 7,36 | 0,115 |
| Interação P' × K' | 1 | 21,33 | 21,33 | 0,333 |
| Blocos | 2 | 853,88 | | |
| Resíduo | 15 | 960,52 | 64,03 | |
| Total | 26 | 4.535,55 | | |

As médias para os três níveis de fósforo são:

$P_0$ 40,9 t/ha

$P_1$ 56,2 t/ha

$P_2$ 62,7 t/ha

todas com erro padrão de 2,7 t/ha.

## 7.8. Um ensaio fatorial de 6 × 3 × 3

A determinação da acidez de mangas de 6 variedades, em 3 meses do ano e em 3 anos agrícolas sucessivos, forneceu os dados da Tabela 7.8.1, cada um deles média de determinações em 3 frutos, reproduzidos de um trabalho de Simão (1960).

Nesse caso, não temos repetições, mas podemos usar a interação tripla como resíduo.

Com a tabela seguinte obtemos dados para calcular as somas de quadrados de variedades, de meses e da interação dupla variedades × meses.

| Variedades | Novembro | Dezembro | Janeiro | Totais de variedades |
|---|---|---|---|---|
| Bourbon | 69,3 | 19,1 | 14,0 | 102,4 |
| Brasil | 108,7 | 12,6 | 12,6 | 133,9 |
| Extrema | 126,9 | 19,5 | 15,8 | 162,2 |
| Maçã | 145,1 | 21,0 | 14,4 | 180,5 |
| Non Plus Ultra | 111,8 | 27,9 | 18,7 | 158,4 |
| Oliveira | 100,1 | 21,4 | 14,4 | 135,9 |
| Totais de meses | 661,9 | 121,5 | 89,9 | 873,3 |

Daí tiramos:

$$\text{SQVariedades} = \left(\frac{1}{9}\right)[(102,4)^2 + \ldots + (135,9)^2] - C$$

$$= 417,18$$

$$\text{SQMeses} = \left(\frac{1}{18}\right)[(661,9)^2 + (121,5)^2 + (89,9)^2] - C$$

$$= 11.485,46$$

Temos ainda:

$$\text{SQVariedades e meses} = \left(\frac{1}{3}\right)[(69,3)^2 + \ \dots \ + (14,4)^2] - C$$

$$= 12.625,15$$

$$\text{SQVariedades e meses} = 12.625,15 - 417,18 - 11.485,46$$

$$= 722,51$$

**Tabela 7.8.1.** Acidez de mangas de um ensaio fatorial de 6 × 3 × 3.

| | Novembro | | | Dezembro | | | Janeiro | | | **Totais de variedades** |
|---|---|---|---|---|---|---|---|---|---|---|
| **Variedades** | **1957** | **1958** | **1959** | **1957** | **1958** | **1959** | **1957** | **1958** | **1959** | |
| Bourbon | 28,2 | 24,7 | 16,4 | 6,0 | 6,2 | 6,9 | 4,6 | 4,4 | 5,0 | 102,4 |
| Brasil | 38,3 | 32,0 | 38,4 | 5,0 | 3,6 | 4,0 | 4,6 | 4,2 | 3,8 | 133,9 |
| Extrema | 37,6 | 39,0 | 50,3 | 6,0 | 6,6 | 6,9 | 5,4 | 5,4 | 5,0 | 162,2 |
| Maçã | 47,2 | 47,7 | 50,2 | 6,2 | 6,9 | 7,9 | 5,2 | 4,2 | 5,0 | 180,5 |
| Non Plus Ultra | 36,4 | 35,3 | 40,1 | 7,9 | 10,2 | 9,8 | 4,9 | 6,8 | 7,0 | 158,4 |
| Oliveira | 40,0 | 30,1 | 30,0 | 6,0 | 7,0 | 8,4 | 6,1 | 3,5 | 4,8 | 135,9 |
| | 227,7 | 208,8 | 225,4 | 37,1 | 40,5 | 43,9 | 30,8 | 28,5 | 30,6 | 873,3 |

De maneira análoga, calculamos as outras somas de quadrados necessárias e obtemos a análise da variância seguinte.

| **Causa de variação** | **GL** | **SQ** | **QM** | **F** |
|---|---|---|---|---|
| Variedades (V) | 5 | 417,18 | 83,44 | 9,84** |
| Meses (M) | 2 | 11.485,46 | 5.742,73 | 677,21** |
| Anos (A) | 2 | 15,26 | 7,63 | 0,900 |
| Interação V × M | 10 | 722,51 | 72,25 | 8,52** |
| Interação V × A | 10 | 88,26 | 8,83 | 1,04 |
| Interação M × A | 4 | 24,58 | 6,14 | 0,724 |
| Resíduo (interação V × M × A) | 20 | 169,58 | 8,48 | |
| Total | 53 | 12.922,83 | | |

A interação significativa variedades × meses indica que as variedades se comportam de modo distinto nos meses estudados. Com efeito, isso se verifica pelas médias da tabela seguinte.

| Variedades | Novembro | Dezembro | Janeiro |
|---|---|---|---|
| Bourbon | 23,1 | 6,4 | 4,8 |
| Brasil | 36,2 | 4,2 | 4,2 |
| Extrema | 42,3 | 6,5 | 5,3 |
| Maçã | 48,4 | 7,0 | 4,8 |
| Non Plus Ultra | 37,3 | 9,3 | 6,2 |
| Oliveira | 33,4 | 7,1 | 4,8 |

A diferença mínima significativa para médias de variedades em um mesmo mês, pelo teste de Tukey, é:

$$\Delta = 4,45\frac{\sqrt{8,48}}{\sqrt{3}} = 7,48$$

Verifica-se, pois, que só no mês de novembro há diferenças significativas de acidez; nesse mês, a variedade Maçã, mais tardia, supera significativamente todas as demais, com exceção da Extrema.

## 7.9. Fatoriais incompletos

De alguns anos para cá, surgiram e se generalizaram os experimentos fatoriais incompletos, isto é, que não encerram todos os tratamentos dos fatoriais tradicionais. Por exemplo, o fatorial fracionário $(1/5)5^3$ (Conagin e Jorge, 1977) apresenta apenas 25 dos 125 tratamentos do fatorial completo de $5^3$. Tais tratamentos podem ser os seguintes, constituindo um único bloco.

| | | | | |
|---|---|---|---|---|
| 111 | 134 | 152 | 125 | 143 |
| 254 | 222 | 245 | 213 | 231 |
| 342 | 315 | 333 | 351 | 324 |
| 435 | 453 | 421 | 444 | 412 |
| 523 | 541 | 514 | 532 | 555 |

Outro exemplo é $(1/2)4^3$ (Andrade e Noleto, 1985), com 32 dos 64 tratamentos do fatorial completo:

| 1º bloco | | | |
|---|---|---|---|
| 000 | 101 | 202 | 303 |
| 011 | 110 | 213 | 312 |
| 022 | 123 | 220 | 321 |
| 033 | 132 | 231 | 330 |

| 2º bloco | | | |
|---|---|---|---|
| 003 | 102 | 201 | 300 |
| 012 | 120 | 210 | 311 |
| 021 | 113 | 223 | 322 |
| 030 | 131 | 232 | 333 |

A análise dos experimentos desse tipo geralmente é feita por meio de superfície de resposta. Eles se prestam principalmente a ensaios de caráter preliminar e só funcionam bem com baixo coeficiente de variação.

Outro tipo de fatorial incompleto são os delineamentos axiais. É o caso de um experimento com dois fatores (N e P, por exemplo), com os seguintes tratamentos:

| | | | | |
|---|---|---|---|---|
| | | 35 | | |
| | | 34 | | |
| 13 | 23 | 33 | 43 | 53 |
| | | 32 | | |
| | | 31 | | |

Temos aí um ponto central (33) com doses medianas de N e P, a partir do qual há 5 níveis distintos de N (13, 23, 33, 43 e 53) e também 5 níveis distintos de P (31, 32, 33, 34 e 35). Esses 9 tratamentos constituem um bloco. Um experimento com 4 blocos casualizados desse tipo teria a seguinte análise da variância.

| **Causa de variação** | **GL** |
|---|---|
| N' | 1 |
| N" | 1 |
| P' | 1 |
| P" | 1 |
| Desvios das regressões | 4 |
| (Tratamentos) | (8) |
| Blocos | 3 |
| Resíduo | 24 |
| Total | 35 |

Esse tipo de delineamento é usado principalmente para ensaios preliminares em regiões pioneiras, com os blocos largamente dispersos por toda a área em estudo. Em tais casos, é freqüente repetir o ponto central em cada bloco, para ter, em cada um deles, uma estimativa para a variância naquele bloco, ou naquelas condições.

Mais informações sobre os fatoriais fracionários e os delineamentos axiais são dadas por Pimentel-Gomes e Conagin (1991).

Outro exemplo de delineamento axial é o chamado FAO-ANDA, que tem sido largamente empregado. Com os fatores N, P, K, cada bloco tem os seguintes tratamentos, em 3 níveis.

| 011 | 101 | 110 |
|---|---|---|
| | 111 | |
| 211 | 121 | 112 |

Com apenas 7 tratamentos, temos aí 3 níveis para N, 3 para P, 3 para K. Às vezes se juntam a esses 7 tratamentos mais dois: 000 (testemunha absoluta, sem adubação) e 111 + calcário, para avaliar o efeito da calagem. Isso foi feito em um grupo de 16 experimentos de adubação de milho instalado pela Seccional de Lavras, MG, com os resultados seguintes em kg/ha de milho.

| **Médias de produção** | | | | | |
|---|---|---|---|---|---|
| 0-45-30 | 4.427 | 45-0-30 | 4.146 | 45-45-0 | 5.029 |
| | | 45-45-30 | 5.290 | | |
| 90-45-30 | 5.390 | 45-90-30 | 5.465 | 45-45-60 | 5.275 |
| 0-0-0 | 4.192 | 45-45-30 | + calcário | 5.325 | |

A análise da variância deu os resultados seguintes.

| **Causa de variação** | **GL** | **QM** | **F** |
|---|---|---|---|
| Blocos (locais) (L) | 15 | 25.048.118 | 33,51** |
| N' | 1 | 7.412.213 | 9,92** |
| N'' | 1 | 1.549.654 | 2,07 |
| P' | 1 | 13.919.407 | 18,62** |
| P'' | 1 | 2.506.158 | 3,35 |
| K' | 1 | 481.671 | 0,664 |
| K'' | 1 | 202.401 | 0,271 |
| Calcário | 1 | 9.905 | 0,013 |
| (Tratamentos) (T) | (8) | (4.641.911) | (6,21**) |
| Interação L × T | 120 | 747.413 | |

Note-se que os contrastes testados nessa análise (N', N'', P' etc.) não são ortogonais entre si, ao contrário do que ocorre nos fatoriais completos.

## 7.10. Exercícios

1) Em um experimento fatorial de adubação de cafeeiro com N, P, K de 2 × 2 × 2, feito por Malavolta et al. (1958), foram contados os galhos secos de 4 pés de café por parcela. Dos números obtidos, extraiu-se a raiz quadrada, com os resultados dados na Tabela 7.9.1. Analisar os dados estatisticamente e

comprovar que o nitrogênio e o potássio provocaram diminuição significativa no número de galhos secos.

**Tabela 7.9.1.** Raízes quadradas dos números de galhos secos de um experimento fatorial de $2^3$ de adubação do cafeeiro.

| **Tratamentos** | **1º bloco** | **2º bloco** | **3º bloco** | **4º bloco** | **5º bloco** | **6º bloco** | **Totais de tratamentos** |
|---|---|---|---|---|---|---|---|
| (1) | 10,20 | 7,55 | 7,62 | 10,54 | 8,00 | 4,58 | 48,49 |
| N | 5,39 | 7,62 | 4,69 | 3,32 | 5,48 | 4,24 | 30,74 |
| P | 8,54 | 12,45 | 7,28 | 8,37 | 8,00 | 6,08 | 50,72 |
| K | 8,83 | 6,71 | 3,74 | 3,00 | 9,43 | 3,87 | 35,58 |
| NP | 8,43 | 3,61 | 5,00 | 4,58 | 8,00 | 4,80 | 34,42 |
| NK | 2,24 | 3,16 | 1,00 | 1,00 | 3,87 | 2,24 | 13,51 |
| PK | 6,63 | 6,24 | 3,87 | 3,32 | 9,17 | 3,16 | 32,39 |
| NPK | 4,36 | 2,00 | 1,73 | 2,65 | 2,65 | 0,00 | 13,39 |
| **Totais de blocos** | 54,62 | 49,34 | 34,93 | 36,78 | 54,60 | 28,97 | 259,24 |

2) Planejar detalhadamente um experimento com 3 variedades de café, 3 espaçamentos e 3 formas de aplicação dos adubos, com 2 repetições e com confundimento de 2 graus de liberdade da interação tripla.

## 7.11. Bibliografia


ANDERSON, R. L.; BANCROFT, T. A. **Statistical theory in research**. Nova York: McGraw-Hill, 1952.

ANDRADE, D. F.; NOLETO, A. DE Q. Exemplos de fatoriais fracionados $(1/2)4^3$ e $(1/4)4^3$ para o ajuste de modelos polinomiais quadráticos. In: SIMPÓSIO DE ESTATÍSTICA APLICADA À EXPERIMENTAÇÃO AGRONÔMICA (Seagro: 19-24, 1985).

CALZADA BENZA, JOSÉ. **Métodos estadísticos para la investigación**. Lima, 1966.

COCHRAN, W. G.; COX, GERTRUDE M. **Experimental designs**. 2ª ed. Nova York: John Wiley, 1957.

CONAGIN, A.; JORGE, J. P. N. Delineamentos $(1/5)5^3$. **Bragantia, 36**: 23-58, Campinas, 1977.

JOHN, P. W. M. **Statistical design and analysis of experiments**. Nova York: Macmillan, 1971.

KEMPTHORNE, O. **The design and analysis of experiments**. Nova York: John Wiley, 1950.

MALAVOLTA, E.; PIMENTEL-GOMES, F.; COURY, T. **Estudos sobre a alimentação mineral do cafeeiro (*Coffea arabica* L., Variedade Bourbon Vermelho)**. Piracicaba, 1958.

PIMENTEL-GOMES, F.; CONAGIN, A. Experimentos de adubação: planejamento e análise estatística. In: **Métodos de pesquisa em fertilidade do solo**. Brasília: Embrapa, 1991.

SIMÃO, S. **Estudos da planta e dos frutos da mangueira (*Mangifera indica* L.)**. Piracicaba, 1960. Tese.

SNEDECOR, G. W.; COCHRAN, W. G. **Statistical methods**. 6ª ed. Ames, Iowa: Iowa State College Press, 1967.

STRAUSS, F. Experimentos de adubação na zona canavieira de Pernambuco. In: TERCEIRA REUNIÃO BRASILEIRA DE CIÊNCIA DO SOLO. **Anais...** t. 1, p. 336-443, 1951.

YATES, F. **The design and analysis of factorial experiments**. Harpenden, Inglaterra: Imperial Bureau of Soil Science, 1937.

# 8

# ANÁLISE DE GRUPOS DE EXPERIMENTOS

## 8.1. Generalidades

Em muitos ramos da experimentação, há uma influência decisiva do local ou da ocasião sobre os efeitos dos tratamentos. Tal ocorre, por exemplo, nos experimentos com plantas, em que o solo e as condições climáticas têm influência muito grande. Já em experimentos com animais a influência do local e do clima é muito menor, especialmente quando se trata de gado que recebe rações controladas e que dispõe de abrigos convenientes.

As limitações de espaço e de tempo em um experimento podem ser, às vezes, parcialmente afastadas pela avaliação do experimentador. Entretanto, só uma experimentação apropriada poderá oferecer uma solução definitiva ao problema de generalização dos resultados de um experimento.

Se quisermos, por exemplo, estudar a adubação do cafeeiro no Estado de São Paulo, tendo em vista obter resultados gerais, deveremos começar localizando experimentos em toda a área cafeicultora do Estado. Essa área deve ser repartida segundo os tipos de solo, o método de cultivo (com ou sem irrigação), a topografia etc. A seguir os experimentos são distribuídos, quando possível, ao acaso. Em um caso como esse, os experimentos devem ser preferivelmente de delineamento simples, numerosos e baratos, para que o custo não seja muito alto. Se o que nos interessa são resultados gerais, estes só poderão ser alcançados satisfatoriamente pela multiplicação dos locais e dos anos de experimentação. E, para facilitar a análise e a combinação dos dados em um só conjunto, todos os experimentos devem ter, preferivelmente, os mesmos tratamentos e o mesmo tipo de delineamento.

Uma vez obtidos os dados, agrupamos os experimentos segundo os critérios já adotados na repartição da área a estudar. Colocamos de um lado os que se referem às culturas irrigadas e de outro, às não irrigadas, pois de antemão consideramos que esses dois grupos apresentam diferenças tão grandes que não podem ser considerados em conjunto. A seguir, podemos utilizar como critério de agrupamento o tipo de solo. Teremos, então, um grupo de experimentos referente a latossolo roxo, outro correspondente a aluvião etc. Se necessário, podemos ir mais longe e considerar se a terra é nova ou velha, se é adubada ou não, e assim por diante.

Consideramos a seguir os quadrados médios residuais dos diversos experimentos. Para que os experimentos possam ser reunidos sem maiores dificuldades, é preciso que esses quadrados médios residuais não difiram muito entre si, isto é, que sejam relativamente homogêneos. Para avaliar essa homogeneidade, é tradicional o uso do teste de Barttlett. No entanto, de acordo com pesquisas de Box (1953), esse teste para comparação de estimativas de variâncias é tão sensível à falta de normalidade que deve ser abandonado.

Por outro lado, estudos de Box (1953) indicam que se em todos os experimentos os tratamentos tiverem o mesmo número de repetições e a relação entre as variâncias não for superior a 3, a análise da variância e os testes correlatos poderão ser aplicados sem prejuízos sérios. É importante, pois, aplicar aos quadrados médios residuais um teste que permita concluir se podemos aceitar que a relação entre a maior variância e a menor não seja superior a 3. Para isso, combinando ensinamentos de Dagnelie (1975) com o teste de F máximo (Pearson e Hartley, 1956), concluímos que é preciso calcular:

$$F^* = \frac{QM_1}{3QM_2}$$

onde $QM_1$ é o maior e $QM_2$ é o menor dos **k** quadrados médios considerados. Se tivermos $F^* \leq 1$, nada há a temer, evidentemente. Se, ao contrário, obtivermos $F^* > 1$, será necessário consultar a Tabela 31 de Pearson e Hartley (1956), de dupla entrada, relativa ao número **k** de experimentos, e ao número **U** de graus de liberdade de cada quadrado médio residual. A consulta a essa tabela nos mostra que, mesmo com 30 graus de liberdade para o resíduo e k = 12 experimentos (valor máximo de **k** na tabela), se tivermos:

$$\frac{QM_1}{QM_2} < 7$$

a prova não será significativa ao nível de 5%.

O teste F bilateral (Tabelas 3 e 4 deste livro), aplicado ao quociente:

$$F = \frac{3QM_2}{QM_1}$$

e tendo em vista que, com **k** experimentos, temos (1/2)k (k – 1) pares possíveis de quadrados médios residuais, leva a resultado semelhante.

Conclui-se que, no caso de grupos de experimentos similares, em que todos os tratamentos tenham o mesmo número de repetições, quase sempre se poderá fazer a análise conjunta sem dificuldade, se o quociente entre o maior e o menor quadrado médio residual for menor do que 7. Quando, porém, esse quociente for superior a 7, convirá considerar separadamente subgrupos de experimentos com quadrados médios residuais não muito discrepantes. Alternativamente, podemos fazer ajustes nos números de graus de liberdade, de acordo com o método proposto por Cochran (1954), que será exemplificado na seção 8.7. Mas, na verdade, esse método não tem se revelado promissor quando as discrepâncias são grandes entre os quadrados médios residuais.

## 8.2. Como fazer a análise

Vamos considerar agora o que chamaremos de um grupo de experimentos, isto é, alguns experimentos que consideramos comparáveis, de acordo com os critérios indicados anteriormente. Se cada experimento tiver mais de uma repetição, faremos a análise deles separadamente e, a seguir, realizaremos uma análise conjunta, reunindo, porém, só experimentos de variâncias residuais não muito diferentes.

Consideremos, como exemplo, o caso de cinco experimentos de adubação de algodão, inteiramente casualizados, com tratamentos: $N_1PK_1$, $N_1PK_2$, $N_2PK_1$, $N_2PK_2$ e testemunha, onde $N_1$ e $N_2$ representam, respectivamente, uma e duas doses de nitrogênio, P é uma dose de fósforo, $K_1$ e $K_2$ se referem, respectivamente, a uma e duas doses de potássio. Os dados e as análises individuais são expostos a seguir.

| Experimento I | | | | | |
|---|---|---|---|---|---|
| $N_1PK_1$ | 4,2 | 2,4 | 2,8 | 3,2 | 12,6 |
| $N_1PK_2$ | 3,6 | 2,2 | 1,8 | 3,2 | 10,8 |
| $N_2PK_1$ | 3,2 | 2,6 | 3,0 | 2,0 | 10,8 |
| $N_2PK_2$ | 3,6 | 2,8 | 3,0 | 2,4 | 11,8 |
| Testemunha | 2,4 | 1,2 | 3,0 | 2,8 | 9,4 |
| | | | | | 55,4 |

| Causa de variação | GL | SQ | QM | F |
|---|---|---|---|---|
| Tratamentos | 4 | 1,45 | 0,3625 | 0,730 |
| Resíduo | 15 | 7,45 | 0,4967 | |
| Total | 19 | 8,90 | | |

| Experimento II | | | | | |
|---|---|---|---|---|---|
| $N_1PK_1$ | 11,0 | 10,5 | 9,0 | 9,0 | 39,5 |
| $N_1PK_2$ | 10,0 | 9,5 | 9,0 | 8,0 | 36,5 |
| $N_2PK_1$ | 12,0 | 9,0 | 9,5 | 9,5 | 40,0 |
| $N_2PK_2$ | 10,5 | 11,5 | 10,5 | 10,0 | 42,0 |
| Testemunha | 8,5 | 8,0 | 10,0 | 7,0 | 33,5 |
| | | | | | 192,0 |

| Causa de variação | GL | SQ | QM | F |
|---|---|---|---|---|
| Tratamentos | 4 | 12,05 | 3,0125 | 2,70 |
| Resíduo | 15 | 16,72 | 1,1167 | |
| Total | 19 | 28,80 | | |

| Experimento III | | | | | |
|---|---|---|---|---|---|
| $N_1PK_1$ | 7,0 | 7,5 | 6,5 | 5,5 | 26,5 |
| $N_1PK_2$ | 8,5 | 7,0 | 8,0 | 5,5 | 29,0 |
| $N_2PK_1$ | 9,0 | 6,0 | 6,0 | 5,5 | 26,5 |
| $N_2PK_2$ | 9,0 | 9,5 | 8,0 | 7,0 | 33,5 |
| Testemunha | 7,0 | 7,0 | 4,5 | 6,0 | 24,5 |
| | | | | | 140,0 |

| Causa de variação | GL | SQ | QM | F |
|---|---|---|---|---|
| Tratamentos | 4 | 12,00 | 3,0000 | 1,96 |
| Resíduo | 15 | 23,00 | 1,5333 | |
| Total | 19 | 35,00 | | |

| Experimento IV | | | | | |
|---|---|---|---|---|---|
| $N_1PK_1$ | 8,0 | 6,9 | 6,0 | 6,5 | 27,4 |
| $N_1PK_2$ | 8,0 | 5,5 | 7,5 | 8,0 | 29,0 |
| $N_2PK_1$ | 7,0 | 4,7 | 5,5 | 9,0 | 26,2 |
| $N_2PK_2$ | 9,0 | 6,5 | 5,5 | 7,0 | 28,0 |
| Testemunha | 3,5 | 3,0 | 3,9 | 7,0 | 17,4 |
| | | | | | 128,0 |

| Causa de variação | GL | SQ | QM | F |
|---|---|---|---|---|
| Tratamentos | 4 | 22,04 | 5,5100 | 2,47 |
| Resíduo | 15 | 33,42 | 2,2280 | |
| Total | 19 | 55,46 | | |

| Experimento V | | | | | |
|---|---|---|---|---|---|
| $N_1PK_1$ | 1,72 | 1,81 | 1,73 | 1,62 | 6,88 |
| $N_1PK_2$ | 2,38 | 2,56 | 2,48 | 2,43 | 9,85 |
| $N_2PK_1$ | 2,52 | 2,88 | 2,76 | 2,54 | 10,70 |
| $N_2PK_2$ | 2,78 | 3,01 | 2,83 | 2,79 | 11,41 |
| Testemunha | 1,48 | 1,62 | 1,58 | 1,56 | 6,24 |
| | | | | | 45,08 |

| Causa de variação | GL | SQ | QM | F |
|---|---|---|---|---|
| Tratamentos | 4 | 5,3829 | 1,3457 | 117,02** |
| Resíduo | 15 | 0,1722 | 0,0115 | |
| Total | 19 | 5,5551 | | |

Os quadrados médios residuais relativos a esses ensaios, todos com 15 graus de liberdade, são os seguintes, em ordem decrescente:

| 2,2280 | 1,5333 | 1,1167 | 0,4967 | 0,0115 |
|---|---|---|---|---|

O quociente do maior quadrado médio com o menor dá 193,74, valor que vai muito além do limite de 7 justificado na seção 8.1. Aliás, o teste de F máximo daria:

$$F^* = \frac{2,2280}{3 \times 0,0115} = 64,58^{**}$$

valor que é significativo ao nível de 1% de probabilidade pela Tabela 31 de Pearson e Hartley (1956). Por qualquer um dos dois critérios, verificamos que não podemos estudar conjuntamente os cinco ensaios. Mas, se excluirmos o experimento V, cujo quadrado médio do resíduo é 0,0115, teremos:

$$\frac{QM_1}{QM_2} = \frac{2,2280}{0,4967} = 4,49 < 7$$

concluindo que a reunião dos quatro primeiros experimentos é correta. Obtemos então a seguinte análise conjunta.

| **Causa de variação** | **GL** | **SQ** | **QM** | **F** |
|---|---|---|---|---|
| Locais | 3 | 475,40 | 158,47 | 121,15** |
| Tratamentos | 4 | 31,85 | 7,96 | 6,09** |
| Interação locais × tratamentos | 12 | 15,69 | 1,308 | 0,973 |
| Resíduo | 60 | 80,62 | 1,344 | |
| Total | 79 | 603,56 | | |

Quando o que interessa são resultados gerais, o teste de tratamentos deve ser feito preferivelmente em relação ao quadrado médio da interação locais × tratamentos:

$$F = \frac{7,96}{1,308} = 6,09^{**}$$

Por outro lado, o teste para interações nos daria:

$$F = \frac{1,308}{1,344} = 0,973$$

Num caso como este, em que não há nenhum indício de significação das interações, pode-se também testar o quadrado médio para tratamentos em relação ao quadrado médio residual:

$$F = \frac{7,96}{1,344} = 5,92^{**}$$

Nesse caso, em geral se obtém maior precisão, pois há maior número de graus de liberdade para o resíduo. No entanto, sempre que houver indicação da presença de interação, mesmo não significativa, esse procedimento não deverá ser seguido.

Podemos, como em casos anteriores, considerar individualmente graus de liberdade relativos a contrastes de tratamentos, como faremos a seguir:

| **Causa de variação** | **GL** | **SQ** | **QM** | **F** |
|---|---|---|---|---|
| Testemunha versus tratamentos adubados | 1 | 26,11 | 26,11 | 19,96** |
| $N_1$ versus $N_2$ | 1 | 1,00 | 1,00 | 0,765 |
| $K_1$ versus $K_2$ | 1 | 2,10 | 2,10 | 1,61 |
| Interação N × K | 1 | 2,64 | 2,64 | 2,02 |
| Interação locais × tratamentos | 12 | 15,69 | 1,308 | |

Poderão ser feitas críticas, nessa análise, ao fato de que a interação locais × tratamentos pode não ser a mesma para todos os contrastes entre tratamentos. Para evitar essa crítica, podemos estimar cada contraste em cada local e prová-los separadamente. Por exemplo, o primeiro contraste da análise anterior é:

$$Y_1 = m_1 + m_2 + m_3 + m_4 - 4m_5$$

onde $m_5$ é a média da testemunha. As estimativas desse contraste nos quatro locais, calculados com totais de tratamentos, são:

$$\begin{array}{r} 8{,}4 \\ 24{,}5 \\ 17{,}5 \\ 41{,}0 \\ \hline 91{,}4 \end{array}$$

Teremos agora:

$$\text{SQ Inter. } Y_1 \times \text{locais} = \frac{(8,4)^2 + \ldots + (41,0)^2}{20 \times 4} - \frac{(91,4)^2}{20 \times 16} = 7,12$$

O fator 20 no denominador provém da soma dos quadrados dos coeficientes do contraste considerado. O fator 4 se explica por ter sido feito o cálculo com totais de 4 parcelas. Explicação semelhante vale para o fator 16.

Obtemos a seguinte análise de variância.

| **Causa de variação** | **GL** | **SQ** | **QM** | **F** |
|---|---|---|---|---|
| Testemunha versus tratamento adubado ($Y_1$) | 1 | 26,11 | 26,11 | 11,02* |
| Interação $Y_1$ × locais | 3 | 7,12 | 2,37 | |

Chegaríamos ao mesmo resultado pelo teste **t**, como se segue.

$$s^2 = \frac{1}{3}\left[(8,4)^2 + \ldots + (41,0)^2 - \frac{(91,4)^2}{4}\right] = 189,86$$

$$s(\hat{Y}_1) = \sqrt{\frac{189,86}{4}} = 6,89 \qquad \hat{Y}_1 = \frac{91,4}{4} = 22,85$$

$$t = \frac{22,85 - 0}{6,89} = 3,32*$$

Analogamente, testam-se os outros contrastes.

| Causa de variação | GL | SQ | QM | F |
|---|---|---|---|---|
| $N_1$ versus $N_2$ ($Y_2$) | 1 | 1,00 | 1,00 | 0,926 |
| Interação Y × locais | 3 | 3,25 | 1,08 | |

| Causa de variação | GL | SQ | QM | F |
|---|---|---|---|---|
| $K_1$ versus $K_2$ ($Y_3$) | 1 | 2,10 | 2,10 | 1,46 |
| Interação Y × locais | 3 | 4,32 | 1,44 | |

| Causa de variação | GL | SQ | QM | F |
|---|---|---|---|---|
| Interação $Y_2 \times Y_3$ | 1 | 2,64 | 2,64 | 7,83 |
| Interação $Y_2 \times Y_3$ × locais | 3 | 1,01 | 0,337 | |

Esse último método tem a desvantagem de reduzir excessivamente o número de graus de liberdade para testes, de modo que só pode ser usado sem muita desvantagem quando é grande o número de locais.

## 8.3. Um grupo de ensaios de batatinha

Um exemplo bastante interessante é dado por um grupo de ensaios de competição de variedades de batatinha, realizados pelo engenheiro agrônomo Oscar A. Garay, da Estação Experimental de Balcarce, Argentina, instalados em localidades da região batateira da Província de Buenos Aires. Cada um deles tinha 4 repetições e 8 variedades em blocos casualizados. Os dados, em t/ha, e a análise de variância individual do primeiro experimento foram vistos na seção 5.2 deste livro. Para os demais ensaios, os dados eram semelhantes. Damos, na Tabela 8.3.1, os totais de variedades e os quadrados médios residuais para todos os experimentos.

**Tabela 8.3.1.** Totais de variedades e quadrados médios residuais

| **Variedades** | **Experimentos** | | | | | | | **Totais gerais de variedades** |
|---|---|---|---|---|---|---|---|---|
| | **1º** | **2º** | **3º** | **4º** | **5º** | **6º** | **7º** | |
| Kennebec | 47,0 | 31,8 | 42,8 | 58,4 | 36,4 | 48,2 | 49,2 | 313,8 |
| B 25-50 E | 48,3 | 65,0 | 66,0 | 78,0 | 35,6 | 35,8 | 58,3 | 387,0 |
| B 1-52 | 64,6 | 120,1 | 89,1 | 92,8 | 38,6 | 43,9 | 94,0 | 543,1 |
| Huinkul | 82,2 | 120,5 | 100,2 | 97,0 | 55,8 | 62,4 | 92,9 | 611,0 |
| B 116-51 | 61,1 | 122,3 | 90,0 | 95,4 | 54,6 | 52,3 | 92,8 | 568,5 |
| B 72-53 A | 69,4 | 111,2 | 91,2 | 86,5 | 45,0 | 51,9 | 79,7 | 534,9 |
| S. Rafaela | 68,5 | 117,6 | 101,8 | 70,3 | 55,8 | 48,8 | 92,9 | 555,7 |
| Buena Vista | 47,7 | 42,6 | 49,7 | 68,2 | 35,6 | 49,6 | 53,2 | 346,6 |
| Totais de experimentos | 488,8 | 731,1 | 630,8 | 646,6 | 357,4 | 392,9 | 613,0 | 3.860,6 |
| QM residual | 3,15 | 2,63 | 8,55 | 2,09 | 3,25 | 1,99 | 5,35 | |

A relação entre o maior quadrado médio residual (8,55) e o menor (1,99) vai pouco além de 4. Assim, podemos fazer uma análise conjunta sem dificuldade. Temos:

$$\text{SQExperimentos} = \left(\frac{1}{32}\right)[(488,8)^2 + \ldots + (613,0)^2] - C$$

$$= 3.691,59$$

$$\text{SQVariedades} = \left(\frac{1}{28}\right)[(313,8)^2 + \ldots + (346,6)^2] - C$$

$$= 3.276,19$$

$$\text{SQ Var. e exp.} = \left(\frac{1}{4}\right)[(47,0)^2 + \ldots + (53,2)^2] - C$$

$$= 8.772,33$$

Logo:

$$\text{SQ Var.} \times \text{exp.} = 8.772,33 - 3.691,33 - 3.276,19$$

$$= 1.804,55$$

O quadrado médio residual é a média ponderada dos quadrados médios residuais dos ensaios, neste caso equivalente à média aritmética respectiva, pois os pesos a serem usados (números de graus de liberdade respectivos) são todos iguais.

Obtemos, assim, a seguinte análise da variância.

| **Causa de variação** | **GL** | **SQ** | **QM** | **F** |
|---|---|---|---|---|
| Experimentos (E) | 6 | 3.691,59 | 615,27 | 14,43** |
| Variedades (V) | 7 | 3.276,19 | 468,03 | 10,89** |
| Interação V × E | 42 | 1.804,55 | 42,97 | 11,13** |
| Resíduo médio | 147 | — | 3,86 | |

Os quadrados médios para experimentos e para variedades são testados em relação à interação V × E. Esta, por sua vez, se prova em relação ao resíduo médio.

Pela análise de variância, conclui-se que, embora haja interação significativa variedades × experimentos, isto é, embora o comportamento relativo das variedades varie significativamente de uma localidade para outra, há efeitos gerais de variedades que se sobrepõem a essas variações, de maneira que se podem indicar algumas variedades como de maior produção para toda a região, e não apenas de interesse local.

As médias de variedades, em ordem decrescente, são dadas a seguir.

1. Huinkul ________________ 21,8 t/ha a
2. B 116-51 ________________ 20,3 t/ha a
3. S. Rafaela ________________ 19,8 t/ha a
4. B 1-52 ________________ 19,4 t/ha a
5. B 72-53 A ________________ 19,1 t/ha a
6. B 25-50 E ________________ 13,8 t/ha b
7. Buena Vista ________________ 12,4 t/ha b
8. Kennebec ________________ 11,2 t/ha b

A diferença mínima significativa, ao nível de 5% de probabilidade, pelo teste de Tukey, é:

$$\Delta = 4,50\sqrt{\frac{42,97}{28}} = 5,58 \text{ t/ha}$$

Conclui-se que as quatro primeiras variedades superam significativamente as três últimas.

Os testes **t**, de Duncan e de Scheffé seriam aplicados da maneira já conhecida para comparar médias de variedades, sempre usando como resíduo a interação variedades × experimentos.

## 8.4. Outro exemplo

Um modo prático e usual de análise conjunta de experimentos consiste em considerar as médias referentes a cada caso e analisá-las como se cada experimento fosse um bloco casualizado.

Damos na Tabela 8.4.1, como exemplo, as médias de produção, em kg/ha, de uma variedade (V 38) e de oito linhagens de mamoneira em cinco localidades, no ano agrícola 1946-47, de acordo com dados de Sousa e Canecchio (1952).

**Tabela 8.4.1.** Produção média de mamona, em kg/ha.

| Variedade e linhagens | Locais (blocos) | | | | |
|---|---|---|---|---|---|
| | Ribeirão Preto | Pindorama | Mococa | Tietê | Santa Rita |
| V 38 | 1.186 | 1.460 | 1.832 | 1.644 | 1.963 |
| L 41 | 1.219 | 1.598 | 1.595 | 1.422 | 2.192 |
| L 168 | 1.005 | 1.825 | 1.851 | 1.458 | 2.294 |
| L 176 | 1.264 | 1.394 | 1.613 | 1.567 | 1.920 |
| L 178 | 1.272 | 1.407 | 1.747 | 1.532 | 1.856 |
| L 881 | 1.151 | 1.436 | 2.297 | 1.532 | 2.178 |
| L 882 | 1.246 | 1.291 | 2.233 | 1.683 | 2.026 |
| L 883 | 1.223 | 1.622 | 2.391 | 1.699 | 2.458 |
| L 1.000 | 1.168 | 1.521 | 1.992 | 1.467 | 2.040 |
| Totais | 10.734 | 13.554 | 17.551 | 14.004 | 18.927 |
| QM residual | 29.930 | 69.170 | 88.210 | 35.720 | 64.520 |

O maior quadrado médio residual observado (88.210) é menos de três vezes maior do que o menor deles (29.930). Logo, os experimentos podem ser analisados em conjunto, sem maiores cuidados. A análise da variância, feita como para o caso de blocos ao acaso, é dada a seguir.

| Causa de variação | GL | SQ | QM | F |
|---|---|---|---|---|
| Locais (blocos) | 4 | 4.800.004 | 1.200.001 | 41,00** |
| Tratamentos | 8 | 398.815 | 49.852 | 1,70 |
| Interação tratamento × locais | 32 | 936.520 | 29.266 | |
| Total | 44 | 6.135.339 | | |

Verifica-se, pois, que os tratamentos não diferem significativamente entre si. Entretanto, como a variedade V38 foi usada como testemunha, é razoável isolar na análise o contraste que compara essa variedade com as linhagens, como faremos a seguir.

| **Causa de variação** | **GL** | **SQ** | **QM** | **F** |
|---|---|---|---|---|
| Diferença entre V 38 e linhagens | 1 | 11.167 | 11.167 | 0,3812 |
| Entre linhagens | 7 | 387.648 | 55.378 | 1,89 |
| Tratamentos | 8 | 398.815 | | |

Também nesse caso o resíduo usado foi o quadrado médio da interação tratamentos × locais (29.266).

## 8.5. Ainda outro exemplo

Veremos agora como reunir experimentos realizados em vários anos e em diversos locais. Tomamos como exemplo dados sobre amendoim publicados por Sousa e Abramides (1952). Trata-se de médias ajustadas de produção de amendoim, em kg/ha, em três estações experimentais e em três anos agrícolas, como veremos a seguir.

**Anos 1941-42**

| **Variedades** | **Campinas** | **Ribeirão Preto** | **Pindorama** | |
|---|---|---|---|---|
| 40 – Roxo | 1.780 | 690 | 4.400 | 6.870 |
| 54 – Roxo | 1.450 | 470 | 4.330 | 6.250 |
| 59 – Cateto | 1.430 | 520 | 3.440 | 5.390 |
| 53 – Tatu | 790 | 280 | 3.710 | 4.790 |
| | 5.450 | 1.960 | 15.880 | 23.290 |

**Anos 1942-43**

| **Variedades** | **Campinas** | **Ribeirão Preto** | **Pindorama** | |
|---|---|---|---|---|
| 40 – Roxo | 2.610 | 1.570 | 1.850 | 6.030 |
| 54 – Roxo | 2.590 | 1.330 | 2.010 | 5.930 |
| 49 – Cateto | 2.710 | 1.500 | 2.240 | 6.450 |
| 53 – Tatu | 1.590 | 1.170 | 1.790 | 4.550 |
| | 9.500 | 5.570 | 7.890 | 22.960 |

**Anos 1949-50**

| Variedades | Campinas | Ribeirão Preto | Pindorama | |
|---|---|---|---|---|
| 40 – Roxo | 2.570 | 2.650 | 2.100 | 7.320 |
| 54 – Roxo | 2.320 | 2.740 | 2.160 | 7.220 |
| 49 – Cateto | 2.130 | 1.890 | 1.570 | 5.590 |
| 53 – Tatu | 2.220 | 1.570 | 870 | 4.660 |
| | 9.240 | 8.850 | 6.700 | 24.790 |

| Variedades | Totais de tratamentos |
|---|---|
| 40 – Roxo | 20.220 |
| 54 – Roxo | 19.400 |
| 49 – Cateto | 17.430 |
| 53 – Tatu | 13.990 |
| Total geral | 71.040 |

| Locais | Totais de locais |
|---|---|
| Campinas | 24.190 |
| Ribeirão Preto | 16.380 |
| Pindorama | 30.470 |
| Total geral | 71.040 |

O esquema de análise pode ser o seguinte, dado por Cochran e Cox (1957).

| Causa de variação | GL |
|---|---|
| Tratamentos (T) | 3 |
| Locais (L) | 2 |
| Anos (A) | 2 |
| Interação T × L | 6 |
| Interação T × A | 6 |
| Interação L × A | 4 |
| Interação T × L × A | 12 |

Primeiro calculamos:

$$\begin{aligned} \text{SQTotal} &= \Sigma x^2 - C \\ &= 173.938.800 - 140.185.600 \\ &= 33.753.200 \end{aligned}$$

$$\text{SQT} = \frac{1}{9}[(20.220)^2 + \ldots + (13.990)^2] - C = 2.562.555$$

$$\begin{aligned} \text{SQL} &= \frac{1}{12}[(24.190)^2 + \ldots + (30.470)^2] - C \\ &= 8.304.517 \end{aligned}$$

$$\text{SQA} = \frac{1}{12}[(23.290)^2 + \ldots + (24.790)^2] - C = 158.550$$

$$\text{SQ Anos e locais} = \frac{1}{4}[(5.450)^2 + \ldots + (6.700)^2] - C$$

$$= 29.273.300$$

$$\text{SQ L} \times \text{A} = 29.273.300 - 158.550 - 8.304.517$$

$$= 20.810.233$$

$$\text{SQ Trat. e anos} = \frac{1}{3}[(6.870)^2 + \ldots + (4.660)^2] - C = 3.369.467$$

$$\text{SQ T} \times \text{A} = 3.369.467 - 2.562.555 - 158.550 = 648.362$$

Para o cálculo de SQ T × L, precisamos organizar uma tabela com totais de cada tratamento em cada local, como veremos a seguir, onde os números entre parênteses indicam quantos dados foram somados.

| | **Campinas** | **Ribeirão Preto** | **Pindorama** |
|---|---|---|---|
| 40 – Roxo | 6.960 (3) | 4.910 (3) | 8.350 (3) |
| 54 – Roxo | 6.360 (3) | 4.540 (3) | 8.500 (3) |
| 49 – Cateto | 6.270 (3) | 3.910 (3) | 7.250 (3) |
| 53 – Tatu | 4.600 (3) | 3.020 (3) | 6.370 (3) |

Temos ainda:

$$\text{SQ Trat. e locais} = \frac{1}{3}[(6.960)^2 + \ldots + (6.370)^2] - C = 11.015.800$$

$$\text{SQ T} \times \text{L} = 11.015.800 - 2.562.555 - 8.304.517 = 148.728$$

Obtemos, pois, a seguinte análise da variância.

| **Causa de variação** | **GL** | **SQ** | **QM** |
|---|---|---|---|
| Tratamentos (T) | 3 | 2.562.555 | 854.185 |
| Locais (L) | 2 | 8.304.517 | |
| Anos (A) | 2 | 158.550 | |
| Interação T × L | 6 | 148.728 | 24.788 |
| Interação T × A | 6 | 648.362 | 108.060 |
| Interação L × A | 4 | 20.810.233 | 5.202.558 |
| Interação T × L × A | 12 | 1.120.255 | 93.355 |
| Total | 35 | 33.753.200 | |

O teste para tratamentos sugerido por Cochran e Cox (1957) para esse caso consiste em tomar:

$$F = \frac{QMT + QM\ T \times L \times A}{QM\ T \times L + QM\ T \times A}$$

$$= \frac{854.185 + 93.355}{24.788 + 108.060}$$

$$= 7{,}13^{**}$$

Os números de graus de liberdade para esse teste são calculados assim:

$$n_1 = \frac{(QMT + QM\ T \times L \times A)^2}{\frac{(QMT)^2}{3} + \frac{(QM\ T \times L \times A)^2}{12}}$$

$$= \frac{(854.185 + 93.355)^2}{\frac{(854.185)^2}{3} + \frac{(93.355)^2}{12}}$$

$$= 3{,}7$$

$$n_2 = \frac{(QM\ T \times L + QM\ T \times A)^2}{\frac{(QM\ T \times L)^2}{6} + \frac{(QM\ T \times A)^2}{6}}$$

$$= \frac{(24.788 + 108.060)^2}{\frac{(24.788)^2}{6} + \frac{(108.060)^2}{6}}$$

$$= 8{,}6$$

Os números 3, 12 e 6, nas fórmulas, são os números de graus de liberdade dos quadrados médios respectivos.

Conclui-se que F tem 3,7 e 8,6 graus de liberdade, aproximadamente. O valor de F correspondente da tabela pode ser obtido por interpolação harmônica, que nos dá o valor de 6,80 para o nível de 1% de probabilidade, ou então simplesmente consideramos os números inteiros mais próximos, que são 4 e 9 e indicam o valor 6,42 para o mesmo nível de probabilidade. De qualquer modo que se proceda, será possível verificar que o F obtido (7,13) é significativo ao nível de 1%.

Num caso como esse, porém, em que o QM T × L é menor do que o QM T × L × A, ao passo que o contrário acontece com o QM T × A, um procedimento razoável e muito mais simples consiste em tomar como quadrado médio residual para comparação de tratamentos o que corresponde a QM T × A, isto é, 108.060. Obtemos então:

$$F = \frac{854.185}{108.060} = 7,90^*$$

com 3 e 6 graus de liberdade. O teste de Tukey, ao nível de 5%, daria:

$$\Delta = 4,90 \frac{328,7}{\sqrt{9}} = 537,0$$

onde: $328,7 = \sqrt{108.060}$.

As médias de tratamentos são:

40 – Roxo ________________________ 2.247 kg/ha

54 – Roxo ________________________ 2.156 kg/ha

49 – Cateto ________________________ 1.937 kg/ha

53 – Tatu ________________________ 1.554 kg/ha

Logo, as únicas diferenças significativas são entre as variedades 40 – Roxo e 54 – Roxo e a variedade 53 – Tatu.

Se, ao contrário, tivéssemos:

$$\text{QM } T \times L > \text{QM } T \times L \times A > \text{QM } T \times A$$

poderíamos tomar como quadrado médio residual para o teste de tratamentos o correspondente a QM T × L.

Se, porém, tanto QM T × A como QM T × L superarem QM T × L × A, como proceder? Para o teste F, usamos o método indicado por Cochran e Cox (1957), aplicado anteriormente, que continua válido. Suponhamos, para dar um exemplo, que tivéssemos QM T × L = 160.000 e que os demais quadrados médios continuassem os mesmos. Então:

$$F = \frac{854.185 + 93.355}{160.000 + 108.060} = 3,53$$

$$n_1 = \frac{(854.185 + 93.355)^2}{\frac{(854.185)^2}{3} + \frac{(93.355)^2}{12}} = 3,7$$

$$n_2 = \frac{(160.000 + 108.060)^2}{\frac{(160.000)^2}{6} + \frac{(108.060)^2}{6}} = 11,6$$

Verifica-se que o valor de F encontrado é significativo ao nível de 5%. Uma estimativa para o desvio padrão **s** que nos interessaria na comparação entre tratamentos seria:

$$\begin{aligned} s^2 &= QM\ T \times L + QM\ T \times A - QM\ T \times L \times A \\ &= 160.000 + 108.060 - 93.355 \\ &= 174.705 \\ \therefore\ s &= 418,0 \end{aligned}$$

com número de graus de liberdade:

$$n = \frac{(174.705)^2}{\frac{(160.000)^2}{6} + \frac{(108.060)^2}{6} + \frac{(93.355)^2}{12}} = 4,4$$

Logo, o teste de Tukey nos daria, ao nível de 5%:

$$\Delta = 5,50 \frac{418,0}{\sqrt{9}} = 766,3$$

e a diferença entre as médias das variedades 40 – Roxo e 53 – Tatu, que é 693, não atingiria o limite de significância, embora muito se aproxime dele.

## 8.6. Outro método de análise

O método de análise indicado em 8.5, já bastante complicado, torna-se de aplicação ainda mais difícil quando, como ocorre comumente, não temos experimentos nos mesmos locais em todos os anos agrícolas. Quando isso ocorre, um procedimento razoável e mais simples consiste em tomar indiferentemente os experimentos, sem distinguir se são de lugares ou de anos diferentes, e analisá-los de maneira semelhante à que vimos em 8.2. Se assim procedermos com os dados de 8.5, obteremos a seguinte análise.

| **Causa de variação** | **GL** | **SQ** | **QM** | **F** |
|---|---|---|---|---|
| Tratamentos (T) | 3 | 2.562.555 | 845.185 | 10,58** |
| Experimentos (E) | 8 | 29.273.300 | | |
| Interação T × E | 24 | 1.917.345 | 79.889 | |
| Total | 35 | 33.753.200 | | |

Exige-se aqui, como nos casos anteriores, que os quadrados médios residuais não sejam muito diferentes, isto é, que o maior deles não supere sete vezes o menor.

Os testes de Tukey, de Duncan e de Scheffé seriam aplicados da maneira usual, sendo tomado para quadrado médio residual o que corresponde a QM T × E. Teríamos, então, ao nível de 5%:

$$\Delta = 3,90\frac{282,6}{\sqrt{9}} = 367,4$$

Logo, a variedade 53 – Tatu teria produção inferior a todas as demais, e estas não difeririam entre si.

## 8.7. O método de Cochran

Quando os quadrados médios residuais são muito diferentes, o mais acertado, como já dissemos, é separar os experimentos em subgrupos em que isso não aconteça. Outro método que pode ser usado é o que vamos expor a seguir, adaptado de Cochran (1954), e que consiste em fazer um ajuste nos números de graus de liberdade.

Consideremos, como exemplo, os dados da Tabela 8.7.1, sobre o amendoim, adaptados de Sousa e Abramides (1952).

**Tabela 8.7.1.** Produção média de 4 parcelas por experimento, em kg/ha.

| **Variedades** | **Pindorama 49/50** | **Ribeirão Preto 49/50** | **Campinas 48/49** | **Campinas 42/43** | **Totais de variedades** |
|---|---|---|---|---|---|
| 40 – Roxo | 2.100 | 2.650 | 2.100 | 2.710 | 9.560 |
| 54 – Roxo | 2.160 | 2.740 | 1.830 | 2.610 | 9.340 |
| 49 – Cateto | 1.570 | 1.890 | 1.890 | 2.590 | 7.940 |
| 53 – Tatu | 870 | 1.570 | 1.370 | 1.590 | 5.400 |
| Totais de locais | 6.700 | 8.850 | 7.190 | 9.500 | 32.240 |
| QM residual ( $s_i^2$ ) | 52.900 | 84.700 | 3.970 | 106.900 | |

Admitiremos que os experimentos sejam em blocos ao acaso, tendo cada um deles 9 graus de liberdade para o resíduo.

Representemos por X os dados médios da tabela anterior, e teremos:

$$\Sigma X^2 = 69.464.800 \qquad \Sigma X = 32.240$$

$$C = \frac{(32.240)^2 16}{64} = 259.854.400$$

Temos de multiplicar por $16 = 4^2$ no cálculo de C porque, como havia 4 repetições em cada experimento, o verdadeiro total geral seria 32.240 × 4. Ajustamento análogo foi feito nos cálculos restantes.

$$\text{SQ Trat. e exp.} = \frac{69.464.800 \times 16}{4} - C = 18.004.800$$

$$\text{SQT} = \frac{16}{16}[(9.560)^2 + \ldots + (5.400)^2] - C = 10.978.400$$

$$\text{SQE} = \frac{16}{16}[(6.700)^2 + \ldots + (9.500)^2] - C = 5.304.200$$

$$\text{SQ } T \times E = 18.004.800 - 10.978.400 - 5.304.200$$

$$= 1.772.200$$

Quanto ao quadrado médio residual, o modo mais fácil de obtê-lo consiste em tomar a média ponderada dos quadrados médios residuais dos experimentos, embora possa também ser calculado da maneira usual, como em 8.2.

A análise obtida é dada a seguir.

| **Causa de variação** | **GL** | **SQ** | **QM** | **F** | **Desvio padrão** |
|---|---|---|---|---|---|
| Tratamentos (T) | 3 | 10.978.400 | 3.659.467 | 19,12* | |
| Experimentos (E) | 3 | 5.304.200 | | | |
| Interação T × E | 9 | 1.722.200 | 191.356 | 3,08* | 437,4 |
| Resíduo | 36 | 2.236.248 | 62.118 | | 249,2 |

Agora temos de ajustar os números de graus de liberdade para a interação T × E ($n_{te}$) e para o resíduo ($n_r$). Sendo $s_i^2$ o quadrado médio residual em cada experimento, com $n_i$ graus de liberdade, temos:

$$n_r = \frac{(\Sigma s_i^2)^2}{\Sigma \frac{s_i^4}{n_i}}$$

$$= \frac{(52.900 + \ldots + 106.900)^2}{\frac{(52.900)^2}{9} + \ldots + \frac{(106.900)^2}{9}}$$

$$= 25,9 \approx 26$$

$$V_1 = \frac{\Sigma s_i^2}{e} = \frac{248.470}{4} = 62.118 \approx 62,12 \times 10^3$$

$$V_2 = \frac{\Sigma s_i^4}{e} = \frac{21.415.870.900}{4} = 5.354 \times 10^6$$

$$n_{te} = \frac{(n-1)(e-1)^2 V_1^2}{(e-2)V_2 + V_1^2}$$

$$= \frac{3 \times 3^2 (62,12)^2 10^6}{2 \times 5.354 \times 10^6 + (62,12)^2 10^6}$$

$$= 7,14 \approx 7$$

Nessas fórmulas, **e** é o número de experimentos e **n** é o número de tratamentos.

Teríamos, pois, apenas 7 graus de liberdade para a interação T × E (em lugar de 9) e 26 para o resíduo (em vez de 36). É com esses números ajustados de graus de liberdade que avaliamos a significação dos valores de F obtidos. O teste de Tukey pode ser usado com n = 4 tratamentos, n' = 7 graus de liberdade para a interação. Ao nível de 5%, obtemos:

$$\Delta = 4,68 \frac{437,4}{\sqrt{16}} = 511,8$$

Como as médias são:

40 – Roxo ______________________________ 2.390

54 – Roxo ______________________________ 2.335

49 – Cateto _____________________________ 1.985

53 – Tatu _______________________________ 1.350

verificamos que a variedade 53 – Tatu é inferior a todas as outras, e que estas não diferem significativamente entre si.

## 8.8. Bibliografia

BOX, G. E. P. Non-normality and tests on variances. **Biometrika, 40**: 318-35, 1953.

BOX, G. E. P. Some theorems on quadratic forms applied in the study of analysis of variance problems, I. **Ann. Math. Stat. 25**: 290-302, 1953.

COCHRAN, W. G.; COX, GERTRUDE, M. **Experimental designs**. 2ª ed. Nova York: John Wiley, 1957.

COCHRAN, W. G. The combination of estimates from different experiments. **Biometrics 10**: 101-29, 1954.

DAGNELIE, P. **Théorie et méthodes statistiques**. Bélgica: Presses Agronomiques de Gembloux, 1975. v. 2.

HOPP, HENRY. **A guide to extensive testing on farms**. Washington: U.S. Department of Agriculture, 1954.

PANSE, V. G.; SUKHATME, P. V. **Métodos estadísticos para investigadores agrícolas** (trad.). México: Fundo de Cultura Econômica, 1959.

PEARSON, E. S.; HARTLEY, H. O. **Biometrika tables for statisticians**. Cambridge: Un. Press., 1956.

SOUSA, O. FERREIRA DE; ABRAMIDES, EDUARDO. Ensaios de variedades de amendoim. **Bragantia 12**: 349-58, 1952.

SOUSA, O. FERREIRA DE; CANECCHIO Fº, V. Melhoramento de mamoneira, VII. **Bragantia 12**: 301-7, 1952.

YATES, F.; COCHRAN, W. G. The analysis of groups of experiments. **Jour. Agr. Sci. 28**: 556-80, 1938.

# 9

# EXPERIMENTOS EM PARCELAS SUBDIVIDIDAS; EXPERIMENTOS EM FAIXAS

## 9.1. Generalidades

Os experimentos em parcelas subdivididas são aconselháveis em alguns casos em que o objetivo é estudar dois tipos diferentes de tratamentos, por exemplo, variedades e espaçamentos. Neste caso, cada parcela, semeada com certa variedade, é repartida em subparcelas, cada uma com um dos espaçamentos a estudar. Nos verdadeiros experimentos em parcelas subdivididas (*split plot*), as subparcelas devem ser distribuídas ao acaso dentro de cada parcela. As parcelas, por sua vez, podem ser dispostas em qualquer tipo de delineamento, mas geralmente se distribuem em blocos casualizados ou em quadrado latino.

Nos experimentos em parcelas subdivididas, temos dois resíduos distintos: o resíduo (a), referente às parcelas, e o resíduo (b), correspondente às subparcelas dentro das parcelas.

Se no exemplo tivéssemos 5 variedades, 3 espaçamentos e 4 repetições, com as parcelas dispostas em blocos casualizados, a análise acompanharia o primeiro esquema mostrado na página a seguir.

Se tivermos 5 repetições e as parcelas dispostas em quadrado latino, o esquema de análise será o segundo mostrado na página a seguir.

| **Causa de variação** | **GL** | **QM** |
|---|---|---|
| Blocos | 3 | |
| Variedades (V) | 4 | QMV |
| Resíduo (a) | 12 | QMR(a) |
| (Parcelas) | (19) | |
| Espaçamentos (E) | 2 | QME |
| Interação V × E | 8 | QM V × E |
| Resíduo (b) | 30 | QMR(b) |
| Subparcelas | 59 | |

| **Causa de variação** | **GL** | **QM** |
|---|---|---|
| Linhas | 4 | |
| Colunas | 4 | |
| Variedades | 4 | QMV |
| Resíduo (a) | 12 | QMR(a) |
| (Parcelas) | (24) | |
| Espaçamentos (E) | 2 | QME |
| Interação V × E | 8 | QM V × E |
| Resíduo (b) | 40 | QMR(b) |
| Subparcelas | 74 | |

Em qualquer caso, o quadrado médio de variedades (QMV) seria provado em relação ao quadrado médio do resíduo (a), indicado por QMR(a), e os quadrados médios de espaçamentos (QME) e a interação V × E, em relação a QMR(b). Em geral, temos QMR(a) > QMR(b), de maneira que os efeitos dos tratamentos ensaiados nas subparcelas (os espaçamentos, no exemplo) são determinados com maior precisão do que os efeitos dos tratamentos testados nas parcelas (variedades). Esta diferença de precisão às vezes constitui um defeito desse tipo de delineamento, mas também pode ser vantajosa. Uma desvantagem, porém, sem dúvida, é que a análise estatística é mais difícil do que nos blocos casualizados ou nos quadrados latinos e que algumas comparações entre combinações de tratamentos se tornam relativamente complicadas.

Em casos mais complexos, as subparcelas podem, por sua vez, ser repartidas em subsubparcelas. Temos, então, três resíduos distintos: resíduo (a), referente a parcelas, resíduo (b), a subparcelas, e resíduo (c), a subsubparcelas. E o processo de subdivisão poderá ser levado mais além, se for conveniente.

Consideram-se e analisam-se como experimentos em parcelas subdivididas os que se realizam nas mesmas parcelas e com os mesmos tratamentos em dois ou mais anos sucessivos, desde que não haja mais de 3 ou 4 anos.

Um aspecto relativamente complicado nos experimentos em parcelas subdivididas é o que se refere à comparação entre médias de tratamentos pelos testes **t**, de Tukey, de Duncan ou de Scheffé.

Para explicar de uma maneira bem geral essa questão, vamos imaginar um experimento em parcelas subdivididas com **a** tratamentos A aplicados às parcelas, dispostas em **r** blocos casualizados, e **b** tratamentos B aplicados às subparcelas. A análise da variância seguiria, então, o seguinte esquema.

| Causa de variação | GL | Desvio padrão |
|---|---|---|
| Blocos | $r - 1$ | |
| Tratamentos A | $a - 1$ | |
| Resíduo (a) | $n_a = (a - 1)(r - 1)$ | $s_a$ |
| (Parcelas) | $(ar - 1)$ | |
| Tratamentos (B) | $b - 1$ | |
| Interação A × B | $(a - 1)(b - 1)$ | |
| Resíduo (b) | $n_b = a(b - 1)(r - 1)$ | $s_b$ |
| Subparcelas | $a\,b\,r - 1$ | |

Consideraremos quatro casos, que são os mais importantes.

**Primeiro caso** — A comparação entre tratamentos A é feita com o auxílio do desvio padrão $s_a$. Por exemplo, para um contraste $Y = A_i - A_u$, onde $A_i$ e $A_u$ são médias de tratamentos A, temos:

$$s(\hat{Y}) = \sqrt{\frac{2}{br}}s_a \qquad t = \frac{\hat{A}_i - \hat{A}_u}{s(\hat{Y})}$$

com $n_a$ graus de liberdade.

Para os testes de Tukey e de Duncan, temos, respectivamente:

$$\Delta = q\frac{s_a}{\sqrt{br}} \qquad D = z\frac{s_a}{\sqrt{br}}$$

onde **q** e **z** correspondem a **a** tratamentos e $n_a$ graus de liberdade. E, finalmente, para um contraste:

$$Y = c_1A_1 + c_2A_2 + \ldots + c_aA_a$$

o teste de Scheffé nos dá:

$$S = s_a\sqrt{\frac{a-1}{br}(c_1^2 + \ldots + c_a^2)F}$$

com F correspondendo a $(a - 1)$ e $n_a$ graus de liberdade.

**Segundo caso** — A comparação entre médias de tratamentos B se faz com o auxílio do desvio padrão $s_b$. Para um contraste $Y = B_i - B_u$, temos:

$$s(\hat{Y}) = \sqrt{\frac{2}{ar}} s_b \qquad t = \frac{\hat{B}_i - \hat{B}_u}{s(\hat{Y})}$$

com $n_b$ graus de liberdade, e:

$$\Delta = q\frac{s_b}{\sqrt{ar}} \qquad D = z\frac{s_b}{\sqrt{ar}}$$

onde **q** (ou **z**) é o valor da tabela para **b** tratamentos e $n_b$ graus de liberdade. E o teste de Scheffé será aplicado a um contraste:

$$Y = c_1B_1 + c_aB_2 + \ldots + c_bB_b$$

tendo em vista o valor:

$$S = s_b\sqrt{\frac{b-1}{ar}(c_1^2 + \ldots + c_b^2)F}$$

onde F se refere a $(b - 1)$ e $n_b$ graus de liberdade.

**Terceiro caso** — Suponhamos agora que queremos comparar dois ou mais tratamentos B em um mesmo nível de A, o que equivale, no exemplo dado, a comparar dois espaçamentos para uma mesma variedade. Também aqui é o desvio padrão $s_b$ que deve ser usado.

Para um contraste $Y = (A_jB_i) - (A_jB_u)$, temos:

$$s(\hat{Y}) = \sqrt{\frac{2}{r}}sb \qquad t = \frac{\hat{Y}}{s(\hat{Y})}$$

com $n_b$ graus de liberdade, e:

$$\Delta = q\frac{s_b}{\sqrt{r}} \qquad D = z\frac{s_b}{\sqrt{r}}$$

com **q** (ou **z**) correspondente a **b** tratamentos e $n_b$ graus de liberdade.

E para um contraste:

$$Y = c_1(A_jB_1) + c_2(A_jB_2) + \ldots + c_b(A_jB_b)$$

o teste de Scheffé nos dá:

$$S = s_b \sqrt{\frac{b-1}{r}\left(c_1^2 + \ldots + c_b^2\right)F}$$

onde F tem $(b - 1)$ e $n_b$ graus de liberdade.

**Quarto caso** — Consideraremos agora o problema, bem mais complexo, de comparar duas médias A em um mesmo nível de B, o que vem a ser, no exemplo, comparar duas variedades para um mesmo espaçamento. O que complica a solução do problema é que, neste caso, interferem simultaneamente os desvios padrão $s_a$ e $s_b$. Para um contraste $Y = (A_iB_j) - (A_uB_j)$, temos um erro padrão:

$$s(\hat{Y}) = \sqrt{2\frac{(b-1)V_b + V_a}{br}} = \sqrt{\frac{2}{r}}s'$$

onde $V_a = s_a^2$, $V_b = s_b^2$. Qual será, porém, o número de graus de liberdade a usar no teste, isto é, qual o número n' de graus de liberdade de $s(\hat{Y})$ ou de s'?

Sabe-se que devemos ter sempre:

$$n_a < n' < n_a + n_b$$

Um valor aproximado para n', usado com bons resultados, é o proposto por Satterthwaite (1946):

$$n' = \frac{\left[V_a + (b-1)V_b\right]^2}{\frac{V_a^2}{n_a} + \frac{(b-1)^2 V_b^2}{n_b}}$$

Temos então:

$$t = \frac{\hat{Y}}{s(\hat{Y})}$$

com n' graus de liberdade, e, no caso dos testes de Tukey e de Duncan:

$$\Delta = q\frac{s'}{\sqrt{r}} \qquad D = z\frac{s'}{\sqrt{r}}$$

onde:

$$s' = \sqrt{\frac{(b-1)V_b + V_a}{b}}$$

e **q** (ou **z**) é o valor da tabela para **a** tratamentos e n' graus de liberdade.

O teste de Scheffé nos daria:

$$S = s'\sqrt{\frac{a-1}{r}\left(c_1^2 + \ldots + c_a^2\right)F}$$

onde F é o valor correspondente a (a – 1) e n' graus de liberdade.

Convém salientar que, nos ensaios em parcelas subdivididas, há dois coeficientes de variação, um referente ao desvio padrão $s_a$, outro correspondente a $s_b$.

## 9.2. Um exemplo

Tomaremos como exemplo um experimento com 8 tratamentos (7 adubos verdes e milho) em blocos ao acaso, com 4 repetições, realizado em dois anos sucessivos nas mesmas parcelas. Os dados constam da Tabela 9.2.1.

**Tabela 9.2.1.** Produção de adubos verdes e milho (kg de matéria verde por parcela).

| | 1º bloco | | 2º bloco | | 3º bloco | | 4º bloco | |
|---|---|---|---|---|---|---|---|---|
| **Tratamentos** | **1º ano** | **2º ano** | **1º ano** | **2º ano** | **1º ano** | **2º ano** | **1º ano** | **2º ano** |
| 1. Mucuna preta | 86,8 | 90,2 | 76,8 | 94,0 | 88,6 | 86,4 | 81,6 | 82,2 |
| 2. Feijão-de-porco | 44,0 | 83,8 | 56,6 | 72,2 | 52,4 | 88,6 | 52,2 | 83,2 |
| 3. *Crotalaria juncea* | 102,4 | 120,2 | 90,8 | 104,6 | 92,0 | 112,0 | 84,8 | 113,6 |
| 4. Guandu | 68,4 | 91,0 | 55,2 | 78,8 | 49,0 | 83,4 | 61,2 | 91,2 |
| 5. *Tephrosia candida* | 34,0 | 57,2 | 32,4 | 54,0 | 24,4 | 50,8 | 30,0 | 46,2 |
| 6. Soja | 33,0 | 33,6 | 34,8 | 33,2 | 32,0 | 33,4 | 33,6 | 42,6 |
| 7. *Crotalaria grantiana* | 25,8 | 77,0 | 21,6 | 62,4 | 19,2 | 63,6 | 21,0 | 63,4 |
| 8. Milho | 138,8 | 110,2 | 106,4 | 80,0 | 108,0 | 92,0 | 81,8 | 90,6 |
| | 533,2 | 663,2 | 474,6 | 579,2 | 465,6 | 610,2 | 446,2 | 613,0 |

Para fazer a análise, começaremos obtendo a produção total de cada parcela nos dois anos. Os números assim obtidos constam da Tabela 9.2.2.

Indiquemos por X os totais das parcelas:

$$\Sigma X^2 = 686.381,68 \qquad \Sigma X = 4.385,2$$

**Tabela 9.2.2.** Totais (X) de dois anos, relativos à Tabela 9.2.1.

| Tratamentos | 1º bloco | 2º bloco | 3º bloco | 4º bloco | Totais de tratamentos |
|---|---|---|---|---|---|
| 1. Mucuna preta | 177,0 | 170,8 | 175,0 | 163,8 | 686,6 |
| 2. Feijão-de-porco | 127,8 | 128,8 | 141,0 | 135,4 | 533,0 |
| 3. *Crotalaria juncea* | 222,6 | 195,4 | 204,0 | 198,4 | 820,4 |
| 4. Guandu | 159,4 | 134,0 | 132,4 | 152,4 | 578,2 |
| 5. *Tephrosia candida* | 91,2 | 86,4 | 75,2 | 76,2 | 329,0 |
| 6. Soja | 66,6 | 68,0 | 65,4 | 76,2 | 276,2 |
| 7. *Crotalaria grantiana* | 102,8 | 84,0 | 82,8 | 84,4 | 354,0 |
| 8. Milho | 249,0 | 186,4 | 200,0 | 172,4 | 807,8 |
| | 1.196,4 | 1.053,8 | 1.075,8 | 1.059,2 | 4.385,2 |

$$C = \frac{(4.385,2)^2}{64} = 300.468,42$$

$$\text{SQParcelas} = \frac{686.381,68}{2} - C = 42.722,42$$

A divisão por 2 no cálculo da soma de quadrados para parcelas se deve ao fato de termos duas subparcelas (isto é, dois anos) em cada uma delas.

Tendo em vista que há 16 subparcelas em cada bloco e 8 para cada tratamento, temos:

$$\text{SQB} = \frac{1}{16}[(1.196,4)^2 + \ldots + (1.059,2)^2] - C = 851,43$$

$$\text{SQT} = \frac{1}{8}[(686,6)^2 + \ldots + (807,8)^2] - C = 40.189,61$$

$$\text{SQRes(a)} = 42.722,42 - 851,43 - 40.189,61 = 1.681,38$$

Com isso, podemos terminar a primeira parte do quadro da análise da variância dada na página a seguir.

Quanto à segunda parte, os cálculos são feitos como se segue.

$$\text{SQAnos} = \frac{1}{32}[(1.919,6)^2 + (2.465,6)^2] - C = 4.658,07$$

onde 1.919,6 e 2.465,6 são os totais respectivos do primeiro e do segundo ano.

Para obter a soma de quadrados correspondente à interação anos × tratamentos, começamos organizando um quadro com as produções dos tratamentos em cada um dos anos do experimento (Tabela 9.2.3).

**Tabela 9.2.3.** Totais anuais relativos à Tabela 9.2.1.

| Tratamentos | 1º ano | 2º ano | Totais de tratamentos |
|---|---|---|---|
| 1. Mucuna preta | 333,8 | 352,8 | 686,6 |
| 2. Feijão-de-porco | 205,2 | 327,8 | 533,0 |
| 3. *Crotalaria juncea* | 370,0 | 450,4 | 820,4 |
| 4. Guandu | 233,8 | 344,4 | 578,2 |
| 5. *Tephrosia candida* | 120,8 | 208,2 | 329,0 |
| 6. Soja | 133,4 | 142,8 | 276,2 |
| 7. *Crotalaria grantiana* | 87,6 | 266,4 | 354,0 |
| 8. Milho | 435,0 | 372,8 | 807,8 |
| | 1.919,6 | 2.465,6 | 4.385,2 |

Temos agora:

$$\text{SQ A} \times \text{T} = \frac{1}{4}\begin{bmatrix} (333,8)^2 + \ldots + (435,0)^2 + \\ + (352,8)^2 + \ldots + (372,8)^2 \end{bmatrix} - \text{C} - \text{SQA} - \text{SQT}$$

$$= 49.896,32 - 4.658,07 - 40.189,61$$

$$= 5.048,64$$

Agora podemos completar a análise de variância, dada a seguir.

**Análise de variância**

| Causa de variação | GL | SQ | QM | Desvio padrão | F |
|---|---|---|---|---|---|
| Blocos | 3 | 851,43 | | | |
| Tratamentos (T) | 7 | 40.189,61 | 5.741,37 | 75,77 | 71,70** |
| Resíduo (a) | 21 | 1.681,38 | 80,07 | 8,95 | |
| (Parcelas) | (31) | (42.722,42) | | | |
| Anos (A) | 1 | 4.658,07 | 4.658,07 | 68,25 | 121,88** |
| Interação A × T | 7 | 5.048,64 | 721,23 | 26,86 | 18,87** |
| Resíduo (b) | 24 | 919,73 | 38,22 | 6,18 | |
| Total | 63 | 53.348,86 | | | |

Como a interação A × T é significativa, esse esquema de análise deve ser modificado, pois isso indica que os tratamentos se comportam de maneira diferente em relação aos anos. É preferível, pois, estudar o efeito dos anos em cada tratamento separadamente. Temos então:

$$\text{SQ Anos dentro do tratamento 1} = \frac{1}{4}[(333,8)^2 + (352,8)^2] - \frac{1}{8}(686,6)^2$$

$$= 45,13$$

e analogamente para os outros casos. Podemos então organizar a Tabela 9.2.4 para a análise da variância.

**Tabela 9.2.4.** Análise da variância dos dados da Tabela 9.2.1.

| Causa de variação | GL | SQ | QM | F |
|---|---|---|---|---|
| Blocos | 3 | 851,43 | | |
| Tratamentos (T) | 7 | 40.189,61 | 5.741,37 | 71,70** |
| Resíduo (a) | 21 | 1.681,38 | 80,07 | |
| (Parcelas) | (31) | (42.722,42) | | |
| Anos dentro do tratamento 1 | 1 | 45,13 | 45,13 | 1,18 |
| Anos dentro do tratamento 2 | 1 | 1.878,85 | 1.878,85 | 49,03** |
| Anos dentro do tratamento 3 | 1 | 808,02 | 808,02 | 21,09** |
| Anos dentro do tratamento 4 | 1 | 1.529,05 | 1.529,05 | 39,90** |
| Anos dentro do tratamento 5 | 1 | 954,85 | 954,85 | 24,92** |
| Anos dentro do tratamento 6 | 1 | 11,05 | 11,05 | 0,288 |
| Anos dentro do tratamento 7 | 1 | 3.996,18 | 3.996,18 | 104,28** |
| Anos dentro do tratamento 8 | 1 | 483,61 | 483,61 | 12,62** |
| Resíduo (b) | 24 | 919,73 | 38,32 | |
| Total | 63 | 53.348,86 | | |

Em todos os casos em que foi significativo o efeito dos anos, houve aumento de produção no segundo ano, com exceção apenas do caso do milho (tratamento 8), em que a safra diminuiu. Essa discordância de comportamento é que tornou significativa a interação anos × tratamentos na outra análise. Contrastes entre as diversas combinações de tratamentos e anos podem ser testados pelos testes **t**, de Tukey, de Duncan, de Bonferroni e de Scheffé, de acordo com as normas gerais já abordadas. Por exemplo, para o contraste entre duas médias de tratamentos nos dois anos, o método de Tukey nos dá, para o nível de 5% de probabilidade:

$$\Delta = 4{,}74\frac{8{,}95}{\sqrt{8}} = 15{,}03$$

onde o valor de **q** (4,74) foi obtido por interpolação harmônica, da maneira indicada no Capítulo 3. As médias dos tratamentos, em ordem decrescente, são:

*Crotalaria juncea* ______________________ 102,55

Milho ______________________________ 100,98

Mucuna______________________________ 85,83

Guandu ______________________________ 72,28

Feijão-de-porco ______ 66,63

*Crotalaria grantiana* ______ 44,25

*Tephrosia candida* ______ 41,13

Soja ______ 34,53

Vemos, pois, que a *Crotalaria juncea* e o milho não diferem entre si e que ambos superam todos os outros tratamentos, ao nível de 5% de probabilidade, pelo teste de Tukey.

A comparação entre essas médias pelo teste de Duncan seria feita com as amplitudes mínimas significativas seguintes:

$$D_8 = 3,35\frac{8,95}{\sqrt{8}} = 10,60$$

$$D_7 = 3,33\frac{8,95}{\sqrt{8}} = 10,53$$

e ainda, calculados analogamente:

$D_6 = 10,41$ $\quad D_3 = 9,77$

$D_5 = 10,25$ $\quad D_2 = 9,30$

$D_4 = 10,03$

Verificamos, pois, que ainda nesse caso a *Crotalaria juncea* e o milho não diferem entre si e que ambos superam todos os outros tratamentos, ao nível de 5% de probabilidade.

Se tivéssemos mais de dois anos a considerar, a comparação entre eles poderia ser feita pelos testes de **t**, de Tukey ou de Scheffé. Mas, como são somente dois anos, a única comparação possível já se encontra avaliada pelo teste F da análise de variância. A comparação entre as produções de dois anos para um mesmo tratamento (terceiro caso em 9.1) também já está feita pelo teste F, pelo mesmo motivo. Podemos, porém, estudar, como exercício, um contraste do tipo incluído no quarto caso, por exemplo, comparar a produção de milho no primeiro ano com a da *Crotalaria juncea*, também no primeiro ano. Temos:

$$\hat{Y} = \frac{435,0}{4} - \frac{370,0}{4} = 16,25$$

$$s(\hat{Y}) = \sqrt{2\frac{38,22 + 80,07}{2 \times 4}} = 5,44$$

$$n' = \frac{[80,07 + 38,22]^2}{\frac{(80,07)^2}{21} + \frac{(38,22)^2}{24}} = 38,2 \approx 38$$

$$t = \frac{16,25}{5,44} = 2,99^{**}$$

e esse valor é significativo ao nível de 1% de probabilidade.

Já pelo teste de Tukey teríamos, para o nível de 5% de probabilidade:

$$s' = \sqrt{\frac{38,22 + 80,07}{2}} = 7,69$$

$$\Delta = 4,53\frac{7,69}{\sqrt{4}} = 17,42$$

Como $\hat{Y}$= 16,25, vemos que o contraste não seria significativo por esse teste.

Para o contraste:

$$Y = (A_1B_2) + (A_4B_2) - 2(A_7B_2)$$

que nos permite comparar a média da mucuna preta e do guandu no segundo ano com a média da *Crotalaria grantiana* no segundo ano, temos, pelo método de Scheffé, ao nível de 5% de probabilidade:

$$S = 7,69\sqrt{\frac{7}{4}(1 + 1 + 4)2,27}$$
$$= 37,54$$

Como:

$$\hat{Y} = \frac{352,8}{4} + \frac{344,4}{4} - 2\frac{266,4}{4} = 41,10^*$$

vemos que o contraste é significativo.

## 9.3. Outro exemplo

Veremos agora a análise de um experimento com 5 variedades de cana em quadrado latino de 5 × 5, sendo cada parcela repartida em duas subparcelas, uma sem adubo e outra com adubação mineral completa. As produções de cana em kg por subparcela são dadas na Tabela 9.3.1.

**Tabela 9.3.1.** Produção de cana em kg por subparcela.

| Variedade | Adubado | Não adubado | Totais de parcelas | Variedade | Adubado | Não adubado | Totais de parcelas |
|---|---|---|---|---|---|---|---|
| | 290,4 | 261,6 | 552,0 | | 264,0 | 244,8 | 508,8 |
| | 223,2 | 206,4 | 429,6 | | 223,2 | 230,4 | 453,6 |
| 1. Co 3X | 309,6 | 228,0 | 537,6 | 4. Co 419 | 292,8 | 230,4 | 523,2 |
| | 292,8 | 192,0 | 484,8 | | 278,4 | 172,8 | 451,2 |
| | 312,0 | 184,8 | 496,8 | | 259,2 | 206,4 | 465,6 |
| | 1.428,0 | 1.072,8 | 2.500,8 | | 1.317,6 | 1.084,8 | 2.402,4 |
| | 134,4 | 124,8 | 259,2 | | 223,2 | 146,4 | 369,6 |
| | 122,4 | 117,6 | 240,0 | | 218,4 | 168,0 | 386,4 |
| 2. F 42-68 | 120,0 | 127,2 | 247,2 | 5. CP 36-24 | 158,4 | 105,6 | 264,0 |
| | 170,4 | 196,8 | 367,2 | | 175,2 | 199,2 | 374,4 |
| | 151,2 | 144,0 | 295,2 | | 312,0 | 165,6 | 477,6 |
| | 698,4 | 710,4 | 1.408,8 | | 1.087,2 | 784,8 | 1.872,0 |
| | 144,0 | 168,0 | 312,0 | | | | |
| | 153,6 | 120,0 | 273,6 | | | | |
| 3. CB 38-22 | 105,6 | 98,4 | 204,0 | | | | |
| | 175,2 | 199,2 | 374,4 | | | | |
| | 165,6 | 177,6 | 283,2 | | | | |
| | 744,0 | 703,2 | 1.447,2 | | | | |

Total do adubado ____________5.275,2
Total do não adubado__________4.356,0
Total geral _________________9.631,2

A distribuição dos tratamentos (variedades) e das produções de parcelas nas linhas e colunas do quadrado latino consta na Tabela 9.3.2.

**Tabela 9.3.2.** Distribuição dos tratamentos no quadrado latino.

| | | | | | |
|---|---|---|---|---|---|
| 477,6 | 465,6 | 295,2 | 283,2 | 496,8 | 2.018,4 |
| 5 | 4 | 2 | 3 | 1 | |
| 367,2 | 484,8 | 451,2 | 374,4 | 374,4 | 2.052,0 |
| 2 | 1 | 4 | 5 | 3 | |
| 523,2 | 204,0 | 264,0 | 537,6 | 247,2 | 1.776,0 |
| 4 | 3 | 5 | 1 | 2 | |
| 273,6 | 386,4 | 429,6 | 240,0 | 453,6 | 1.783,2 |
| 3 | 5 | 1 | 2 | 4 | |
| 552,0 | 259,2 | 312,0 | 508,8 | 369,6 | 2.001,6 |
| 1 | 2 | 3 | 4 | 5 | |
| 2.193,6 | 1.800,0 | 1.752,0 | 1.944,0 | 1.941,6 | 9.631,2 |

A análise de variância é levada a cabo como no exemplo anterior, com os resultados da tabela seguinte.

| **Causa de variação** | **GL** | **SQ** | **QM** | **F** |
|---|---|---|---|---|
| Linhas | 4 | 7.302,07 | | |
| Colunas | 4 | 11.832,88 | | |
| Variedades (V) | 4 | 105.701,30 | 26.425,33 | 25,65** |
| Resíduo (a) | 12 | 12.361,88 | 1.030,16 | |
| (Parcelas) | (24) | (137.198,13) | | |
| Adubação (A) | 1 | 16.898,57 | 16.898,57 | 18,56** |
| Interação V × A | 4 | 10.463,16 | 2.615,79 | 2,87* |
| Resíduo (b) | 20 | 18.214,27 | 910,71 | |
| Subparcelas | 49 | 182.774,13 | | |

Tendo em vista que a interação variedades × adubação é significativa, podemos estudar o efeito da adubação em cada variedade separadamente, como mostrado a seguir.

| **Causa de variação** | **GL** | **SQ** | **QM** | **F** |
|---|---|---|---|---|
| Adubação dentro de $V_1$ | 1 | 12.616,70 | 12.616,70 | 13,85** |
| Adubação dentro de $V_2$ | 1 | 14,40 | 14,40 | 0,016 |
| Adubação dentro de $V_3$ | 1 | 166,46 | 166,46 | 0,183 |
| Adubação dentro de $V_4$ | 1 | 5.419,58 | 5.419,58 | 5,95* |
| Adubação dentro de $V_5$ | 1 | 9.144,58 | 9.144,58 | 10,04** |
| Resíduo (b) | 20 | 18.214,27 | 910,71 | |

Os cálculos são feitos como em 9.2.

Verifica-se que só três das cinco variedades estudadas reagiram à adubação.

As médias de produção são dadas a seguir, em kg por parcela.

| **Variedades** | **Adubado** | **Não adubado** |
|---|---|---|
| 1. Co 3X | 285,60 | 214,56 |
| 2. F 42-68 | 139,68 | 142,08 |
| 3. CB 38-22 | 148,80 | 140,64 |
| 4. Co 419 | 263,52 | 216,96 |
| 5. CB 36-24 | 217,44 | 156,96 |

Se quisermos comparar a produção de duas variedades adubadas (comparação de quarto caso) pelo teste de Tukey, calcularemos:

$$s' = \sqrt{\frac{910,71 + 1.030,16}{2}} = 31,15$$

$$n' = \frac{[1.030,16 + 910,71]^2}{\frac{(1.030,16)^2}{12} + \frac{(910,71)^2}{20}} = 28,9 \approx 29,0 \text{ GL}$$

$$\Delta = 4,13\frac{31,15}{\sqrt{5}} = 57,57$$

O valor de Δ foi calculado para o nível de 5% de probabilidade.

Verifica-se que a Co 3X excede significativamente todas as demais variedades, quando adubada, com exceção da Co 419. Esta, por sua vez, supera significativamente a CB 38-22 e a F 42-68.

O mesmo valor de Δ nos permite comparar entre si as variedades na parte não adubada. Verifica-se que a Co 3X e a Co 419 não diferem uma da outra e que ambas superaram todas as demais.

## 9.4. Ainda outro exemplo

Os dados que vamos analisar, adaptados de um trabalho de Simão (1960), referem-se ao brix de frutos de 5 variedades de mangueira, colhidos de 3 pés por variedade. De cada pé foram coletados 4 frutos, um de cada um dos pontos cardeais. Este ensaio pode ser considerado como em parcelas subdivididas, sendo cada parcela uma mangueira, e as subparcelas são as 4 faces de cada árvore, correspondentes aos 4 pontos cardeais.

Os dados colhidos são reproduzidos na Tabela 9.4.1.

A análise segue marcha semelhante à dos exemplos anteriores, com os resultados indicados a seguir.

| Causa de variação | GL | SQ | QM | F |
|---|---|---|---|---|
| Variedades (V) | 4 | 29,55 | 7,39 | 4,71* |
| Resíduo (a) | 10 | 15,71 | 1,57 | |
| (Parcelas) | (14) | (45,26) | | |
| Pontos cardeais (P) | 3 | 20,60 | 6,87 | 3,99* |
| Interação V × P | 12 | 20,12 | 1,68 | 0,977 |
| Resíduo (b) | 30 | 51,60 | 1,72 | |
| Subparcelas | 59 | 137,58 | | |

**Tabela 9.4.1.** Brix de mangas de diversas variedades.

| Variedades | Norte | Sul | Leste | Oeste | Total | |
|---|---|---|---|---|---|---|
| Carlota | 18,0 | 17,1 | 17,6 | 17,6 | 70,3 | |
| | 17,5 | 18,8 | 18,1 | 17,2 | 71,6 | |
| | 17,8 | 16,9 | 17,6 | 16,5 | 68,8 | 210,7 |
| Extrema | 16,3 | 15,9 | 16,5 | 18,3 | 67,0 | |
| | 16,6 | 14,3 | 16,3 | 17,5 | 64,7 | |
| | 15,0 | 14,0 | 15,9 | 15,2 | 60,1 | 191,8 |
| Oliveira | 16,0 | 16,2 | 17,9 | 16,1 | 66,2 | |
| | 19,5 | 14,9 | 15,0 | 15,3 | 64,7 | |
| | 16,3 | 16,4 | 16,0 | 16,4 | 65,1 | 196,0 |
| Bourbon | 16,6 | 15,2 | 14,2 | 15,5 | 61,5 | |
| | 15,9 | 13,2 | 18,0 | 17,3 | 64,4 | |
| | 17,5 | 15,8 | 16,7 | 18,4 | 68,4 | 194,3 |
| Imperial | 18,9 | 18,6 | 15,3 | 17,0 | 69,8 | |
| | 18,5 | 13,7 | 18,2 | 18,3 | 68,7 | |
| | 21,5 | 16,4 | 18,3 | 16,6 | 72,8 | 211,3 |
| | 261,9 | 237,4 | 251,2 | 253,2 | 1.004,1 | 1.004,1 |

Há, pois, efeito significativo de variedades e de pontos cardeais, mas não para a interação variedades × pontos cardeais.

As médias para variedades, em ordem decrescente, com erro padrão 0,36, são:

Imperial ____________________ 17,61

Carlota ____________________ 17,56

Oliveira ____________________ 16,33

Bourbon ____________________ 16,19

Extrema ____________________ 15,98

A diferença mínima significativa, ao nível de 5%, pelo teste de Tukey, é:

$$\Delta = 4,66\frac{\sqrt{1,57}}{\sqrt{12}} = 1,68$$

pois há 12 subparcelas (frutos) para cada variedade.

Para os quatro pontos cardeais, as médias, em ordem decrescente, com erro padrão 0,34, são as seguintes:

Norte ________________________________ 17,46

Oeste ________________________________ 16,88

Leste ________________________________ 16,77

Sul ________________________________ 15,83

A diferença mínima significativa, ao nível de 5% de probabilidade, pelo método de Tukey, é:

$$\Delta = 3,84 \frac{\sqrt{1,72}}{\sqrt{15}} = 1,31$$

A média geral do ensaio é $\hat{m} = 16,735$. Logo, o coeficiente de variação para parcelas é:

$$CV = \frac{\sqrt{1,57} \times 100}{16,735} = 7,49\%$$

ao passo que para subparcelas é:

$$CV = \frac{\sqrt{1,72} \times 100}{16,735} = 7,84\%$$

## 9.5. Experimentos em faixas

Os experimentos em faixas se distinguem dos experimentos usuais em parcelas subdivididas porque neles os tratamentos não se distribuem inteiramente ao acaso nas subparcelas, pelo contrário, são dispostos de maneira a formar faixas, como mostra a figura a seguir.

Temos nela representado um bloco de um experimento em faixas com três tratamentos A ($A_1$, $A_2$, $A_3$) e quatro tratamentos B ($B_1$, $B_2$, $B_3$, $B_4$). Se tivermos cinco repetições, a análise da variância acompanhará o esquema mostrado na página que se segue.

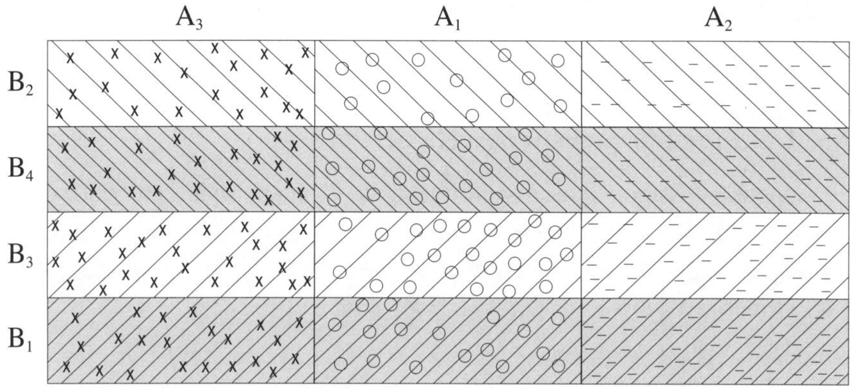


| Causa de variação | GL |
|---|---|
| Blocos | 4 |
| Tratamentos A | 2 |
| Resíduo (a) | 8 |
| Tratamentos B | 3 |
| Resíduo (b) | 12 |
| Interação A × B | 6 |
| Resíduo (c) | 24 |
| Total | 59 |

Se o mesmo experimento fosse feito em parcelas subdivididas, e não em faixas, o esquema da análise seria o seguinte.

| Causa de variação | GL |
|---|---|
| Blocos | 4 |
| Tratamentos A | 2 |
| Resíduo (a) | 8 |
| Tratamentos B | 3 |
| Interação A × B | 6 |
| Resíduo (b) | 36 |
| Total | 59 |

Essa análise, além de mais simples, permite maior precisão às comparações entre tratamentos B e no julgamento da interação A × B. Logo, os experimentos em faixas devem ser evitados, sempre que possível. Há casos, porém, em que razões de ordem prática nos levam a adotá-los. Isso acontece, por exemplo, em alguns experimentos de época de colheita, quando esta é feita por meios mecânicos. Convém, então, que estejam numa só faixa todos os tratamentos a serem colhidos na mesma época, a fim de facilitar o trabalho das máquinas.

## 9.6. Um exemplo com subparcela perdida

Suponhamos agora que no experimento de 9.2 foi perdida a produção de feijão-de-porco no primeiro bloco (44,0), isto é, admitamos que há uma subparcela perdida. A análise pode ser feita mediante o cálculo de uma produção fictícia a ser atribuída à subparcela perdida. A fórmula a utilizar é:

$$y = \frac{rP + b(A_iB_j) - A_i}{(r-1)(b-1)}$$

onde **r** é o número de repetições, **b** é o número de tratamentos B testados nas subparcelas (anos, neste caso), **P** é o total das subparcelas presentes na parcela em que se perdeu um dado, $\mathbf{A_i}$ é o total de todos os dados relativos ao tratamento atribuído a essa parcela e $(\mathbf{A_iB_j})$ é o total das subparcelas com os tratamentos $A_i$ e $B_j$ correspondentes à subparcela perdida (feijão-de-porco e primeiro ano, no caso vertente). Temos, no exemplo:

$$r = 4 \quad b = 2 \quad P = 83,8$$

$$(A_iB_j) = 56,6 + 52,4 + 52,2 = 161,2$$

$$A_i = 83,8 + 56,6 + \ldots + 52,2 + 83,2 = 489,0$$

Logo:

$$y = \frac{4 \times 83,8 + 2 \times 161,2 - 489,0}{3 \times 1} = 56,2$$

Esse valor é substituído como se fosse a produção da subparcela perdida, e todo o cálculo é feito como em 9.2, com o resultado dado a seguir.

| Causa de variação | GL | SQ | QM | F |
|---|---|---|---|---|
| Blocos | 3 | 1.011,06 | | |
| Tratamentos (T) | 7 | 40.159,68 | 5.737,10 | 79,73** |
| Resíduo (a) | 21 | 1.511,07 | 71,96 | |
| (Parcelas) | (31) | (42.681,81) | | |
| Anos (A) | 1 | 4.452,22 | 4.452,22 | 118,54** |
| Interação A × T | 7 | 4.899,16 | 699,88 | 18,63** |
| Resíduo (b) | 23 | 863,92 | 37,56 | |
| Subparcelas | 62 | 52.897,11 | | |

Note-se que se perde um grau de liberdade para o resíduo (b).

A modificação do esquema de análise para atender ao fato de ser significativa a interação A × T é feita como em 9.2.

Na análise anterior, o quadrado médio para o resíduo (b) fica corretamente estimado, mas todos os outros estão ligeiramente exagerados. O erro cometido em geral é desprezível, mas, se desejarmos, poderemos usar o método do resíduo condicional explicado em 5.5 para obter os valores exatos, um pouco inferiores.

Quando o que mais nos interessa é a primeira parte da análise, isto é, as comparações entre tratamentos A, podemos, com maior rigor, considerar perdida toda a parcela em que se perdeu uma subparcela e calcular o valor a utilizar na análise pela fórmula já dada para o caso de blocos casualizados:

$$Y = \frac{rB + nT - G}{(r-1)(n-1)}$$

onde agora **n** é o número **a** de tratamentos A.

É claro que, se as parcelas fossem dispostas em quadrado latino, utilizaríamos a fórmula correspondente.

No caso, obtemos Y = 155,2 e a análise é a seguinte.

| **Causa de variação** | **GL** | **SQ** | **QM** | **F** |
|---|---|---|---|---|
| Blocos | 3 | 1.229,47 | | |
| Tratamentos | 7 | 40.162,48 | 5.737,50 | 79,93** |
| Resíduo (a) | 20 | 1.435,54 | 71,78 | |
| Parcelas | 30 | 42.832,98 | | |

Agora há perda de um grau de liberdade para o resíduo (a).

Na tabela, o valor de SQT foi corrigido pelo método descrito em 5.4.

## 9.7. Bibliografia

ANDERSON, R. L. Missing-plot techniques. **Biometrics, 2**: 41-47, 1946.

ANDERSON, R. L.; BANCROFT, T. A. **Statistical theory in research**. Nova York: McGraw-Hill, 1952.

CALZADA BENZA, JOSÉ. **Métodos estadísticos para la investigación**. 2ª ed. Lima, 1966.

COCHRAN, W. G.; COX, GERTRUDE M. **Experimental designs**. 2ª ed. Nova York: John Wiley, 1957.

FEDERER, WALTER T. **Experimental design**. Nova York: Macmillan, 1955.

KEMPTHORNE, O. **The design and analysis of experiments**. Nova York: John Wiley, 1950.

SATTERTHWAITE, F. E. An approximate distribution of estimates of variance components. **Biometrics, 2**: 110-4, 1946.

SIMÃO, SALIM. **Estudo da planta e do fruto da mangueira**. Piracicaba, SP, 1960. Tese. Escola Superior de Agricultura "Luiz de Queiroz".

# 10

# BLOCOS INCOMPLETOS EQUILIBRADOS

## 10.1. Generalidades

Quando o número de tratamentos é muito grande, ou o material em estudo é muito heterogêneo, ou, ainda, quando certas limitações restringem excessivamente o tamanho dos blocos, há, por vezes, interesse em fazer blocos incompletos, isto é, que não incluam todos os tratamentos. Por exemplo, para comparar rações na alimentação dos porcos, é conveniente tomar para blocos os leitões de mesmo sexo de cada leitegada, os quais dificilmente vão além de 8 ou 9. Logo, se as rações forem em número de 12, por exemplo, não poderemos fazer blocos completos. Por outro lado, em experimentos com milho não raro temos algumas centenas de tipos (híbridos, por exemplo) para comparar. Neste caso, nada nos impede de usar blocos completos, mas eles ficariam tão grandes que só em casos muito favoráveis poderiam ser considerados uniformes.

Em qualquer dos casos mencionados, uma solução consiste em usar delineamentos em blocos incompletos, dos quais são particularmente importantes os blocos incompletos equilibrados (*balanced incomplete blocks*), que estudaremos agora, os reticulados quadrados (*square lattices* ou *two-dimensional lattices*), que veremos no capítulo seguinte, e os blocos casualizados com alguns tratamentos comuns, que serão expostos no Capítulo 17.

Os delineamentos em blocos incompletos equilibrados se caracterizam pelo fato de que neles cada tratamento aparece no mesmo bloco com cada um dos outros tratamentos e sempre o mesmo número de vezes $\lambda$.

Consideremos, por exemplo, um experimento com v = 6 tratamentos, numerados de 1 a 6, em b = 10 blocos de k = 3 parcelas, com a disposição seguinte.

| | |
|---|---|
| 1 2 5 | 2 3 4 |
| 1 2 6 | 2 3 5 |
| 1 3 4 | 2 4 6 |
| 1 3 6 | 3 5 6 |
| 1 4 5 | 4 5 6 |

Nesse caso, um tratamento qualquer aparece duas vezes no mesmo bloco com cada um dos outros. Por exemplo, o par 2 4 aparece nos blocos

| | |
|---|---|
| 2 3 4 | 2 4 6 |

e temos $\lambda = 2$. Além disso, cada tratamento aparece em 5 blocos, logo o número de repetições é r = 5.

A análise da variância seguiria o esquema seguinte.

| **Causa de variação** | **GL** |
|---|---|
| Blocos | 9 |
| Tratamentos | 5 |
| Resíduo | 15 |
| Total | 29 |

Há casos em que os blocos podem ser reunidos de modo a formar repetições, e o esquema da análise de variância pode ser ligeiramente modificado. É o que acontece, por exemplo, no delineamento seguinte, em que temos v = 6 tratamentos em b = 15 blocos de k = 2 parcelas, com $\lambda = 1$ e r = 5 repetições.

| 1ª repetição | 2ª repetição | 3ª repetição | 4ª repetição | 5ª repetição |
|---|---|---|---|---|
| 1 2 | 1 3 | 1 4 | 1 5 | 1 6 |
| 3 4 | 2 5 | 2 6 | 2 4 | 2 3 |
| 5 6 | 4 6 | 3 5 | 3 6 | 4 5 |

A análise da variância seguiria o seguinte modelo.

| **Causa de variação** | **GL** |
|---|---|
| Repetições | 4 |
| Blocos dentro das repetições | 10 |
| Tratamentos | 5 |
| Resíduo | 10 |
| Total | 29 |

Há casos, ainda, em que os blocos podem ser reunidos em grupos de repetições, como no exemplo seguinte, em que v = 5 tratamentos, λ = 1, b = 10 blocos de k = 2 parcelas e cada tratamento é repetido r = 4 vezes.

| 1º grupo (repetições I e II) | 2º grupo (repetições III e IV) |
|---|---|
| 1 2 | 1 4 |
| 3 4 | 2 3 |
| 2 5 | 3 5 |
| 1 3 | 1 5 |
| 4 5 | 2 4 |

O esquema da análise da variância seria o seguinte.

| Causa de variação | GL |
|---|---|
| Grupos | 1 |
| Blocos dentro dos grupos | 8 |
| Tratamentos | 4 |
| Resíduo | 6 |
| Total | 19 |

Acompanhando Cochran e Cox (1957), consideraremos os experimentos em blocos incompletos equilibrados como enquadrados em três tipos distintos, já exemplificados:

**Tipo I** — Experimentos em que os blocos podem ser agrupados em repetições.

**Tipo II** — Experimentos em que os blocos podem ser dispostos em grupos de repetições.

**Tipo III** — Experimentos em que os blocos não podem ser agrupados em repetições ou grupos de repetições.

Cochran e Cox (1957) consideram mais dois tipos, o tipo IV, com v = b, e o tipo V, que são os pequenos experimentos, com poucas parcelas. No estilo de exposição adotado neste livro, é desnecessária a consideração dos tipos IV e V anteriormente referidos.

A análise dos experimentos em blocos incompletos é bem mais difícil do que a dos experimentos que vimos atrás. Entretanto, esta maior dificuldade de análise, como também a maior perda de graus de liberdade no resíduo, freqüentemente é compensada por grande redução no quadrado médio residual, de modo que não raro obtemos experimentos mais precisos.

Há dois tipos bem distintos de análise dos experimentos em blocos incompletos:

- Análise intrablocos, em que só comparações entre parcelas do mesmo bloco são usadas nas estimativas de efeito de tratamentos.
- Análise com recuperação da informação interblocos, em que as comparações entre blocos também são aproveitadas na estimação dos efeitos de tratamentos.

A análise intrablocos pode ser usada para qualquer experimento em blocos incompletos e se baseia em métodos estatísticos exatos. A análise com recuperação da informação interblocos, por outro lado, permite aproveitar melhor os dados, mas emprega métodos estatísticos apenas aproximados e só deve ser usada para experimentos com número de graus de liberdade relativamente grande para blocos e para o resíduo.

Nos experimentos em blocos incompletos equilibrados, é muito importante a eficiência (E), dada pela fórmula:

$$E = \frac{\lambda v}{kr}$$

Temos sempre $0 < E < 1$. Sendo $s^2$ a estimativa da variância residual, a estimativa da variância da diferença entre as estimativas das médias de dois tratamentos é, no caso de blocos completos:

$$\hat{V}(\hat{m}_i - \hat{m}_u) = \frac{2s^2}{r}$$

e no caso de blocos incompletos equilibrados:

$$\hat{V}(\hat{m}_i - \hat{m}_u) = \frac{1}{E} \cdot \frac{2s^2}{r}$$

Percebe-se que, quanto menor o valor de E, menor a precisão das estimativas. Por isso, em igualdade de outras condições, devem-se escolher de preferência delineamentos em blocos incompletos equilibrados, com o valor de E tão próximo de 1 quanto possível.

Cochran e Cox (1957) (Capítulo 11) dão uma relação dos principais delineamentos disponíveis em blocos incompletos equilibrados, com os detalhes necessários para seu uso.

## 10.2. Análise intrablocos de um experimento do tipo III

Consideremos como exemplo o experimento cujos dados figuram a seguir, no qual temos v = 5 tratamentos, λ = 3, k = 3 parcelas por bloco, r = 6 repetições, b = 10 blocos. Neste caso, temos:

$$E = \frac{\lambda v}{kr} = \frac{3 \times 5}{3 \times 6} = 0,83 = 83\%$$

| | | | Totais de blocos | | | | Totais de blocos |
|---|---|---|---|---|---|---|---|
| 35 (1) | 28 (2) | 27 (3) | 90 | 25 (1) | 16 (4) | 19 (5) | 60 |
| 30 (1) | 20 (2) | 22 (4) | 72 | 26 (2) | 30 (3) | 28 (4) | 84 |
| 28 (1) | 16 (2) | 18 (5) | 62 | 27 (2) | 29 (3) | 27 (5) | 83 |
| 36 (1) | 29 (3) | 30 (4) | 95 | 29 (2) | 29 (4) | 27 (5) | 85 |
| 29 (1) | 19 (3) | 22 (5) | 70 | 27 (3) | 26 (4) | 29 (5) | 82 |

Os números entre parênteses indicam os tratamentos.

A soma de quadrados total e a soma de quadrados para blocos (não ajustados) são calculadas da maneira usual:

$$\Sigma x^2 = 21.167 \qquad \Sigma x = 783$$

$$C = \frac{(783)^2}{30} = 20.436,30$$

$$\text{SQTotal} = \Sigma x^2 - C = 21.167 - 20.436,30 = 730,70$$

$$\text{SQB (não aj.)} = \frac{1}{3}[(90)^2 + (72)^2 + \ldots + (82)^2] - C = 412,70$$

O que dá mais trabalho, e se faz de maneira diferente do que vimos até aqui, é o cálculo da soma de quadrados para tratamentos ajustados para os efeitos de blocos. Primeiro devemos calcular os valores de $T_i$, totais de tratamentos:

$$T_1 = 35 + 30 + 28 + 36 + 29 + 25 = 183$$

$$T_2 = 28 + 20 + 16 + 26 + 27 + 29 = 146$$

e assim por diante.

A seguir, calculamos as correções para o efeito de blocos ($A_i$), cada uma delas dada pela soma dos totais dos blocos em que aparece o tratamento **i** correspondente. Por exemplo, o tratamento 1 figura nos seis primeiros blocos. Temos, pois:

$$A_1 = 90 + 72 + 62 + 95 + 70 + 60 = 449$$

$$A_2 = 90 + 72 + 62 + 84 + 83 + 85 = 476 \text{ etc.}$$

Passamos a seguir ao cálculo de:

$$Q_i = kT_i - A_i$$

Esses valores $Q_i$ são de importância fundamental na análise de experimentos em blocos incompletos. A partir deles calculamos agora as estimativas dos **efeitos ajustados de tratamentos** ($t_i$) pela fórmula:

$$\hat{t}_i = \frac{1}{\lambda v} Q_i$$

Podemos, por fim, calcular as **médias ajustadas de tratamentos**:

$$\hat{m}_i = \hat{m} + \hat{t}_i$$

onde $\hat{m}$ é a estimativa da média geral.

Temos:

$$Q_1 = 3 \times 183 - 449 = 100$$

$$Q_2 = 3 \times 146 - 476 = -38$$

e assim por diante, e ainda:

$$\hat{t}_1 = \frac{1}{3 \times 5} 100 = 6,67$$

$$\hat{t}_2 = \frac{1}{3 \times 5} (-38) = -2,53$$

etc. Como a estimativa da média geral é:

$$\hat{m} = \frac{783}{30} = 26,10$$

temos por fim:

$$\hat{m}_1 = 26,10 + 6,67 = 32,77$$

$$\hat{m}_2 = 26,10 - 2,53 = 23,57$$

e assim por diante.

Os cálculos mostrados aparecem resumidos na tabela a seguir.

| Tratamentos | $T_i$ | $A_i$ | $Qi = kT_i - A_i$ | $\hat{t}_i$ | $\hat{m}_i$ |
|---|---|---|---|---|---|
| 1 | 183 | 449 | 100 | 6,67 | 32,77 |
| 2 | 146 | 476 | –38 | –2,53 | 23,57 |
| 3 | 161 | 504 | –21 | –1,40 | 24,70 |
| 4 | 151 | 478 | –25 | –1,67 | 24,43 |
| 5 | 142 | 442 | –16 | –1,07 | 25,03 |
| | 783 | | 0 | 0,00 | |

A soma de quadrados para tratamentos (ajustados) é:

$$SQT\ (aj.) = \frac{1}{\lambda kv} \Sigma Q_i^2$$

$$= \frac{1}{3 \times 3 \times 5}[(100)^2 + (38)^2 + \ldots + (16)^2]$$

$$= 283{,}69$$

A soma de quadrados para o resíduo é calculada por subtração, como usualmente.

Obtemos, pois, a seguinte análise da variância.

| Causa de variação | GL | SQ | QM | Desvio padrão | F |
|---|---|---|---|---|---|
| Blocos (não ajustados) | 9 | 412,70 | 45,86 | | |
| Tratamentos (ajustados) | 4 | 283,69 | 70,92 | 8,42 | 33,14** |
| Resíduo (a) | 16 | 34,31 | 2,14 | 1,46 | |
| Total | 29 | 730,70 | | | |

O teste de Tukey pode ser usado na comparação de médias, tomando-se:

$$\Delta = q\sqrt{\left(\frac{1}{2}\right)\hat{V}(\hat{m}_i - \hat{m}_u)}$$

e o de Duncan com:

$$D = z\sqrt{\left(\frac{1}{2}\right)\hat{V}(\hat{m}_i - \hat{m}_u)}$$

onde:

$$\hat{V}(\hat{m}_i - \hat{m}_u) = \frac{2k}{\lambda v}s^2 = \frac{1}{E} \cdot \frac{2}{r}s^2$$

No caso, temos:

$$\hat{V}(\hat{m}_i - \hat{m}_u) = \frac{2 \times 3}{3 \times 5} 2{,}14 = 0{,}86$$

Logo, ao nível de 5%:

$$\Delta = 4{,}33\sqrt{\frac{0{,}86}{2}} = 2{,}84$$

Verificamos, pois, que o tratamento 1 (cuja média ajustada é 32,77) excede todos os demais, e que estes não diferem entre si.

O teste **t** pode ser usado, com os cuidados usuais, quer para contraste entre duas médias de tratamentos, quer para contrastes mais complicados. Por exemplo, para o contraste:

$$Y = m_3 - m_2$$

temos:

$$\hat{Y} = 24{,}70 - 23{,}57 = 1{,}13 \qquad \hat{V}(\hat{Y}) = \hat{V}(\hat{m}_i - \hat{m}_u) = 0{,}86$$

$$s(\hat{Y}) = \sqrt{0{,}86} = 0{,}93$$

$$t = \frac{1{,}13}{0{,}93} = 1{,}22$$

Para contrastes mais complicados, o cálculo é semelhante. Com efeito, para um contraste:

$$Y = c_1 m_1 + c_2 m_2 + \ldots + c_v m_v$$

temos:

$$\hat{V}(\hat{Y}) = \frac{k}{\lambda v} s^2 (c_1^2 + c_2^2 + \ldots + c_v^2) \qquad (10.2.1)$$

e as outras fórmulas não mudam.

Por exemplo, para o contraste:

$$Y = 2m_1 - m_2 - m_3$$

temos:

$$\hat{V}(\hat{Y}) = \frac{3}{3 \times 5} 2{,}14(2^2 + 1^2 + 1^2) = 2{,}57$$

Logo:

$$s(\hat{Y}) = \sqrt{2,57} = 1,60$$

e como:

$$\hat{Y} = 2 \times 32,77 - 23,57 - 24,70 = 17,27$$

obtemos, finalmente:

$$t = \frac{17,27}{1,60} = 10,79^{**}$$

O teste de Scheffé pode ser usado com:

$$S = \sqrt{(v-1)\,\hat{V}(\hat{Y})F}$$

Para o contraste anterior, teríamos, pois, ao nível de 5%:

$$S = \sqrt{4 \times 2,57 \times 3,01} = 5,56$$

Como a estimativa $\hat{Y} = 17{,}27$ excede esse limite, vemos que o referido contraste é significativo, isto é, a média do tratamento 1 difere significativamente da média dos tratamentos 2 e 3.

Note-se que a fórmula para $\hat{V}(\hat{Y})$ dada na seção 3.2 não é válida para blocos incompletos, devido ao fato de que neles as médias de tratamentos são correlacionadas. No caso especial dos blocos incompletos equilibrados, ela é substituída por (10.2.1).

## 10.3. Análise intrablocos de um experimento do tipo I

Consideremos como exemplo o experimento cujos dados figuram a seguir, no qual temos $v = 8$ tratamentos, $\lambda = 1$, $k = 2$ parcelas por bloco, $r = 7$ repetições, $b = 28$, $E = 55\%$. Sendo um experimento do tipo I, os blocos podem ser agrupados em repetições, como consta da Tabela 10.3.1.

**Tabela 10.3.1.** Dados de um experimento do tipo I.

| 1ª repetição | | Totais de blocos | 2ª repetição | | Totais de blocos | 3ª repetição | | Totais de blocos |
|---|---|---|---|---|---|---|---|---|
| 20 (1) | 18 (2) | 38 | 24 (1) | 18 (3) | 42 | 23 (1) | 17 (4) | 40 |
| 15 (3) | 16 (4) | 31 | 25 (2) | 19 (8) | 44 | 26 (2) | 18 (7) | 44 |
| 14 (5) | 15 (6) | 29 | 13 (4) | 16 (5) | 29 | 15 (3) | 17 (6) | 32 |
| 16 (7) | 18 (8) | 34 | 12 (6) | 16 (7) | 28 | 13 (5) | 16 (8) | 29 |
| | | 132 | | | 143 | | | 145 |

| 4ª repetição | | Totais de blocos | 5ª repetição | | Totais de blocos |
|---|---|---|---|---|---|
| 21 (1) | 13 (5) | 34 | 28 (1) | 14 (6) | 42 |
| 23 (2) | 16 (3) | 39 | 27 (2) | 18 (4) | 45 |
| 10 (4) | 12 (7) | 22 | 18 (3) | 15 (8) | 33 |
| 13 (6) | 11 (8) | 24 | 16 (5) | 17 (7) | 33 |
| | | 119 | | | 153 |

| 6ª repetição | | Totais de blocos | 7ª repetição | | Totais de blocos |
|---|---|---|---|---|---|
| 22 (1) | 17 (7) | 39 | 23 (1) | 15 (8) | 38 |
| 24 (2) | 16 (6) | 40 | 21 (2) | 13 (5) | 34 |
| 18 (3) | 14 (5) | 32 | 15 (3) | 12 (7) | 27 |
| 15 (4) | 17 (8) | 32 | 13 (4) | 16 (6) | 29 |
| | | 143 | | | 128 |

Temos:

$$\Sigma x^2 = 17.527 \qquad \Sigma x = 963 \qquad C = 16.560,16$$

$$\text{SQTotal} = 17.527 - 16.560,16 = 966,84$$

$$\text{SQRep.} = \frac{1}{8}[(132)^2 + (143)^2 + \ldots + (128)^2] - C = 102,47$$

$$\text{SQB} = \frac{1}{2}[(38)^2 + (31)^2 + \ldots + (29)^2] - C = 525,34$$

$$\text{SQBlocos dentro das repetições} = 525,34 - 102,47$$

$$= 422,87$$

Passamos agora ao cálculo da soma de quadrados para tratamentos (ajustados), que é feito como no exemplo anterior, por meio das fórmulas:

$$Q_i = kT_i - A_i$$

$$\hat{t}_i = \frac{1}{\lambda v} Q_i$$

$$\hat{m}_i = \hat{m} + \hat{t}_i$$

$$SQT\ (aj.) = \frac{1}{\lambda kv} \Sigma Q_i^2$$

Os resultados obtidos constam da tabela que se segue.

| **Tratamentos** | **$T_i$** | **$A_i$** | **$Q_i$** | **$\hat{t}_i$** | **$\hat{m}_i$** |
|---|---|---|---|---|---|
| 1 | 161 | 273 | 49 | 6,125 | 23,321 |
| 2 | 164 | 284 | 44 | 5,500 | 22,696 |
| 3 | 115 | 236 | –6 | –0,750 | 16,446 |
| 4 | 102 | 228 | –24 | –3,000 | 14,196 |
| 5 | 99 | 220 | –22 | –2,750 | 14,446 |
| 6 | 103 | 224 | –18 | –2,250 | 14,946 |
| 7 | 108 | 227 | –11 | –1,375 | 15,821 |
| 8 | 111 | 234 | –12 | –1,500 | 15,696 |
| | 9.631 | | 0 | 0,000 | |

Temos:

$$SQT\ (aj.) = \frac{1}{1 \times 2 \times 8}[(49)^2 + (44)^2 + \ldots + (12)^2] = 376,38$$

Podemos agora completar a análise da variância, que é dada a seguir.

| **Causa de variação** | **GL** | **SQ** | **QM** | **F** |
|---|---|---|---|---|
| Repetições | 6 | 102,47 | | |
| Blocos dentro das repetições | 21 | 422,87 | | |
| Tratamentos (aj.) | 7 | 376,38 | 53,77 | 17,35** |
| Resíduo | 21 | 65,12 | 3,10 | |
| Total | 55 | 966,84 | | |

Os testes **t**, de Duncan e de Scheffé podem ser feitos como no caso anterior. Temos:

$$\hat{V}(\hat{m}_i - \hat{m}_u) = \frac{2k}{\lambda v} s^2 = \frac{2 \times 2}{1 \times 8} 3,10 = 1,55$$

e ao nível de 5%:

$$\Delta = q\sqrt{\frac{1}{2}\hat{V}(\hat{m}_i - \hat{m}_u)} = 4,74\sqrt{\frac{1,55}{2}} = 4,18$$

Verifica-se, pois, que os tratamentos 1 e 2 não diferem entre si e superam todos os demais.

Por exemplo, para um contraste:

$$Y = 2m_3 - m_4 - m_5 - m_6 + m_7$$

teríamos, pela Fórmula (10.2.1):

$$\hat{V}(\hat{Y}) = \frac{2}{1 \times 8} \qquad 3{,}10 \times 8 = 6{,}20$$

Logo, ao nível de 5%, obtemos:

$$S = \sqrt{(v-1)\hat{V}(\hat{Y})F} = \sqrt{7 \times 6{,}20 \times 2{,}49} = 10{,}40$$

Como $\hat{Y} = 5{,}125$, verifica-se que o contraste em questão não é significativo.

## 10.4. Análise intrablocos de um experimento do tipo II

Consideremos como exemplo o experimento seguinte, com v = 7 tratamentos, λ = 1, r = 6 repetições, b = 21 blocos, no qual os blocos são reunidos em grupos de duas repetições (Tabela 10.4.1).

**Tabela 10.4.1.** Dados de um experimento do tipo II.

| 1º grupo | Totais de blocos | 2º grupo | Totais de blocos | 3º grupo | Totais de blocos |
|---|---|---|---|---|---|
| 3,5 (1) 2,8 (2) | 6,3 | 3,8 (1) 4,0 (3) | 7,8 | 3,0 (1) 2,2 (4) | 5,2 |
| 3,2 (2) 3,7 (3) | 6,9 | 3,6 (3) 2,7 (5) | 6,3 | 2,7 (4) 3,4 (7) | 6,1 |
| 3,5 (3) 2,5 (4) | 6,0 | 2,3 (5) 3,0 (7) | 5,3 | 3,2 (7) 3,9 (3) | 7,1 |
| 2,8 (4) 2,7 (5) | 5,5 | 2,8 (7) 2,5 (2) | 5,3 | 3,3 (3) 2,4 (6) | 5,7 |
| 3,0 (5) 3,2 (6) | 6,2 | 2,6 (2) 2,8 (4) | 5,4 | 2,8 (6) 3,4 (2) | 6,2 |
| 2,4 (6) 2,6 (7) | 5,0 | 2,3 (4) 2,4 (6) | 4,7 | 2,9 (2) 2,6 (5) | 5,5 |
| 3,1 (7) 2,7 (1) | 5,8 | 2,8 (6) 3,3 (1) | 6,1 | 2,3 (5) 3,3 (1) | 5,6 |
| | 41,7 | | 40,9 | | 41,4 |

Temos:

$$\Sigma x^2 = 375{,}300 \qquad \Sigma x = 124{,}0 \qquad C = 366{,}095$$

$$SQTotal = 375{,}300 - C = 9{,}205$$

$$SQGrupos = \frac{1}{14}[(41{,}7)^2 + (40{,}9)^2 + (41{,}4)^2] - C = 0{,}024$$

$$SQB = \frac{1}{2}[(6{,}3)^2 + (6{,}9)^2 + \ldots + (5{,}6)^2] - C = 5{,}405$$

$$\text{SQB dentro dos grupos} = 5{,}405 - 0{,}024 = 5{,}381$$

| Tratamentos | $T_i$ | $A_i$ | $Q_i$ | $\hat{t}_i$ | $\hat{m}_i$ |
|---|---|---|---|---|---|
| 1 | 19,6 | 36,8 | 2,4 | 0,343 | 3,295 |
| 2 | 17,4 | 35,6 | –0,8 | –0,114 | 2,838 |
| 3 | 22,0 | 39,8 | 4,2 | 0,600 | 3,552 |
| 4 | 15,3 | 32,9 | –2,3 | –0,329 | 2,623 |
| 5 | 15,6 | 34,4 | –3,2 | –0,457 | 2,495 |
| 6 | 16,0 | 33,9 | –1,9 | –0,271 | 2,681 |
| 7 | 18,1 | 34,6 | 1,6 | 0,229 | 3,181 |
| | 124,0 | 248,0 | 0,0 | | |

Temos ainda:

$$\text{SQT (aj.)} = \frac{1}{1 \times 2 \times 7}[(2,4)^2 + (0,8)^2 + \ldots + (1,6)^2] = 3,267$$

A análise da variância é dada a seguir.

| Causa de variação | GL | SQ | QM | F |
|---|---|---|---|---|
| Grupos | 2 | 0,024 | | |
| Blocos dentro dos grupos (não aj.) | 18 | 5,381 | | |
| Tratamentos (aj.) | 6 | 3,267 | 0,5445 | 15,34** |
| Resíduo | 15 | 0,533 | 0,0355 | |
| Total | 41 | 9,205 | | |

Os testes **t**, de Tukey, de Duncan e de Scheffé são aplicados exatamente como nos casos anteriores.

## 10.5. Análise com recuperação da informação interblocos

Na análise intrablocos, que já vimos, os efeitos de blocos são considerados fixos e os contrastes entre eles não são aproveitados na estimação dos efeitos de tratamentos. Surgiu, porém, a idéia de que contrastes entre blocos também oferecem informação sobre os efeitos de tratamentos. E verificou-se que, se os efeitos de blocos forem tomados como aleatórios, o que geralmente é possível, essa informação poderá ser combinada com a que é fornecida pelos contrastes de parcelas dentro dos blocos (utilizada na análise intrablocos) para obtenção de estimativas mais precisas dos efeitos de tratamentos.

O modelo matemático admitido, no caso de experimento do tipo III, é:

$$y_{ij} = m + b_j + t_i + e_{ij}$$

onde **m** é a média geral, $\mathbf{b_j}$ é o efeito aleatório do bloco **j**, de variância $\sigma_1^2$, $\mathbf{t_i}$ é o efeito fixo do tratamento **i** e $\mathbf{e_{ij}}$ é outra variável aleatória, que se supõe com distribuição normal de variância $\sigma^2$.

Definimos então o valor:

$$a = \frac{\sigma^2}{\sigma^2 + k\sigma_1^2}$$

e com ele calculamos as novas estimativas $\hat{t}_i'$ para os efeitos ajustados de tratamentos, e $\hat{m}_i'$ para suas médias ajustadas, pelas fórmulas:

$$M_i = Q_i + aA_i - a\frac{k}{v}G$$

onde G é o total geral, e:

$$\hat{t}_i' = \frac{M_i}{\lambda v + (r - \lambda)a} \qquad \hat{m}_i' = \hat{m} + \hat{t}_i'$$

Também se pode usar a fórmula:

$$M_i = kT_i - (1 - a)A_i - a\frac{k}{v}G$$

às vezes mais conveniente.

O teste de significância para tratamentos seria feito por um teste de $\chi^2$:

$$\chi^2 = \frac{1}{k\sigma^2[(\lambda v + (r - \lambda)a]}\Sigma M_i^2$$

Acontece, porém, que, na prática, não conhecemos $\sigma^2$ nem $\sigma_1^2$, mas apenas estimativas dessas variâncias. Estas estimativas podem ser usadas no lugar dos parâmetros, mas tornam apenas aproximado o método de análise.

As estimativas de $\sigma^2$ e $\sigma_1^2$ são obtidas a partir do quadrado médio para o resíduo ($V_r = s^2$) e do quadrado médio para blocos (ajustados) ($V_b$), que veremos adiante como calcular. Pesquisas têm demonstrado que esses quadrados médios devem ter pelo menos 20 graus de liberdade para que a aproximação obtida seja razoável.

Como:

$$a = \frac{\sigma^2}{\sigma^2 + k\sigma_1^2}$$

vemos que devemos ter sempre $0 < a < 1$. Para $\sigma_1^2 = 0$, temos $a = 1$. Logo:

$$M_i = Q_i + aA_i - a\frac{k}{v}G$$

$$= kT_i - A_i + A_i - \frac{k}{v}G$$

$$= kT_i - \frac{k}{v}G$$

e ainda:

$$\hat{t}_i' = \frac{M_i}{\lambda v + (r - \lambda)a} = \frac{M_i}{\lambda v + r - \lambda} = \frac{M_i}{\lambda(v - 1) + r}$$

Pode-se, porém, demonstrar que, nos blocos incompletos equilibrados, $\lambda(v - 1) = r(k - 1)$. Logo:

$$\hat{t}_i' = \frac{M_i}{r(k - 1) + r} = \frac{1}{rk}\left[kT_i - \frac{k}{v}G\right] = \frac{T_i}{r} - \hat{m}$$

$$\therefore \ \hat{m}_i' = \hat{m} + \hat{t}_i' = \frac{T_i}{r}$$

Nesse caso, pois, a análise corresponde à que se faria se não houvesse blocos incompletos, isto é, recaímos na análise de um experimento em blocos ao acaso, quando se trata de delineamentos do tipo I, e na análise de um experimento inteiramente casualizado, quando o delineamento é do tipo III.

Se, ao contrário, $\sigma_1^2$ for muito grande em relação a $\sigma^2$, **a** será praticamente nulo. E, para $a = 0$, temos $M_i = Q_i$, de maneira que voltamos à análise intrablocos.

Em geral, porém, **a** está entre zero e um, e nenhum dos dois casos ocorre.

É claro que $\sigma_1^2 > 0$, logo devemos ter $a < 1$. Na prática, porém, ao estimar **a** com o auxílio de $V_b$ e $V_r$, pode acontecer que tenhamos $V_b < V_r$, e então obtemos $a > 1$. Por exemplo, para experimentos do tipo III, as estimativas de $\sigma^2$ e $\sigma_1^2$ são, respectivamente:

$$\hat{\sigma}^2 = V_r = s^2 \qquad \sigma_1^2 = \frac{b - 1}{bk - v}(V_b - V_r)$$

Logo:

$$\hat{a} = \frac{Vr}{Vr + k\dfrac{b-1}{bk-v}(V_b - V_r)} = \frac{(bk-v)V_r}{k(b-1)V_b - (v-k)V_r}$$

Para $V_b < V_r$, obtemos $\sigma_1^2 < 0$, o que é absurdo, e $\hat{a} > 1$, o que também é inadmissível. Neste caso, em geral, devemos tomar $\sigma_1^2 = 0$ e $\hat{a} = 1$.

Quando se faz a recuperação da informação interblocos com o auxílio de estimativas para $\sigma^2$ e $\sigma_1^2$, não há um teste exato de significância para tratamentos. No entanto, a expressão:

$$\frac{1}{kV_r[\lambda v + (r-\lambda)\hat{a}]}\Sigma M_i^2$$

é aproximadamente distribuída como um $\chi^2$ com $(v-1)$ graus de liberdade. Isto nos permite fazer um teste aproximado para a hipótese de nulidade de efeitos de tratamentos. Outro caminho, mais indicado, consiste em tomar como uma nova soma de quadrados para tratamentos (ajustados) a expressão:

$$SQT\ (aj.)^* = \frac{1}{k[\lambda v + (r-\lambda)\hat{a}]}\Sigma M_i^2$$

com a qual calculamos o novo quadrado médio para tratamentos (ajustados).

O asterisco em SQT (aj.)* e em expressões análogas tem por fim evitar confusão com expressões correspondentes referentes à análise intrablocos, isto é, sem recuperação da informação interblocos.

Temos:

$$QMT\ (aj.)^* = \frac{SQT\ (aj.)^*}{v-1}$$

e, finalmente, obtemos aproximadamente:

$$F = \frac{QMT\ (aj.)^*}{s^2}$$

Os testes **t**, de Tukey, de Duncan e de Scheffé podem ser aplicados da maneira indicada nas seções anteriores deste capítulo, mas levando em conta que temos agora:

$$\hat{V}(\hat{t}_i' - \hat{t}_u') = \hat{V}(\hat{m}_i' - \hat{m}_u') = \frac{2k}{\lambda v + (r-\lambda)\hat{a}}\, s^2$$

e para:

$$Y = c_1 m_1 + c_2 m_2 + \ldots + c_v m_v$$

$$= c_1 t_1 + c_2 t_2 + \ldots + c_v t_v$$

$$\hat{V}(\hat{Y}) = \frac{ks^2}{\lambda v + (r - \lambda)\hat{a}}(c_1^2 + c_2^2 + \ldots + c_v^2)$$

e ainda:

$$\Delta = q\sqrt{\left(\frac{1}{2}\right)\hat{V}(\hat{Y})} \qquad D = z\sqrt{\left(\frac{1}{2}\right)\hat{V}(\hat{Y})}$$

$$S = \sqrt{(v-1)\hat{V}(\hat{Y})F}$$

## 10.6. Análise de um experimento de tipo III com recuperação da informação interblocos

Tomaremos como exemplo dados de Fraga e Costa (1950), reproduzidos a seguir, que se referem ao ângulo **z** correspondente à porcentagem **p** de plantas sadias, segundo a fórmula:

$$z = \text{arc sen}\sqrt{\frac{p}{100}}$$

No experimento em questão, temos b = v = 13, k = r = 4, λ = 1, e os valores de **z** obtidos constam da Tabela 10.6.1, onde os tratamentos são indicados com números, entre parênteses, de 1 a 13.

Agora, para recuperar a informação interblocos, a primeira coisa a fazer é calcular a soma de quadrados para blocos (ajustados). Para isso, primeiro calculamos a soma de quadrados para tratamentos (não ajustados).

$$\text{SQT (não aj.)} = \frac{1}{r}T_i^2 - C$$

$$= \frac{1}{4}[(217,2)^2 + \ldots + (282,9)^2] - \frac{(3.593,9)^2}{52}$$

$$= 2.382,37$$

**Tabela 10.6.1.** Dados do experimento de Fraga e Costa (1950).

| | **Valores de $z$, em graus** | | | | **Totais de blocos** |
|---|---|---|---|---|---|
| 1º bloco | 52,7 (1) | 79,5 (2) | 63,4 (4) | 65,9 (10) | 261,5 |
| 2º bloco | 71,6 (2) | 56,8 (8) | 71,6 (12) | 65,9 (13) | 265,9 |
| 3º bloco | 58,9 (1) | 75,0 (7) | 75,0 (11) | 71,6 (12) | 280,5 |
| 4º bloco | 75,0 (3) | 65,9 (4) | 79,5 (6) | 79,5 (12) | 299,9 |
| 5º bloco | 71,6 (4) | 75,0 (8) | 71,6 (9) | 79,5 (11) | 297,7 |
| 6º bloco | 56,8 (1) | 65,9 (3) | 71,6 (9) | 65,9 (13) | 260,2 |
| 7º bloco | 75,0 (2) | 65,9 (3) | 65,9 (5) | 90,0 (11) | 296,8 |
| 8º bloco | 48,8 (1) | 68,6 (5) | 63,4 (6) | 61,1 (8) | 241,9 |
| 9º bloco | 63,4 (6) | 90,0 (10) | 90,0 (11) | 71,6 (13) | 315,0 |
| 10º bloco | 71,6 (3) | 63,4 (7) | 61,1 (8) | 58,9 (10) | 255,0 |
| 11º bloco | 75,0 (5) | 68,6 (9) | 75,0 (10) | 75,0 (12) | 293,6 |
| 12º bloco | 63,4 (4) | 61,1 (5) | 50,8 (7) | 79,5 (13) | 254,8 |
| 13º bloco | 71,6 (2) | 63,4 (6) | 61,1 (7) | 75,0 (9) | 271,1 |
| | | | | | 3.593,9 |

Podemos fazer logo a análise intrablocos, da maneira explicada antes, com os resultados dados a seguir.

| **Tratamentos** | $T_i$ | $A_i$ | $Q_i$ | $\hat{t}_i$ | $\hat{m}_i$ |
|---|---|---|---|---|---|
| 1 | 217,2 | 1.044,1 | –175,3 | –13,48 | 55,63 |
| 2 | 297,7 | 1.095,3 | 95,5 | 7,35 | 76,46 |
| 3 | 278,4 | 1.111,9 | 1,7 | 0,13 | 69,24 |
| 4 | 264,3 | 1.113,9 | –56,7 | –4,36 | 64,75 |
| 5 | 270,6 | 1.087,1 | –4,7 | –0,36 | 68,75 |
| 6 | 269,7 | 1.127,9 | –49,1 | –3,78 | 65,33 |
| 7 | 250,3 | 1.061,4 | –60,2 | –4,63 | 64,48 |
| 8 | 254,0 | 1.060,5 | –44,5 | –3,42 | 65,69 |
| 9 | 286,8 | 1.122,6 | –24,6 | 1,89 | 71,00 |
| 10 | 289,8 | 1.125,1 | 34,1 | 2,62 | 71,73 |
| 11 | 334,5 | 1.190,0 | 148,0 | 11,38 | 80,49 |
| 12 | 297,7 | 1.139,9 | 50,9 | 3,92 | 73,00 |
| 13 | 282,9 | 1.095,9 | 35,7 | 2,75 | 71,86 |
| | 3.593,9 | | 0,00 | 0,01 | |

| **Causa de variação** | **GL** | **SQ** | **QM** | **F** |
|---|---|---|---|---|
| Blocos (não aj.) | 12 | 1.490,56 | | |
| Tratamentos (aj.) | 12 | 1.512,36 | 126,03 | 2,52* |
| Resíduo | 27 | 1.267,56 | 46,95 | |
| Total | 51 | 4.270,48 | | |

A seguir, usamos a fórmula:

$$SQB\ (aj.) = SQB\ (não\ aj.) + SQT\ (aj.) - SQT\ (não\ aj.)$$

e obtemos:

$$SQB\ (aj.) = 1.490,56 + 1.512,36 - 2.382,37 = 620,55$$

Organizamos agora a tabela a seguir.

| **Causa de variação** | **GL** | **SQ** | **QM** |
|---|---|---|---|
| Blocos (aj.) | 12 | 620,55 | 51,71 ($V_b$) |
| Tratamentos (não aj.) | 12 | 2.382,37 | |
| Resíduo | 27 | 1.267,56 | 46,95 ($V_r$) |
| Total | 51 | 4.270,48 | |

Temos:

$$\begin{aligned}\hat{a} &= \frac{v(r-1)V_r}{k(b-1)V_b - (v-k)V_r} \\ &= \frac{13(4-1)46,95}{4(13-1)51,71 - (13-4)46,95} \\ &= 0,889\end{aligned}$$

$$\begin{aligned}M_i &= Q_i + \hat{a}A_i - \hat{a}\frac{k}{v}G \\ &= Q_i + 0,889A_i - 0,889\frac{4}{13}3.593,9 \\ &= Q_i + 0,889A_i - 983,070\end{aligned}$$

As estimativas dos efeitos ajustados de tratamentos $t_i'$ são dadas pela fórmula:

$$\hat{t}_i' = \frac{M_i}{\lambda v + (r-\lambda)\hat{a}} = \frac{M_i}{15,667}$$

Finalmente, as médias ajustadas de tratamentos $m_i'$ são obtidas desta maneira:

$$m_i' = \hat{m} + \hat{t}_i' = 69,11 + \hat{t}_i'$$

| Tratamentos | $Q_i$ | $A_i$ | $\hat{a}A_i$ | $M_i$ | $\hat{t}_i'$ | $\hat{m}_i'$ |
|---|---|---|---|---|---|---|
| 1 | –175,3 | 1.044,1 | 928,20 | –230,17 | –14,69 | 54,52 |
| 2 | 95,5 | 1.095,3 | 973,72 | 86,15 | 5,50 | 74,61 |
| 3 | 1,7 | 1.111,9 | 988,48 | 7,11 | 0,45 | 69,56 |
| 4 | –56,7 | 1.113,9 | 990,26 | –49,51 | –3,16 | 69,95 |
| 5 | –4,7 | 1.087,1 | 966,43 | –21,34 | –1,36 | 67,75 |
| 6 | –49,1 | 1.127,9 | 1.002,70 | –29,47 | –1,88 | 67,23 |
| 7 | –60,2 | 1.061,4 | 943,58 | –99,69 | –6,36 | 62,75 |
| 8 | –44,5 | 1.060,5 | 942,78 | –84,78 | –5,41 | 63,70 |
| 9 | 24,6 | 1.122,6 | 997,99 | 39,52 | 2,52 | 71,63 |
| 10 | 34,1 | 1.125,1 | 1.000,21 | 51,24 | 3,27 | 72,38 |
| 11 | 148,0 | 1.190,0 | 1.057,91 | 222,84 | 14,22 | 83,33 |
| 12 | 50,9 | 1.139,9 | 1.013,97 | 81,20 | 5,18 | 74,29 |
| 13 | 35,7 | 1.059,9 | 974,26 | 26,89 | 1,72 | 70,83 |
| | 0 | | | –0,01 | 0,00 | |

Temos:

$$\text{SQT (aj.)*} = \frac{1}{k[\lambda v + (r - \hat{\lambda})\hat{a}]} \Sigma M_i^2$$

$$= \frac{1}{4 \times 15,667} 142.513,01$$

$$= 2.274,10$$

$$\text{QMT (aj.)*} = \frac{227,10}{12} = 189,51$$

$$F = \frac{189,51}{46,95} = 4,04^{**}$$

Por outro lado, poderíamos ter calculado:

$$\chi^2 = \frac{1}{k\sigma^2[\lambda v + (r - \lambda)a]} \Sigma M_i^2$$

$$= \frac{1}{4 \times 46,95[13 + 3 \times 0,889]} 142.513,01$$

$$= 48,44^{**}$$

onde, em lugar dos parâmetros $\sigma^2$ e **a**, desconhecidos, usamos as estimativas $s^2 = 46,95$ e $\hat{a} = 0,889$. Mas o teste F parece mais aconselhável.

Temos ainda, ao nível de 5% de probabilidade:

$$\hat{V}(\hat{t}_i' - \hat{t}_u') = \hat{V}(\hat{m}_i' - \hat{m}_u') = \frac{2k}{\lambda v + (r - \lambda)\hat{a}} s^2 = 23{,}97$$

$$\Delta = q\sqrt{\frac{1}{2}\hat{V}(\hat{m}_i - \hat{m}_u)} = 5{,}04\sqrt{\frac{23{,}97}{2}} = 17{,}45$$

Toda diferença entre duas médias ajustadas $\hat{m}_i'$ superior a esse valor é, pois, significativa ao nível de 5%. Um exame dos dados mostra, por exemplo, que o tratamento 1 é significativamente inferior aos tratamentos 2, 10, 11 e 12.

Já para um contraste:

$$Y = 2m_2 - m_3 - m_4$$

teríamos, de acordo com o que vimos na seção 10.5:

$$\hat{V}(\hat{Y}) = \frac{ks^2}{\lambda v + (r - \lambda)\hat{a}}(c_1^2 + c_2^2 + \ldots + c_v^2)$$

$$= \frac{4 \times 46{,}95}{1 \times 13 + (4 - 1)0{,}889} 6$$

$$= 71{,}92$$

$$s(\hat{Y}) = \sqrt{71{,}92} = 8{,}48$$

$$\hat{Y} = 2 \times 74{,}61 - 69{,}56 - 65{,}95 = 13{,}71$$

$$t = \frac{13{,}71}{8{,}48} = 1{,}62$$

Para o mesmo contraste, o teste de Scheffé daria, para o nível de 5% de probabilidade:

$$S = \sqrt{12 \times 71{,}92 \times 2{,}13} = 42{,}88$$

Como $\hat{Y} = 13{,}71$, o contraste em questão não é significativo. Seu intervalo de confiança, para o nível de 5%, seria de –29,17 a 56,59.

Note-se que, sem a recuperação da informação interblocos, teríamos $\hat{V}(\hat{m}_i - \hat{m}_u) = 28{,}89$ (em vez de 23,97), e para o contraste:

$$Y = 2m_2 - m_3 - m_4$$

obteríamos $\hat{V}(\hat{Y}) = 86{,}68$ (em lugar de 71,92). A recuperação da informação interblocos provocou, pois, certa diminuição nas estimativas dessas variâncias, o que mostra que as médias são agora estimadas com maior precisão. Esse cálculo não leva em conta, porém, o fato de que usamos uma estimativa **â** em lugar de **a**, de modo que o ganho em precisão é, na realidade, um pouco menor do que o indicado.

## 10.7. Análise de experimentos dos tipos I e II com recuperação da informação interblocos

Tomaremos como exemplo os dados estudados na seção 10.3. Temos:

$$\begin{aligned} \text{SQT (não aj.)} &= \frac{1}{r}\Sigma T_i^2 - C \\ &= \frac{1}{7}(161)^2 + \ldots + (111)^2 - \frac{(963)^2}{56} \\ &= 702{,}84 \end{aligned}$$

Logo:

$$\begin{aligned} \text{SQB (aj.)} &= \text{SQB (não aj.)} + \text{SQT (aj.)} - \text{SQT (não aj.)} \\ &= 422{,}87 + 376{,}38 - 702{,}84 \\ &= 96{,}41 \end{aligned}$$

onde SQB indica a soma de quadrados para blocos dentro de repetições.

Organizamos agora a tabela a seguir.

| Causa de variação | GL | SQ | QM |
|---|---|---|---|
| Repetições | 6 | 102,47 | |
| Blocos dentro das repetições (aj.) | 21 | 96,41 | 4,59 ($V_b$) |
| Tratamentos (não aj.) | 7 | 702,84 | |
| Resíduo | 21 | 65,12 | 3,10 ($V_r$) |
| Total | 55 | 966,84 | |

Para delineamentos em blocos incompletos equilibrados do tipo I, o cálculo de **â** se faz como se segue:

$$\hat{a} = \frac{(r-1)V_r}{rV_b - V_r} = \frac{6 \times 3{,}10}{7 \times 4{,}59 - 3{,}10} = 0{,}6407$$

Temos:

$$M_i = Q_i + \hat{a}A_i - \hat{a}\frac{k}{v}G$$

$$= Q_i + 0,6407A_i - 0,6407\ \frac{2}{8}\ 963$$

$$= Q_i + 0,6407A_i - 154,32$$

e ainda:

$$\hat{t}_i' = \frac{M_i}{\lambda v + (r - \lambda)\hat{a}} = \frac{M_i}{11,844}$$

$$\hat{m}_i' = \hat{m} + t_i' = 17,20 + \hat{t}_i'$$

Completamos agora a tabela a seguir.

| $Q_i$ | $A_i$ | $\hat{a}A_i$ | $M_i$ | $\hat{t}_i'$ | $\hat{m}_i'$ |
|---|---|---|---|---|---|
| 49 | 273 | 174,99 | 69,67 | 5,88 | 23,08 |
| 44 | 284 | 182,04 | 71,72 | 6,05 | 23,25 |
| –6 | 236 | 151,28 | –9,04 | –0,76 | 16,44 |
| –24 | 228 | 146,15 | –32,17 | –2,72 | 14,48 |
| –22 | 220 | 141,02 | –35,30 | –2,97 | 14,23 |
| –18 | 224 | 143,58 | –28,74 | –2,43 | 14,77 |
| –11 | 227 | 145,51 | –19,81 | –1,67 | 15,53 |
| –12 | 234 | 149,99 | –16,33 | –1,38 | 15,82 |
| 0 | 1.926 | | 0,00 | 0,00 | |

Temos ainda:

$$\text{SQT (aj.)*} = \frac{1}{k[\lambda v + (r - \lambda)\hat{a}]}\Sigma M_i^2 = 584,39$$

$$\text{QMT (aj.)*} = \frac{584,39}{47} = 83,48$$

$$F = \frac{83,48}{3,10} = 26,93^{**}$$

$$\hat{V}(\hat{t}_i' - \hat{t}_u') = \hat{V}(\hat{m}_i' - \hat{m}_u') = \frac{2k}{\lambda v + (r - \lambda)\hat{a}}\ s^2 = 1,046$$

e ao nível de 5% de probabilidade:

$$\Delta = q\sqrt{\frac{1}{2}\hat{V}(\hat{m}_i' - \hat{m}_u')} = 4,75\sqrt{\frac{1,046}{2}} = 3,44$$

Logo, as médias dos tratamentos 1 e 2 não diferem significativamente entre si e superam significativamente as médias de todos os outros tratamentos.

O teste de Scheffé se aplica exatamente como explicado nas seções 10.5 e 10.6.

Para experimentos de tipo II, o procedimento é o mesmo, com exceção apenas do cálculo de **â**, que é agora feito pela fórmula:

$$\hat{a} = \frac{[v(r-1) - k(g-1)]V_r}{k(b-g)V_b - (v-k)V_r}$$

onde **g** é o número de grupos de repetições.

No exemplo da seção 10.4, encontramos:

$$\hat{a} = 0,207$$

O resto da análise fica a cargo do leitor.

## 10.8. Decomposição dos graus de liberdade para tratamentos

Tal como nos experimentos de delineamentos mais simples anteriormente discutidos, também nos experimentos em blocos incompletos equilibrados os graus de liberdade para tratamentos podem ser subdivididos de acordo com a estrutura do experimento. Isto é particularmente importante, como já vimos, nos experimentos fatoriais.

O método mais fácil para fazer isso é, provavelmente, o seguinte. As estimativas das médias ajustadas ($\hat{m}_i$ ou $\hat{m}_i'$) são multiplicadas pelo número de repetições **r** e os valores são tratados como se fossem totais de tratamentos. As somas de quadrados são obtidas das maneiras indicadas nos capítulos anteriores, mas os resultados calculados são multiplicados por $\frac{\lambda v}{kr}$ no caso da análise intrablocos, e por $\frac{\lambda v + (r-\lambda)\hat{a}}{kr}$ no caso da análise com recuperação da informação interblocos.

Outro método, que outros considerarão preferível, consistiria em proceder da mesma forma com as estimativas $\hat{t}_i$. É evidente também que os próprios valores de $\hat{m}_i$ ou $\hat{t}_i$ podem ser usados, sem multiplicação por **r**, mas esta multiplicação tem a vantagem, na nossa opinião, de tornar mais intuitivo o método.

Consideremos, como primeiro exemplo, a análise intrablocos do experimento da seção 10.3, que tomaremos como um fatorial 2 × 2 × 2 com N, P, K. Começamos calculando os valores de $U_i = r\hat{m}_i$, dados no quadro que se segue.

| Tratamentos | $\hat{m}_i$ | $U_i = r\hat{m}_i$ |
|---|---|---|
| 1 (NPK) | 23,321 | 163,25 |
| 2 (PK) | 22,696 | 158,87 |
| 3 (P) | 16,446 | 115,12 |
| 4 (1) | 14,196 | 99,37 |
| 5 (N) | 14,446 | 101,12 |
| 6 (NK) | 14,946 | 104,62 |
| 7 (NP) | 15,821 | 110,75 |
| 8 (K) | 15,696 | 109,87 |
| | | 962,97 |

Conservamos apenas duas decimais nos valores de $U_i$, para facilitar o cálculo e por ser desnecessária maior aproximação. O total dos valores de $U_i$ deveria ser 963. A pequena diferença verificada se deve às aproximações de decimais feitas nos cálculos.

A soma de quadrados para o nitrogênio (N) é obtida como indicado no Capítulo 7. Podemos somar de um lado os valores de $U_i$ referentes a tratamentos com N, e do outro lado os que correspondem a tratamentos sem N.

Obtemos:

Com nitrogênio________________________479,74

Sem nitrogênio ________________________483,23

No caso de um experimento simples, tal como em blocos ao acaso, por exemplo, teríamos:

$$SQN = \frac{(479,74)^2 + (483,23)^2}{28} - C$$

$$= \frac{463.661,7005}{28} - \frac{(962,97)^2}{56}$$

$$= 16.559,35 - 16.559,13$$

$$= 0,22$$

Como, porém, trata-se de blocos incompletos equilibrados, esse resultado deve ser multiplicado por:

$$\frac{\lambda v}{kr} = \frac{1 \times 8}{2 \times 7} = \frac{4}{7}$$

Obtemos:

$$SQN = \frac{4}{7} \quad 0,22 = 0,13$$

Poderíamos também ter considerado o contraste:

$$Y = (N) + (NP) + (NK) + (NPK) - (1) - (P) - (K) - (PK)$$

para o qual:

$$\hat{Y} = 479,74 - 483,23 = 3,49$$

Logo:

$$SQN = \frac{\lambda v}{kr} \cdot \frac{\hat{Y}^2}{7 \times 8} = \frac{4}{7} \quad 0,22 = 0,13$$

Para os efeitos de P e de K e para as interações, fazemos como indicado no Capítulo 7 e, depois de feita a multiplicação por $\frac{\lambda v}{kr} = \frac{4}{7}$, obtemos os resultados da tabela que se segue.

| **Causa de variação** | **GL** | **SQ** | **QM** | **F** |
|---|---|---|---|---|
| Repetições | 6 | 102,47 | | |
| Blocos dentro das repetições | 21 | 422,87 | | |
| Nitrogênio (N) | 1 | 0,13 | 0,13 | 0,042 |
| Fósforo (P) | 1 | 180,50 | 180,50 | 58,23** |
| Potássio (K) | 1 | 124,03 | 124,03 | 40,01** |
| Interação N × P | 1 | 0,13 | 0,13 | 0,042 |
| Interação N × K | 1 | 0,03 | 0,03 | 0,010 |
| Interação P × K | 1 | 69,03 | 69,03 | 22,27** |
| Interação N × P × K | 1 | 2,53 | 2,53 | 0,816 |
| Tratamentos (aj.) | (7) | (376,38) | | |
| Resíduo | 21 | 65,13 | 3,10 | |
| Total | 55 | 966,84 | | |

Faremos agora a análise do mesmo experimento, mas com recuperação da informação interblocos. Para isso, utilizaremos as estimativas $\hat{m}_i'$ obtidas na seção 10.7 e calcularemos $U_i' = r\,\hat{m}_i'$.

| **Tratamentos** | $\hat{m}_i'$ | $U_i' = r\,\hat{m}_i'$ |
|---|---|---|
| 1 (NPK) | 23,08 | 161,56 |
| 2 (PK) | 23,25 | 162,75 |
| 3 (P) | 16,44 | 115,08 |
| 4 (1) | 14,48 | 101,36 |
| 5 (N) | 14,23 | 99,61 |
| 6 (NK) | 14,77 | 103,39 |
| 7 (NP) | 15,33 | 108,71 |
| 8 (K) | 15,82 | 110,74 |
| | | 963,20 |

Também nesse caso o total dos valores de $U_i'$ (963,20) não coincide com o valor exato que deveria ser obtido (963), mas a pequena diferença observada é devida às aproximações feitas no cálculo.

As somas dos quadrados, depois de obtidos da maneira usual, são corrigidas mediante multiplicação por:

$$\frac{\lambda v + (r - \lambda)\hat{a}}{kr}$$

Para o caso do nitrogênio, por exemplo, temos:

Com nitrogênio ______________________ 473,27

Sem nitrogênio ______________________ 489,93

Logo:

$$SQN = \frac{\lambda v + (r - \lambda)\hat{a}}{kr}\left[\frac{(473,27)^2 + (489,93)^2}{28} - \frac{(963,20)^2}{56}\right]$$

$$= \frac{11,844}{2 \times 7}\ 4,96$$

$$= 4,20$$

Do mesmo modo, obtemos as outras somas de quadrados, que nos permitem completar a tabela seguinte.

| Causa de variação | GL | SQ | QM | F |
|---|---|---|---|---|
| Nitrogênio (N) | 1 | 4,20 | 4,20 | 1,35 |
| Fósforo (P) | 1 | 267,23 | 267,23 | 86,20** |
| Potássio (K) | 1 | 195,23 | 195,23 | 62,98** |
| Interação N × P | 1 | 0,03 | 0,03 | 0,010 |
| Interação N × K | 1 | 0,003 | 0,003 | 0,0010 |
| Interação P × K | 1 | 115,27 | 115,27 | 37,18** |
| Interação N × P × K | 1 | 1,76 | 1,76 | 0,568 |
| (Tratamentos) | (7) | (583,72) | | |
| Resíduo | 21 | 65,12 | 3,10 | |

## 10.9. Bibliografia

ANDERSON, R. L.; BANCROFT, T. A. **Statistical theory in research**. Nova York: McGraw-Hill, 1952.

COCHRAN, W.; COX, GERTRUDE, M. **Experimental designs**. 2ª ed. Nova York: John Wiley, 1957.

FEDERER, WALTER T. **Experimental design**. Nova York: Macmillan, 1955.

FRAGA JR., C. G.; COSTA, A. S. Análise de um experimento para combate de vira-cabeça do tomateiro. **Bragantia, 10**: 305-16, 1950.

KEMPTHORNE, OSCAR. **The design and analysis of experiments**. Nova York: John Wiley, 1952.

MALHEIROS, E. B. **Efeitos da recuperação da informação interblocos na interferência estatística em ensaios em blocos incompletos equilibrados**. Piracicaba, SP, 1982. Tese. Escola Superior de Agricultura "Luiz de Queiroz".

MONTGOMERY, D. C. **Design and analysis of experiments**. Nova York: John Wiley, 1984.

# 11

# RETICULADOS OU LÁTICES QUADRADOS

## 11.1. Generalidades

Os delineamentos reticulados quadrados (*square lattices*), introduzidos por Yates (1936), têm por foco especialmente a competição de cultivares numerosos de plantas anuais, como o milho, o trigo, o feijão etc. Não se prestam para experimentos de adubação, nem para ensaios fatoriais. Os reticulados quadrados nos permitem dispor um número $v = k^2$ de cultivares em blocos de k parcelas. Daí decorre que o número de tratamentos deve ser um quadrado perfeito, tal como 25, que é o quadrado de 5; 36, que é o quadrado de 6; 49, 64, 100, 121 etc. Nos reticulados quadrados, os tratamentos de um bloco em uma repetição se distribuem por todos os blocos de qualquer uma das outras repetições. Por exemplo, num reticulado de 4 × 4, a primeira repetição poderia ter os tratamentos dispostos como a seguir, onde as linhas horizontais representam os blocos.

| | | | |
|---|---|---|---|
| 1 | 2 | 3 | 4 |
| 5 | 6 | 7 | 8 |
| 9 | 10 | 11 | 12 |
| 13 | 14 | 15 | 16 |

A segunda repetição seria então:

| | | | |
|---|---|---|---|
| 1 | 5 | 9 | 13 |
| 2 | 6 | 10 | 14 |
| 3 | 7 | 11 | 15 |
| 4 | 8 | 12 | 16 |

e a terceira:

| 1 | 6 | 11 | 16 |
|---|---|---|---|
| 2 | 5 | 12 | 15 |
| 3 | 8 | 9 | 14 |
| 4 | 7 | 10 | 13 |

Vemos aí que os tratamentos do primeiro bloco na primeira repetição (1, 2, 3, 4) estão repartidos um para cada bloco da segunda repetição e também da terceira. O mesmo acontece com os tratamentos de qualquer bloco de qualquer repetição. Repetições com essa propriedade chamam-se ortogonais. Sendo usadas **m** repetições ortogonais, temos:

$$v = k^2 \qquad b = mk \qquad N = bk = mk^2$$

onde N é o número total de parcelas. No caso de m = 2 temos o reticulado quadrado simples (*simple lattice*), também chamado duplo (*double lattice*), que é o de uso mais comum; quando m = 3, temos o reticulado quadrado triplo (*triple lattice*).

Quando **k** é um número primo ou uma potência de um número primo, pode-se ir até m = k + 1 repetições ortogonais, e então temos um reticulado quadrado equilibrado, que é um delineamento em blocos incompletos equilibrados. Isto é possível com k = 2, 3, 4, 5, 7, 9, 11, mas é impossível para k = 6, por exemplo. Neste último caso, pode-se fazer apenas o reticulado duplo e o triplo.

No caso geral, um reticulado com **m** repetições ortogonais pode ser repetido **n** vezes, e obtemos:

$$v = k^2 \qquad b = mnk \qquad N = bk = mnk^2$$

Como no caso dos delineamentos em blocos incompletos equilibrados, também para os reticulados podemos fazer análise intrablocos ou análise com recuperação da informação interblocos.

Além dos reticulados quadrados, que vamos estudar, existem os cúbicos (*cubic lattices*) e os retangulares (*rectangular lattices*), todos de menor importância e que não estudaremos. Há também os quadrados reticulados (*lattice squares*) em que as parcelas se dispõem em linhas e colunas, à semelhança do que acontece com os quadrados latinos.

## 11.2. Delineamentos robustos

Seguindo a tendência da estatística experimental, podemos denominar de robustos os delineamentos que são pouco afetados por perda de parcelas, de tratamentos ou de blocos. Assim, os ensaios em blocos (completos) casualizados são robustos, pois a perda de um tratamento ou de um bloco em nada altera as propriedades do delineamento, e a perda de algumas parcelas também não traz grandes dificuldades de análise. Já os delineamentos em blocos incompletos equilibrados não são robustos, pois a perda de um tratamento ou de um bloco rompe toda a simetria e todo o equilíbrio do delineamento e acarreta sérias dificuldades de análise. O mesmo acontece com os reticulados quadrados, que não são delineamentos robustos. Neles, a perda de um tratamento ou de um bloco rompe toda a complexa estrutura matemática e exige que a análise da variância seja feita por métodos gerais complexos, em computador, e com dificuldades bem maiores na comparação de médias. O mesmo ocorre, com maior razão, com os reticulados cúbicos e retangulares e com os quadrados reticulados, todos eles maus delineamentos, de uso cada vez mais restrito.

Os reticulados em geral são hoje geralmente substituídos pelos ensaios em blocos completos casualizados com alguns tratamentos comuns, que são flexíveis, robustos e de análise fácil (ver Capítulo 17).

## 11.3. Análise intrablocos

A soma de quadrados total, a soma de quadrados para blocos dentro das repetições e a soma de quadrados para repetições são calculadas da maneira usual, sem nenhuma dificuldade. Temos, pois:

$$\text{SQTotal} = \Sigma x^2 - C \qquad \text{SQRep.} = \left(\frac{1}{k^2}\right)\Sigma R^2 - C$$

$$\text{SQBlocos das repetições (não ajustados)} = \left(\frac{1}{k}\right)\Sigma B^2 - \left(\frac{1}{k^2}\right)\Sigma R^2$$

onde B designa os totais de blocos, e R, os de repetições.

Passamos, a seguir, ao cálculo da soma de quadrados para tratamentos (ajustados). Para isto, começamos calculando os totais de tratamentos $T_i$ e as correções $A_i$, somas dos totais dos blocos onde aparece o tratamento **i**. Calculamos depois:

$$Q_i = kT_i - A_i$$

Convencionemos representar por $S_1(Q_i)$ a soma dos valores $Q_i$ referentes a todos os **k** tratamentos que ocorrem no mesmo bloco da primeira repetição em que aparece o i-ésimo tratamento. Analogamente, definimos $S_2(Q_i)$, $S_3(Q_i)$, ..., $S_m(Q_i)$.

É conveniente também indicar por $S_{jj'}(Q)$, para j = 1, 2, ..., m, j' = 1, 2, ..., k, a soma dos valores $Q_i$ de todos os tratamentos que ocorrem no bloco **j'** da repetição **j**, de modo que, se o tratamento **i** aparece nesse bloco, temos:

$$S_j(Q_i) = S_{jj'}(Q)$$

No exemplo dado, temos:

$$S_1(Q_1) = S_1(Q_2) = \ldots = S_1(Q_4) = Q_1 + Q_2 + \ldots + Q_4 = S_{11}(Q)$$

$$S_1(Q_5) = S_1(Q_6) = \ldots = S_1(Q_8) = Q_5 + Q_6 + \ldots + Q_8 = S_{12}(Q)$$

e assim por diante, e ainda:

$$S_2(Q_1) = S_2(Q_5) = S_2(Q_9) = S_2(Q_{13}) = Q_1 + Q_5 + Q_9 + Q_{13}$$
$$= S_{21}(Q)$$

$$S_2(Q_2) = S_2(Q_6) = S_2(Q_{10}) = S_2(Q_{14}) = Q_1 + Q_6 + Q_{10} + Q_{14}$$
$$= S_{22}(Q)$$

e assim sucessivamente.

Podemos agora obter os efeitos ajustados de tratamentos $\hat{t}_i$, dados pela fórmula:

$$\hat{t}_i = \frac{1}{mk} Q_i + \frac{1}{m(m-1)k^2}[S_1(Q_i) + S_2(Q_i) + \ldots + S_m(Q_i)]$$

As médias ajustadas de tratamentos serão dadas, finalmente, pela fórmula:

$$\hat{m}_i = \hat{m} + \hat{t}_i = \frac{G}{mk^2} + \hat{t}_i$$

onde G é o total das produções de todas as parcelas.

A soma de quadrados para tratamentos (ajustados) é dada pela fórmula:

$$\text{SQT (aj.)} = \frac{1}{k} \Sigma \hat{t}_i Q_i$$

Obtemos então a seguinte tabela para a análise da variância.

| Causa de variação | GL | SQ | QM |
|---|---|---|---|
| Repetições | $m - 1$ | SQRep. | |
| Blocos d. repetições | $m(k - 1)$ | SQB d. rep. (não aj.) | |
| Tratamentos (aj.) | $k^2 - 1$ | SQT (aj.) | $V_t = \frac{\text{SQT (aj.)}}{k^2 - 1}$ |
| Resíduo | $(k - 1)(mk - k - 1)$ | SQR (por subtração) | $V_r = \frac{\text{SQR}}{(k - 1)(mk - k - 1)}$ |
| Total | $mk^2 - 1$ | SQTotal | |

Para provar os contrastes entre tratamentos, podemos usar o teste F:

$$F = \frac{V_t}{V_r}$$

A comparação entre pares de tratamentos, se planejada de antemão, pode ser feita pelo teste **t**, considerando que temos:

$$\hat{V}(\hat{m}_i - \hat{m}_u) = \hat{V}(\hat{t}_i - \hat{t}_u) = \frac{2V_r}{m}(1 + \frac{1}{k})$$

quando eles ocorrem no mesmo bloco (primeiros associados), ou:

$$\hat{V}(\hat{m}_i - \hat{m}_u) = \hat{V}(\hat{t}_i - \hat{t}_u) = \frac{2V_r}{m}\left[1 + \frac{m}{(m - 1)k}\right]$$

se não ocorrem no mesmo bloco no experimento (segundos associados).

Também se pode usar para todas as comparações, indistintamente, uma estimativa média:

$$\hat{V}(\hat{m}_i - \hat{m}_u) = \frac{2V_r}{m}\left[1 + \frac{m}{(m - 1)(k + 1)}\right]$$

Logo, para comparar dois tratamentos pelo teste **t** tomamos:

$$t = \frac{\hat{m}_i - \hat{m}_u}{\sqrt{\frac{2V_r}{m}\left(1 + \frac{1}{k}\right)}}$$

se forem primeiros associados, ou:

$$t = \frac{\hat{m}_i - \hat{m}_u}{\sqrt{\frac{2V_r}{m}\left[1 + \frac{m}{(m - 1)k}\right]}}$$

se forem segundos associados, ou ainda, usando a estimativa média da variância, podemos adotar, em qualquer caso:

$$t = \frac{\hat{m}_i - \hat{m}_u}{\sqrt{\frac{2V_r}{m}\left[1 + \frac{m}{(m-1)(k+1)}\right]}}$$

Em todos os casos, o número de graus de liberdade é (k – 1)(mk – k – 1).

A comparação entre duas médias pelo teste de Tukey ou de Duncan pode ser feita pelas fórmulas:

$$\Delta = q\sqrt{\left(\frac{1}{2}\right)\hat{V}(\hat{m}_i - \hat{m}_u)} \qquad D = z\sqrt{\left(\frac{1}{2}\right)\hat{V}(\hat{m}_i - \hat{m}_u)}$$

Tomando uma estimativa média para a variância do contraste entre dois tratamentos, obtemos:

$$\Delta = q\sqrt{\frac{V_r}{m}\left[1 + \frac{m}{(m-1)(k+1)}\right]}$$

O teste de Scheffé pode ser aplicado a qualquer contraste Y, com:

$$S = \sqrt{(k^2 - 1)V(\hat{Y})F}$$

No caso especial de:

$$Y = m_i - m_u = t_i - t_u$$

já sabemos como calcular $\hat{V}(\hat{Y}) = \hat{V}(\hat{m}_i - \hat{m}_u)$. Como fazer, porém, para contrastes mais complicados? Se o contraste for:

$$Y = c_1m_1 + c_2m_2 + \ldots + c_vm_v$$

teremos:

$$\hat{V}(\hat{Y}) = V_r\left[\begin{array}{l}\left(\frac{1}{m} + \frac{1}{(m-1)k}\right)\Sigma c_i^2 + \\ + \frac{2}{m(m-1)k}\Sigma' c_i c_{i'}\end{array}\right]$$

com i ≠ i', onde Σ' se refere apenas aos valores de **i** e de **i'**, tais que os tratamentos correspondentes sejam primeiros associados.

## 11.4. Um exemplo de análise intrablocos

Usaremos como exemplo um reticulado quadrado triplo de 4 × 4. Temos, pois, m = 3, k = 4. Os 16 tratamentos são híbridos de milho, cujas produções em kg por parcela são dadas na Tabela 11.3.1.

**Tabela 11.3.1.** Produções de milho, em kg/parcela, de um reticulado (ou látice) quadrado de 4 × 4, com 3 repetições ortogonais.

| **1ª repetição** | | | | **Totais de blocos** |
|---|---|---|---|---|
| (1) 2,0 | (2) 2,9 | (3) 2,2 | (4) 3,9 | 11,0 |
| (5) 2,3 | (6) 2,5 | (7) 1,4 | (8) 1,7 | 7,9 |
| (9) 1,6 | (10) 3,0 | (11) 1,5 | (12) 2,1 | 8,2 |
| (13) 2,3 | (14) 3,4 | (15) 2,0 | (16) 2,8 | 10,5 |
| | | | | 37,6 |

| **2ª repetição** | | | | **Totais de blocos** |
|---|---|---|---|---|
| (1) 2,2 | (5) 2,3 | (9) 2,7 | (13) 1,4 | 8,6 |
| (2) 3,1 | (6) 2,8 | (10) 2,6 | (14) 2,8 | 11,3 |
| (3) 3,1 | (7) 2,9 | (11) 2,5 | (15) 2,4 | 10,9 |
| (4) 4,0 | (8) 2,8 | (12) 2,7 | (16) 1,5 | 11,0 |
| | | | | 41,8 |

| **3ª repetição** | | | | **Totais de blocos** |
|---|---|---|---|---|
| (1) 3,0 | (6) 2,9 | (11) 2,6 | (16) 3,1 | 11,6 |
| (2) 1,8 | (5) 1,9 | (12) 2,9 | (15) 2,5 | 9,1 |
| (3) 1,7 | (8) 2,0 | (9) 1,4 | (14) 2,3 | 7,4 |
| (4) 4,4 | (7) 3,7 | (10) 3,3 | (13) 2,2 | 13,6 |
| | | | | 41,7 |

Temos agora:

$$\Sigma x = 121{,}1 \qquad \Sigma x^2 = 328{,}81$$

$$C = \frac{(121{,}1)^2}{48} = 305{,}53$$

$$\text{SQTotal} = 328{,}81 - 305{,}53 = 23{,}28$$

$$\text{SQRep.} = \left(\frac{1}{16}\right)[(37{,}6)^2 + (41{,}8)^2 + (41{,}7)^2] - C = 0{,}71$$

SQBlocos dentro das repetições (não ajustados) =

$$= \left(\frac{1}{4}\right)[(11,0)^2 + (7,9)^2 + \ldots + (13,6)^2] -$$

$$- \left(\frac{1}{16}\right)[(37,6)^2 + (41,8)^2 + (41,7)^2]$$

$$= 314,86 - 306,24 = 8,62$$

A soma de quadrados para tratamentos (ajustados) dá mais trabalho. Começamos calculando:

$$T_1 = 2,0 + 2,2 + 3,0 = 7,2$$

$$A_1 = 11,0 + 8,6 + 11,6 = 31,2$$

$$Q_1 = 4 \times 7,2 - 31,2 = -2,4$$

$$T_2 = 2,9 + 3,1 + 1,8 = 7,8$$

$$A_2 = 11,0 + 11,3 + 9,1 = 31,4$$

$$Q_2 = 4 \times 7,8 - 31,4 = -0,2$$

Para os outros casos, o cálculo é semelhante, e os resultados constam da Tabela 11.3.2.

**Tabela 11.3.2.** Referente aos dados da Tabela 11.3.1.

| Nº | $T_i$ | $A_i$ | $Q_i$ | $S_1(Q_i)$ | $S_2(Q_i)$ | $S_3(Q_i)$ | $\hat{t}_i$ | $\hat{m}_i$ |
|---|---|---|---|---|---|---|---|---|
| 1 | 7,2 | 31,2 | –2,4 | 9,7 | –12,5 | –8,2 | –0,31 | 2,21 |
| 2 | 7,8 | 31,4 | –0,2 | 9,7 | 9,1 | –0,2 | 0,18 | 2,70 |
| 3 | 7,0 | 29,3 | –1,3 | 9,7 | –8,9 | 1,8 | –0,08 | 2,44 |
| 4 | 12,3 | 35,6 | 13,6 | 9,7 | 12,3 | 6,6 | 1,43 | 3,95 |
| 5 | 6,5 | 25,6 | 0,4 | 1,7 | –12,5 | –0,2 | –0,08 | 2,44 |
| 6 | 8,2 | 30,8 | 2,0 | 1,7 | 9,1 | –8,2 | 0,19 | 2,71 |
| 7 | 8,0 | 32,4 | –0,4 | 1,7 | –8,9 | 6,6 | –0,04 | 2,48 |
| 8 | 6,5 | 26,3 | –0,3 | 1,7 | 12,3 | 1,8 | 0,14 | 2,66 |
| 9 | 5,7 | 24,2 | –1,4 | –0,7 | –12,5 | 1,8 | –0,24 | 2,28 |
| 10 | 8,9 | 33,1 | 2,5 | –0,7 | 9,1 | 6,6 | 0,36 | 2,88 |
| 11 | 6,6 | 30,7 | –4,3 | –0,7 | –8,9 | –8,2 | –0,54 | 1,98 |
| 12 | 7,7 | 28,3 | 2,5 | –0,7 | 12,3 | –0,2 | 0,33 | 2,85 |
| 13 | 5,9 | 32,7 | –9,1 | –10,7 | –12,5 | 6,6 | –0,93 | 1,59 |
| 14 | 8,5 | 29,2 | 4,8 | –10,7 | 9,1 | 1,8 | 0,40 | 2,92 |
| 15 | 6,9 | 30,5 | –2,9 | –10,7 | –8,9 | –0,2 | –0,45 | 2,07 |
| 16 | 7,4 | 33,1 | –3,5 | –10,7 | –12,3 | –8,2 | –0,36 | 2,16 |
|  | 121,1 | 484,4 | 0,0 | 0,0 | 0,0 | 0,0 | 0,00 | 40,32 |

Depois calculamos $S_{11}(Q)$, $S_{12}(Q)$, ..., $S_{14}(Q)$, $S_{21}(Q)$, ..., $S_{24}(Q)$, $S_{31}(Q)$, ..., $S_{34}(Q)$. Temos:

$$S_{11}(Q) = -2,4 - 0,2 - 1,3 + 13,6 = 9,7$$

$$S_{12}(Q) = 0,4 + 2,0 - 0,4 - 0,3 = 1,7$$

e assim por diante, até obter:

$$S_{34}(Q) = 13,6 - 0,4 + 2,5 - 9,1 = 6,6$$

Note-se que temos:

$$S_{11}(Q) = S_1(Q_1) = S_1(Q_2) = S_1(Q_3) = S_1(Q_4)$$

e assim por diante, de modo que esses valores já ficam calculados.

Temos a seguir:

$$\hat{t}_1 = \frac{1}{12}Q_1 + \frac{1}{96}(9,7 - 12,5 - 8,2) = -0,31$$

$$\hat{t}_2 = \frac{1}{12}Q_2 + \frac{1}{96}(9,7 + 9,1 - 0,2) = 0,18$$

e assim por diante. Além disso:

$$\hat{m} = \frac{121,1}{48} = 2,52$$

Logo:

$$\hat{m}_1 = 2,52 - 0,31 = 2,21$$

$$\hat{m}_2 = 2,52 + 0,18 = 2,70$$

e analogamente para os outros casos.

Quanto à soma de quadrados dos desvios para tratamentos (ajustados), temos:

$$\text{SQT (aj.)} = \left(\frac{1}{k}\right)\Sigma\hat{t}_i Q_i$$

$$= \frac{1}{4}[(-0,31)(-2,4) + (0,18)(-0,2) + \ldots + (-0,36)(-3,5)]$$

$$= 9,48$$

Completemos, agora, o quadro de análise de variância.

| **Causa de variação** | **GL** | **SQ** | **QM** | **F** |
|---|---|---|---|---|
| Repetições | 2 | 0,71 | | |
| Blocos das repetições (não ajustados) | 9 | 8,62 | | |
| Tratamentos (ajustados) | 15 | 9,48 | 0,6320 | 2,97* |
| Resíduo | 21 | 4,47 | 0,2128 | |
| Total | 47 | 23,28 | | |

Temos:

$$F = \frac{0,6320}{0,2128} = 2,97^*$$

valor que é significativo ao nível de 5% de probabilidade.

Para um contraste $Y = m_i - m_u$, entre duas médias de primeiros associados, temos:

$$\hat{V}(\hat{Y}) = \frac{2 \times 0,2128}{3}\left(1 + \frac{1}{4}\right) = 0,1773$$

$$s(\hat{Y}) = \sqrt{0,1773} = 0,421$$

A comparação entre os tratamentos 10 e 13, por exemplo, pelo teste **t**, nos dá:

$$t = \frac{2,88 - 1,59}{0,421} = 3,06^{**}$$

Já para o caso de segundos associados, isto é, de tratamentos que não ocorram no mesmo bloco, temos:

$$\hat{V}(\hat{Y}) = \frac{2 \times 0,2128}{3}\left(1 + \frac{3}{2 \times 4}\right) = 0,1951$$

$$s(\hat{Y}) = \sqrt{0,1951} = 0,442$$

Assim, para a comparação entre os tratamentos 12 e 13, que são segundos associados, teríamos:

$$t = \frac{2,85 - 1,59}{0,442} = 2,85^{**}$$

Pode-se também usar uma estimativa média para todos os casos, que seria:

$$\hat{V}(\hat{Y}) = \frac{2 \times 0,2128}{3}\left(1 + \frac{3}{10}\right) = 0,1844$$

$$s(\hat{Y}) = \sqrt{0,1844} = 0,429$$

A diferença mínima significativa pelo teste de Tukey ao nível de 5% daria:

$$\Delta = 5,47\sqrt{\frac{0,2128}{3}\left(1 + \frac{3}{10}\right)} \doteq 1,66$$

Um contraste como $Y_1 = - m_1 - m_3 + 2m_4$ pode ser testado pelo método de Scheffé. Temos:

$$\hat{V}(\hat{Y}_1) = 0,2128\left[\left(\frac{1}{3} + \frac{1}{8}\right)6 + \frac{2}{24}(-3)\right] = 0,5320$$

porque:

$$\Sigma c_i^2 = (-1)^2 + (-1)^2 + (2)^2 = 6$$

$$\Sigma c_i c_{i'} = c_1 c_3 + c_1 c_4 + c_3 c_4$$

$$= (-1)(-1) + (-1)(2) + (-1)(2) = -3$$

Logo, ao nível de 5% de probabilidade, temos:

$$S = \sqrt{15 \times 0,5320 \times 2,18} = 4,17$$

A estimativa do contraste é:

$$\hat{Y}_1 = -2,21 - 2,44 + 2 \times 3,95 = 3,25$$

e ele não é, portanto, significativo.

## 11.5. Análise com recuperação da informação interblocos

Neste caso, começamos calculando a soma dos quadrados para os tratamentos (não ajustados), que é dada por:

$$\text{SQT (não aj.)} = \frac{1}{m}\Sigma T_i^2 - C$$

e então a soma dos quadrados para os blocos (ajustados) é:

$$\text{SQB (aj.)} = \text{SQB (não aj.)} + \text{SQT (aj.)} - \text{SQT (não aj.)}$$

Podemos, pois, calcular o quadrado médio para blocos (ajustados):

$$V_b = \frac{\text{SQB (aj.)}}{m(k-1)}$$

e podemos estimar:

$$\hat{a} = \frac{(m-1)V_r}{mV_b - V_r}$$

Agora estimamos para cada tratamento:

$$M_i = Q_i + \hat{a}A_i - \hat{a}\frac{G}{k}$$

Podemos estimar também os novos efeitos ajustados para tratamentos:

$$\hat{t}_i' = \frac{1}{mk}M_i + \frac{1}{mk^2}\frac{1-\hat{a}}{m-1+\hat{a}}[S_1(M_i) + \ldots + S_m(M_i)]$$

onde $S_1(M_i)$ é a soma dos valores de $M_i$ referentes a todos os tratamentos que aparecem com o tratamento **i** no mesmo bloco da primeira repetição, e $S_2(M_i)$, …, $S_m(M_i)$ têm significado análogo, referente às outras repetições ortogonais.

Finalmente, podemos calcular as novas médias ajustadas de tratamentos

$$\hat{m}_i' = \hat{m} + \hat{t}_i' = \frac{G}{mk^2} + \hat{t}_i'$$

Na presente análise, não há nenhum teste exato de significância, mas se pode fazer um teste aproximado.

A soma de quadrados para tratamentos com novo ajustamento é dada pela fórmula:

$$\text{SQT (aj.)}^* = \left(\frac{1}{k}\right)\Sigma\hat{t}_i' M_i$$

A seguir calculamos:

$$\text{QMT (aj.)}^* = \frac{\text{SQT (aj.)}^*}{k^2 - 1}$$

e enfim temos, aproximadamente:

$$F = \frac{QMT\ (aj.)^*}{V_r}$$

com $(k^2 - 1)$ e $(k - 1)(mk - k - 1)$ graus de liberdade.

Todo o problema de recuperação da informação intrablocos gira em torno da estimativa $\hat{a}$, que varia entre zero e um. Com $\hat{a} = 0$, nenhuma informação interblocos existiria; com $\hat{a} = 1$, a nova análise se torna idêntica à de blocos casualizados. Em geral, porém, o valor de $\hat{\mathbf{a}}$ está entre esses dois extremos, e a nova análise difere tanto da análise intrablocos como da análise do reticulado, como se fosse em blocos casualizados.

Para dois tratamentos primeiros associados, temos:

$$\hat{V}(\hat{m}_i' - \hat{m}_u') = \frac{2V_r}{m}\left[1 + \frac{V_b - V_r}{kV_b}\right]$$

e para dois segundos associados:

$$\hat{V}(m_i' - m_u') = \frac{2V_r}{m}\left[1 + \frac{m}{(m-1)k}\frac{V_b - V_r}{V_b}\right]$$

Pode-se também usar, em qualquer caso, uma estimativa média:

$$\hat{V}(\hat{m}_i' - \hat{m}_u') = \frac{2V_r}{m}\left[1 + \frac{m}{(m-1)(k+1)}\frac{V_b - V_r}{V_b}\right]$$

Com esses valores, podemos aplicar tanto o teste **t** como os testes de Duncan e de Tukey, por fórmulas análogas às de 11.3.

Para um contraste:

$$Y = c_1m_1' + c_2m_2' + \ldots + c_vm_v'$$

temos:

$$\hat{V}(\hat{Y}) = V_r\left[\begin{array}{l}\left(\dfrac{1}{m} + \dfrac{1}{k(m-1)}\dfrac{V_b - V_r}{V_b}\right)\Sigma c_i^2 + \\ + \dfrac{2}{m(m-1)k}\dfrac{V_b - V_r}{V_b}\Sigma' c_i c_{i'}\end{array}\right]$$

com i ≠ i', onde Σ' se refere aos valores de **i** e de **i'**, tais que os tratamentos correspondentes sejam primeiros associados. Pode-se então aplicar o teste de Scheffé, com:

$$S = \sqrt{(v-1)\hat{V}(\hat{Y})F}$$

## 11.6. Um exemplo de análise com recuperação da informação interblocos

Tomaremos como exemplo o mesmo reticulado triplo de 4 × 4 que vimos anteriormente. Nesse caso, temos:

$$\text{SQT (não aj.)} = \frac{1}{3}[(7,2)^2 + (7,8)^2 + \ldots + (7,4)^2] - C = 12,03$$

$$\text{SQB (aj.)} = 8,62 + 9,48 - 12,03 = 6,07$$

$$V_b = \frac{6,08}{9} = 0,674$$

$$\hat{a} = \frac{2 \times 0,2128}{3 \times 0,674 - 0,2128} = 0,24$$

$$M_i = Q_i + 0,24 \ \ A_i - 0,24 \frac{121,1}{4}$$

Temos, pois:

$$M_1 = -2,4 + 0,24 \times 31,2 - 7,27 = -2,18$$

$$M_2 = -0,2 + 0,24 \times 31,4 - 7,27 = 0,07$$

e assim por diante. Todos os valores de $M_i$ constam da Tabela 11.6.1. Sua soma deve dar zero, salvo erros de aproximação na última decimal. Como:

$$\frac{1-\hat{a}}{m-1+\hat{a}} = \frac{1-0,24}{2+0,24} = 0,34$$

temos:

$$\hat{t}_i' = \frac{1}{12}M_i + \frac{1}{48}0,34[S_1(M_i) + S_2(M_i) + S_3(M_i)]$$

$$= \frac{1}{12}M_i + 0,0071[S_1(M_i) + S_2(M_i) + S_3(M_i)]$$

**Tabela 11.6.1.**

| i | $Q_i$ | $\hat{a}A_i$ | $\hat{a}A_i - \hat{a}\frac{G}{k}$ | $M_i$ | $S_1(M_i)$ | $S_2(M_i)$ | $S_3(M_i)$ | $\hat{t}_i'$ | $\hat{m}_i'$ |
|---|---|---|---|---|---|---|---|---|---|
| 1 | –2,4 | 7,49 | 0,22 | –2,18 | 11,22 | –14,29 | –7,09 | –0,25 | 2,27 |
| 2 | –0,2 | 7,54 | 0,27 | 0,07 | 11,22 | 9,90 | –1,49 | 0,15 | 2,67 |
| 3 | –1,3 | 7,03 | –0,24 | –1,54 | 11,22 | –8,48 | –1,12 | –0,12 | 2,40 |
| 4 | 13,6 | 8,54 | 1,27 | 14,87 | 11,22 | 12,80 | 9,63 | 1,48 | 4,00 |
| 5 | 0,4 | 6,14 | –1,13 | –0,73 | –0,24 | –14,29 | –1,49 | –0,17 | 2,35 |
| 6 | 2,0 | 7,39 | 0,12 | 2,12 | –0,24 | 9,90 | –7,09 | 0,20 | 2,72 |
| 7 | –0,4 | 7,78 | 0,51 | 0,11 | –0,24 | –8,48 | 9,63 | 0,02 | 2,54 |
| 8 | –0,3 | 6,31 | –0,96 | –1,26 | –0,24 | 12,80 | –1,12 | –0,03 | 2,49 |
| 9 | –1,4 | 5,81 | –1,46 | –2,86 | –1,87 | –14,29 | –1,12 | –0,36 | 2,16 |
| 10 | 2,5 | 7,94 | 0,67 | 3,17 | –1,87 | 9,90 | 9,63 | 0,39 | 2,91 |
| 11 | –4,3 | 7,37 | 0,10 | –4,20 | –1,87 | –8,48 | –7,09 | –0,47 | 2,05 |
| 12 | 2,5 | 6,79 | –0,48 | 2,02 | –1,87 | 12,80 | –1,49 | 0,24 | 2,76 |
| 13 | –9,1 | 7,85 | 0,58 | –8,52 | –9,66 | –14,29 | 9,63 | –0,81 | 1,71 |
| 14 | 4,8 | 7,01 | –0,26 | 4,54 | –9,66 | 9,90 | –1,12 | 0,37 | 2,89 |
| 15 | –2,9 | 7,32 | 0,05 | –2,85 | –9,66 | –8,48 | –1,49 | –0,38 | 2,14 |
| 16 | –3,5 | 7,94 | 0,67 | –2,83 | –9,66 | 12,80 | –7,09 | –0,27 | 2,25 |
| | 0,0 | | –0,07 | –0,07 | | | | –0,01 | |

Logo:

$$\hat{t}_1' = \frac{1}{12}(-2,18) + 0,0071(11,22 - 14,29 - 7,09) = -0,25$$

$$\hat{t}_2' = \frac{1}{12}(0,07) + 0,0071(11,22 + 9,90 - 1,49) = 0,15$$

e assim por diante. Finalmente:

$$\hat{m}_1' = 2,52 - 0,25 = 2,27$$

$$\hat{m}_2' = 2,52 + 0,15 = 2,67$$

e assim por diante. Podemos, a seguir, calcular:

$$\text{SQT (aj.)} = \left(\frac{1}{k}\right)\Sigma\hat{t}_i'\,M_i$$

$$= \frac{1}{4}\begin{bmatrix}(-0,25)(-2,18) + (0,15)(0,07) + \ldots + \\ + (-0,27)(-2,83)\end{bmatrix}$$

$$= 9,62$$

Logo:

$$\text{QMT (aj.)*} = \frac{9,62}{15} = 0,6413$$

$$F = \frac{0,6413}{0,2128} = 3,01^*$$

Para um contraste $Y = m'_i - m'_u$ entre duas médias de primeiros associados, como os tratamentos 10 e 13, por exemplo, temos:

$$\hat{V}(\hat{Y}) = \frac{2 \times 0,2128}{3}\left[1 + \frac{1}{4}\frac{0,674 - 0,2128}{0,674}\right]$$

$$= \frac{0,4256}{3}\left[1 + \frac{1}{4}0,68\right]$$

$$= 0,1660$$

Logo:

$$s(\hat{Y}) = \sqrt{0,1660} = 0,407$$

$$t = \frac{2,91 - 1,71}{0,407} = 2,95^{**}$$

Para dois segundos associados (os tratamentos 12 e 13, por exemplo), obtemos:

$$\hat{V}(\hat{Y}) = \frac{2 \times 0,2128}{3}\left[1 + \frac{3}{8}0,68\right] = 0,1780$$

Pode-se, porém, usar em todos os casos uma só estimativa média:

$$\hat{V}(\hat{Y}) = \frac{2 \times 0,2128}{3}\left[1 + \frac{3}{10}0,68\right] = 0,1708$$

O teste de Tukey pode ser aplicado por meio da fórmula:

$$\Delta = q\sqrt{\frac{1}{2}\hat{V}(m_i' - \hat{m}_u')}$$

Para primeiros associados obtemos, portanto:

$$\Delta = 5,47\sqrt{\frac{1}{2}0,1660} = 1,58$$

ao passo que, para segundos associados, fica:

$$\Delta = 5,47\sqrt{\frac{1}{2}0,1780} = 1,63$$

Pode-se, porém, usar uma estimativa média para qualquer caso:

$$\Delta = 5,47\sqrt{\frac{1}{2}0,1708} = 1,60$$

Para o contraste entre os tratamentos 10 e 13, temos:

$$\hat{Y} = 2,91 - 1,71 = 1,20$$

logo, ele não é significativo pelo teste de Tukey.

Para um contraste mais complicado, como:

$$Y = -m_1 - m_3 + 2m_4$$

temos:

$$\hat{V}(\hat{Y}) = 0,2128\left[\left(\frac{1}{3} + \frac{1}{8}0,68\right)6 + \frac{2}{24}0,68(1 - 2 - 2)\right] = 0,4980$$

Logo:

$$S = \sqrt{15 \times 0,4980 \times 2,18} = 4,04$$

Como a estimativa do contraste é:

$$\hat{Y} = -2,27 - 2,40 + 2 \times 4,00 = 3,33$$

valor que não alcança S = 4,04, o contraste não é significativo pelo teste de Scheffé.

## 11.7. A repetição de um delineamento reticulado

Como já vimos em 11.1, torna-se necessário, às vezes, repetir todo um delineamento reticulado. Se este tiver **m** repetições ortogonais e for usado **n** vezes no mesmo experimento, teremos ao todo **mn** repetições.

A análise se faz quase exatamente pelos métodos já indicados.

Temos, para os primeiros associados:

$$\hat{t}_i = \frac{1}{mnk} Q_i + \frac{1}{m(m-1)nk^2} [(S_1(Q_i) + \ldots + S_m(Q_i)]$$

$$\hat{m}_i = \frac{G}{mnk^2} + \hat{t}_i \qquad \text{SQT (aj.)} = \frac{1}{mn} \Sigma t_i Q_i$$

$$\hat{V}(\hat{m}_i - \hat{m}_u) = \frac{2V_r}{mn}\left(1 + \frac{1}{k}\right)$$

e para os segundos associados:

$$\hat{V}(\hat{m}_i - \hat{m}_u) = \frac{2V_r}{mn}\left[1 + \frac{m}{(m-1)k}\right]$$

e analogamente nos outros casos, inclusive no de recuperação da informação interblocos.

A análise de variância é inteiramente análoga, mas os números de graus de liberdade são diferentes. Podem ser obtidos mediante substituição, nas tabelas anteriores, de **m** por **mn**.

Devemos salientar que, no caso do método ora apresentado, o valor de SQB (aj.) é obtido do modo já indicado, quando se repete todo o delineamento reticulado, e não por meio de cálculo dos componentes (a) e (b), como fazem Cochran e Cox (1957).

## 11.8. O reticulado quadrado com um tratamento comum em todos os blocos

Por iniciativa do engenheiro agrônomo Glauco Pinto Viégas, o Instituto Agronômico de Campinas introduziu a prática de utilizar, nos experimentos de competição de variedades e híbridos de milho, reticulados quadrados com $k^2$ tratamentos em blocos de $(k + 1)$ parcelas, recebendo a parcela adicional de cada bloco uma variedade (ou híbrido) padrão, a mesma para todos os blocos, não incluída entre os $k^2$ tratamentos originais. Fica claro, pois, que esses experimentos em reticulado quadrado incluem ao todo $k^2 + 1$ cultivares, em blocos de $(k + 1)$ parcelas. Por exemplo, num reticulado de $3^2$, com duas repetições ortogonais, haveria 10 cultivares: 1, 2, ..., 9, A, sendo A o cultivar padrão, tomado como testemunha. Os blocos desse ensaio seriam:

| | | | | |
|---|---|---|---|---|
| Bloco 1: | 1 | 2 | 3 | A |
| Bloco 2: | 4 | 5 | 6 | A |
| Bloco 3: | 7 | 8 | 9 | A |
| Bloco 4: | 1 | 4 | 7 | A |
| Bloco 5: | 2 | 5 | 8 | A |
| Bloco 6: | 3 | 6 | 9 | A |

Esse delineamento, além de proporcionar maior precisão na comparação entre os $k^2$ cultivares originais, tem a vantagem de incluir uma testemunha, de comportamento já bem conhecido e com mais repetições (**mk**, em lugar de **m**).

A análise desse tipo de ensaio foi publicada por Pimentel-Gomes e Viégas (1978). Ele foi generalizado por Oliveira e Barbin (1988) e por Oliveira (1990).

## 11.9. Bibliografia

BOSE, R. C. **Least squares aspects of analysis of variance** (mimeo).

COCHRAN, WILLIAM G.; COX, GERTRUDE M. **Experimental designs**. 2ª ed. Nova York: John Wiley, 1957.

KEMPTHORNE, OSCAR. **The design and analysis of experiments**. Nova York: John Wiley, 1950.

KRAMER, CLYDE YOUNG. Extension of multiple range tests to group correlate adjusted means. **Biometrics 13**: 13-8, 1957.

OLIVEIRA, A. C. Experimentos em reticulado quadrado com alguns tratamentos comuns adicionados em cada bloco: análise com recuperação da informação interblocos. **Pesq. Agropec. Bras. 25**: 289-98, 1990.

OLIVEIRA, A. C.; BARBIN, D. Experimentos em reticulado quadrado com alguns tratamentos comuns adicionados em cada bloco: análise intrablocos. **Pesq. Agropec. Bras. 23**: 717-23, 1988.

PIMENTEL-GOMES, F. Método geral de análise para delineamento em reticulados quadrados. **Seminários de Estatística** (10): 33-54, 1954.

PIMENTEL-GOMES, F.; GARCIA, C. H. **Experimentos em látice: planejamento e análise por meio de pacotes estatísticos**. Piracicaba: Ipef, 1991.

PIMENTEL-GOMES, F.; VIÉGAS, G. P. Experiments in square lattices with a common treatments in all blocks. **Rev. Agricultura, 53**: 34-43, 1978.

# 12

# O USO DA REGRESSÃO NA ANÁLISE DA VARIÂNCIA

## 12.1. Regressão linear

A análise da variância tal como é feita usualmente pressupõe a independência dos diversos tratamentos utilizados. Quando esta hipótese não se verifica, a análise da variância deve refletir a dependência entre os tratamentos, sob pena de não ser válida. Assim acontece no caso em que os tratamentos são quantitativos (doses crescentes de um fertilizante ou de um inseticida, ou datas de semeadura, por exemplo) com mais de dois níveis, e se justifica a existência de uma correspondência funcional (chamada equação de regressão) que ligue os valores dos tratamentos (X) aos dados analisados (Y).

Consideremos, por exemplo, os seguintes dados (fictícios), supondo-se 5 tratamentos e 4 repetições, num experimento inteiramente casualizado. Os valores de X são as doses de adubo usadas, e os de T, os totais de produção de cada tratamento nas 4 repetições.

| X | 0 | 1 | 2 | 3 | 4 |
|---|---|---|---|---|---|
| T | 2,0 | 2,0 | 3,0 | 4,0 | 5,0 |

Uma análise da variância segundo o esquema corrente, sem considerar a regressão, daria, para $\Sigma Y^2 = 16{,}60$, o seguinte:

| **Causa de variação** | **GL** | **SQ** | **QM** | **F** |
|---|---|---|---|---|
| Tratamentos | 4 | 1,70 | 0,425 | 3,04 |
| Resíduo | 15 | 2,10 | 0,140 | |
| Total | 19 | 3,80 | | |

O valor de F obtido não é significativo. O fato de não levarmos em conta a regressão nos levaria a esse resultado, em desacordo com a realidade, e equipararia os dados considerados, em que é evidente a influência da adubação, aos seguintes, por exemplo, em que tal influência não aparece.

| X | 0 | 1 | 2 | 3 | 4 |
|---|---|---|---|---|---|
| T | 3,0 | 5,0 | 2,0 | 4,0 | 2,0 |

Vejamos como se pode fazer uma análise correta, que leve em conta a regressão. Admitamos de início que se trata de uma regressão linear: Y = a + bX. Então, as estimativas dos parâmetros **b** e **a** são obtidas pelas fórmulas:

$$\hat{b} = \frac{\Sigma XY - \dfrac{(\Sigma X)(\Sigma Y)}{N}}{\Sigma X^2 - \dfrac{(\Sigma X)^2}{N}} \qquad \hat{a} = \overline{Y} - \hat{b}\overline{X}$$

onde $\overline{Y}$ e $\overline{X}$ são as médias de X e de Y, respectivamente. No caso, temos:

$$\Sigma XY = 40{,}0 \quad \Sigma X = (4)(10) = 40 \quad \Sigma Y = 16{,}0 \quad \Sigma X^2 = 120$$

Logo:

$$\hat{b} = \frac{40 - \dfrac{(40)(16)}{20}}{120 - \dfrac{(40)^2}{20}} = \frac{8}{40} = 0{,}20$$

$$\overline{X} = \frac{40}{20} = 2 \quad \overline{Y} = \frac{16}{20} = 0{,}8 \quad \hat{a} = 0{,}8 - (0{,}20)2 = 0{,}4$$

e a equação de regressão é: $Y = 0{,}4 + 0{,}20X$.

A soma de quadrados para a regressão linear será:

$$SQ\hat{b} = \frac{\left[\Sigma XY - \dfrac{(\Sigma X)(\Sigma Y)}{N}\right]^2}{\Sigma X^2 - \dfrac{(\Sigma X)^2}{N}} = \frac{(8)^2}{40} = 1{,}60$$

Finalmente, a soma de quadrados para os desvios da regressão pode ser obtida por subtração:

$$SQD = 1{,}70 - 1{,}60 = 0{,}10$$

Temos, pois, a seguinte análise da variância.

| Causa de variação | GL | SQ | QM | F |
|---|---|---|---|---|
| Regressão linear | 1 | 1,60 | 1,600 | 11,42** |
| Desvios da regressão | 3 | 0,10 | 0,033 | 0,236 |
| (Tratamentos) | (4) | (1,70) | | |
| Resíduo | 15 | 2,10 | 0,140 | |
| Total | 19 | 3,80 | | |

Agora, verifica-se que é significativa a regressão linear, ao mesmo tempo que os desvios da regressão não são significativos.

Com a equação de regressão, podemos calcular os valores esperados para os tratamentos, que indicaremos por $\hat{Y}_i$. Por exemplo, para X = 0 temos:

$$\hat{Y}_o = 0{,}4 + (0{,}20)0 = 0{,}4$$

Com esses valores esperados e as médias observadas de tratamentos ($\overline{Y}_i$), podemos calcular os desvios, que constam da Tabela 12.1.1. A soma algébrica desses desvios deve ser nula.

## 12.2. Os polinômios ortogonais

O método descrito é aceitável para o caso de regressão linear, mas não convém para casos mais complicados, quando é preferível o método dos polinômios ortogonais, cuja utilização é explicada a seguir.

**Tabela 12.1.1.** Cálculo dos desvios da regressão.

| X | $\overline{Y}_i$ | $\hat{Y}_i$ | Desvio = $\overline{Y}_i - \hat{Y}_i$ |
|---|---|---|---|
| 0 | 0,50 | 0,40 | 0,10 |
| 1 | 0,50 | 0,60 | –0,10 |
| 2 | 0,75 | 0,80 | –0,05 |
| 3 | 1,00 | 1,00 | 0,00 |
| 4 | 1,25 | 1,20 | 0,05 |
| | 4,00 | 4,00 | 0,00 |

Os dados da Tabela 12.2.1, que se referem a um experimento de adubação de milho feito pelos engenheiros agrônomos Glauco Pinto Viegas e Erik Smith, em blocos ao acaso, permitem exemplificar a aplicação da teoria. Os tratamentos constaram de adubação com 0, 25, 50, 75 e 100 kg/ha de $P_2O_5$.

**Tabela 12.2.1.** Produção de milho, em kg/parcela, de um experimento de adubação de milho.

| 0 | 25 | 50 | 75 | 100 | Totais de blocos |
|---|---|---|---|---|---|
| 3,38 | 7,15 | 10,07 | 9,55 | 9,14 | 39,29 |
| 5,77 | 9,78 | 9,73 | 8,95 | 10,17 | 44,40 |
| 4,90 | 9,99 | 7,92 | 10,24 | 9,75 | 42,80 |
| 4,54 | 10,10 | 9,48 | 8,66 | 9,50 | 42,28 |
| 18,59 | 37,02 | 37,20 | 37,40 | 38,56 | 168,77 |

A análise da variância, nos moldes usuais, seria a seguinte.

| Causa de variação | GL | SQ | QM | F |
|---|---|---|---|---|
| Blocos | 3 | 2,73 | | |
| Tratamentos | 4 | 72,22 | 18,055 | 19,84** |
| Resíduo | 12 | 10,92 | 0,910 | |
| Total | 19 | 85,87 | | |

Podemos, porém, isolar cada um dos quatro graus de liberdade para tratamentos, a fim de avaliar separadamente os efeitos de 1º grau ou linear, de 2º grau ou quadrático, de 3º grau ou cúbico, e de 4º grau. Isto se torna fácil quando as quantidades que determinam os tratamentos são igualmente espaçadas, o que acontece no caso presente, em que as doses de $P_2O_5$ são 0, 25, 50, 75 e 100 kg/ha. Em casos assim, podemos utilizar tabelas para os cálculos. Neste caso, temos 5 níveis de adubação, e os coeficientes a serem usados para o componente de 1º grau são: –2, –1, 0, +1, +2, como se vê pela Tabela 12.6. Escreveremos esses números ao lado dos totais dos tratamentos respectivos:

| Totais de tratamentos (T) | Coeficientes ($C_1$) |
|---|---|
| 18,59 | –2 |
| 37,02 | –1 |
| 37,20 | 0 |
| 37,40 | 1 |
| 38,56 | 2 |

Agora, multiplicamos cada total de tratamento pelo coeficiente respectivo e somamos os produtos. Obtemos:

$$\Sigma C_1 T = -2 \times 18,59 - 1 \times 37,02 + 0 \times 37,20 + 1 \times 37,40 +$$
$$+ \ 2 \times 28,56 = 40,32$$

A soma dos quadrados para o componente linear será dada pela fórmula:

$$SQL = \frac{(\Sigma C_1 T)^2}{rK_1}$$

onde **r** é o número de repetições, e $K_1$ é a soma dos quadrados dos coeficientes, cujo valor, aliás, aparece na Tabela 12.5.1 (ver p. 243), na penúltima linha de cada quadrinho.

Temos neste caso $K_1 = 10$, $r = 4$, logo:

$$SQL = \frac{(40,32)^2}{4 \times 10} = 40,64$$

Para o componente quadrático ou de 2º grau, temos:

| Totais de tratamentos (T) | Coeficientes ($C_2$) |
|---|---|
| 18,59 | 2 |
| 37,02 | –1 |
| 37,20 | –2 |
| 37,40 | –1 |
| 38,56 | 2 |

$$\Sigma C_2 T = -34,52$$

$$SQQ = \frac{(\Sigma C_2 T)^2}{rK_2} = \frac{(-34,52)^2}{4 \times 14} = 21,28$$

Analogamente, obtemos as somas dos quadrados para o componente cúbico (SQC) e para o de 4º grau (SQ4º):

$$\Sigma C_3 T = -1 \times 18,59 + 2 \times 37,02 + 0 \times 37,20 - 2 \times 37,40 +$$
$$+ 1 \times 38,56 = 19,21$$

$$SQC = \frac{(\Sigma C_3 T)^2}{rK_3} = \frac{(19,21)^2}{4 \times 10} = 9,23$$

$$\Sigma C_4 T = 1 \times 18,59 - 4 \times 37,02 + 6 \times 37,20 - 4 \times 37,40 + \\ + 1 \times 38,56 = -17,33$$

$$SQ4^o = \frac{(\Sigma C_4 T)^2}{rK_4} = \frac{(-17,33)^2}{4 \times 70} = 1,07$$

A análise da variância é, portanto, a seguinte.

| **Causa de variação** | **GL** | **SQ** | **QM** | **F** |
|---|---|---|---|---|
| Regressão linear | 1 | 40,64 | 40,64 | 44,66** |
| Regressão quadrática | 1 | 21,28 | 21,28 | 23,38** |
| Regressão cúbica | 1 | 9,23 | 9,23 | 10,14* |
| Regressão de 4º grau | 1 | 1,07 | 1,07 | 1,18 |
| (Tratamentos) | (4) | (72,22) | | |
| Blocos | 3 | 2,73 | | |
| Resíduo | 12 | 10,92 | 0,910 | |
| Total | 19 | 85,87 | | |

Concluímos que só são significativos os componentes de 1º, de 2º e de 3º graus. Qual será, porém, a equação de regressão?

Para obtê-la, calculamos os coeficientes correspondentes a todos os componentes, do linear até o último significativo, mesmo que nesse intervalo haja algum componente não significativo.

No caso, temos:

$$B_1 = \frac{\Sigma C_1 T}{rK_1} = \frac{40,32}{4 \times 10} = 1,008$$

$$B_2 = \frac{\Sigma C_2 T}{rK_2} = \frac{-34,52}{4 \times 10} = -0,616$$

$$B_3 = \frac{\Sigma C_3 T}{rK_3} = \frac{19,21}{4 \times 10} = 0,480$$

A seguir calculamos a média ($\overline{Y}$) dos valores de Y e a média $\overline{X}$ dos valores de X:

$$\overline{Y} = \frac{168,7}{20} = 8,44 \qquad \overline{X} = \frac{250}{5} = 50$$

A equação de regressão é então:

$$Y - \overline{Y} = B_1 M_1 P_1 + B_2 M_2 P_2 + B_3 M_3 P_3$$

onde $P_1$, $P_2$, $P_3$ indicam os polinômios dados na Tabela 12.5.1 (ver p. 243), e $M_1$, $M_2$, $M_3$ são números que também constam das tabelas. Temos:

$$Y - 8,44 = 1,008 \times 1 \times P_1 - 0,616 \times 1 \times P_2 + 0,480\left(\frac{5}{6}\right)P_3$$

Mas:

$$P_1 = x \qquad P_2 = x^2 - \frac{n^2 - 1}{12} = x^2 - 2$$

$$P_3 = x^3 - \frac{3n^2 - 7}{20}x = x^3 - \frac{17}{5}x$$

pois o número de níveis de adubação é n = 5. Fica, portanto:

$$Y = 8,44 + 1,008x - 0,616(x^2 - 2) + 0,400\left(x^3 - \frac{17}{5}x\right)$$

$$= 9,672 - 0,352x - 0,616x^2 + 0,400x^3$$

A variável auxiliar **x** é dada pela equação:

$$x = \frac{X - \bar{X}}{q}$$

onde q é a diferença entre dois níveis sucessivos de X. No nosso caso, q = 25, logo:

$$x = \frac{X - 50}{25} = \frac{X}{25} - 2$$

e fica:

$$Y = 9,672 - 0,352\left(\frac{X}{25} - 2\right) - 0,616\left(\frac{X}{25} - 2\right)^2 + 0,400\left(\frac{X}{25} - 2\right)^3$$

Essa equação nos dá, por simplificação:

$$Y = 4,712 + 0,276X - 0,00483X^2 + 0,0000256X^3$$

Embora a regressão polinomial nos preste bons serviços em numerosos casos, em experimentos de adubação ela não é muito apropriada e deve, sempre que possível, ser preterida em favor da lei de Mitscherlich, biologicamente mais adequada e de interpretação mais objetiva. Aliás, os polinômios são funções pouco apropriadas à representação de fenômenos biológicos. O que os recomenda é principalmente a facilidade de seu uso, pois são as funções mais simples.

No caso presente, embora seja significativo o componente de 3º grau, seria preferível considerar um polinômio de 2º grau, de propriedades matemáticas mais de acordo com o fenômeno biológico estudado.

## 12.3. A regressão polinomial aplicada a dados sem repetição

Em muitos casos de interesse científico, não há possibilidade de repetições para os dados a serem coletados. Tal ocorre, por exemplo, no que se refere a dados meteorológicos de determinada localidade. Por outro lado, mesmo quando possível o uso de repetições, às vezes não foram feitas, de modo que desejamos analisar os dados sem a possibilidade de uma estimação exata do erro experimental. Isto pode ser feito, com justificação aceitável, utilizando como resíduo o quadrado médio dos desvios da regressão.

Tomemos como exemplo dados de temperaturas máximas médias de julho em Piracicaba, SP, em graus centígrados, de quinze anos de observações, reproduzidos na Tabela 12.3.1. Nela incluímos os coeficientes correspondentes aos componentes linear e quadrático, que são os mais importantes.

**Tabela 12.3.1.** Temperaturas máximas médias em Piracicaba (Salati, 1957).

| Anos (X) | Temperaturas (Y) | Coeficientes $C_1$ | Coeficientes $C_2$ |
|---|---|---|---|
| 1941 | 24,5 | –7 | +91 |
| 1942 | 22,0 | –6 | +52 |
| 1943 | 25,8 | –5 | +19 |
| 1944 | 24,4 | –4 | –8 |
| 1945 | 24,6 | –3 | –29 |
| 1946 | 24,0 | –2 | –44 |
| 1947 | 23,0 | –1 | –53 |
| 1948 | 26,1 | 0 | –56 |
| 1949 | 25,7 | +1 | –53 |
| 1950 | 25,5 | +2 | –44 |
| 1951 | 24,5 | +3 | –29 |
| 1952 | 25,5 | +4 | –8 |
| 1953 | 25,0 | +5 | +19 |
| 1954 | 27,3 | +6 | +52 |
| 1955 | 25,7 | +7 | +91 |

Temos agora:

$$\Sigma Y^2 = 9.328,64 \qquad \Sigma Y = 373,6 \qquad C = 9.305,13$$

$$SQTotal = 9.328,64 - 9.305,13 = 23,51$$

$$SQL = \frac{(\Sigma C_1 Y)^2}{K_1} = \frac{(46,0)^2}{280} = 7,557$$

$$SQQ = \frac{(\Sigma C_2 Y)^2}{K_2} = \frac{(53,2)^2}{37.128} = 0,076$$

Podemos, então, fazer a seguinte análise da variância:

| **Causa de variação** | **GL** | **SQ** | **QM** | **F** |
|---|---|---|---|---|
| Regressão linear | 1 | 7,557 | 7,557 | 5,71* |
| Regressão quadrática | 1 | 0,076 | 0,076 | 0,057 |
| Desvios da regressão (resíduo) | 12 | 15,877 | 1,323 | |
| Total | 14 | 23,510 | | |

Só há, pois, indício de regressão linear. O coeficiente respectivo é:

$$B_1 = \frac{\Sigma C_1 Y}{K_1} = \frac{46,0}{280} = 0,164$$

A equação de regressão é:

$$Y = \bar{Y} + B_1 x$$

$$= 24,907 + 0,164x$$

Se considerarmos os anos numerados de 1 a 15, teremos $\bar{X} = 8$, logo:

$$x = \frac{X - 8}{1}$$

e fica $Y = 23,595 + 0,164X$. Esta equação nos mostra que a temperatura média máxima, no período em estudo, aumentou de forma aproximadamente linear, à razão de 0,164 grau por ano.

## 12.4. Os coeficientes de correlação e de determinação

Quando temos duas variáveis X e Y, das quais X é fixado com grande exatidão, a teoria da regressão, já exposta, é aplicada sem restrições e deve ser preferida. No entanto, em numerosos casos, X e Y estão sujeitos a erros experimentais ponderáveis. Nestas condições, é mais indicado o uso do coeficiente de correlação linear (ρ) como medida da dependência entre as variáveis. O coeficiente de correlação ρ tem sua estimativa indicada por $\hat{\rho}$ ou por **r**, calculada pela fórmula:

$$r = \frac{\Sigma XY - \frac{(\Sigma X)(\Sigma Y)}{N}}{\sqrt{\left[\Sigma X^2 - \frac{(\Sigma X)^2}{N}\right]\left[\Sigma Y^2 - \frac{(\Sigma Y)^2}{N}\right]}}$$

A raiz quadrada do denominador se toma sempre com sinal positivo, de maneira que o sinal de **r** dependerá apenas do numerador, que pode ser positivo ou negativo. O valor de **r** está sempre no intervalo fechado [–1, +1].

Tomaremos como exemplo os dados da Tabela 12.4.1, onde X é o teor de K trocável do solo, em miliequivalentes de terra fina seca na estufa, e Y é o aumento de produção de cana, em t/ha, devido à aplicação de 150 kg/ha de $K_2O$, sob a forma de cloreto de potássio.

**Tabela 12.4.1.** Teor de K do solo e aumento de produção de cana, em t/ha.

| Teor de K (X) | Aumento de produção (Y) |
|---|---|
| 0,109 | 31,8 |
| 0,138 | 24,5 |
| 0,206 | 11,8 |
| 0,153 | 18,8 |
| 0,156 | 17,3 |
| 0,240 | 11,0 |
| 0,270 | 12,2 |
| 0,126 | 20,6 |
| 0,608 | 10,8 |
| 0,199 | 5,3 |
| 0,112 | 29,3 |
| 0,138 | 8,0 |
| 0,103 | 35,8 |
| 0,127 | 19,6 |
| 0,063 | 21,4 |
| 2,748 | 278,2 |

Temos agora:

$$\Sigma XY = 42{,}9143 \qquad \Sigma X = 2{,}748 \qquad \Sigma Y = 278{,}2$$

$$\Sigma X^2 = 0{,}739042 \qquad \Sigma Y^2 = 6.288{,}64$$

$$\Sigma XY = -\frac{(\Sigma X)(\Sigma Y)}{N} = 42,9143 - \frac{(2,748)(278,2)}{15} = -8,0519$$

$$\Sigma X^2 - \frac{(\Sigma X)^2}{N} = 0,235608$$

$$\Sigma Y^2 - \frac{(\Sigma Y)^2}{N} = 1.128,96$$

Segue-se que:

$$r = \frac{-8,0519}{\sqrt{(0,235608)(1.128,96)}} = -0,494$$

Um problema a resolver é o de provar o valor de **r** obtido, a fim de verificar se difere de zero, valor que deveria assumir, teoricamente, na ausência de correlação, isto é, se o teor do potássio do solo não tivesse influência sobre o efeito da adubação potássica. Há vários métodos para isso. Um deles consiste em calcular:

$$t = \frac{r}{\sqrt{1 - r^2}}\sqrt{N - 2}$$

que corresponde ao teste **t** com N – 2 graus de liberdade. No caso, temos:

$$t = \frac{-0,494}{\sqrt{1 - (0,494)^2}}\sqrt{13} = -2,05$$

com 13 graus de liberdade, valor que muito se aproxima do limite de significância ao nível de 5% de probabilidade (2,16).

Alternativamente, podemos fazer a transformação conhecida por z(r):

$$z(r) = \left(\frac{1}{2}\right)L\frac{1+r}{1-r} = 1,1513\ \log\frac{1+r}{1-r}$$

onde L indica o logaritmo natural ou neperiano, e **log** indica o logaritmo decimal. O valor z(r) obtido tem distribuição aproximadamente normal, com média zero e erro padrão igual a $1/\sqrt{N-3}$. No caso, temos:

$$z(r) = 1,1513\ \log\frac{1 - 0,494}{1 + 0,494} = -0,5413$$

Logo, obtemos, como teste de significância de **r**:

$$t = \frac{-0,5413 - 0}{1/\sqrt{12}} = -1,88$$

com infinitos graus de liberdade. Ora, o limite de **t** ao nível de 5% de probabilidade é, nessas condições, 1,96, valor que é quase atingido pelo **t** calculado (em valor absoluto).

A principal vantagem de transformação de z(r) é que permite comparar dois coeficientes de correlação quaisquer. Suponhamos, por exemplo, que queremos comparar o coeficiente de correlação achado anteriormente (r = –0,494, N = 15) com outro coeficiente r = –0,902, calculado com N = 20 pares de dados. Temos:

$$z(r_1) = -\,0,5413$$

$$z(r_2) = -\,1,4829$$

A variância da diferença entre esses valores é:

$$\frac{1}{N_1 - 3} + \frac{1}{N_2 - 3} = \frac{1}{12} + \frac{1}{17} = 0,1422$$

Logo, temos:

$$t = \frac{-0,5413 + 1,4829}{\sqrt{0,1422}} = 2,50^*$$

com infinitos graus de liberdade. O valor de **t** obtido excede o limite de 5% de probabilidade (1,96).

No caso presente, outro método que se pode adotar é o seguinte:

Primeiramente, calculamos a soma de quadrados total para os valores de Y:

$$\text{SQTotal} = \Sigma Y^2 - \frac{(\Sigma Y)^2}{N} = 1.128,96$$

A seguir calculamos a soma de quadrados para a regressão linear (SQL), como foi visto em 12.1:

$$\text{SQL} = \frac{(-8,0519)^2}{0,235608} = 275,17$$

E assim chegamos à seguinte análise de variância.

| **Causa de variação** | **GL** | **SQ** | **QM** | **F** |
|---|---|---|---|---|
| Regressão linear | 1 | 275,17 | 275,17 | 4,19 |
| Desvio da regressão | 13 | 853,79 | 65,68 | |
| Total | 14 | 1.128,96 | | |

O valor de F obtido não atinge o limite correspondente ao nível de 5% de probabilidade (4,67).

Os dados dessa última análise de variância permitem calcular o coeficiente de correlação por outro método. Com efeito, temos, no caso de dados sem repetição:

$$r^2 = \frac{SQL}{SQTotal} = \frac{275,17}{1.128,96} = 0,2437$$

Logo, $r = \sqrt{0,2437} = 0,494$. O sinal correto, porém, é negativo, pois deve coincidir com o sinal da expressão:

$$\Sigma XY = \frac{(\Sigma X)(\Sigma Y)}{N} = -8,0519$$

O quadrado do coeficiente de correlação ($r^2$) recebe o nome de coeficiente de determinação.

No caso de se usar regressão de grau superior ao primeiro, temos o coeficiente de correlação múltiplo, geralmente indicado por R, ao qual corresponde também um coeficiente de determinação $R^2$, que se calcula assim:

$$R^2 = \frac{SQRegressão}{SQTotal}$$

quando não há repetições. Desse modo, se considerarmos, no exemplo da seção 12.3, os componentes linear e quadrático da regressão, teremos:

$$SQRegressão = 7,560 + 0,076 = 7,636$$

$$R^2 = \frac{7,636}{25,510} = 0,3248 \qquad R = \sqrt{0,3248} = 0,570$$

No caso de haver repetição, é preferível tomar:

$$r^2 = \frac{SQL}{SQTratamentos} \qquad R^2 = \frac{SQRegressão}{SQTratamentos}$$

Assim, no exemplo exposto em 12.2, teríamos, se considerada a regressão até o 3º grau:

$$SQRegressão = 40,64 + 21,28 + 9,23 = 71,15$$

$$R^2 = \frac{71,15}{72,22} = 0,9852$$

É bastante comum exprimir $r^2$ ou $R^2$ em porcentagem. No último caso, por exemplo, teríamos $R^2 = 98,52\%$.

É interessante salientar também que, num sentido mais geral, alguns definem também o coeficiente de determinação do modelo usado na análise da variância como sendo:

$$R^2 = \frac{SQTotal - SQResíduo}{SQTotal}$$

Por outro lado, muitos cientistas (especialmente os economistas) usam o coeficiente de determinação ajustado ($R_a^2$), dado pela fórmula:

$$R_a^2 = 1 - \frac{n-1}{n-p-1}(1 - R^2)$$

onde **n** é o número de tratamentos, e **p** é o número de coeficientes de variáveis na equação de regressão. No caso da seção 12.2, se considerada a regressão até o 3º grau, teríamos:

$$R_a^2 = 1 - \frac{5-1}{5-3-1}(1 - 0,9852) = 0,9408$$

Um defeito do coeficiente de determinação ajustado é que pode ser negativo, o que acontece quando temos $R^2 < p/(n-1)$.

## 12.5. Coeficientes para interpolação de polinômios ortogonais

**Tabela 12.5.1.**

| | n = 3 níveis | | n = 4 níveis | | | n = 5 níveis | | | |
|---|---|---|---|---|---|---|---|---|---|
| | **1º grau** | **2º grau** | **1º grau** | **2º grau** | **3º grau** | **1º grau** | **2º grau** | **3º grau** | **4º grau** |
| | –1 | +1 | –3 | +1 | –1 | –2 | +2 | –1 | +1 |
| | 0 | –2 | –1 | –1 | +3 | –1 | –1 | +2 | –4 |
| | +1 | +1 | +1 | –1 | –3 | 0 | –2 | 0 | +6 |
| | | | +3 | +1 | +1 | +1 | –1 | –2 | –4 |
| | | | | | | +2 | +2 | +1 | +1 |
| K | 2 | 6 | 20 | 4 | 20 | 10 | 14 | 10 | 70 |
| M | 1 | 3 | 2 | 1 | 10/3 | 1 | 1 | 5/6 | 35/12 |

| | n = 6 níveis | | | | | n = 7 níveis | | | | |
|---|---|---|---|---|---|---|---|---|---|---|
| | **1º grau** | **2º grau** | **3º grau** | **4º grau** | **5º grau** | **1º grau** | **2º grau** | **3º grau** | **4º grau** | **5º grau** |
| | –5 | +5 | –5 | +1 | –1 | –3 | +5 | –1 | +3 | –1 |
| | –3 | –1 | +7 | –3 | +5 | –2 | 0 | +1 | –7 | +4 |
| | –1 | –4 | +4 | +2 | –10 | –1 | –3 | +1 | +1 | –5 |
| | +1 | –4 | –4 | +2 | +10 | 0 | –4 | 0 | +6 | 0 |
| | +3 | –1 | –7 | –3 | –5 | +1 | –3 | –1 | +1 | +5 |
| | +5 | +5 | +5 | +1 | +1 | +2 | 0 | –1 | –7 | –4 |
| | | | | | | +3 | +5 | +1 | +3 | +1 |
| K | 70 | 84 | 180 | 28 | 252 | 28 | 84 | 6 | 154 | 84 |
| M | 2 | 3/2 | 5/3 | 7/12 | 21/10 | 1 | 1 | 1/6 | 7/12 | 7/20 |

| | n = 8 níveis | | | | | n = 9 níveis | | | | |
|---|---|---|---|---|---|---|---|---|---|---|
| | **1º grau** | **2º grau** | **3º grau** | **4º grau** | **5º grau** | **1º grau** | **2º grau** | **3º grau** | **4º grau** | **5º grau** |
| | –7 | +7 | –7 | +7 | –7 | –4 | +28 | –14 | +14 | –4 |
| | –5 | +1 | +5 | –13 | +23 | –3 | +7 | +7 | –21 | +11 |
| | –3 | –3 | +7 | –3 | –17 | –2 | –8 | +13 | –11 | –4 |
| | –1 | –5 | +3 | +9 | –15 | –1 | –17 | +9 | +9 | –9 |
| | +1 | –5 | –3 | +9 | +15 | 0 | –20 | 0 | +18 | 0 |
| | +3 | –3 | –7 | –3 | +17 | +1 | –17 | –9 | +9 | +9 |
| | +5 | +1 | –5 | –13 | –23 | +2 | –8 | –13 | –11 | +4 |
| | +7 | +7 | +7 | +7 | +7 | +3 | +7 | –7 | –21 | –11 |
| | | | | | | +4 | +28 | +14 | +14 | +4 |
| K | 168 | 168 | 264 | 616 | 2.184 | 60 | 2.772 | 990 | 2.002 | 468 |
| M | 2 | 1 | 2/3 | 7/12 | 7/10 | 1 | 3 | 5/6 | 7/12 | 3/20 |

| | n = 10 níveis | | | | | n = 11 níveis | | | | |
|---|---|---|---|---|---|---|---|---|---|---|
| | **1º grau** | **2º grau** | **3º grau** | **4º grau** | **5º grau** | **1º grau** | **2º grau** | **3º grau** | **4º grau** | **5º grau** |
| | –9 | +6 | –42 | +18 | –6 | –5 | +15 | –30 | +6 | –3 |
| | –7 | +2 | +14 | –22 | +14 | –4 | +6 | +6 | –6 | +6 |
| | –5 | –1 | +35 | –17 | –1 | –3 | –1 | +22 | –6 | +1 |
| | –3 | –3 | +31 | +3 | –11 | –2 | –6 | +23 | –1 | –4 |
| | –1 | –4 | +12 | +18 | –6 | –1 | –9 | +14 | +4 | –4 |
| | +1 | –4 | –12 | +18 | +6 | 0 | –10 | 0 | +6 | 0 |
| | +3 | –3 | –31 | +3 | +11 | +1 | –9 | –14 | +4 | +4 |
| | +5 | –1 | –35 | –17 | +1 | +2 | –6 | –23 | –1 | +4 |
| | +7 | +2 | –14 | –22 | –14 | +3 | –1 | –22 | –6 | –1 |
| | +9 | +6 | +42 | +18 | +6 | +4 | +6 | –6 | –6 | –6 |
| | | | | | | +5 | +15 | +30 | +6 | +3 |
| K | 330 | 132 | 8.580 | 2.860 | 780 | 110 | 858 | 4.290 | 286 | 156 |
| M | 2 | 1/2 | 5/3 | 5/12 | 1/10 | 1 | 1 | 5/6 | 1/12 | 1/40 |

| | n = 12 níveis | | | | | n = 13 níveis | | | | |
|---|---|---|---|---|---|---|---|---|---|---|
| | **1º grau** | **2º grau** | **3º grau** | **4º grau** | **5º grau** | **1º grau** | **2º grau** | **3º grau** | **4º grau** | **5º grau** |
| | –11 | +55 | –33 | +33 | –33 | –6 | +22 | –11 | +99 | –22 |
| | –9 | +25 | +3 | –27 | +57 | –5 | +11 | 0 | –66 | +33 |
| | –7 | +1 | +21 | –33 | +21 | –4 | +2 | +6 | –96 | +18 |
| | –5 | –17 | +25 | –13 | –29 | –3 | –5 | +8 | –54 | –11 |
| | –3 | –29 | +19 | +12 | –44 | –2 | –10 | +7 | –11 | –26 |
| | –1 | –35 | +7 | +28 | –20 | –1 | –13 | +4 | +64 | –20 |
| | +1 | –35 | –7 | +28 | +20 | 0 | –14 | 0 | +84 | 0 |
| | +3 | –29 | –19 | +12 | +44 | +1 | –13 | –4 | +64 | +20 |
| | +5 | –17 | –25 | –13 | +29 | +2 | –10 | –7 | +11 | +26 |
| | +7 | +1 | –21 | –33 | –21 | +3 | –5 | –8 | –54 | +11 |
| | +9 | +25 | –3 | –27 | –57 | +4 | +2 | –6 | –96 | –18 |
| | +11 | +55 | +33 | +33 | +33 | +5 | +11 | 0 | –66 | –33 |
| | | | | | | +6 | +22 | +11 | +99 | +22 |
| K | 572 | 12.012 | 5.148 | 8.008 | 15.912 | 182 | 2.002 | 572 | 68.068 | 6.188 |
| M | 2 | 3 | 2/3 | 7/24 | 3/20 | 1 | 1 | 1/6 | 7/12 | 7/120 |

| n = 14 níveis | | | | | |
|---|---|---|---|---|---|
| | 1º grau | 2º grau | 3º grau | 4º grau | 5º grau |
| | +1 | –8 | –24 | +108 | +60 |
| | +3 | –7 | –67 | +63 | +145 |
| | +5 | –5 | –95 | –13 | +139 |
| | +7 | –2 | –98 | –92 | +28 |
| | +9 | +2 | –66 | –132 | –132 |
| | +11 | +7 | +11 | –77 | –187 |
| | +13 | +13 | +143 | +143 | +143 |
| K | 910 | 728 | 97.240 | 136.136 | 235.144 |
| M | 2 | 1/2 | 5/3 | 7/12 | 7/30 |

| n = 15 níveis | | | | | |
|---|---|---|---|---|---|
| | 1º grau | 2º grau | 3º grau | 4º grau | 5º grau |
| | 0 | –56 | 0 | +756 | 0 |
| | +1 | –53 | –27 | +621 | +675 |
| | +2 | –44 | –49 | +251 | +1.000 |
| | +3 | –29 | –61 | –249 | +751 |
| | +4 | –8 | –58 | –704 | –44 |
| | +5 | +19 | –35 | –869 | –979 |
| | +6 | +52 | +13 | –429 | –1.144 |
| | +7 | +91 | +91 | +1.001 | +1.001 |
| K | 280 | 37.128 | 39.780 | 6.466.460 | 10.581.480 |
| M | 1 | 3 | 5/6 | 35/12 | 21/20 |

| n = 16 níveis | | | | | |
|---|---|---|---|---|---|
| | 1º grau | 2º grau | 3º grau | 4º grau | 5º grau |
| | +1 | –21 | –63 | +189 | +45 |
| | +3 | –19 | –179 | +129 | +115 |
| | +5 | –15 | –265 | +23 | +131 |
| | +7 | –9 | –301 | –101 | +77 |
| | +9 | –1 | –267 | –201 | –33 |
| | +11 | +9 | –143 | –221 | –143 |
| | +13 | +21 | +91 | –91 | –143 |
| | +15 | +35 | +455 | +273 | +143 |
| K | 1.360 | 5.712 | 1.007.760 | 470.288 | 201.552 |
| M | 2 | 1 | 10/3 | 7/12 | 1/10 |

| n = 17 níveis | | | | | |
|---|---|---|---|---|---|
| | 1º grau | 2º grau | 3º grau | 4º grau | 5º grau |
| | 0 | –24 | 0 | +36 | 0 |
| | +1 | –23 | –7 | +31 | +55 |
| | +2 | –20 | –13 | +17 | +88 |
| | +3 | –15 | –17 | –3 | +83 |
| | +4 | –8 | –18 | –24 | +36 |
| | +5 | +1 | –15 | –39 | –39 |
| | +6 | +12 | –7 | –39 | –104 |
| | +7 | +25 | +7 | –13 | –91 |
| | +8 | +40 | +28 | +52 | +104 |
| K | 408 | 7.752 | 3.876 | 16.796 | 100.776 |
| M | 1 | 1 | 1/6 | 1/12 | 1/20 |

| n = 18 níveis | | | | | |
|---|---|---|---|---|---|
| | 1º grau | 2º grau | 3º grau | 4º grau | 5º grau |
| | +1 | –40 | –8 | +44 | +220 |
| | +3 | –37 | –23 | +33 | +583 |
| | +5 | –31 | –35 | +13 | +733 |
| | +7 | –22 | –42 | –12 | +588 |
| | +9 | –10 | –42 | –36 | +156 |
| | +11 | +5 | –33 | –51 | –429 |
| | +13 | +23 | –13 | –47 | –871 |
| | +15 | +44 | +20 | –12 | –676 |
| | +17 | +68 | +68 | +68 | +884 |
| K | 1.938 | 23.256 | 23.256 | 28.424 | 6.953.544 |
| M | 2 | 3/2 | 1/3 | 1/12 | 3/10 |

| n = 19 níveis | | | | | |
|---|---|---|---|---|---|
| | 1º grau | 2º grau | 3º grau | 4º grau | 5º grau |
| | 0 | –30 | 0 | +396 | 0 |
| | +1 | –29 | –44 | +352 | +44 |
| | +2 | –26 | –83 | +227 | +74 |
| | +3 | –21 | –112 | +42 | +79 |
| | +4 | –14 | –126 | –168 | +54 |
| | +5 | –5 | –120 | –354 | +3 |
| | +6 | +6 | –89 | –453 | –58 |
| | +7 | +19 | –28 | –388 | –98 |
| | +8 | +34 | +68 | –68 | –68 |
| | +9 | +51 | +204 | +612 | +102 |
| K | 570 | 13.566 | 213.180 | 2.288.132 | 89.148 |
| M | 1 | 1 | 5/6 | 7/12 | 1/40 |

| n = 20 níveis | | | | | |
|---|---|---|---|---|---|
| | **1º grau** | **2º grau** | **3º grau** | **4º grau** | **5º grau** |
| | +1 | –33 | –99 | +1.188 | +396 |
| | +3 | –31 | –287 | +948 | +1.076 |
| | +5 | –27 | –445 | +503 | +1.441 |
| | +7 | –21 | –553 | –77 | +1.351 |
| | +9 | –13 | –591 | –687 | +771 |
| | +11 | –3 | –539 | –1.187 | –187 |
| | +13 | +9 | –377 | –1.402 | –1.222 |
| | +15 | +23 | –85 | –1.122 | –1.802 |
| | +17 | +39 | +357 | –102 | –1.122 |
| | +19 | +57 | +969 | +1.938 | +1.938 |
| K | 2.660 | 17.556 | 4.903.140 | 22.881.320 | 31.201.800 |
| M | 2 | 1 | 10/3 | 35/24 | 7/20 |

| n = 21 níveis | | | | | |
|---|---|---|---|---|---|
| | **1º grau** | **2º grau** | **3º grau** | **4º grau** | **5º grau** |
| | 0 | –110 | 0 | +594 | 0 |
| | +1 | –107 | –54 | +540 | +1.404 |
| | +2 | –98 | –103 | +385 | +2.444 |
| | +3 | –83 | –142 | +150 | +2.819 |
| | +4 | –62 | –166 | –130 | +2.354 |
| | +5 | –35 | –170 | –406 | +1.063 |
| | +6 | –2 | –149 | –615 | –788 |
| | +7 | +37 | –98 | –680 | –2.618 |
| | +8 | +82 | –12 | –510 | –3.468 |
| | +9 | +133 | –114 | 0 | –1.938 |
| | +10 | +190 | +285 | +969 | +3.876 |
| K | 770 | 201.894 | 432.630 | 5.720.330 | 121.687.020 |
| M | 1 | 3 | 5/6 | 7/12 | 21/40 |

**Observação**: De n = 14 níveis em diante, reproduzimos somente parte dos coeficientes a utilizar. Os coeficientes iniciais foram suprimidos. Podem ser obtidos dos que vêm depois, por simetria, com troca de sinais no caso dos componentes de grau ímpar (1º, 3º e 5º) e manutenção de sinais nos casos de grau par (2º e 4º). A comparação com as tabelas completas mostra facilmente o que se deve fazer para completar os coeficientes em falta.

Os polinômios ortogonais do primeiro ao quinto grau são dados a seguir.

$$P_1 = x \qquad P_2 = x^2 - \frac{n^2 - 1}{12}$$

$$P_3 = x^3 - \frac{3n^2 - 7}{20}x$$

$$P_4 = x^4 - \frac{3n^2 - 13}{14}x^2 + \frac{3(n^2 - 1)(n^2 - 9)}{560}$$

$$P_5 = x^5 - \frac{5(n^2 - 7)}{18}x^3 + \frac{15n^4 - 230n^2 + 407}{1.008}x$$

$$x = \frac{X - \bar{X}}{q}$$

## 12.6. Bibliografia

DRAPER, N.; SMITH, H. **Applied regression analysis**. 2ª ed. Nova York: John Wiley, 1981.

HOFFMANN, R.; VIEIRA, S. **Análise de regressão**. São Paulo: Hucitec/Edusp, 1977.

PIMENTEL-GOMES, F. A lei de Mitscherlich e a análise da variância em experiências de adubação. Escola Superior de Agricultura "Luiz de Queiroz". **Anais E.S.A. "Luiz de Queiroz" 8**: 355-68, 1951.

PIMENTEL-GOMES, F. **A estatística moderna na pesquisa agropecuária**. Piracicaba: Potafos, 1984.

SALATI, E. **Contribuição ao estudo do clima de Piracicaba**. Piracicaba, 1957. Tese. Escola Superior de Agricultura "Luiz de Queiroz".

# 13

# O USO DA LEI DE MITSCHERLICH NA ANÁLISE DE EXPERIMENTOS DE ADUBAÇÃO

## 13.1. Generalidades

Em ensaios de adubação há motivos ponderáveis para evitar, quanto possível, o uso de polinômios como equação de regressão, dando preferência à regressão pela lei de Mitscherlich (1930, 1954):

$$y = A[1 - 10^{-c(x+b)}]$$

ou à forma equivalente, preferida pelos ingleses:

$$y = \alpha + \beta\rho^{x}$$

Na equação de Mitscherlich, **A** é a produção máxima teórica possível quando se aumenta indefinidamente a dose de um nutriente (o fósforo, por exemplo); **c**, chamado coeficiente de eficácia, é um parâmetro típico do nutriente em questão, e **b** seria o teor desse nutriente contido no solo, em forma assimilável pelas plantas.

É costume, em vários países em que vigora o sistema métrico, exprimir, na equação de Mitscherlich, **x** em quintais métricos, de 100 kg cada, por hectare; **c** é então expresso em hectares por quintal métrico. Neste livro, porém, exprimiremos, em geral, **x** em kg/ha e **c** em ha/kg.

Uma vantagem importante do uso da equação de Mitscherlich é que ela permite determinação muito satisfatória da dose econômica (x*) de um nutriente (Pimentel-Gomes e Abreu, 1959), pela fórmula:

$$x^* = \left(\frac{1}{2}\right)x_u + \left(\frac{1}{c}\right)\log\frac{wu}{tx_u}$$

onde **u** é o aumento de produção do produto agrícola obtido com a dose $x_u$ do nutriente, **w** é o preço desse produto agrícola pago ao lavrador, **t** é o preço do nutriente e **c** é o coeficiente de eficácia. Centenas de ensaios de campo com várias lavouras permitem indicar como muito razoáveis as estimativas c = 0,0088 ha/kg para o fósforo ($P_2O_5$) e a potassa ($K_2O$), e c = 0,0049 ha/kg para o nitrogênio (N). Para o caso do esterco, é aceitável o valor c = 0,018 ha/t.

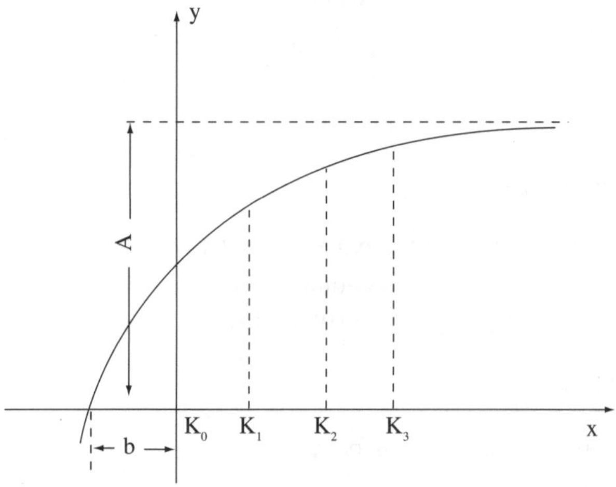


Gráfico da equação de Mitscherlich = $A[1 - 10^{-c(x+b)}]$. No eixo das abscissas são marcadas as doses do nutriente, que se supôs ser o potássio (K), expresso em $K_2O$.

Quando se usa um valor de **c** de grande precisão, obtido de numerosos ensaios anteriores, torna-se fácil o cálculo de uma estimativa para a variância V(x*). Temos então:

$$\hat{V}(x^*) = 2\left(\frac{0,434}{c}\right)^2 \frac{s^2}{ru^2}$$

onde **s** é o quadrado médio do resíduo e **r** é o número de repetições.

Com os valores indicados anteriormente para **c**, a fórmula dada para x* se transforma em:

$$x^* = \left(\frac{1}{2}\right)x_u + 114 \log\frac{wu}{tx_u}$$

para os casos do fósforo ($P_2O_5$) e do potássio ($K_2O$), e em:

$$x^* = \left(\frac{1}{2}\right)x_u + 204 \log\frac{wu}{tx_u}$$

para o nitrogênio.

Note-se que a dose econômica não depende dos preços, mas da relação de preços w/t. Assim, se, de um ano para outro, dobrar o preço do milho (w) e ao mesmo tempo dobrar o preço do fósforo (t), a relação w/t não mudará e a dose econômica obtida com os dados de um ensaio não será alterada.

Para maior facilidade do uso da lei de Mitscherlich devemos, tal como no caso dos polinômios ortogonais, adotar níveis de fertilização igualmente espaçados.

A teoria e a prática demonstram que a lei de Mitscherlich apresenta aplicação satisfatória e útil sempre que temos ensaios de grande precisão ou grupos de experimentos numerosos. A aplicação se torna impossível ou desaconselhável no caso de experimentos de precisão escassa ou quando o solo reage muito mal ao nutriente em estudo. Mas mesmo nessas condições a fórmula de Pimentel-Gomes e Abreu (1959) é de uso indicado, desde que se utilizem valores de **c** que mereçam confiança, como os que foram dados anteriormente.

## 13.2. O caso de três níveis

Este é o caso mais simples e mais comum. Quando os níveis são igualmente espaçados, a cada nutriente correspondem os níveis zero, 1 e 2, aos quais se aplicaram as doses de zero, **q** e **2q**. Sendo $\bar{y}_0$, $\bar{y}_1$, $\bar{y}_2$ as produções médias correspondentes, temos:

$$\hat{A} = \frac{\bar{y}_1^2 - \bar{y}_0\bar{y}_2}{2\bar{y}_1 - (\bar{y}_0 + \bar{y}_2)}$$

$$\hat{c} = \left(\frac{1}{q}\right)\log\frac{\bar{y}_1 - \bar{y}_0}{\bar{y}_2 - \bar{y}_1}$$

$$\hat{b} = \left(\frac{1}{\hat{c}}\right)\log\frac{\hat{A}}{\hat{A} - \bar{y}_0} = \left(\frac{1}{\hat{c}}\right)\log\frac{\bar{y}_1^2 - \bar{y}_0\bar{y}_2}{(\bar{y}_1 - \bar{y}_0)^2}$$

Por exemplo, no caso dos dados do ensaio discutido em 7.7, as médias correspondentes aos três níveis de fósforo eram:

$P_0$__________ 40,9 t/ha

$P_1$__________ 56,2 t/ha

$P_2$__________ 62,7 t/ha

todas com erro padrão de 2,7 t/ha. Aí $P_0$ refere-se às parcelas sem adubação fosfatada; $P_1$ corresponde a adubação com uma dose q = 60 kg/ha de fósforo ($P_2O_5$) sob a forma de superfosfato simples; e $P_2$ indica as parcelas com dose 2q = 120 kg/ha de fósforo, aplicado de maneira análoga.

Temos então:

$$\hat{A} = \frac{(56,2)^2 - (40,9)(62,7)}{2(56,2) - (40,9 + 32,7)} = 67,5 \text{ t/ha}$$

$$\hat{c} = \left(\frac{1}{60}\right)\log\frac{56,2 - 40,9}{62,7 - 56,2} = 0,0062 \text{ ha/kg}$$

$$\hat{b} = \left(\frac{1}{0,0062}\right)\log\frac{67,5}{67,5 - 40,9} = 65 \text{ kg/ha}$$

A equação de regressão é, portanto:

$$y = 67,5[1 - 10^{-0,0062(x+65)}] \text{ t/ha}$$

A produção máxima teórica, que se poderia obter aumentando indefinidamente a dose de fósforo, seria de 67,5 t/ha. O coeficiente de eficácia seria c = 0,0062 ha/kg, valor um pouco baixo, pois se espera que estivesse em torno de 0,0088 ha/kg.

A dose econômica seria obtida pela fórmula dada em 13.1. Considerando-se a dose maior de fósforo, teríamos $x_u$ = 120 kg/ha, u = 62,7 – 40,9 = 21,8 t/ha. Tomemos ainda t = 1,05 real por kg de $P_2O_5$, o que corresponde a 210 reais por tonelada de superfosfato simples e w = 18 reais por tonelada de cana, no campo e sem cortar. Obtemos então:

$$x^* = \left(\frac{1}{2}\right)120 + \left(\frac{1}{0,0062}\right)\log\frac{21,8 \times 18}{120 \times 1,05}$$

$$= 140 \text{ kg/ha de } P_2O_5$$

A dose econômica seria, então, de 140 kg/ha de $P_2O_5$, o que corresponde aproximadamente a 700 kg/ha de superfosfato simples.

Quando se trata de experimentos de pouca precisão, como esse, a estimativa de **c** merece pouca confiança e o ajustamento da equação às vezes nem é possível. No caso de três níveis igualmente espaçados, a equação de Mitscherlich só pode ser usada se tivermos simultaneamente:

$$\bar{y}_0 < \bar{y}_1 < \bar{y}_2 \qquad 2\bar{y}_1 - (\bar{y}_0 + \bar{y}_2) > 0$$

A última condição nos assegura que temos também necessariamente $\bar{y}_1^2 - \bar{y}_0\bar{y}_2 > 0$.

## 13.3. O caso de quatro níveis

Tomaremos como exemplo um experimento de adubação de cana-de-açúcar (primeiro corte) feito por Coury et al. (1957). Trata-se de um ensaio com P e K, fatorial de 4 × 4, em 4 blocos casualizados. A análise da variância foi a seguinte:

| Causa de variação | GL | SQ | QM |
|---|---|---|---|
| Fósforo (P) | 3 | 3.102,60 | 1.034,30* |
| Potassa (K) | 3 | 10.622,94 | 3.540,98** |
| Interação P × K | 9 | 2.801,38 | 311,82 |
| (Tratamentos) | (15) | (16.531,92) | |
| Blocos | 3 | 3.785,42 | |
| Resíduo | 45 | 16.685,58 | 370,79 |

Os subtotais correspondentes aos níveis de potassa, cada um referente a 16 parcelas, são os seguintes.

$K_0$ (sem potassa) ________ $T_0 =$ 938,8 t

$K_1$ (30 kg/ha de $K_2O$) _____ $T_1 =$ 1.221,2 t

$K_2$ (60 kg/ha de $K_2O$) _____ $T_2 =$ 1.330,0 t

$K_3$ (90 kg/ha de $K_2O$) _____ $T_3 =$ 1.506,7 t

Para calcular a equação de regressão, começa-se obtendo uma estimativa de **c**, o que se consegue da maneira seguinte:

Primeiro calculamos os acréscimos de produção:

$u_1 = T_1 - T_0 = 282{,}4$ t/ha

$u_2 = T_2 - T_0 = 391{,}2$ t/ha

$u_3 = T_3 - T_0 = 567{,}9$ t/ha

Agora devemos resolver por tentativa a equação em **z**:

$$R(z) = u_1 J_{42}(z) + u_2 J_{43}(z) + u_3 J_{44}(z) = 0$$

onde $J_{42}(z)$, $J_{43}(z)$ e $J_{44}(z)$ são polinômios em **z**. A única raiz que interessa deve estar entre zero e um. Ora, esses polinômios estão tabulados na Tabela 12 para valores de **z** no intervalo [0, 1], o que facilita muito a resolução da equação.

Começamos tentando com z = 0. Temos então, pela Tabela 11:

$$J_{42}(0) = -2{,}000 \qquad J_{43}(0) = 1{,}000 \qquad J_{44}(0) = 1{,}000$$

Logo, obtemos:

$$R(0) = (282{,}4)(-2{,}000) + (391{,}2)(1{,}000) + (567{,}9)(1{,}000)$$
$$= 394{,}3$$

Para z = 1 conseguimos, analogamente:

$$R(1) = (282{,}4)(-10{,}000) + (391{,}2)(-10{,}000) + (567{,}9)(10{,}000)$$
$$= -10{,}57$$

A mudança de sinal nos mostra que há realmente uma raiz (pelo menos) entre zero e um. Pode-se tentar a seguir z = 0,50. Inicialmente, é suficiente tomar da Tabela 12 os valores dos polinômios com apenas uma ou duas decimais. Fica:

$$R(0{,}50) = (282{,}4)(-4{,}9) + (391{,}2)(-1{,}4) + (567{,}9)(4{,}0)$$
$$= 340{,}16$$

A raiz encontra-se, portanto, entre 0,50 e 1,00. Vamos experimentar, a seguir, z = 0,70, e obteremos R(0,70) = 67,88. Nova tentativa pode ser feita, depois, com z = 0,75, agora usando todas as decimais da tabela, pois já nos aproximamos da raiz. Obtemos R(0,75) = –97,77. A raiz está, pois, entre 0,70 e 0,75. Novas tentativas nos dão, a seguir:

$$R(0,71) = 7,02 \qquad R(0,72) = -16,44$$

Conclui-se que a raiz está localizada entre 0,71 e 0,72. Podemos aproximá-la um pouco mais por interpolação linear:

$$0,01 \longrightarrow 23,46$$
$$y \longrightarrow 7,02$$

onde 23,46 = 7,02 + 16,44. Logo:

$$y = \frac{(0,01)(7,02)}{23,40} = 0,0030$$

Temos a raiz z = 0,7100 + 0,0030 = 0,7130. Agora calculamos:

$$\hat{c} = -\frac{\log z}{q} = -\frac{\log\ 0,7130}{30} = 0,00490$$

A seguir obtemos $\hat{A}$ pela fórmula:

$$\hat{A} = \frac{T_0}{r} + \frac{1}{rP_4(z)}\begin{bmatrix} u_1(1 - z^2 - z^3) + u_2(1 + z - z^3) + \\ + u_3(1 + z + z^2) \end{bmatrix}$$

onde **r** é o número de parcelas em $T_0$ e $P_4(z) = (1 - z)\ (3 + 4z + 3z^2)$. Fica:

$$P_4(0,7130) = 2,117$$

$$\hat{A} = \frac{938,8}{16} + \frac{1}{(16)(2,117)}\begin{bmatrix} (282,4)(0,1291) + \\ + (391,4)(1,3505) + \\ + (567,9)(2,2214) \end{bmatrix}$$

$$= 112,6 \text{ t/ha}$$

Finalmente:

$$\hat{b} = \frac{1}{\hat{c}} \log \frac{1 + z + z^2 + z^3}{4 - \left(\frac{1}{r\hat{A}}\right)(T_0 + T_1 + T_2 + T_3)}$$

$$= 66 \text{ kg/ha de } K_2O$$

A equação é, então:

$$y = 112,6[1 - 10^{-0,00490(x+66)}]$$

Com essa equação calculamos os valores $\hat{y}_0$, $\hat{y}_1$, $\hat{y}_2$, $\hat{y}_3$ referentes à produção de cada nível de potassa, de acordo com a lei de Mitscherlich. Organizamos então a tabela seguinte e calculamos os desvios $\bar{y}_i - \hat{y}_i$, com i = 0, 1, 2, 3.

| $\bar{y}_i$ | $\hat{y}_i$ | **Desvio** | **(Desvio)²** |
|---|---|---|---|
| 58,7 | 59,2 | –0,5 | 0,25 |
| 76,3 | 74,5 | +1,8 | 3,24 |
| 83,1 | 85,4 | –2,3 | 5,29 |
| 94,2 | 93,2 | +1,0 | 1,00 |
| | | 0,0 | 9,78 |

Temos agora:

SQDesvios da regressão (K) = 16 × 9,78 = 156,48

onde 16 é o número de parcelas para cada nível de K.

A soma de quadrados para a regressão pela lei de Mitscherlich é obtida por subtração:

SQReg. Mit. (K) = 10.622,94 – 156,48 = 10.466,46

com 2 graus de liberdade.

Para o fósforo, os subtotais referentes aos seus níveis eram:

$P_0$ (sem fósforo) ________$T_0$ = 1.114,5 t

$P_1$ (40 kg/ha de $P_2O_5$) _____$T_1$ = 1.186,5 t

$P_2$ (80 kg/ha de $P_2O_5$) _____$T_2$ = 1.411,5 t

$P_3$ (120 kg/ha de $P_2O_5$) ____$T_3$ = 1.284,2 t

Os cálculos são feitos como no caso do potássio, e nos conduzem à equação:

$$y = 85,0[1 - 10^{-0,00870(x+83)}]$$

Calculamos a seguir, como anteriormente, a soma de quadrados para os desvios da regressão no caso do fósforo:

SQDesvios da regressão (P) = 16 × 65,30 = 1.044,80

e ainda:

SQReg. Mit. (P) = 3.102,60 – 1.044,80 = 2.057,80

com 2 graus de liberdade.

Obtemos a seguinte análise da variância.

| **Causa de variação** | **GL** | **SQ** | **QM** |
|---|---|---|---|
| Regressão pela lei de Mitscherlich para o P | 2 | 2.057,80 | 1.028,90 |
| Desvios da regressão | 1 | 1.044,80 | 1.044,80 |
| (Fósforo) | (3) | (3.102,60) | |
| Regressão pela lei de Mitscherlich para o K | 2 | 10.466,46 | 5.233,23** |
| Desvios da regressão | 1 | 156,48 | 156,48 |
| (Potássio) | (3) | (10.622,94) | |
| Interação P × K | 9 | 2.801,38 | 311,82 |
| Blocos | 3 | 3.875,42 | |
| Resíduo | 45 | 16.685,58 | 370,79 |

Verifica-se logo que a equação de regressão não foi satisfatória para o fósforo, o que se deve, sem dúvida, à pequena reação da lavoura em questão à adubação fosfatada. Já para o potássio, que teve efeito notável, a equação de regressão se adapta otimamente aos dados, o que se manifesta pelo resultado significativo da regressão e pelo resultado não significativo dos desvios da regressão, na análise da variância.

## 13.4. O caso de cinco níveis

Este caso se resolve de maneira análoga ao caso anterior, mas com $u_1 = T_1 - T_0$, $u_2 = T_2 - T_0$, $u_3 = T_3 - T_0$, $u_4 = T_4 - T_0$.

$$R(z) = u_1 J_{52}(z) + u_2 J_{53}(z) + u_3 J_{54}(z) + u_4 J_{55}(z) = 0$$

Resolvida essa equação com o auxílio da Tabela 12, obtemos uma raiz **z** entre zero e um. A seguir calculamos:

$$\hat{c} = -\frac{\log z}{q}$$

$$\hat{A} = \frac{T_0}{r} + \frac{1}{rP_5(z)}\begin{bmatrix} u_1(1 - z - z^3) + u_2(1 - z^3) + \\ + u_3(1 + z^2 - z^3) + u_4(1 + z^2) \end{bmatrix}$$

com:

$$P_5(z) = 2(1 - z)(2 + z + 2z^2)$$

e ainda:

$$\hat{b} = \frac{1}{\hat{c}}\log \frac{1 + z + z^2 + z^3 + z^4}{5 - \left(\frac{1}{r\hat{A}}\right)(T_0 + T_1 + T_2 + T_3 + T_4)}$$

Com o uso dos computadores, o ajustamento de equações de regressão mais complexas, como a lei de Mitscherlich, foi muito facilitada. E a própria teoria, estudada com o nome de 'modelos não lineares', teve grande desenvolvimento (Bard, 1974). Atualmente, há programas especiais de computador que estimam com relativa facilidade os parâmetros da lei de Mitscherlich para qualquer número de níveis, com doses eqüidistantes ou não.

## 13.5. Um exemplo com um grupo de experimentos

Pimentel-Gomes (1957) selecionou e analisou em conjunto 38 ensaios fatoriais de 3 × 3 × 3 com N, P e K, em cana-de-açúcar, com dados de cana-planta e soca, obtidos por Strauss (1951). No que se refere ao fósforo, as médias dos ensaios estão reproduzidas na Tabela 13.5.1. O nutriente foi aplicado nas doses de zero, 60 e 120 kg/ha de $P_2O_5$, só na cana-planta.

Seguindo os passos já descritos em 8.6 e 8.7, obtemos para os dados de cana-planta a análise seguinte.

| Causa de variação | GL | QM |
|---|---|---|
| Experimentos (E) | 37 | 826,47** |
| Níveis de fósforo (P) | 2 | 5.974,08** |
| Interação E × P | 74 (52) | 83,38** |
| Resíduo | 570 (378) | 10,80 |

Os números entre parênteses indicam quantos são os graus de liberdade depois do ajuste feito pelo método de Cochran. O quadrado médio para o resíduo é igual à média aritmética dos quadrados médios residuais, dividida por 9, pois cada média relativa a um nível de P em cada experimento foi calculada com 9 parcelas.

As produções médias são dadas a seguir, com o respectivo erro padrão.

**Tabela 13.5.1.** Médias de produção de 38 ensaios de adubação de cana-de-açúcar.

| Cana-planta (t/ha) | | | | Soca (t/ha) | | | |
|---|---|---|---|---|---|---|---|
| $P_0$ | $P_1$ | $P_2$ | Quadrado médio residual | $P_0$ | $P_1$ | $P_2$ | Quadrado médio residual |
| 60,2 | 70,6 | 74,8 | 66,4 | 30,8 | 31,9 | 35,5 | 22,6 |
| 40,9 | 56,1 | 62,7 | 65,0 | 40,2 | 50,8 | 57,4 | 85,0 |
| 29,0 | 47,0 | 55,6 | 187,5 | 10,6 | 11,0 | 16,8 | 63,2 |
| 61,0 | 67,5 | 72,4 | 83,4 | 42,7 | 35,3 | 39,0 | 124,4 |
| 84,1 | 97,4 | 105,1 | 185,7 | 46,3 | 51,6 | 56,3 | 170,5 |
| 15,7 | 45,2 | 54,3 | 64,4 | 10,5 | 28,2 | 41,1 | 49,0 |
| 50,2 | 61,3 | 77,2 | 254,6 | 16,7 | 26,3 | 37,1 | 80,8 |
| 87,0 | 97,2 | 96,6 | 88,6 | 43,5 | 51,7 | 50,6 | 71,1 |
| 88,3 | 92,9 | 96,4 | 85,9 | 64,7 | 68,1 | 63,5 | 103,6 |
| 42,0 | 56,6 | 59,9 | 41,0 | 24,1 | 34,7 | 38,0 | 51,6 |
| 47,3 | 56,3 | 58,5 | 65,9 | 23,8 | 30,8 | 30,4 | 40,2 |
| 53,1 | 98,7 | 108,5 | 35,7 | 23,2 | 41,4 | 53,9 | 21,5 |
| 13,2 | 86,4 | 106,7 | 363,5 | 1,7 | 26,9 | 42,2 | 124,8 |
| 20,4 | 54,8 | 53,9 | 112,2 | 9,3 | 12,6 | 19,1 | 19,4 |
| 23,1 | 32,3 | 52,5 | 120,0 | 13,3 | 24,1 | 40,1 | 50,8 |
| 43,6 | 71,6 | 71,4 | 67,8 | 46,3 | 59,9 | 65,4 | 167,1 |
| 32,8 | 67,2 | 71,8 | 140,8 | 7,9 | 27,2 | 34,8 | 26,0 |
| 32,1 | 49,5 | 57,5 | 125,4 | 42,1 | 44,6 | 42,3 | 62,2 |
| 43,6 | 48,1 | 51,5 | 49,6 | 61,4 | 59,6 | 60,0 | 117,0 |
| 27,5 | 57,3 | 65,0 | 45,5 | 45,4 | 63,6 | 73,4 | 129,0 |
| 34,9 | 45,9 | 55,3 | 108,8 | 46,2 | 52,1 | 56,6 | 183,0 |
| 24,0 | 40,1 | 43,4 | 34,4 | 15,7 | 18,9 | 23,6 | 82,9 |
| 28,0 | 43,6 | 45,9 | 53,2 | 57,7 | 54,1 | 57,9 | 99,4 |
| 28,4 | 46,9 | 48,8 | 35,1 | 35,2 | 41,9 | 49,0 | 64,1 |
| 31,8 | 35,5 | 37,7 | 23,4 | 26,5 | 26,8 | 28,3 | 13,9 |
| 21,2 | 55,8 | 71,5 | 37,2 | 18,0 | 40,0 | 53,7 | 51,5 |
| 25,3 | 50,5 | 58,9 | 130,6 | 28,9 | 51,6 | 51,5 | 278,2 |
| 31,5 | 60,2 | 61,4 | 65,0 | 35,9 | 50,0 | 49,7 | 102,5 |
| 37,3 | 46,2 | 50,2 | 71,6 | 35,0 | 36,9 | 38,3 | 61,7 |
| 56,4 | 74,6 | 80,7 | 60,6 | 64,5 | 68,4 | 68,7 | 74,1 |
| 24,5 | 34,8 | 35,0 | 93,8 | 16,1 | 29,8 | 35,9 | 120,5 |
| 44,9 | 56,4 | 59,8 | 63,1 | 44,6 | 57,7 | 51,4 | 135,5 |
| 55,2 | 63,0 | 65,2 | 131,4 | 28,8 | 33,0 | 30,9 | 92,8 |
| 40,2 | 57,8 | 57,5 | 27,3 | 53,8 | 58,2 | 62,5 | 53,7 |
| 32,3 | 50,7 | 66,6 | 56,6 | 30,1 | 43,7 | 49,3 | 57,7 |
| 45,3 | 52,7 | 47,4 | 123,2 | 33,2 | 35,3 | 33,1 | 248,2 |
| 30,0 | 49,7 | 48,8 | 230,6 | 12,2 | 20,0 | 22,7 | 185,2 |
| 30,0 | 38,8 | 39,5 | 98,6 | 18,5 | 18,0 | 20,6 | 14,1 |

| Cana-planta (t/ha) | Soca (t/ha) |
|---|---|
| $P_0$ 39,90 ± 1,48 | 31,78 ± 0,99 |
| $P_1$ 58,34 ± 1,48 | 39,91 ± 0,99 |
| $P_2$ 63,84 ± 1,48 | 44,23 ± 0,99 |

Os quadrados médios relativos a níveis de fósforo e a experimentos são testados em relação à interação E × P; esta, por sua vez, é provada relativamente ao resíduo.

Cálculo análogo é feito para as socas, com os resultados seguintes.

| **Causa de variação** | **GL** | **QM** |
|---|---|---|
| Experimentos (E) | 37 | 666,01** |
| Níveis de fósforo (P) | 2 | 1.495,75** |
| Interação E × P | 74 (55) | 37,07** |
| Resíduo | 570 (378) | 10,23 |

Calculamos, como em 13.2, as estimativas dos parâmetros e obtemos:

Para a cana-planta: $y = 66,2[1 - 10^{-0,00876(x+46)}]$

Para a soca: $y = 49,1[1 - 10^{-0,00464(x+98)}]$

Note-se que tivemos para a cana-planta $\hat{c} = 0,00876$, ao passo que para a soca estimamos $\hat{c}' = 0,00464$. A comparação entre essas duas estimativas do coeficiente de eficácia relativas a duas colheitas de um mesmo ensaio, nas mesmas parcelas, nos permite estimar o efeito residual do adubo. No caso presente, em que o fertilizante foi aplicado só na primeira safra, o efeito residual é dado por:

$$\hat{h} = \frac{\hat{c}'}{\hat{c}} = \frac{0,00464}{0,00876} = 0,53 = 53\%$$

Se o adubo tivesse sido aplicado também na soca, em dose igual à da cana-planta, teríamos:

$$\hat{h} = \frac{\hat{c}'}{\hat{c}} - 1$$

A dose econômica de fósforo, com t = 1,05 real por kg de $P_2O_5$ e w = 18 reais por tonelada de cana, no campo e sem cortar, será:

$$x^* = 60 + \left(\frac{1}{0,00876}\right)\log\frac{(23,94)\ (18)}{(120)\ (1,05)}$$

$$= 121,0 \text{ kg/ha de } P_2O_5$$

Note-se que essa fórmula já leva em conta, até certo ponto, o efeito residual do fertilizante.

Temos ainda:

$$\hat{V}(x^*) = 2\left(\frac{0,434}{0,00876}\right)^2 \frac{37,07}{(38)(23,94)^2} = 8,36$$

valor que nos permite estimar um intervalo de confiança para x*, de extremos $x^* - ts(x^*)$, $x^* + ts(x^*)$. Como $s(x^*) = \sqrt{8,36} = 2,89$, e t = 2,00, ao nível de 5% de probabilidade, os extremos do intervalo de confiança para x* são 115,2 e 126,8 hg/ha.

Uma dose econômica poderia ser estimada também pela regressão polinomial de 2º grau. Temos, pelo método exposto na seção 12.2:

$$T_0 = 38 \times 39,90 = 1.516,20$$

$$T_1 = 38 \times 58,34 = 2.216,92$$

$$T_2 = 38 \times 63,84 = 2.425,92$$

$$\Sigma C_1 T = (-1)(1.516,20) + (0)(2.216,92) + (1)(2.425,92)$$

$$= 909,72$$

$$B_1 = \frac{C_1 T}{rK_1} = \frac{909,72}{38 \times 2} = 11,97$$

e, analogamente:

$$B_2 = \frac{\Sigma C_2 T}{rK_2} = \frac{-491,72}{38 \times 6} \cong -2,157$$

Como a média geral $\bar{y} = 54,03$, o polinômio obtido é:

$$y = \bar{y} + B_1 M_1 P_1 + B_2 M_2 P_2$$

$$= 54,03 + 11,97 \times 1 \times x - 2,157 \times 3\left(x^2 - \frac{2}{3}\right)$$

com x = (X – 60)/60. A substituição deste valor na equação obtida nos dá, em t/ha:

$$y = 39,90 + 0,4152X - 0,00180X^2$$

Aí X indica as doses de fósforo ($P_2O_5$), em kg/ha. Com w = 18 reais por tonelada de cana e t = R$ 1,05 por kg de fósforo, a dose econômica é:

$$x^* = \frac{\hat{a}_1 - t/w}{-2\hat{a}_2}$$

onde $\hat{a}_1$ é o coeficiente de X, e $\hat{a}_2$ é o coeficiente de $X^2$. Temos, pois, no exemplo:

$$x^* = \frac{0,4152 - \frac{1,05}{18}}{-2(-0,00180)} = 99,1 \text{ kg/ha de } P_2O_5$$

Esse valor é menor do que o obtido pela lei de Mitscherlich, o que geralmente ocorre. Pode-se achar também, para essa nova dose econômica (x*), um intervalo de confiança (Pimentel-Gomes e Gomes, 1982).

## 13.6. Bibliografia

BARD, Y. **Nonlinear parameter estimation**. Nova York: Academic Press, 1974.

COURY, T. ET AL. **A diagnose foliar na cana-de-açúcar**. I. São Paulo, 1957.

HODNETT, G. E. The responses of sucar-cane to fertilizers. **Empire J. Exp. Agr. 24**: 1-19, 1956.

MITSCHERLICH, E. A. **Die Bestimmung de Düngerbedürfnisses des Bodens**. Berlim: Paul Parey, 1930.

MITSCHERLICH, E. A. **Bodenkunde**. 7ª ed. Berlim: Paul Parey, 1954.

PIMENTEL-GOMES, F.; MALAVOLTA, E. Aspectos matemáticos e estatísticos da lei de Mitscherlich. Escola Superior de Agricultura "Luiz de Queiroz". **Anais E.S.A. "Luiz de Queiroz" 6**: 193-229, 1949.

PIMENTEL-GOMES, F.; NOGUEIRA, I. R. Tabelas de polinômios para interpolação da equação de Mitscherlich. Escola Superior de Agricultura "Luiz de Queiroz". **Anais E.S.A. "Luiz de Queiroz" 7**: 57-67, 1951.

PIMENTEL-GOMES, F. The use of Mitscherlich's regression law in the analysis of experiments with fertilizers. **Biometrics, 9**: 498-516, 1953.

PIMENTEL-GOMES, F. Análise conjunta de 38 experimentos de adubação de cana-de-açúcar. **Rev. Agr. 32**: 113-26, 1957.

PIMENTEL-GOMES, F.; ABREU, C. P. Sobre uma fórmula para o cálculo da dose mais econômica de adubo. Escola Superior de Agricultura "Luiz de Queiroz". **Anais E.S.A. "Luiz de Queiroz" 16**: 191-8, 1959.

PIMENTEL-GOMES, F. On a formula for the estimation of the optimum dressing of a fertilizer. **Biometrics, 17**: 492-4, 1961.

PIMENTEL-GOMES, F.; GOMES, M. de B. A serious problem related to confidence intervals of points of maximum or minimum of second degree regression equations. 10ª CONFERÊNCIA INTERNACIONAL DE BIOMETRIA. **Anais...** Brasília: Embrapa, 1982.

STRAUSS, E. Experimentos de adubação na zona canavieira de Pernambuco. REUNIÃO BRASILEIRA DE CIÊNCIA DO SOLO. **Anais...** 1º tomo: 336-443, 1951.

# 14

# ENSAIOS COM ANIMAIS

## 14.1. Generalidades

Embora os princípios de experimentação sejam os mesmos para todos os campos de aplicação, há detalhes específicos que distinguem, até certo ponto, experimentos industriais, ensaios com bovinos leiteiros ou de corte, trabalhos experimentais com aves etc. No campo da zootecnia, os ensaios com vacas leiteiras são dos mais complexos, por se tratar de animais de grande valor, relativamente pouco numerosos e muito heterogêneos. Dificilmente um experimentador pode conseguir vinte ou trinta vacas leiteiras de mesma raça ou mesma cruza, de produções e idades semelhantes e de parições em datas próximas. A heterogeneidade do material experimental obriga a usar restrições numerosas, que complicam os ensaios, para permitir que tenham maior precisão. No extremo oposto encontramos os pintos e aves em geral, animais pequenos, de baixo preço, que podem ser obtidos com facilidade em grupos homogêneos de dezenas e até centenas de cabeças. Tais características permitem o uso de delineamentos experimentais mais simples e nos levam, em geral, a pôr vários animais em cada parcela. Também os suínos, que ocupam posição intermediária entre esses dois extremos, em geral permitem o uso de delineamentos relativamente simples.

No caso de animais pequenos, como aves e porcos, não raro as maiores causas de erro residem no ambiente em que vivem, se do lado oeste ou leste dos edifícios, se nos andares superiores ou inferiores das baterias de pintos, se sujeitos ou não a ventos frios ou ao calor da tarde. Essas causas de variação são consideradas na organização dos blocos.

Há experimentos em que um mesmo animal pode ser usado mais de uma vez, constituindo um bloco, com duas ou mais parcelas. Por exemplo, em um ensaio sobre a conservação da carne, um mesmo músculo dos quartos traseiros pode ser a parcela, um do quarto esquerdo, outro do direito.

No que se refere a experimentos de alimentação, Lucas (1958) classifica os ensaios em: contínuos e alternativos. Nos ensaios contínuos, cada animal recebe o mesmo tratamento, até o fim do experimento. Nos alternativos, o tratamento muda, de tal modo que a cada animal correspondem várias parcelas (períodos) com diferentes tratamentos, que mudam de um período para outro. Os ensaios alternativos são específicos para o estudo experimental de vacas leiteiras, mas podem também ser aplicados a galinhas poedeiras e, eventual e raramente, a outros casos.

## 14.2. Ensaios com aves

Discutiremos aqui especialmente os experimentos de alimentação de pintos, que podem servir de orientação para outros casos.

Como se trata de animais baratos e bem homogêneos, em geral cada parcela se compõe de 10 a 15 pintos, às vezes 50 ou 60, todos de mesma idade e, se possível, de mesmo sexo. Cada parcela é considerada como um todo, de maneira que não interessa o peso individual de cada ave, mas apenas o peso total da parcela. As pesagens em geral se fazem semanalmente, mas só interessa, na realidade, o peso final do período em estudo.

No fim do ensaio em geral se verifica que algumas aves morreram ou foram acentuadamente prejudicadas por doenças ou acidentes. Se a mortalidade ou perda de pintos for mais ou menos normal, de não mais de 10%, digamos, os pesos totais das parcelas, para as aves sobreviventes, são considerados, no ensaio, sem nenhum ajuste: as diferenças de números de aves entram como variações do acaso e podem ser, em parte, compensadas pelo maior desenvolvimento dos animais restantes. Se, porém, houver mortalidade excessiva, a primeira coisa a fazer será verificar se isso não se deve aos próprios tratamentos (ração tóxica ou insuficiente, por exemplo), caso em que não se recomenda nenhum ajuste.

Essa verificação se faz analisando os números de aves perdidas ou de aves sobreviventes, em geral depois de transformados pela extração da raiz quadrada. Se não houver efeito dos tratamentos nessa análise, os dados de peso poderão ser ajustados por meio de uma análise de covariância.

No caso de não ter havido inicialmente a separação dos sexos, podemos ter no fim proporções muito diferentes de aves dos dois sexos nas parcelas. Uma análise com os dados assim obtidos é perfeitamente correta, pois se trata de diferenças produzidas pelo acaso. Mas certo ganho de precisão poderá ser conseguido, no caso de aves em que as diferenças sexuais de crescimento já se manifestem, por uma análise de covariância.

Tomaremos como exemplo um ensaio de Torres e Pimentel-Gomes (1959) em que se usaram 4 rações (sem sorgo, e com 10%, 20% e 30% de sorgo) com duas repetições para pintos machos e outras duas para pintos fêmeas, com um delineamento inteiramente casualizado. Cada parcela tinha inicialmente 13 aves, mas algumas morreram, de modo que, na pesagem final, com 4 semanas de idade, algumas parcelas contavam com 12 animais apenas, como indicam os números entre parênteses do quadro seguinte, onde aparecem os pesos totais das parcelas, em decagramas.

| | **Machos** | | **Fêmeas** | |
|---|---|---|---|---|
| | **Repetição** | | **Repetição** | |
| | **1ª** | **2ª** | **1ª** | **2ª** |
| Sem sorgo | 548 (13) | 512 (13) | 399 (12) | 388 (12) |
| Com 10% de sorgo | 689 (13) | 646 (13) | 503 (13) | 508 (12) |
| Com 20% de sorgo | 543 (13) | 611 (13) | 475 (13) | 437 (12) |
| Com 30% de sorgo | 514 (13) | 537 (13) | 398 (13) | 448 (12) |

O ensaio é evidentemente fatorial, com os fatores sexos e rações.

A análise, dada a seguir, mostra que, embora haja efeito de sexos, não há interação rações × sexos, então as posições relativas das rações são independentes dos sexos.

| **Causa de variação** | **GL** | **SQ** | **QM** | **F** |
|---|---|---|---|---|
| Rações (R) | 3 | 38.001 | 12.667 | 18,36** |
| Sexos (S) | 1 | 68.121 | 68.121 | 88,01** |
| Interação R × S | 3 | 1.903 | 634 | 0,819 |
| Resíduo | 8 | 6.194 | 774 | |

Os números de animais sobreviventes por parcela não foram considerados na análise.

Verifica-se que o quadrado médio da interação rações × sexos é uma boa estimativa da variância residual. Podemos, pois, juntar os 3 graus de liberdade da interação aos 8 do resíduo anterior e obter, assim, 11 graus de liberdade para o novo resíduo, como se vê a seguir.

| Causa de variação | GL | SQ | QM | F |
|---|---|---|---|---|
| Rações | 3 | 38.001 | 12.667 | 17,21** |
| Sexos | 1 | 68.121 | 68.121 | 96,56** |
| Resíduo | 11 | 8.097 | 736 | |

Se utilizássemos os pesos individuais das aves, obteríamos um resíduo (b), pois cada pinto representa uma subparcela. No caso, o quadrado médio desse resíduo (b) foi igual a 628, valor bastante próximo do quadrado médio residual obtido, o que mostra que, em experimentos análogos, esse resíduo (b) pode ser usado para estimar o erro experimental.

As doses crescentes de sorgo sugerem o estudo de uma curva de regressão, o que fica a cargo do leitor.

## 14.3. Ensaios contínuos em blocos casualizados com vacas leiteiras

O ensaio que vamos dar como exemplo, realizado pelo Departamento de Produção Animal da Secretaria de Agricultura paulista, teve por objetivo estudar a influência da caseína iodada na nutrição de vacas leiteiras. Consideraram-se 4 tratamentos e fizeram-se 3 repetições, em blocos casualizados. Cada bloco tinha, pois, 4 parcelas, cada uma constituída por uma vaca. As vacas eram todas mestiças Flamengo × Caracu e todas paridas em maio, junho ou julho de 1959. Os blocos foram organizados tendo em vista a produção de leite das vacas em um período pré-experimental de duas semanas, em que todas recebiam uma mesma ração. No primeiro bloco ficaram as 4 vacas de maior produção, no segundo as 4 seguintes e no terceiro as 4 de menor produção.

As produções de leite das vacas, em kg, no período experimental de 8 semanas, que se estendeu de 20 de outubro a 15 de dezembro de 1959, constam da tabela seguinte.

| Tratamentos | 1º bloco | 2º bloco | 3º bloco | Totais de tratamentos |
|---|---|---|---|---|
| Testemunha | 431,4 | 485,2 | (309,8) | 1.226,4 |
| Com 10 g diárias de caseína iodada | 687,5 | 560,4 | 443,0 | 1.690,9 |
| Com 15 g diárias de caseína iodada | 679,2 | 563,3 | 430,5 | 1.673,0 |
| Com 20 g diárias de caseína iodada | 569,7 | 502,5 | 462,4 | 1.534,6 |
| Totais de blocos | 2.367,8 | 2.111,4 | 1.645,7 | 6.124,9 |

O dado entre parênteses refere-se a uma parcela perdida, estimada pelo método indicado na seção 5.4.

A análise de variância é dada a seguir.

| Causa de variação | GL | SQ | QM | F |
|---|---|---|---|---|
| Testemunha v. caseína | 1 | 41.297 | 41.297 | 13,67* |
| Entre doses de caseína | 2 | 5.478 | 2.739 | 0,907 |
| (Tratamentos) | (3) | (46.775) | | |
| Blocos | 2 | 67.020 | | |
| Resíduo | 5 | 15.103 | 3.021 | |

As médias de produção são:

Testemunha ____________ 408,8 kg

Com 10 g de caseína ______ 563,6 kg

Com 15 g de caseína ______ 557,7 kg

Com 20 g de caseína ______ 511,5 kg

Pela análise da variância, há aumento significativo de produção pelo uso da caseína iodada, mas as doses de caseína utilizadas dão produções que não diferem significativamente entre si.

Seria recomendável o ajustamento de uma equação de regressão, como foi visto no Capítulo 12.

## 14.4. Ensaios rotativos com vacas leiteiras

Nos ensaios alternativos, toma-se cada animal como um bloco, sobre o qual se consideram diversas parcelas, que são períodos sucessivos de produção de leite, cada um deles com algumas semanas de duração. No caso mais comum, os tratamentos atribuídos a cada animal são todos diferentes: são os ensaios rotativos (*change-over* ou *switch-over*, em inglês). Mas, eventualmente, o animal, no fim do ensaio, volta a receber o tratamento inicial, como ocorre nos experimentos de reversão (*switch-back*, em inglês), que veremos posteriormente.

Um defeito fundamental dos ensaios alternativos reside na possibilidade de efeito residual de um tratamento sobre o tratamento subseqüente. Isso pode ser evitado, em grande parte, pelo menos, desprezando-se a produção do animal na primeira semana que se segue à mudança de tratamento. Mas se pode também tentar analisar por cálculo matemático o efeito residual porventura existente.

Outro fator a levar em conta quando se considera cada vaca como um bloco é que, depois dos dois primeiros meses de lactação, há uma queda persistente de produção de leite, queda esta que se pode considerar aproximadamente linear. Para eliminar essa causa de erro são úteis os quadrados latinos, que incluem então os próprios animais como colunas e os períodos como linhas. Assim, por exemplo, um ensaio com três tratamentos (A, B, C) poderia ser feito com o quadrado latino seguinte.

| | **Vaca 1** | **Vaca 2** | **Vaca 3** |
|---|---|---|---|
| 1º período | A | B | C |
| 2º período | C | A | B |
| 3º período | B | C | A |

A análise da variância teria a seguinte decomposição de graus de liberdade.

| **Causa de variação** | **Graus de liberdade** |
|---|---|
| Tratamentos | 2 |
| Linhas (períodos) | 2 |
| Colunas (vacas) | 2 |
| Resíduo | 2 |
| Total | 8 |

Note-se que, nesse caso, cada tratamento ocorre nos três períodos, o que traz certa compensação para seus efeitos. Para que essa compensação seja tão perfeita quanto possível, é necessário, porém, que os três animais do quadrado latino apresentem produções semelhantes, pois é natural numa vaca de grande produção de leite que a queda seja maior do que numa vaca medíocre. Suponhamos, por exemplo, que, em igualdade de condições, as vacas percam 10% de sua produção inicial, de um período para o seguinte. Admitida uma produção inicial de 500 kg de leite para a primeira vaca e de

200 kg para cada uma das outras duas, teríamos, na ausência de efeitos de tratamentos, os seguintes dados.

| | Vaca 1 | Vaca 2 | Vaca 3 |
|---|---|---|---|
| 1º período | 500 (A) | 200 (B) | 200 (C) |
| 2º período | 450 (C) | 180 (A) | 180 (B) |
| 3º período | 400 (B) | 160 (C) | 160 (A) |

O quadrado latino escolhido, superposto a esses dados, como indicam as letras entre parênteses, nos daria os seguintes totais para os tratamentos:

Tratamento A ______ 840 kg

Tratamento B ______ 780 kg

Tratamento C ______ 810 kg

A desigualdade de produção das vacas impediu, pois, uma boa compensação dos efeitos dos períodos. Segue-se, portanto, que o uso do quadrado latino exige, para maior eficiência, que os animais sejam escolhidos de tal modo que tenham produções de leite tão semelhantes quanto possível.

Por outro lado, o número de graus de liberdade para o resíduo, no caso do quadrado latino de $3 \times 3$ em discussão, é insuficiente; há, pois, necessidade de usar vários quadrados latinos (4, por exemplo). As vacas de um mesmo quadrado latino deverão ter produções semelhantes, mas de um quadrado latino para outro pode variar o nível de produção dos animais. As seqüências (ACB, BAC, CBA) de tratamentos, correspondentes às colunas, são atribuídas ao acaso às vacas de cada grupo.

A análise da variância segue o seguinte esquema, no caso de 4 quadrados latinos de $3 \times 3$.

| Causa de variação | Graus de liberdade |
|---|---|
| Grupos de vacas (quadrados latinos) | 3 |
| Vacas dentro dos grupos | 8 |
| Períodos (linhas) dentro dos grupos | 8 |
| Tratamentos | 2 |
| Interação tratamentos × quadrados latinos | 6 |
| Resíduo | 8 |
| Total | 35 |

Para explicar a análise, utilizaremos os dados da Tabela 14.4.1, adaptados de Cochran et al. (1941).

Temos:

$$\begin{aligned} \text{SQTotal} &= \Sigma x^2 - C \\ &= 21.530.497 - 20.834.660 \\ &= 695.837 \end{aligned}$$

$$\begin{aligned} \text{SQGrupos} &= \left(\frac{1}{9}\right)[(6.972)^2 + \ldots + (6.258)^2] - C \\ &= 73.479 \\ \text{SQPeríodos d. grupos} &= \left(\frac{1}{3}\right)[(2.212)^2 + \ldots + (2.168)^2] - \\ &\quad - C - \text{SQGrupos} \\ &= 35.654 \\ \text{SQVacas d. grupos} &= \left(\frac{1}{3}\right)[(2.195)^2 + \ldots + (2.028)^2] - \\ &\quad - C - \text{SQGrupos} \\ &= 96.263 \end{aligned}$$

**Tabela 14.4.1.** Produções de leite em um ensaio de alimentação de vacas.

| | 1º grupo | | | | 2º grupo | | | |
|---|---|---|---|---|---|---|---|---|
| | Vaca 1 | Vaca 2 | Vaca 3 | | Vaca 4 | Vaca 5 | Vaca 6 | |
| 1º período | 527 (A) | 696 (B) | 989 (C) | 2.212 | 608 (A) | 885 (B) | 940 (C) | 2.433 |
| 2º período | 883 (C) | 635 (A) | 899 (B) | 2.417 | 715 (B) | 1.087 (C) | 766 (A) | 2.568 |
| 3º período | 785 (B) | 901 (C) | 657 (A) | 2.343 | 844 (C) | 711 (A) | 832 (B) | 2.387 |
| | 2.195 | 2.232 | 2.545 | 6.972 | 2.167 | 2.683 | 2.538 | 7.388 |

| | 3º grupo | | | | 4º grupo | | | |
|---|---|---|---|---|---|---|---|---|
| | Vaca 7 | Vaca 8 | Vaca 9 | | Vaca 10 | Vaca 11 | Vaca 12 | |
| 1º período | 472 (A) | 734 (B) | 897 (C) | 2.103 | 586 (A) | 635 (B) | 805 (C) | 2.026 |
| 2º período | 819 (C) | 644 (A) | 766 (B) | 2.229 | 723 (B) | 799 (C) | 542 (A) | 2.064 |
| 3º período | 778 (B) | 953 (C) | 706 (A) | 2.437 | 892 (C) | 595 (A) | 681 (B) | 2.168 |
| | 2.069 | 2.331 | 2.369 | 6.769 | 2.201 | 2.029 | 2.028 | 6.258 |

Para completar a análise da variância, organizamos a Tabela 14.4.2 com os totais de tratamentos em cada quadrado latino ou grupo de vacas, como a seguir.

**Tabela 14.4.2.** Dados para cálculo da interação tratamentos versus grupos.

| **Tratamentos** | **1º grupo** | **2º grupo** | **3º grupo** | **4º grupo** | **Totais de tratamentos** |
|---|---|---|---|---|---|
| Tratamento A | 1.819 | 2.085 | 1.822 | 1.723 | 7.449 |
| Tratamento B | 2.380 | 2.432 | 2.278 | 2.039 | 9.129 |
| Tratamento C | 2.773 | 2.871 | 2.669 | 2.496 | 10.809 |
| Totais de grupos | 6.972 | 7.388 | 6.769 | 6.258 | 27.387 |

Temos agora:

$$\text{SQTrat. e grupos} = \left(\frac{1}{3}\right)[(1.819)^2 + \ldots + (2.496)^2] - C$$

$$= 550.665$$

$$\text{SQTrat.} = \left(\frac{1}{12}\right)[(7.449)^2 + (9.129)^2 + (18.809)^2] - C$$

$$= 470.400$$

$$\text{SQ Trat.} \times \text{Grupos} = \text{SQ Trat. e grupos} - \text{SQTrat.} -$$

$$- \text{ SQGrupos}$$

$$= 550.655 - 470.400 - 73.479$$

$$= 6.786$$

Somos levados, pois, à seguinte análise da variância.

| **Causa de variação** | **GL** | **SQ** | **QM** | **F** |
|---|---|---|---|---|
| Grupos de vacas (G) | 3 | 73.479 | | |
| Vacas dentro dos grupos | 8 | 96.263 | | |
| Períodos dentro dos grupos | 8 | 35.654 | | |
| Tratamentos (T) | 2 | 470.400 | 235.200 | 164,25** |
| Interação T × G | 6 | 6.786 | 1.131 | |
| Resíduo | 8 | 13.255 | 1.657 | |
| Total | 35 | 695.837 | | |

Sendo todos os grupos de animais de mesma raça ou de mestiços análogos, é de esperar que o quadrado médio da interação tratamentos × grupos estime a variância residual. Podemos, então, reunir os 6 graus de liberdade dessa interação aos 8 do resíduo, obtendo:

$$s^2 = \frac{6.786 + 13.255}{14} = 1.432$$

com 14 graus de liberdade. O valor de F do quadro foi calculado com esse novo quadrado médio residual.

As médias de tratamentos são:

Tratamento A ______620,8

Tratamento B ______760,8

Tratamento C ______900,8

A diferença mínima significativa para essas médias, pelo teste de Tukey, ao nível de 5% de probabilidade, é:

$$\Delta = q\frac{s}{\sqrt{12}} = 3,70 \quad \frac{37,8}{\sqrt{12}} = 40,4$$

Verifica-se, pois, que os três tratamentos diferem significativamente entre si.

O coeficiente de variação, de apenas 5%, é bem baixo, o que demonstra a eficiência do experimento.

A falta de um intervalo de separação, de uma semana ou pouco mais, entre os períodos sucessivos, permitiu, no caso em discussão, que os efeitos residuais dos tratamentos sobre os subseqüentes fossem bastante sensíveis. Para avaliá-los, pode-se recorrer ao método proposto por Cochran e outros (1941), mas nos parece que seria preferível simplesmente desprezar a produção de leite da primeira semana ou das duas primeiras semanas de cada período experimental.

Há um interessante trabalho sobre o assunto, publicado por Assis et al. (1959).

## 14.5. Ensaios de reversão

Essa é a tradução para os ensaios em *switch-back* dos norte-americanos. Os delineamentos respectivos se destinam especificamente a vacas leiteiras, embora se possam também aplicar a casos análogos (do ponto de vista da experimentação), como o das galinhas poedeiras.

Cada animal é utilizado em três períodos experimentais sucessivos, cada um de cerca de três semanas. Para evitar os efeitos residuais de um período sobre o subseqüente, e para permitir que os animais se habituem aos alimentos, a produção da semana inicial de cada período deve ser desprezada.

Nos ensaios de reversão, os períodos inicial e final têm sempre o mesmo tratamento, que é comparado com o tratamento usado no segundo período. O fundamento do método está na queda persistente da produção de leite das vacas, depois de uma breve fase inicial de produção crescente. Por isso, os delineamentos em discussão só devem ser aplicados a animais que no início do ensaio já tenham ultrapassado o pico da lactação, isto é, mais ou menos dois meses depois da parição, e que, no fim do ensaio, não tenham ultrapassado a metade do período de gestação subseqüente.

Sendo **p** o número de tratamentos, cada ensaio exige p(p – 1) animais, cada um recebendo uma seqüência de tratamentos, ou um múltiplo desse número: esses são os **delineamentos completos**.

Assim, para o caso de 2 tratamentos (A, B), devemos usar 2 animais ou um múltiplo deste número. Os animais de cada par receberão, por sorteio, as seqüências de tratamentos seguintes.

| | **1º animal** | **2º animal** |
|---|---|---|
| 1º período | A | B |
| 2º período | B | A |
| 3º período | A | B |

Para o caso de 3 tratamentos (A, B, C), o número de animais (ou seqüências) é 3 × 2 = 6, como se segue.

| | | |
|---|---|---|
| A | B | C |
| B | C | A |
| A | B | C |

| | | |
|---|---|---|
| B | C | A |
| A | B | C |
| B | C | A |

Se dispusermos de 6 animais, poderemos iniciar o ensaio simultaneamente para todos eles, e não haverá necessidade de blocos. Sendo necessário, porém, poderemos começar com 3 animais em um bloco, ficando o outro bloco para época posterior. Os blocos são organizados como se mostra a seguir.

| **1º bloco** | | |
|---|---|---|
| A | B | C |
| B | C | A |
| A | B | C |

| **2º bloco** | | |
|---|---|---|
| B | C | A |
| A | B | C |
| B | C | A |

Para cada animal, em qualquer caso, calcula-se o número:

$$D = Y_1 - 2Y_2 + Y_3$$

que serve de base a toda a análise estatística. Aí $Y_1$ indica a produção do animal no primeiro período; $Y_2$, no segundo; e $Y_3$, no terceiro. Antes de mais nada, calculamos a correção:

$$C = \frac{(\Sigma D)^2}{3np(p-1)}$$

onde n = 2r, sendo **r** o número de vacas usadas para cada uma das seqüências de tratamentos. A soma de quadrados total é:

$$SQTotal = \left(\frac{1}{6}\right)\Sigma D^2 - C$$

A seguir calculamos o valor $Q_i$ correspondente a cada um dos tratamentos:

$$Q_i = \Sigma' D - \Sigma'' D$$

onde $\Sigma' D$ é a soma dos valores de D das vacas que recebem o tratamento em questão no primeiro e no terceiro períodos, e $\Sigma'' D$ é a soma dos valores de D das vacas que o recebem no segundo período.

Calculamos a seguir a soma de quadrados de tratamentos:

$$SQT = \left(\frac{1}{6}np\right)\Sigma Q^2$$

No caso de não haver blocos, obtém-se, pois, a seguinte análise da variância.

| **Causa de variação** | **GL** | **SQ** |
|---|---|---|
| Tratamentos | $p - 1$ | $\left(\frac{1}{6}np\right)\Sigma Q^2$ |
| Resíduo | Por subtração | Por subtração |
| Total | $\left(\frac{1}{2}\right)np(p-1) - 1$ | $\left(\frac{1}{6}\right)\Sigma D^2 - C$ |

No caso de haver blocos, calculamos ainda a soma de quadrados respectiva:

$$SQB = \left(\frac{1}{6}\right)\Sigma\left(\frac{1}{m_u}\right)B_u^2 - C$$

onde $\mathbf{B_u}$ é o total do bloco **u**, e $\mathbf{m_u}$ é o número de animais nele incluídos.

A análise da variância tem, então, o esquema seguinte, onde **b** é o número de blocos utilizados.

| **Causa de variação** | **GL** | **SQ** |
|---|---|---|
| Tratamentos | $p - 1$ | $\left(\frac{1}{6}np\right)\Sigma Q^2$ |
| Blocos | $b - 1$ | $\left(\frac{1}{6}\right)\Sigma\left(\frac{1}{m_u}\right)B_u^2 - C$ |
| Resíduo | Por subtração | Por subtração |
| Total | $\left(\frac{1}{2}\right)np(p-1)$ | $\left(\frac{1}{6}\right)\Sigma D^2 - C$ |

Nos dois casos, os quadrados médios e o teste F para tratamentos são calculados da maneira usual.

As médias de tratamentos são calculadas pela fórmula:

$$\hat{m}_i = \bar{Y} + \left(\frac{1}{2}np\right)Q_i$$

Saliente-se que $\bar{Y}$ é a média dos valores Y observados para todas as vacas. No caso de o número de tratamentos (**p**) ser ímpar e maior do que 4, pode-se usar um delineamento reduzido, com apenas $\left(\frac{1}{2}\right)p(p-1)$ seqüências de tratamentos. Nesse caso, as fórmulas dadas para a análise continuam válidas, desde que tomemos n = r, onde **r** é ainda o número de vacas usadas para cada seqüência de tratamentos.

Tomaremos como exemplo um ensaio de Lucas (1956), cujos dados são reproduzidos na Tabela 14.5.1. Consideraremos p = 3 tratamentos (A, B, C), com 2 animais para cada seqüência de tratamentos.

Como se trata de delineamento completo, temos:

$$n = 2r = 2 \times 2 = 4$$

**Tabela 14.5.1.** Produções de leite num ensaio de reversão.

| | **1º período ($Y_1$)** | **2º período ($Y_2$)** | **3º período ($Y_3$)** | **$D = Y_1 - 2Y_2 + Y_3$** |
|---|---|---|---|---|
| **1º bloco** | | | | |
| Vaca 1 | 34,6 (A) | 32,3 (B) | 28,5 (A) | –1,5 |
| Vaca 2 | 22,8 (B) | 21,0 (C) | 18,6 (B) | –0,6 |
| Vaca 3 | 32,9 (C) | 33,1 (A) | 27,5 (C) | –5,8 |
| Vaca 4 | 48,9 (A) | 46,9 (C) | 42,0 (A) | –2,9 |
| Vaca 5 | 21,8 (B) | 23,9 (A) | 21,7 (B) | –4,3 |
| Vaca 6 | 25,4 (C) | 26,0 (B) | 23,9 (C) | –2,7 |
| **Totais do 1º bloco** | 186,4 | 183,2 | 162,6 | –17,8 |
| **2º bloco** | | | | |
| Vaca 7 | 30,4 (A) | 29,5 (C) | 26,7 (A) | –1,9 |
| Vaca 8 | 35,2 (B) | 33,5 (A) | 28,4 (B) | –3,4 |
| Vaca 9 | 30,8 (C) | 29,3 (B) | 26,4 (C) | –1,4 |
| **Totais do 2º bloco** | 96,4 | 92,3 | 81,5 | –6,7 |
| **3º bloco** | | | | |
| Vaca 10 | 38,7 (A) | 37,4 (B) | 34,4 (A) | –1,7 |
| Vaca 11 | 25,7 (B) | 26,1 (C) | 23,4 (B) | –3,1 |
| Vaca 12 | 21,4 (C) | 22,0 (A) | 19,4 (C) | –3,2 |
| **Totais do 3º bloco** | 85,8 | 85,5 | 77,2 | –8,0 |
| **Totais gerais** | 368,6 | 361,0 | 320,9 | –32,5 |

A correção é:

$$C = \frac{(\Sigma D)^2}{3np(p-1)} = \frac{(-32,5)^2}{3(4)(3)(2)} = 14,67$$

Além disso, temos:

$$\begin{aligned} \text{SQTotal} &= \left(\frac{1}{6}\right)\Sigma D^2 - C \\ &= \left(\frac{1}{6}\right)[(-1,5)^2 + \ldots + (-3,2)^2] - C \\ &= 3,72 \end{aligned}$$

$$\text{SQB} = \left(\frac{1}{6}\right)^2 \Sigma\left(\frac{1}{m_u}\right)B_u - C$$

$$= \left(\frac{1}{6}\right)\left[\frac{(-17,8)^2}{6} + \frac{(-6,7)^2}{3} + \frac{(-8,0)^2}{3}\right] - C$$

$$= 0,18$$

Para achar a soma de quadrados de tratamentos (SQT), começamos calculando os valores de Q. Para o tratamento A, temos:

$$Q_1 = (-1,5 - 2,9 - 1,9 - 1,7) - (-5,8 - 4,3 - 3,4 - 3,2) = 8,7$$

e para os demais:

$$Q_2 = (-0,6 - 4,3 - 3,4 - 3,1) - (-1,5 - 2,7 - 1,4 - 1,7) = -4,1$$

$$Q_3 = (-5,8 - 2,7 - 1,4 - 3,2) - (-0,6 - 2,9 - 1,9 - 3,1) = -4,6$$

Resulta:

$$SQT = \left(\frac{1}{6}np\right)\Sigma Q^2$$

$$= \frac{1}{6 \times 4 \times 3}[(8,7)^2 + (-4,1)^2 + (-4,6)^2]$$

$$= 1,58$$

Obtemos, pois, a seguinte análise da variância.

| **Causa de variação** | **GL** | **SQ** | **QM** | **F** |
|---|---|---|---|---|
| Blocos | 2 | 0,18 | 0,09 | |
| Tratamentos | 2 | 1,58 | 0,79 | 2,82 |
| Resíduo | 7 | 1,96 | 0,28 | |
| Total | 11 | 3,72 | | |

Não há, portanto, diferença significativa entre tratamentos.

A média geral das produções ($\bar{Y}$) por período é:

$$\bar{Y} = \frac{368,6 + 361,0 + 320,9}{36} = 29,18$$

Logo, a média correspondente ao tratamento A é:

$$\hat{m}_1 = 29,18 + \frac{8,7}{2 \times 4 \times 3} = 29,54$$

Para os demais tratamentos, obtemos, analogamente:

$$\hat{m}_2 = 29,01 \qquad \hat{m}_3 = 28,99$$

A estimativa da variância da diferença entre duas médias quaisquer é:

$$\hat{V}(\hat{m}_1 - \hat{m}_u) = \frac{3s^2}{np}$$

Logo, a diferença mínima significativa, pelo teste de Tukey, será:

$$\Delta = q\sqrt{\left(\frac{1}{2}\right)\hat{V}(\hat{m}_i - \hat{m}_u)}$$

$$= q\sqrt{\frac{3s^2}{2np}}$$

No caso em discussão e ao nível de 5% de probabilidade, temos:

$$\Delta = 4,16\sqrt{\frac{3(0,28)}{2(4)(3)}} = 0,78$$

Como seria de esperar pelo teste F, não são significativas as diferenças entre médias de tratamentos.

O coeficiente de variação é bem baixo:

$$CV = \frac{100\sqrt{0,28}}{29,18} = 1,8\%$$

Para alguns casos de 4 ou mais tratamentos, os delineamentos que podem ser usados são os dados a seguir, reproduzidos do trabalho de Lucas (1956).

**4 tratamentos (delineamento completo)**

| 1º bloco | | | | 2º bloco | | | | 3º bloco | | | |
|---|---|---|---|---|---|---|---|---|---|---|---|
| A | B | C | D | A | B | C | D | A | B | C | D |
| B | C | D | A | C | D | A | B | D | A | B | C |
| A | B | C | D | A | B | C | D | A | B | C | D |

**5 tratamentos (delineamento reduzido)**

| 1º bloco | | | | |
|---|---|---|---|---|
| A | B | C | D | E |
| B | C | D | E | A |
| A | B | C | D | E |

| 2º bloco | | | | |
|---|---|---|---|---|
| A | B | C | D | E |
| C | D | E | A | B |
| A | B | C | D | E |

**6 tratamentos (delineamento completo)**

| 1º bloco | | | | | |
|---|---|---|---|---|---|
| A | B | C | D | E | F |
| B | C | D | E | F | A |
| A | B | C | D | E | F |

| 2º bloco | | | | | |
|---|---|---|---|---|---|
| A | B | C | D | E | F |
| C | D | E | F | A | B |
| A | B | C | D | E | F |

| 3º bloco | | | | | |
|---|---|---|---|---|---|
| A | B | C | D | E | F |
| D | E | F | A | B | C |
| A | B | C | D | E | F |

| 4º bloco | | | | | |
|---|---|---|---|---|---|
| A | B | C | D | E | F |
| E | F | A | B | C | D |
| A | B | C | D | E | F |

| 5º bloco | | | | | |
|---|---|---|---|---|---|
| A | B | C | D | E | F |
| F | A | B | C | D | E |
| A | B | C | D | E | F |

**7 tratamentos (delineamento reduzido)**

| 1º bloco | | | | | | |
|---|---|---|---|---|---|---|
| A | B | C | D | E | F | G |
| B | C | D | E | F | G | A |
| A | B | C | D | E | F | G |

| 2º bloco | | | | | | |
|---|---|---|---|---|---|---|
| A | B | C | D | E | F | G |
| C | D | E | F | G | A | B |
| A | B | C | D | E | F | G |

| 3º bloco | | | | | | |
|---|---|---|---|---|---|---|
| A | B | C | D | E | F | G |
| D | E | F | G | A | B | C |
| A | B | C | D | E | F | G |

## 14.6. Ensaios de pastejo

Os ensaios de pastejo com bovinos são muito caros, pois exigem grandes áreas e grande número de animais. Como conseqüência, o número de repetições é quase sempre insuficiente, é pequeno o número de graus de liberdade do resíduo e escassa a precisão do experimento. Há, porém, um tipo de delineamento, de introdução recente, que facilitou e barateou muito esses ensaios, tanto para bovinos (casos mais importantes) como para animais de menor porte (como carneiros e cabras).

Consiste o delineamento, denominado zootécnico, em considerar, além dos blocos de parcelas de pasto, blocos de animais, denominados grupos. Cada grupo é formado por animais semelhantes, pela raça, pela idade, pelo peso, pelo tipo (leiteiro ou de corte) etc. Com essa inovação, a unidade experimental passa a ser o animal, e não o conjunto de animais de cada parcela de pasto.

Suponhamos um experimento com novilhos, com t = 6 tratamentos, em b = 2 blocos casualizados. Cada bloco terá, evidentemente, t = 6 parcelas de pasto. Formemos, agora, para o primeiro bloco, 4 grupos homogêneos de 6 novilhos: $G_1$, $G_2$, $G_3$ e $G_4$. Em cada parcela desse bloco, colocaremos 4 novilhos, um de cada grupo. Assim, o primeiro bloco ficará com 24 novilhos, 4 em cada uma das 6 parcelas de pasto, sendo destes 4 novilhos um do grupo $G_1$, um do grupo $G_2$, um do grupo $G_3$ e um do grupo $G_4$. Para o segundo bloco procederemos de modo análogo, com novos grupos de 6 novilhos $G_5$, $G_6$, $G_7$ e $G_8$, colocando em cada parcela 4 animais, sempre um de cada um desses grupos. A análise da variância segue, então, o seguinte esquema.

| **Causa de variação** | **Graus de liberdade** |
|---|---|
| Tratamentos | 5 |
| Grupos (G) | 7 |
| Interação T × G | 35 |
| Total | 47 |

Se não fosse a introdução dos grupos, o esquema seria o seguinte, com apenas 5 graus de liberdade para o resíduo.

| **Causa de variação** | **Graus de liberdade** |
|---|---|
| Tratamentos (T) | 5 |
| Blocos (B) | 1 |
| Resíduo = interação T × B | 5 |
| Total | 11 |

O aumento do número de graus de liberdade do resíduo traz, automaticamente, acréscimo considerável na precisão das estimativas e, portanto, da eficiência do experimento.

## 14.7. Exemplo de análise de um experimento de pastejo

Tomaremos como exemplo os dados da Tabela 14.7.1, adaptados do artigo de Pimentel-Gomes et al. (1988). Temos aí um experimento fatorial de 2 cargas animais × 3 espécies de braquiária, com 2 blocos casualizados e 5 grupos de novilhos. A soma de quadrados total é:

$$\text{SQTotal} = (312)^2 + (312)^2 + (294)^2 + \ldots + (338)^2 - C$$

$$\text{com } C = \frac{G^2}{90} = \frac{(16.056)^2}{90} = 5.370.732. \text{ Logo:}$$

$$\text{SQTotal} = 5.444.182 - 5.370.732 = 73.450$$

Temos ainda:

$$\text{SQGrupos} = \frac{(1.761)^2 + \ldots + (2.195)^2 + (1.774)^2 + \ldots + (2.113)^2}{6} - C$$

$$= 29.364$$

**Tabela 14.7.1.** Dados de pesagem de um experimento de pastejo de bovinos, fatorial de 3 espécies de braquiária × 2 cargas animais (0,9 A/ha e 1,5 A/ha), em 2 blocos casualizados (de pasto) e grupos homogêneos de novilhos. (B = carga baixa, A = carga alta)

| **1º bloco** | **BH** | **BR** | **BD** | **AH** | **AR** | **AD** | **Totais de grupos** |
|---|---|---|---|---|---|---|---|
| Grupo 1 | 312 | 312 | 294 | 268 | 265 | 310 | 1.761 |
| Grupo 2 | 350 | 345 | 360 | 355 | 345 | 288 | 2.043 |
| Grupo 3 | 341 | 381 | 368 | 343 | 319 | 334 | 2.086 |
| Grupo 4 | 380 | 340 | 400 | 333 | 407 | 335 | 2.195 |
| | 1.383 | 1.378 | 1.422 | 1.299 | 1.336 | 1.267 | 8.085 |
| **2º bloco** | **BH** | **BR** | **BD** | **AH** | **AR** | **AD** | **Totais de grupos** |
| Grupo 5 | 316 | 266 | 340 | 318 | 234 | 300 | 1.774 |
| Grupo 6 | 325 | 370 | 363 | 247 | 341 | 347 | 1.993 |
| Grupo 7 | 341 | 396 | 357 | 285 | 362 | 350 | 2.091 |
| Grupo 8 | 364 | 377 | 390 | 295 | 349 | 338 | 2.113 |
| | 1.346 | 1.409 | 1.450 | 1.145 | 1.286 | 1.335 | 7.971 |
| **Totais de tratamentos** | 2.729 | 2.787 | 2.872 | 2.444 | 2.622 | 2.602 | G = 16.056 |

A SQTratamentos é:

$$\text{SQT} = \frac{(2.729)^2 + \ldots + (2.602)^2}{8} - C$$

$$= 5.385.202 - 5.370.732$$

$$= 14.470$$

A análise da variância é, portanto, a seguinte.

| Causa de variação | GL | SQ | QM | F |
|---|---|---|---|---|
| Tratamentos | 5 | 14.470 | 2.894 | 3,42** |
| Grupos | 7 | 29.362 | 4.195 | 4,96** |
| Resíduo | 35 | 29.618 | 846 | |
| Total | 47 | 73.450 | | |

No entanto, os tratamentos foram estabelecidos em esquema fatorial, do seguinte modo: 3 espécies de capim (*Brachiaria humidicola, B. ruziziensis* e *B. decumbens*) e dois níveis de carga animal: baixa (0,9 unidade animal/ha) e alta (1,5 UA/ha), com os totais da tabela seguinte.

| | Espécies | | | |
|---|---|---|---|---|
| **Carga** | ***B. humidicola*** | ***B. ruziziensis*** | ***B. decumbens*** | |
| Baixa | 2.729 | 2.787 | 2.872 | 8.388 |
| Alta | 2.444 | 2.622 | 2.602 | 7.668 |
| | 5.173 | 5.409 | 5.474 | G = 16.056 |

Com esses dados, seguindo os métodos do Capítulo 7 (Experimentos fatoriais), obtemos:

$$\text{SQEspécies} = 3.136$$

$$\text{SQCargas} = 10.800$$

$$\begin{aligned}\text{SQInt. Espécies} \times \text{Cargas} &= \text{SQT} - \text{SQEspécies} - \text{SQCargas} \\ &= 14.470 - 3.136 - 10.800 \\ &= 534\end{aligned}$$

A análise da variância completa é, portanto, a da Tabela 14.7.2.

**Tabela 14.7.2.** Análise da variância completa.

| Causa de variação | GL | SQ | QM | F |
|---|---|---|---|---|
| Espécies (E) | 2 | 3.136 | 1.568 | 1,85 |
| Cargas animais (C) | 1 | 10.800 | 10.800 | 12,77** |
| Interação E × C | 2 | 534 | 267 | 0,316 |
| Resíduo | 35 | 29.616 | 846 | |
| Média = 334,5 kg | | | CV = 8,7% | |

Não se comprova o efeito de espécies, mas o de cargas animais é significativo ao nível de 1% de probabilidade. As médias respectivas são:

Carga baixa: 349,5 kg

Carga alta: 319,5 kg

O artigo de Pimentel-Gomes et al. dá outros detalhes importantes sobre esse tipo de delineamento, inclusive a fórmula para estimação de parcela perdida.

## 14.8. Bibliografia

ASSIS, F. P.; ROCHA, G. L.; GUARAGNA, R. N.; BECKER, M.; CINTRA, B. Valor das silagens simples e mistas da dieta de vacas leiteiras. **Boletim de Indústria Animal, 17**: 207-15, 1959.

COCHRAN, W. G.; AUTREY, K. M.; CANNON, C. Y. A double change-over design for dairy cattle feeding experiments. **J. Dairy Science, 24**: 937-851, 1941.

KALIL, E. B. **Princípios de técnica experimental com animais**. Piracicaba: Esalq, 1974 (mimeo).

LUCAS, H. L. Switch-back trials for more than two treatments. **J. Dairy Science, 39**: 146-54, 1956.

LUCAS, H. L. Experimental designs and analysis for feeding efficiency trials with dairy cows. In: **Feed Utilization by Dairy Cows**. Ames, Iowa: Iowa State College Press, 1958.

PIMENTEL-GOMES, F.; NUNES, S. G.; GOMES, M. DE B.; CURVO, J. B. E. Modificação na análise da variância de ensaios de pastejo com bovinos, considerando os blocos de animais. **Pesq. Agr. Brasileira 23**(9): 951-6, 1988.

TORRES, A. P.; PIMENTEL-GOMES, F. Substituição de subprodutos de trigo pelo sorgo moído na alimentação de pintos. Escola Superior de Agricultura "Luiz de Queiroz". **Anais E.S.A. "Luiz de Queiroz" 16**: 251-76, 1959.

# 15

# O TESTE DE QUI-QUADRADO E SUAS APLICAÇÕES

## 15.1. Introdução

Em muitos dos trabalhos científicos experimentais, a análise da variância não pode ser usada ou apresenta restrições muito sérias, dadas as suas limitações, indicadas no Capítulo 2. Por outro lado, em muitos desses casos, a aplicação direta do cálculo de probabilidades ou do teste de qui-quadrado ($\chi^2$) dá soluções elegantes e convenientes. O cálculo de probabilidades, embora atraente pela sua simplicidade teórica, leva-nos, na prática, na maioria dos casos, a cálculos excessivamente trabalhosos. O teste de $\chi^2$, ao contrário, embora apenas aproximado e com numerosas limitações, é de aplicação relativamente fácil. Neste capítulo, buscaremos indicar o uso desse teste, com suas restrições, e também algo sobre o teste de Fisher, que pode substituí-lo em alguns casos.

## 15.2. Tabelas de contingência de 2 × n

Em muitos trabalhos experimentais, os dados colhidos representam ocorrências de certos fenômenos que podem ser classificados em uma tabela, chamada de contingência, como a seguinte.

| Natureza das vacas | Acasalamentos | | Totais de acasalamentos |
|---|---|---|---|
| | Fecundos | Infecundos | |
| Charolesa | 515 | 1.287 | 1.802 |
| Indubrasil | 506 | 665 | 1.171 |
| Nelore | 58 | 70 | 128 |
| 1/2 Charolês-Zebu | 205 | 93 | 298 |
| | 1.284 | 2.115 | 3.399 |

Esses dados, tirados do livro de Vianna, Santiago e Pimentel-Gomes (1978), sugerem que o gado Charolês é menos fecundo do que os demais gados que constam da tabela. Para verificar se há diferenças significativas de fecundidade entre esses tipos de gado, pode-se aplicar o teste $\chi^2$, da maneira exposta a seguir.

Começamos calculando as freqüências esperadas, admitida a hipótese de que todas as raças ou mestiços se comportem igualmente. Para isso, fazemos regras de três. No caso das vacas charolesas, o número esperado **x** de acasalamentos fecundos seria dado pela regra de três seguinte.

$$3.399 \longrightarrow 1.284$$

$$1.802 \longrightarrow \quad x$$

$$x = \frac{1.802 \times 1.284}{3.399} = 680,7$$

O número correspondente de acasalamentos infecundos pode ser obtido por subtração.

$$1.802 - 680,7 = 1.121,3$$

Procedemos de modo análogo para outros casos. E obtemos os dados que constam entre parênteses, na tabela seguinte.

| Natureza das vacas | Acasalamentos | | Totais de acasalamentos |
|---|---|---|---|
| | Fecundos | Infecundos | |
| Charolesa | 515 (680,7) | 1.287 (1.121,3) | 1.802 |
| Indubrasil | 506 (442,4) | 665 (728,6) | 1.171 |
| Nelore | 58 (48,4) | 70 (79,6) | 128 |
| 1/2 Charolês-Zebu | 205 (112,6) | 93 (185,4) | 298 |
| | 1.284 | 2.115 | 3.999 (N) |

Os totais marginais, dois embaixo e quatro à direita, devem ser os mesmos, quer para as freqüências esperadas, quer para as observadas, salvo para pequenas diferenças de aproximação, como no caso em questão. Daí resulta que na tabela, de $2 \times 4 = 8$ freqüências, apenas $(2-1)(4-1) = (1)(3) = 3$ freqüências esperadas podem ser fixadas por uma hipótese que se testa; as restantes podem ser obtidas por subtração dos totais marginais. Diz-se, pois, que o $\chi^2$ que vamos calcular tem 3 graus de liberdade.

O cálculo é feito pela fórmula:

$$X^2 = \Sigma \frac{(f_o - f_e)^2}{f_e}$$

onde $f_o$ representa a freqüência observada; e $f_e$ a freqüência esperada. Embora o teste seja de $\chi^2$, é usual indicar por $X^2$, como acima, o valor de $\chi^2$ calculado.

Temos, portanto:

$$X^2 = \frac{(515-680,7)^2}{680,7} + \frac{(1.287-1.121,3)^2}{1.121,3} + \ldots + \frac{(93-185,4)^2}{185,4}$$

$$= 204,45$$

O valor de $\chi^2$ obtido, com 3 graus de liberdade, é comparado com o que se obtém na Tabela 13 (p. 425). Para o nível de 5%, a tabela nos dá $\chi^2 = 7{,}82$, e para o de 1%, $\chi^2 = 11{,}34$. Como o valor de $X^2$ obtido excede o último nível de significância, dizemos que há significação estatística ao nível de 1%. Daí decorre que é rejeitada a hipótese de proporções iguais para acasalamentos fecundos e infecundos em todos os tipos de vacas estudados, isto é, conclui-se que há diferença significativa entre as fecundidades das raças ou mestiços ensaiados.

Ao aplicar o teste de $\chi^2$ a tabelas de $2 \times n$, com $n > 2$, da maneira exposta, é necessário considerar as seguintes restrições:

- A freqüência esperada mínima não deve ser inferior a 1.
- Só em poucos casos a freqüência esperada é menor do que 5.

Para tabelas de $m \times n$, em geral (de $3 \times 3$, $3 \times 4$ etc.), o teste de $\chi^2$ pode ser igualmente aplicado da maneira exposta e com as restrições indicadas.

Uma particularidade importante do teste de $\chi^2$ é que, sendo feito com quadrados de desvios, não distingue o sinal desses desvios; corresponde a um teste bilateral para desvios. Se tivermos, porém, conhecimento prévio, por uma hipótese ou por trabalhos anteriores, do sentido dos desvios (se para mais ou para menos), as tabelas de $\chi^2$ comuns, tais como a Tabela 13, podem ser usadas, mas tomando a metade da probabilidade indicada, isto é, os limites de 10%

correspondem ao nível de significância de 5%, e assim por diante. No caso em questão, o $\chi^2$ unilateral, com 3 graus de liberdade, ao nível de 5%, teria como limite de significância o valor $\chi^2 = 6{,}25$; o valor correspondente ao nível de 1% seria $\chi^2 = 9{,}84$, que na tabela aparece como referente ao nível de 2%.

## 15.3. Tabelas de contingência de 2 × 2

Os dados da tabela da seção 15.2 podem ser agrupados como se segue, em uma tabela de 2 × 2, análoga a outras tabelas muito comuns na pesquisa biológica.

| **Natureza das vacas** | **Acasalamentos** | | **Totais de acasalamentos** |
|---|---|---|---|
| | **Fecundos** | **Infecundos** | |
| Charolesa | 515 | 1.287 | 1.802 |
| Zebu ou azebuada | 769 | 828 | 1.597 |
| | 1.284 | 2.115 | 3.399 (N) |

Podemos aplicar o teste de $\chi^2$, como no caso anterior. Para os acasalamentos fecundos de vacas charolesas, admitindo-se igualdade de fecundidade para os dois tipos de vacas, a freqüência esperada é:

$$f_e = \frac{1.802 \times 1.284}{3.399} = 680{,}7$$

As demais freqüências esperadas podem ser calculadas por subtração dos totais marginais. Obtemos assim os números entre parênteses que constam da tabela seguinte.

| **Natureza das vacas** | **Acasalamentos** | | **Totais de acasalamentos** |
|---|---|---|---|
| | **Fecundos** | **Infecundos** | |
| Charolesa | 515 (680,7) | 1.287 (1.121,3) | 1.802 |
| Zebu ou azebuada | 769 (603,3) | 828 (993,7) | 1.597 |
| | 1.284 | 2.115 | 3.399 (N) |

Temos, pois, com 1 grau de liberdade:

$$X^2 = \frac{(515 - 680{,}7)^2}{680{,}7} + \frac{(1.287 - 1.121{,}3)^2}{1.121{,}3} + \frac{(796 - 603{,}3)^2}{603{,}3}$$

$$+ \frac{(828 - 993{,}7)^2}{993{,}7}$$

Nota-se, porém, que todos os numeradores são iguais, bastando calcular um só deles. Portanto:

$$X^2 = (515 - 680,7)^2 \left[ \frac{1}{680,7} + \frac{1}{1.121,3} + \frac{1}{603,3} + \frac{1}{993,7} \right]$$

$$= 137,96^{**}$$

O valor da tabela correspondente ao nível de 5% é 3,84, e o que cabe ao nível de 1% é 6,64. Temos, pois, um resultado significativo ao nível de 1% de probabilidade, do que resulta que a hipótese de nulidade deve ser rejeitada, isto é, a hipótese de que haja fecundidade igual para as duas classes de vacas (charolesas, de um lado, zebus ou azebuadas, de outro lado). E se conclui que o gado Zebu ou azebuado estudado é significativamente mais fecundo do que o Charolês.

Para tabelas de 2 × 2, o $\chi^2$ é calculado mais facilmente pela fórmula:

$$X^2 = \frac{(ad - bc)^2 N}{(a + b)(c + d)(a + c)(b + d)}$$

onde **a**, **b**, **c**, **d** são as freqüências observadas, como na tabela seguinte.

| Natureza das vacas | Acasalamentos | | Totais de acasalamentos |
|---|---|---|---|
| | **Fecundos** | **Infecundos** | |
| Charolesa | 515 (a) | 1.287 (b) | a + b = 1.802 |
| Zebu ou azebuada | 769 (c) | 828 (d) | c + d = 1.597 |
| | a + c = 1.284 | b + d = 2.115 | N = 3.399 |

Temos, portanto:

$$X^2 = \frac{(515 \times 828 - 769 \times 1.287)^2 (3.399)}{(1.284)(2.115)(1.802)(1.597)} = 138,00^{**}$$

A pequena diferença em relação ao valor obtido anteriormente se deve às aproximações de decimais.

O teste de $\chi^2$ aplicado a tabelas de 2 × 2 não deve ser usado, segundo Cochran (1954), nos seguintes casos: 1) se a freqüência total N for menor do que 20; 2) se a freqüência total N estiver entre 20 e 40 e a freqüência esperada mínima for menor do que 5. Em todos os casos, a freqüência esperada mínima deve ser pelo menos igual a 1.

Sempre que a freqüência esperada mínima for pequena (inferior a 20, por exemplo), é tradicional o uso da correção de continuidade ou de Yates, que consiste em subtrair 0,5 da diferença, em valor absoluto, entre a freqüência observada e a freqüência esperada em todos os casos da tabela 2 × 2. No caso presente, a diferença em valor absoluto é 165,7. O $X^2$ com a correção de Yates seria:

$$X^2 = (165,7 - 0,5)^2 \left[ \frac{1}{680,7} + \frac{1}{1.121,3} + \frac{1}{603,3} + \frac{1}{993,7} \right]$$

$$= 137,13^{**}$$

Nesse caso, a correção pouco altera o resultado, como seria de esperar, mas o mesmo não acontece quando as freqüências são baixas e a diferença entre a freqüência observada e a freqüência esperada, em valor absoluto, é pequena. Consideremos, por exemplo, os dados da tabela seguinte, tirados do livro de Vianna, Santiago e Pimentel-Gomes (1978).

| Natureza das vacas | Partos normais | Abortos e natimortos | Total de partos |
|---|---|---|---|
| 1/2 Charolês-Zebu | 310 (307,9) | 23 (25,1) | 333 |
| 3/4 Charolês-Zebu | 34 (36,1) | 5 (2,9) | 39 |
| | 344 | 28 | 372 |

Nesse caso, o $\chi^2$ com correção de Yates será:

$$X^2 = (2,1 - 0,5)^2 \left[ \frac{1}{307,9} + \frac{1}{25,1} + \frac{1}{36,1} + \frac{1}{2,9} \right]$$

$$= 1,06$$

O valor não corrigido seria $X^2 = 1,83$, que difere bastante do anterior. No caso em questão, nenhum deles é significativo, mas poderia ocorrer que a correção de Yates alterasse a significação estatística do $X^2$ calculado.

O $X^2$ com correção de Yates para tabelas 2 × 2 pode ser calculado por uma fórmula análoga à dada em 15.3, que é a seguinte:

$$X^2 = \frac{(|ad - bc| - 0,5N)^2 N}{(a + b)(c + d)(a + c)(b + d)}$$

No caso presente, obtemos:

$$X^2 = \frac{(768 - 186)^2 (372)}{(344)(28)(333)(39)} = 1,01$$

A diferença do valor agora obtido em relação ao calculado anteriormente (1,06) se deve a aproximações de decimais.

No entanto, pesquisas de Grizzle (1967) mostram que é preferível não aplicar a correção de Yates e calcular o $X^2$ sem ela.

## 15.4. O teste de Fisher

Nas tabelas de contingência de 2 × 2, quando, de acordo com as regras de Cochran (1954) apresentadas na seção 15.3, não deve ser usado o teste de qui-quadrado, cabe recurso ao teste de Fisher (1934), baseado exclusivamente no cálculo de probabilidades.

Consideremos, por exemplo, o quadro seguinte, de dados sobre a prova de xícara do café, adaptados de Barbosa et al. (1962). Trata-se de resultados obtidos para a prova de xícara de duas amostras de café, uma de café Mole, outra de café Duro, que foram classificadas por degustadores especializados.

| | **Natureza do café** | | |
|---|---|---|---|
| **Classificação pelos degustadores** | **Apenas Mole** | **Duro** | |
| Apenas mole | 10 (6,8) | 2 (5,2) | 12 |
| Duro | 3 (6,2) | 8 (4,8) | 11 |
| | 13 | 10 | 23 |

Percebe-se que os degustadores classificaram corretamente o café Apenas Mole em 10 casos, mas em 3 o consideraram Duro. Já o café Duro foi classificado corretamente em 8 casos, mas foi tomado como Apenas Mole em duas oportunidades. Queremos saber se há diferença estatisticamente significativa para a classificação desses cafés.

As freqüências esperadas são todas bastante baixas, e a menor delas já é ligeiramente inferior a 5. Por outro lado, a freqüência total é N = 23 e está, pois, entre 20 e 40.

O teste de $\chi^2$, que nesse caso já é pouco aconselhável, nos daria $X^2 = 7{,}26^{**}$, com 1 grau de liberdade, valor significativo ao nível de 1%. Com a correção de Yates, atualmente desaconselhada, obtém-se $X^2 = 5{,}17^{*}$, valor significativo ao nível de 5% e correspondente, aproximadamente, a uma probabilidade de 2,3%.

O melhor, porém, é fazer o teste de Fisher, de aplicação fácil quando as freqüências são baixas. Sejam **a**, **b**, **c**, **d** as freqüências observadas na tabela 2 × 2, como se segue.

| Classificação pelos degustadores | Natureza do café | | |
|---|---|---|---|
| | **Apenas Mole** | **Duro** | |
| Apenas Mole | 10 (a) | 2 (b) | 12 |
| Duro | 3 (c) | 8 (d) | 11 |
| | 13 | 10 | 23 |

A probabilidade de uma tabela como essa, com essas freqüências marginais, é:

$$p = \frac{(a+b)!(c+d)!(a+c)!(b+d)!}{N!} \cdot \frac{1}{a!b!c!d!}$$

onde o ponto de exclamação indica a função fatorial.

Em geral, o teste se faz considerando a freqüência mínima da tabela. No caso em questão, essa freqüência mínima é b = 2. Calcula-se, pois, a probabilidade de obter um caso como esse ou mais extremo, isto é, de ter b = 0, 1 ou 2.

Obtemos:

$$p = \frac{12!11!13!10!}{23!}\left(\frac{1}{12!0!1!10!} + \frac{1}{11!1!2!9!} + \frac{1}{10!2!3!8!}\right)$$

$$= 0{,}0101$$

$$= 1{,}01\%$$

O teste assim empregado é unilateral, ao contrário do $\chi^2$, que é bilateral. Esse cálculo nos dá uma probabilidade ligeiramente superior a 1%; temos um resultado significativo ao limite de 5% e também, praticamente, significativo ao limite de 1%.

Será necessário multiplicar por 2 essa probabilidade para compará-la com a obtida pelo teste de $\chi^2$, sem ou com correção de Yates. O teste de Fisher nos dá, então, p' = 2 × 1,01 = 2,02%, valor que combina bem com a probabilidade de 2,3%, que corresponderia ao $\chi^2$ corrigido.

## 15.5. Graus de liberdade individuais em tabelas de contingência

Em uma tabela de contingência como a da seção 15.2, em que há 3 graus de liberdade, pode-se considerar conjuntos de contrastes ortogonais, de maneira a testar isoladamente os 3 contrastes ortogonais correspondentes a esses graus de liberdade. Um contraste poderia ser entre o gado Charolês e o gado Zebu ou mestiço de Zebu (Indubrasil, Nelore, 1/2 Charolês-Zebu). Esse contraste já foi estudado separadamente na seção 15.3 e nos deu $X^2 = 137{,}96^{**}$.

Outro contraste, ortogonal ao anterior, seria entre as raças Zebu e os mestiços Charolês-Zebu, como se vê na tabela seguinte.

| Natureza das vacas | Acasalamentos | | Totais de acasalamentos |
|---|---|---|---|
| | **Fecundos** | **Infecundos** | |
| Indubrasil e Nelore | 564 (625,5) | 735 (673,5) | 1.299 |
| 1/2 Charolês-Zebu | 205 (143,5) | 93 (154,5) | 298 |
| | 769 | 828 | 1.597 |

Temos agora $X^2 = 62{,}50^{**}$.

Um terceiro contraste, ortogonal aos dois primeiros, nos daria a comparação entre as raças zebuínas (Indubrasil e Nelore), como se faria pela tabela seguinte.

| Natureza das vacas | Acasalamentos | | Totais de acasalamentos |
|---|---|---|---|
| | **Fecundos** | **Infecundos** | |
| Indubrasil | 506 (508,4) | 665 (662,6) | 1.171 |
| Nelore | 58 (55,6) | 70 (72,4) | 128 |
| | 564 | 735 | 1.299 |

Agora obtemos $X^2 = 0{,}20$.

Assim, concluiríamos que não há diferença significativa entre a fecundidade das raças zebuínas, mas que estas diferem significativamente dos mestiços 1/2 Charolês-Zebu e que, por sua vez, todo o gado Zebu ou azebuado é significativamente mais fecundo do que o gado Charolês. No entanto, a soma dos valores de $\chi^2$ para os três contrastes nos dá:

$$X^2 = 137{,}96 + 62{,}50 + 0{,}20 = 200{,}66$$

com 3 graus de liberdade, valor que não coincide exatamente com o $X^2$ calculado em 15.2, que era $X^2 = 204{,}45$, também com 3 graus de liberdade. Essa diferença em relação às somas de quadrados na análise de variância é, à primeira vista, pouco satisfatória.

Numerosos trabalhos foram feitos para obter uma partição exata do $\chi^2$ em tabelas de contingência (ver, por exemplo, os artigos de Cochran, 1954; Kimball

1954 e Irwin, 1949). No entanto, o método indicado é satisfatório na maioria dos casos e de aplicação bem simples.

## 15.6. Outras aplicações do teste de qui-quadrado

O teste de $\chi^2$ tem muitas aplicações importantes, além das mencionadas anteriormente. Uma delas é o estudo do ajustamento de distribuições teóricas (como a curva normal) a dados observados. Outra é o ajustamento de freqüências observadas a proporções previstas por teorias ou por hipóteses convenientes. Um exemplo clássico deste último caso é o da segregação mendeliana em ervilhas, como veremos a seguir.

Na descendência obtida de cruzamentos entre plantas com sementes amarelas lisas e outras de sementes verdes rugosas, obtemos na primeira geração ($F_1$) ervilhas amarelas lisas. Estas, cruzadas entre si, dão uma geração $F_2$ com ervilhas dos 4 tipos mencionados a seguir.

| Tipos de ervilhas | Freqüências observadas | Freqüências esperadas |
|---|---|---|
| Amarelas lisas | 315 | 312,75 |
| Verdes lisas | 108 | 104,25 |
| Amarelas rugosas | 101 | 104,25 |
| Verdes rugosas | 32 | 34,75 |
| Total | 556 | 556,00 |

Pela teoria mendeliana, as proporções esperadas para esses tipos de ervilhas são: 9/16, 3/16, 3/16 e 1/16, respectivamente. Com base nessa teoria, calculamos as freqüências esperadas, dadas no quadro acima. Obtemos então, com 3 graus de liberdade:

$$X^2 = \frac{(315 - 312,75)^2}{312,75} + \ldots + \frac{(32 - 34,75)^2}{34,75} = 0,47$$

O limite de 5% é $X^2 = 7,82$. Logo, o valor obtido não é significativo, o que mostra que os dados concordam bem com a hipótese.

## 15.7. Bibliografia

BARBOSA, L. F. ET AL. **Estudos preliminares sobre a prova de xícara do café**. São Paulo, 1962. 38p.

COCHRAN, W. G. The $\chi^2$ test of goodness of fit. **Ann. Math. Stat. 23**: 315-45, 1952.

COCHRAN, W. G. Some methods for strengthening the common $\chi^2$ tests. **Biometrics 10**: 417-51, 1954.

FISHER, R. A. **Statistical methods for research workers**. Londres: Oliver and Boyd, 1934.

GRIZZLE, J. E. Continuity correction in the $\chi^{2-}$ test for 2 × 2 tables. **American Statistician**, 28-32, out. 1967.

IRWIN, J. O. A note on the subdivision of $\chi^2$ into components. **Biometrika 36**: 130-4, 1949.

KIMBALL, A. W. Short-cut formulas for the exact partition of $\chi^2$ in contingency tables. **Biometrics 10**: 452-8, 1954.

VIANNA, A. T.; SANTIAGO, M.; PIMENTEL-GOMES, F. **Formação do gado Canchim**. 2. ed. São Paulo: Nobel, 1978.

# 16

# ANÁLISE DE COVARIÂNCIA

## 16.1. Generalidades

A análise de covariância é uma técnica de bastante interesse, embora seu uso não seja muito comum. Tem por fim utilizar uma ou mais variáveis auxiliares (por exemplo, o número de plantas por parcelas) na interpretação dos dados referentes a uma variável em que estamos primordialmente interessados (a produção, por exemplo). A análise de covariância complementa o controle local e pode até substituí-lo em alguns casos. Por exemplo, ao organizar blocos de vacas leiteiras com base na sua produção na lactação anterior, podemos, complementarmente, adotar essa mesma produção como uma variável auxiliar X a ser usada para corrigir os dados experimentais Y obtidos no ensaio. Isto será útil particularmente se a escassez de animais não permitir organizar blocos bem homogêneos.

## 16.2. Um exemplo

Tomaremos como exemplo um ensaio de controle de pragas do feijoeiro, realizado pelo engenheiro agrônomo João Ferreira do Amaral. Nesse experimento, em 8 blocos casualizados, foram utilizados 5 tratamentos: testemunha, Disyston, Ekatin, Keltane e Diazinon. Além da produção Y, em g/parcela, determinou-se o número de plantas (*stand*) de cada parcela (X), como vemos na Tabela 16.2.1.

**Tabela 16.2.1.** Dados de produção (Y) e de número de plantas por parcela (X), em um ensaio de feijoeiro.

| | | Testemunha | Disyston | Ekatin | Keltane | Diazinon | Totais de blocos |
|---|---|---|---|---|---|---|---|
| 1º bloco | X | 9 | 7 | 9 | 6 | 8 | 39 |
| | Y | 74 | 58 | 118 | 41 | 95 | 386 |
| 2º bloco | X | 9 | 8 | 9 | 9 | 8 | 43 |
| | Y | 51 | 67 | 48 | 38 | 41 | 245 |
| 3º bloco | X | 8 | 5 | 9 | 8 | 9 | 39 |
| | Y | 95 | 40 | 49 | 77 | 39 | 300 |
| 4º bloco | X | 9 | 8 | 9 | 9 | 9 | 44 |
| | Y | 62 | 58 | 64 | 92 | 114 | 390 |
| 5º bloco | X | 9 | 6 | 8 | 7 | 6 | 36 |
| | Y | 60 | 29 | 67 | 57 | 35 | 248 |
| 6º bloco | X | 9 | 8 | 8 | 7 | 8 | 40 |
| | Y | 47 | 64 | 51 | 77 | 49 | 288 |
| 7º bloco | X | 6 | 9 | 8 | 8 | 9 | 40 |
| | Y | 14 | 55 | 15 | 59 | 39 | 182 |
| 8º bloco | X | 8 | 8 | 9 | 8 | 9 | 42 |
| | Y | 19 | 47 | 29 | 32 | 100 | 227 |
| Totais de tratamentos | X | 67 | 59 | 69 | 62 | 66 | ΣX = 323 |
| | Y | 422 | 418 | 441 | 473 | 512 | ΣY = 2.266 |

Podemos começar analisando as produções (Y) da maneira usual. Mas é preciso fazer cálculos análogos para os produtos XY e para a variável X. Temos assim:

$$\text{SQTotal (Y)} = \Sigma Y^2 - \left(\frac{1}{N}\right)(\Sigma Y)^2$$

$$= 152.752 - \left(\frac{1}{40}\right)(2266)^2$$

$$= 24.383{,}10$$

$$\text{SQTotal (X)} = \Sigma X^2 - \left(\frac{1}{N}\right)(\Sigma X)^2$$

$$= 2.653 - \left(\frac{1}{40}\right)(323)^2$$

$$= 44{,}78$$

Analogamente, calcula-se a soma de produtos total (SPTotal):

$$\text{SPTotal} = \Sigma XY - \left(\frac{1}{N}\right)(\Sigma X)(\Sigma Y)$$

$$= 18.657 - \left(\frac{1}{40}\right)(323)(2266)$$

$$= 359,05$$

De maneira semelhante, temos ainda, para os tratamentos:

$$\text{SQT (Y)} = \left(\frac{1}{8}\right)[422^2 + 418^2 + \ldots + 512^2] - \left(\frac{1}{40}\right)(2266)^2$$

$$= 129.145 - 128.368,90$$

$$= 776,10$$

$$\text{SQT (X)} = \left(\frac{1}{8}\right)[67^2 + 59^2 + \ldots + 66^2] - \left(\frac{1}{40}\right)(323)^2$$

$$= 2.616,38 - 2.608,22$$

$$= 8,16$$

$$\text{SPT (XY)} = \left(\frac{1}{8}\right)[(67)(422) + (59)(418) + \ldots + (66)(512)]$$

$$- \left(\frac{1}{40}\right)(323)(2266)$$

$$= 18.310,38 - 18.297,95$$

$$= 12,43$$

Cálculos análogos são feitos para os blocos. Obtém-se, assim, a tabela seguinte.

| | | Somas de quadrados e produtos | | |
|---|---|---|---|---|
| **Causa de variação** | **GL** | **$y^2$** | **xy** | **$x^2$** |
| Blocos | 7 | 7.675,50 | 44,25 | 9,18 |
| Tratamentos | 4 | 776,10 | 12,43 | 8,16 |
| Resíduo | 28 | $R(y^2)$ = 15.931,50 | R(xy) = 302,37 | $R(x^2)$ = 27,44 |
| Total | 39 | 24.383,10 | 359,05 | 44,78 |

Podemos agora calcular as estimativas do coeficiente de regressão ($\hat{b}$) e do coeficiente de correlação (r). Temos:

$$\hat{b} = \frac{R(xy)}{R(x^2)} = \frac{302,37}{27,44} = 11,02$$

$$r = \frac{R(xy)}{\sqrt{R(x^2)R(y^2)}} = \frac{302,37}{\sqrt{(27,44)(15.931,50)}} = 0,457$$

Esse valor de **r** pode ser testado pelo teste de **t** (ver seção 12.4):

$$t = \frac{r}{\sqrt{1 - r^2}}\sqrt{n} = \frac{0,457}{\sqrt{1-(0,457)^2}}\sqrt{27} = 2,67^*$$

onde n = 27 é o número de graus de liberdade do resíduo, depois de ajustado para a regressão, como veremos a seguir.

Podemos agora calcular a soma de quadrados da regressão linear:

$$SQRL = \frac{(302,37)^2}{27,44} = 3.331,91$$

A soma de quadrados do resíduo, ajustada para a regressão, é:

$$SQRes.^* = 15.931,50 - 3.331,91 = 12.599,59$$

com 27 graus de liberdade, pois dos 28 originais se perde um, correspondente à regressão.

O quadrado médio residual correspondente é:

$$s^2 = \frac{12.599,59}{27} = 466,65$$

Para obter a soma dos quadrados dos tratamentos, ajustada de acordo com a regressão, aplicamos o método do resíduo condicional. Para isto, somamos às somas de produtos do resíduo as somas correspondentes a tratamentos, como se vê a seguir.

| | | **Somas de quadrados e produtos** | | |
|---|---|---|---|---|
| **Causa de variação** | **GL** | $y^2$ | xy | $x^2$ |
| Tratamentos | 4 | 776,10 | 12,43 | 8,16 |
| Resíduo | 28 | 15.931,50 | 302,37 | 27,44 |
| Tratamentos + resíduo | | $R'(y^2) = 16.707,60$ | $R'(xy) = 314,80$ | $R'(x^2) = 35,60$ |

Portanto:

$$\text{SQ(Trat. + Resíduo)*} = R'(y^2) - \frac{[R'(xy)]^2}{R'(x^2)}$$

$$= 16.707,60 - \frac{(314,80)^2}{35,60}$$

$$= 13.923,92$$

onde o asterisco indica que foi feito o ajustamento relativo à regressão.

A soma de quadrados (ajustada) para tratamentos será, pois:

$$\text{SQT*} = \text{SQ(Trat. + Resíduo)*} - \text{SQRes.*}$$

$$= 13.923,92 - 12.599,59$$

$$= 1.324,33$$

com 4 graus de liberdade. O quadrado médio (ajustado) para tratamentos é:

$$\text{QMT*} = \frac{1.324,33}{4} = 331,08$$

Todos os cálculos estão resumidos na Tabela 16.2.1. Note-se que:

$$F = \frac{\text{QMT*}}{s^2} = \frac{331,08}{466,65} = 0,709$$

**Tabela 16.2.2.** Análise de covariância dos dados da Tabela 16.2.1.

| | Somas de quadrados e produtos | | | | | | | |
|---|---|---|---|---|---|---|---|---|
| **Causa de variação** | **GL** | **$y^2$** | **xy** | **$x^2$** | **GL** | **SQ** | **QM** | **F** |
| Blocos | 7 | 7.675,50 | 44,25 | 9,18 | | | | |
| Tratamentos | 4 | 776,10 | 12,43 | 8,16 | | | | |
| Resíduo | 28 | 15.931,50 | 302,37 | 27,44 | 27 | 12.599,59 | 466,65 | |
| Total | 39 | 24.383,10 | 359,05 | 44,78 | | | | |
| Trat. + Resíduo | 32 | 16.707,60 | 314,80 | 35,60 | 31 | 13.923,92 | | |
| Trat. (ajust.) | | | | | 4 | 1.324,33 | 331,08 | 0,709 |

$$\text{QMT}(x) = \frac{8,16}{4} = 2,04$$

Verifica-se, pois, que não foi significativo o efeito de tratamentos, mesmo com o uso da covariância, embora este tenha dado um valor de F mais elevado do que se obteria sem sua aplicação (0,709, em lugar de 0,487).

As médias ajustadas ($\hat{Y}_i$) para os tratamentos são dadas pela fórmula:

$$\hat{Y}_i = \bar{Y}_i - \hat{b}(\bar{X}_i - \bar{X})$$

onde $\bar{X}_i$ e $\bar{Y}_i$ são as médias de X e de Y, respectivamente, do tratamento em questão, e $\bar{X}$ é a média geral de X (no caso, $\bar{X} = 8{,}075$). Com isso, podemos calcular os dados da tabela seguinte.

| Tratamentos | Médias de tratamentos | | |
|---|---|---|---|
| | Originais | | Ajustadas |
| | $\bar{Y}_i$ | $\bar{X}_i$ | $\hat{Y}_i = \bar{Y}_i - \hat{b}(\bar{X}_i - \bar{X})$ |
| Testemunha | 52,250 | 7,375 | 59,96 |
| Disyston | 55,125 | 8,625 | 49,06 |
| Ekatin | 59,125 | 7,750 | 62,71 |
| Keltane | 64,000 | 8,250 | 62,07 |
| Diazinon | 52,750 | 8,375 | 49,44 |

Mas o ajustamento das médias de tratamentos de acordo com os valores de X (*stand*) só se justifica, em geral, se as diferenças de *stand* não são devidas aos próprios tratamentos. Isso se verifica por meio de uma análise da variância dos valores de X, como vemos a seguir.

| Causa de variação | GL | SQ | QM | F |
|---|---|---|---|---|
| Blocos | 7 | 9,18 | 1,31 | |
| Tratamentos | 4 | 8,16 | 2,04 | 2,08 |
| Resíduo | 28 | 27,44 | 0,98 | |

Como ao nível de 5% de probabilidade temos F = 2,71, verificamos que não é significativo o valor observado. Mesmo assim, como não é raro que produtos químicos interfiram bastante no número de plantas sobreviventes, devemos tomar com reserva os valores corrigidos, até que novos dados permitam comprová-los.

Para comparar duas médias de tratamentos ajustadas, devemos poder estimar a variância da estimativa do contraste respectivo. Para um contraste:

$$\hat{Z} = c_1\hat{Y}_1 + c_2\hat{Y}_2 + \ldots + c_n\hat{Y}_n$$

$$= \Sigma c_i\hat{Y}_i$$

$$= \Sigma c_i\bar{Y}_i - \hat{b}\Sigma c_i(\bar{X}_i - \bar{X})$$

temos:

$$\hat{V}(\hat{Z}) = s^2\left(\frac{\Sigma c_i^2}{r} + \frac{[\Sigma c_i(\bar{X}_i - \bar{X})]^2}{R(x^2)}\right)$$

onde: $s^2$ = QMRes.* (466,65, neste caso).

No caso de um contraste entre duas médias $\hat{Z}_1 = \hat{Y}_i - \hat{Y}_j$, fica:

$$\hat{V}(\hat{Z}_1) = s^2\left(\frac{2}{r} + \frac{(\bar{X}_i - \bar{X}_j)^2}{R(x^2)}\right)$$

O teste **t** para o contraste seria dado pela expressão:

$$t = \frac{\hat{Y}_i - \hat{Y}_j}{\sqrt{\hat{V}(\hat{Z}_1)}}$$

e o teste de Tukey seria aplicado com o valor:

$$\Delta = q\sqrt{\left(\frac{1}{2}\right)\hat{V}(\hat{Z}_1)}$$

Quando os valores de $\bar{X}_1, \bar{X}_2, \ldots, \bar{X}_n$ não são muito diferentes (o que se pode concluir quando os tratamentos não produzem efeitos significativos na variável X), pode-se usar uma estimativa média para a variância $\hat{V}(\hat{Z}_1)$, aplicável a qualquer contraste entre dois tratamentos. Essa estimativa média tem por expressão:

$$\hat{V}(\hat{Z}_1) = \frac{2s^2}{r}\left(1 + \frac{QMT(x)}{R(x^2)}\right)$$

onde QMT(x) = 2,04 no caso em questão.

## 16.3. Outro exemplo

Tomaremos como exemplo um interessante experimento de Arruda (1952), em blocos casualizados, em que se compararam 21 variedades de soja para estudar sua suscetibilidade ao ataque de nematóides. O terreno em que se localizaram as parcelas era conhecido por sua elevada infestação de nematóides. Em cada parcela foram colocadas plantas da variedade Abura, bastante suscetível a nematóides, cuja infestação X mediria a infestação do solo. Tanto as raízes das variedades do ensaio como as da variedade padrão (Abura) tiveram sua infestação avaliada a olho, com atribuição de notas de zero (sem ataque) a cinco (com infestação severa).

Das variedades estudadas, selecionamos 15, cujos dados constam na Tabela 16.3.1. Nele Y é a média das notas da variedade estudada; e X, a da variedade padrão.

Como no caso anterior, começamos calculando a tabela seguinte.

| | | Somas de quadrados e produtos | | |
|---|---|---|---|---|
| **Causa de variação** | **GL** | $y^2$ | xy | $x^2$ |
| Blocos | 3 | 2,3614 | 2,5458 | 3,2083 |
| Tratamentos | 14 | 34,3187 | –2,5062 | 3,2875 |
| Resíduo | 42 | 21,6230 | 6,6729 | 23,8542 |
| Total | 59 | 58,3031 | 6,7126 | 30,3500 |

**Tabela 16.3.1.** Infestação média de nematóides num ensaio de soja.

| | 1º bloco | | 2º bloco | | 3º bloco | | 4º bloco | | Totais | |
|---|---|---|---|---|---|---|---|---|---|---|
| **Variedades** | **X** | **Y** | **X** | **Y** | **X** | **Y** | **X** | **Y** | **X** | **Y** |
| 1. 455 | 3,00 | 2,50 | 2,50 | 2,00 | 5,00 | 2,00 | 3,25 | 2,50 | 13,75 | 9,00 |
| 2. Choosen | 4,00 | 3,50 | 3,75 | 3,25 | 2,00 | 2,00 | 3,50 | 2,50 | 13,25 | 11,25 |
| 3. Otootan | 4,00 | 1,00 | 4,00 | 1,50 | 3,50 | 1,50 | 3,75 | 0,25 | 15,25 | 4,25 |
| 4. M. Yellow | 3,00 | 1,25 | 4,00 | 1,75 | 3,25 | 3,50 | 2,75 | 2,00 | 13,00 | 8,50 |
| 5. 482 | 3,00 | 3,00 | 4,00 | 3,00 | 2,50 | 2,75 | 2,00 | 1,75 | 11,50 | 10,50 |
| 6. 675 | 3,50 | 2,50 | 1,50 | 1,50 | 3,25 | 2,00 | 4,00 | 2,50 | 12,25 | 8,50 |
| 7. Arksoy | 4,25 | 0,50 | 3,00 | 2,25 | 4,50 | 2,50 | 2,50 | 2,75 | 14,25 | 8,00 |
| 8. Georgian | 3,00 | 3,75 | 3,75 | 3,75 | 4,25 | 5,00 | 2,50 | 4,50 | 13,50 | 17,00 |
| 9. Morro Agudo | 3,25 | 2,00 | 3,00 | 2,00 | 4,50 | 2,00 | 2,50 | 1,00 | 13,25 | 7,00 |
| 10. Avaré | 2,25 | 2,50 | 4,00 | 2,75 | 3,00 | 1,25 | 2,75 | 2,75 | 12,00 | 9,25 |
| 11. P. Barreto | 3,00 | 3,50 | 4,50 | 4,50 | 2,75 | 4,00 | 3,00 | 3,25 | 13,25 | 15,25 |
| 12. Acadian | 3,00 | 1,00 | 3,25 | 2,50 | 4,50 | 3,00 | 3,25 | 3,00 | 14,00 | 9,50 |
| 13. Manloxi | 3,50 | 3,00 | 2,25 | 1,75 | 3,50 | 3,50 | 2,75 | 0,75 | 12,00 | 9,00 |
| 14. 581 | 3,00 | 1,75 | 3,25 | 1,50 | 4,00 | 2,75 | 3,00 | 1,25 | 13,25 | 7,25 |
| 15. R. Grande | 4,00 | 2,50 | 3,25 | 2,00 | 3,50 | 2,75 | 2,75 | 1,75 | 13,50 | 9,00 |
| | 49,75 | 34,25 | 50,00 | 36,00 | 54,00 | 40,50 | 44,25 | 32,50 | 198,00 | 143,25 |

Note-se que, no caso da soma de produtos para tratamentos (SPT), obtemos um resultado negativo, pois temos:

$$\text{SPT} = \frac{1}{4}[(13,75)(9,00) + \ldots] -$$

$$- \left[ (\frac{1}{60})(198,00)(143,25) \right]$$

$$= -2,5062$$

A estimativa do coeficiente de regressão é:

$$\hat{b} = \frac{6,6729}{23,8542} = 0,2797$$

Por sua vez, a estimativa do coeficiente de correlação é:

$$r = \frac{6,6729}{\sqrt{(23,8542)(21,6230)}} = 0,2928$$

ao qual corresponde o valor:

$$t = \frac{0,2928}{\sqrt{1 - (0,2928)^2}} \sqrt{41} = 1,97$$

onde 41 = 42 – 1 é o número de graus de liberdade de **r**. Esse valor de **t** quase atinge o limite de significância, que é 2,02, para 41 graus de liberdade. Mas a análise de covariância pode ser feita independentemente da significância do valor de **r** obtido.

Obtemos a seguir a soma de quadrados do resíduo, ajustada para a regressão:

$$\text{SQRes.}^* = 21,6230 - \frac{(6,6729)^2}{23,8542} = 19,7563$$

com 41 graus de liberdade.

Analogamente, obtemos a soma de quadrados para o resíduo condicional (tratamentos + resíduo), ajustada para a regressão:

$$\text{SQ(Trat. + Resíduo)}^* = R'(y^2) - \frac{R'(xy)}{R'(x^2)}$$

$$= 55,9417 - \frac{(4,1667)^2}{27,1417}$$

$$= 55,3021$$

onde:

$$R'(y^2) = 34,3187 + 21,6230 = 55,9417$$

$$R'(xy) = -2,5062 + 6,6729 = 4,1667$$

$$R'(x^2) = 3,2875 + 23,8542 = 27,1417$$

A soma de quadrados de tratamentos, ajustada, será:

$$SQT^* = 55,3021 - 19,7563 = 35,5458$$

com 14 graus de liberdade.

Todos os cálculos estão resumidos na Tabela 16.3.2.

Note-se que houve aumento de eficiência com o uso da covariância, pois o quadrado médio residual, que era 21,6230/42 = 0,5148, foi reduzido a 0,4819.

As médias ajustadas ($\hat{Y}_i$) para tratamentos são dadas, como no caso anterior, pela fórmula:

$$\hat{Y}_i = \bar{Y}_i - \hat{b}(\bar{X}_i - \bar{X})$$

onde $\bar{X} = 3,30$, e

$$\hat{b} = \frac{R(xy)}{R(x^2)} = \frac{6,6729}{23,8542} = 0,2797$$

Obtemos então a Tabela 16.3.2.

No caso presente, como o leitor poderá verificar, a análise da variância aplicada aos valores de X nos dá F = 0,413 para o teste de tratamentos, não havendo, então, o menor indício de significância estatística. Assim sendo, e acompanhando Cochran (1957), podemos usar uma estimativa média para a variância de contrastes $\hat{Z}_1 = \hat{Y}_i - \hat{Y}_j$ entre duas médias ajustadas de Y. Ela será:

$$\hat{V}(\hat{Z}_1) = \frac{2s^2}{r}\left(1 + \frac{QMT(x)}{R(x^2)}\right)$$

$$\hat{V}(\hat{Z}_1) = \frac{2 \times 0,4819}{4}\left(1 + \frac{0,2348}{23,8542}\right)$$

$$= 0,2433$$

**Tabela 16.3.2.** Análise de covariância dos dados da Tabela 16.2.1.

| Causa de variação | Somas de quadrados e produtos | | | | | | | |
|---|---|---|---|---|---|---|---|---|
| | GL | $y^2$ | xy | $x^2$ | GL | SQ | QM | F |
| Blocos | 3 | 2,3614 | 2,5458 | 3,2083 | | | | |
| Tratamentos | 14 | 34,3187 | –2,5062 | 3,2875 | | | | |
| Resíduo | 42 | 21,6230 | 6,6729 | 23,8542 | 41 | 19,7563 | 0,4819 | |
| Total | 59 | 58,3031 | 6,7125 | 30,3500 | | | | |
| Trat. + Resíduo | 56 | 55,9417 | 4,1667 | 27,1417 | 55 | 55,3021 | | |
| Trat. (ajust.) | | | | | 14 | 35,5458 | 2,5390 | 5,27** |

$$QMT(x) = \frac{3,2875}{14} = 0,2348$$

**Tabela 16.3.3.** Médias originais e ajustadas do ensaio de soja.

| Tratamentos (variedades) | Médias de tratamentos | | |
|---|---|---|---|
| | Originais | | Ajustadas |
| | $\bar{Y}_i$ | $\bar{X}_i$ | $\hat{Y}_i = \bar{Y}_i - \hat{b}(\bar{X}_i - \bar{X})$ |
| 1. 455 | 2,25 | 3,44 | 2,21 |
| 2. Choosen | 2,81 | 3,31 | 2,81 |
| 3. Otootan | 1,06 | 3,81 | 0,92 |
| 4. M. Yellow | 2,12 | 3,25 | 2,13 |
| 5. 482 | 2,62 | 2,88 | 2,74 |
| 6. 675 | 2,12 | 3,06 | 2,19 |
| 7. Arksoy | 2,00 | 3,56 | 1,93 |
| 8. Georgian | 4,25 | 3,38 | 4,23 |
| 9. Morro Agudo | 1,75 | 3,31 | 1,75 |
| 10. Avaré | 2,31 | 3,00 | 2,39 |
| 11. P. Barreto | 3,81 | 3,31 | 3,81 |
| 12. Acadian | 2,38 | 3,50 | 2,32 |
| 13. Manloxi | 2,25 | 3,00 | 2,33 |
| 14. 581 | 1,81 | 3,31 | 1,81 |
| 15. Rio Grande | 2,25 | 3,38 | 2,23 |

Temos, pois, ao nível de 5% de probabilidade:

$$\Delta = q\sqrt{\left(\frac{1}{2}\right)\hat{V}(\hat{Z}_1)}$$

$$= 5,10\sqrt{\left(\frac{1}{2}\right)0,2433}$$

$$= 1,78$$

Toda diferença entre duas médias ajustadas superior a esse valor será significativa ao nível de 5%. Tal ocorre, por exemplo, com o contraste:

$$\hat{Z}_1 = \hat{Y}_8 - \hat{Y}_{13} = 4,23 - 2,33 = 1,90$$

entre as variedades Georgian e Manloxi.

Alternativamente, poderíamos ter calculado o valor exato:

$$\hat{V}(\hat{Z}_1) = s^2\left(\frac{2}{r} + \frac{(\bar{X}_8 - \bar{X}_{13})^2}{R(x^2)}\right)$$

$$= 0,4819\left(\frac{2}{4} + \frac{(3,38 - 3,00)^2}{23,8542}\right)$$

$$= 0,2438$$

O valor exato de $\Delta$ é, então:

$$\Delta = 5,10\sqrt{\left(\frac{1}{2}\right)0,2438} = 1,78$$

Neste caso, pois, os dois valores coincidem, dentro da aproximação utilizada.

## 16.4. Bibliografia

ANDERSON, R. L.; BANCROFT, T. A. **Statistical theory in research**. Nova York: McGraw-Hill, 1952.

ARRUDA, H. V. Análise de uma experiência sobre variedades de soja. **Bragantia, 12**: 65-73, 1952.

CALZADA BENZA, J. **Metodos estadísticos para la investigación**. 2ª ed. Lima, Peru, 1964.

COCHRAN, W. G. Analysis of covariance: its nature and uses. **Biometrics, 13**: 261-81, 1957.

CONAGIN, A. **Princípios de técnica experimental e análise estatística de experimentos**. Campinas: Instituto Agronômico, 1961.

FEDERER, W. T. **Experimental design**. Nova York: Macmillan, 1955.

MEMORIA, J. M. **Curso de estatística aplicada à pesquisa científica**. Fortaleza: Universidade do Ceará, 1960.

SMITH, H. Interpretation of adjusted treatment means and regression in analysis of covariance. **Biometrics, 13**: 282-307, 1957.

SNEDECOR, G. W.; COCHRAN, W. G. **Statistical methods**. 6ª ed. Ames, Iowa: Iowa State College Press, 1967.

STEEL, R. G.; TORRIE, J. H. **Principles and procedures of statistics**. 2ª ed. Nova York: McGraw-Hill, 1960.

ZELEN, M. The analysis of covariance for incomplete block designs. **Biometrics, 13**: 309-32, 1957.

# 17

# ANÁLISE CONJUNTA DE EXPERIMENTOS EM BLOCOS AO ACASO COM ALGUNS TRATAMENTOS COMUNS

## 17.1. Generalidades

Não é raro ocorrer, ao tentar a análise conjunta de experimentos, que somente alguns tratamentos sejam comuns a todos eles, ao passo que outros variam de um ensaio para outro. Isto não impede que a análise conjunta seja realizada, mas traz, evidentemente, a necessidade de utilização de métodos adequados.

Por outro lado, quando temos grande número de variedades, podemos reparti-las em grupos, aos quais se agregam variedades padrão, mais importantes, e cada grupo, assim completado, é utilizado em um ensaio em blocos casualizados. A análise conjunta desses ensaios é relativamente fácil e corresponde ao uso de um delineamento em blocos incompletos, de grande flexibilidade e eficiência, muito mais simples, robusto e conveniente do que os reticulados quadrados e cúbicos, mais antigos, usados para fins similares e que devem ser abandonados.

## 17.2. Esquema da análise da variância

Suponhamos que temos 40 híbridos novos de milho a ensaiar, que desejamos comparar com três variedades ou híbridos já bem conhecidos, padrão, A, B e C. Podemos repartir os híbridos novos em 4 grupos de 10, por exemplo, a cada um dos quais agregaremos as variedades A, B e C. Obtemos os grupos seguintes.

1º grupo: 1, 2, ..., 10, A, B, C

2º grupo: 11, 12, ..., 20, A, B, C

3º grupo: 21, 22, ..., 30, A, B, C

4º grupo: 21, 32, ..., 40, A, B, C

Cada grupo dará origem a um ensaio em blocos casualizados, com 3 repetições, por exemplo. Para cada um deles teremos, pois, o seguinte esquema de análise da variância.

| **Causa de variação** | **GL** |
|---|---|
| Blocos | 2 |
| Tratamentos | 12 |
| Resíduo | 24 |
| Total | 38 |

O conjunto dos 4 ensaios corresponderá a um experimento em blocos incompletos com v = 43 tratamentos (os 40 híbridos novos e as 3 variedades ou híbridos padrão), em blocos de k = 13 parcelas, com 3 repetições para os híbridos novos (chamados tratamentos regulares) e 12 repetições para as variedades padrão (chamadas tratamentos comuns). Dados dois tratamentos regulares (**i** e **j**), o número de vezes em que eles aparecem no mesmo bloco será:

$$\lambda(i,\ j) = 3$$

quando forem do mesmo grupo (por exemplo, i = 1, j = 5);

$$\lambda(i,\ j) = 0$$

quando forem de grupos diferentes (por exemplo, i = 1, j = 11);

$$\lambda(i,\ j) = 12$$

quando **i** e **j** indicarem tratamentos comuns (por exemplo, i = A, j = B), ou ainda:

$$\lambda(i,\ j) = 3$$

quando **i** é um tratamento regular qualquer e **j** é um tratamento comum (por exemplo, i = 15, j = A).

A análise conjunta obedeceria ao seguinte esquema.

| **Causa de variação** | **GL** |
|---|---|
| Experimentos (E) | 3 |
| Blocos dentro de experimentos | 8 |
| Tratamentos (ajustados) | 42 |
| Interação tratamentos comuns × experimentos | 6 |
| Resíduo | 96 |
| Total | 155 |

Se tivéssemos apenas um tratamento comum, a decomposição dos graus de liberdade obedeceria ao esquema seguinte.

| **Causa de variação** | **GL** |
|---|---|
| Experimentos | 3 |
| Blocos dentro de experimentos | 8 |
| Tratamentos (ajustados) | 40 |
| Resíduo | 80 |
| Total | 131 |

Nesse caso, não há possibilidade de estimar a interação tratamentos comuns × experimentos.

No caso geral, teríamos **g** grupos, cada um com **z** tratamentos regulares e **c** tratamentos comuns, num total de $v = gz + c$ tratamentos. Cada grupo seria ensaiado em **r** blocos de $k = z + c$ parcelas. O esquema de análise para cada experimento seria o seguinte.

| **Causa de variação** | **GL** |
|---|---|
| Blocos | $r - 1$ |
| Tratamentos | $z + c - 1$ |
| Resíduo | $(r - 1)(z + c - 1)$ |
| Total | $(z + c) r - 1$ |

A análise conjunta, por sua vez, teria o esquema seguinte.

| **Causa de variação** | **GL** |
|---|---|
| Experimentos | $g - 1$ |
| Blocos dentro de experimentos | $g(r - 1)$ |
| Tratamentos (ajustados) | $gz + c - 1$ |
| Interação tratamentos comuns × experimentos | $(c - 1)(g - 1)$ |
| Resíduo | $g(r - 1)(z + c - 1)$ |
| Total | $(z + c)gr - 1$ |

As comparações entre tratamentos seguem as regras seguintes:

- Contraste entre dois tratamentos regulares do mesmo grupo:

$$\hat{V}(\hat{m}_i - \hat{m}_j) = \frac{2}{r}s^2$$

- Contraste entre dois tratamentos regulares de grupos diferentes:

$$\hat{V}(\hat{m}_i - \hat{m}_j) = \frac{2}{r}\left(1 + \frac{1}{c}\right)s^2$$

- Contraste entre dois tratamentos comuns:

$$\hat{V}(\hat{m}_i - \hat{m}_j) = \frac{2}{gr}s^2$$

- Contraste entre um tratamento regular e um comum:

$$\hat{V}(m_i - \hat{m}_j) = \frac{1}{r}\left(1 + \frac{1}{c} + \frac{1}{g} - \frac{1}{cg}\right)s^2$$

As estimativas das médias de tratamentos são obtidas das maneiras seguintes:

- Para os tratamentos comuns: média aritmética dos dados respectivos, sem nenhum ajuste.
- Para os tratamentos regulares: média aritmética dos dados respectivos, da qual se subtrai uma correção K que se calcula assim:

K = Média dos tratamentos comuns no experimento respectivo –

– Média geral dos tratamentos comuns

## 17.3. Um exemplo

Tomaremos como exemplo um grupo de dois experimentos com espécies de eucaliptos realizados pela Companhia Paulista de Estradas de Ferro (Pimentel-Gomes e Guimarães, 1958). Ambos os ensaios, localizados lado a lado no campo, tinham 10 espécies, em 5 blocos casualizados. Uma única espécie (*Eucalyptus saligna*) ocorria em ambos os experimentos. Os dados sobre a produção de lenha, em metros cúbicos por parcela de 200 m$^2$, foram obtidos por corte aos 8 anos de idade, e são reproduzidos na Tabela 17.3.1.

As análises dos dois experimentos em blocos casualizados, feitas da maneira usual, são dadas a seguir.

**1º experimento**

| Causa de variação | GL | SQ | QM | F |
|---|---|---|---|---|
| Blocos | 4 | 2,31 | — | — |
| Tratamentos | 9 | 85,13 | 9,459 | 28,66** |
| Resíduo | 36 | 11,86 | 0,330 | |
| Total | 49 | 99,30 | | |

**2º experimento**

| Causa de variação | GL | SQ | QM | F |
|---|---|---|---|---|
| Blocos | 4 | 4,56 | — | — |
| Tratamentos | 9 | 108,22 | 12,025 | 15,58** |
| Resíduo | 36 | 27,78 | 0,772 | |
| Total | 49 | 140,56 | | |

**Tabela 17.3.1.** Produção de lenha, em metros cúbicos por parcela, de 19 espécies de eucaliptos.

| 1º experimento | Espécies | | | | | | | | | | Totais de blocos |
|---|---|---|---|---|---|---|---|---|---|---|---|
| | 1 | 2 | 3 | 4 | 5 | 6 | 7 | 8 | 9 | 10 | |
| 1º bloco | 5,3 | 3,0 | 5,2 | 4,2 | 3,7 | 6,1 | 3,1 | 2,3 | 2,0 | 6,2 | 41,1 |
| 2º bloco | 4,8 | 2,8 | 4,1 | 3,7 | 3,6 | 4,7 | 2,0 | 2,5 | 3,0 | 6,1 | 37,3 |
| 3º bloco | 5,5 | 4,7 | 6,5 | 4,1 | 4,1 | 5,8 | 2,3 | 1,7 | 2,8 | 6,2 | 43,7 |
| 4º bloco | 5,5 | 2,5 | 5,6 | 3,9 | 2,8 | 5,0 | 3,8 | 2,9 | 3,2 | 6,2 | 41,4 |
| 5º bloco | 4,3 | 2,5 | 5,2 | 4,0 | 3,9 | 5,7 | 2,3 | 1,8 | 3,2 | 6,4 | 39,3 |
| Totais de tratamentos | 25,4 | 15,5 | 26,6 | 19,9 | 18,1 | 27,3 | 13,5 | 11,2 | 14,2 | 31,1 | 202,8 |

| 2º experimento | Espécies | | | | | | | | | | Totais de blocos |
|---|---|---|---|---|---|---|---|---|---|---|---|
| | 1 | 11 | 12 | 13 | 14 | 15 | 16 | 17 | 18 | 19 | |
| 1º bloco | 5,0 | 4,7 | 5,7 | 3,1 | 4,7 | 1,2 | 2,8 | 2,0 | 1,2 | 0,3 | 30,7 |
| 2º bloco | 4,1 | 4,2 | 3,2 | 3,9 | 4,0 | 0,8 | 2,7 | 2,3 | 0,9 | 0,5 | 26,6 |
| 3º bloco | 4,5 | 4,9 | 3,6 | 4,0 | 2,7 | 4,9 | 2,9 | 1,5 | 1,7 | 0,6 | 31,3 |
| 4º bloco | 5,0 | 5,3 | 4,9 | 5,3 | 6,0 | 3,5 | 2,7 | 1,6 | 1,3 | 0,5 | 36,1 |
| 5º bloco | 5,6 | 4,4 | 5,4 | 3,8 | 2,6 | 4,2 | 2,6 | 1,2 | 1,7 | 0,2 | 31,7 |
| Totais de tratamentos | 24,2 | 23,5 | 22,8 | 20,1 | 20,0 | 14,6 | 13,7 | 8,6 | 6,8 | 2,1 | 156,4 |

Antes de mais nada, verifica-se que os quadrados médios residuais (0,330 e 0,772) diferem pouco, dentro dos critérios explicados no Capítulo 8. Podemos, pois, elaborar a análise conjunta que terá o esquema seguinte.

| **Causa de variação** | **GL** | **SQ** |
|---|---|---|
| Experimentos | 1 | 21,53 |
| Blocos dentro de experimentos | 8 | 2,31 + 4,56 = 6,87 |
| Tratamentos (ajustados) | 18 | Por subtração |
| Resíduo | 72 | 11,86 + 27,78 = 39,64 |
| Total | 99 | 261,39 |

Nesse quadro, a soma de quadrados total é obtida da maneira usual, como se vê a seguir.

$$\begin{aligned} \text{SQTotal} &= \Sigma x^2 - C \\ &= (5,3)^2 + (3,0)^2 + \ldots + (0,2)^2 - \frac{(202,8 + 156,4)^2}{100} \\ &= 1.551,64 - 1.290,25 \\ &= 261,39 \end{aligned}$$

A soma de quadrados dos experimentos é obtida a partir dos totais respectivos, assim:

$$\begin{aligned} \text{SQExperimentos} &= \frac{(202,8)^2 + (156,4)^2}{50} - 1.290,25 \\ &= 21,53 \end{aligned}$$

A soma de quadrados de tratamentos (ajustados) será, portanto:

$$\begin{aligned} \text{SQT (aj.)} &= 261,39 - (21,53 + 6,87 + 39,64) \\ &= 193,35 \end{aligned}$$

Obtemos, pois, a seguinte análise da variância.

| **Causa de variação** | **GL** | **SQ** | **QM** | **F** |
|---|---|---|---|---|
| Experimentos | 1 | 21,53 | 21,53 | |
| Blocos dentro de experimentos | 8 | 6,87 | 0,86 | |
| Tratamentos (aj.) | 18 | 193,35 | 10,74 | 19,51** |
| Resíduo | 72 | 39,64 | 0,5506 | |

As médias de tratamentos regulares são corrigidas pela subtração de um ajuste que é:

$$\begin{aligned} K_1 &= \frac{25,4}{5} - \frac{25,4 + 24,2}{10} \\ &= 5,08 - 4,96 \\ &= 0,12 \end{aligned}$$

para o primeiro experimento, e:

$$\begin{aligned} K_2 &= \frac{24,2}{5} - \frac{25,4 + 24,2}{10} \\ &= 4,84 - 4,96 \\ &= -0,12 \end{aligned}$$

para o segundo experimento.

As médias de tratamentos são, pois, as da Tabela 17.3.2.

Para um contraste $Y_1$ entre dois tratamentos regulares do mesmo grupo (o 6 e o 8, por exemplo), teremos:

$$\hat{V}(\hat{Y}_i) = \left(\frac{2}{5}\right)(0,5506) = 0,220$$

e a diferença mínima significativa, ao nível de 5% de probabilidade, pelo teste de Tukey, será:

$$\Delta = 5,16\sqrt{\frac{0,220}{2}} = 1,71$$

onde o valor de q = 5,16 corresponde a 19 tratamentos e 72 graus de liberdade. A estimativa do contraste em questão é $\hat{Y} = 5,34 - 2,12 = 3,22$, o que mostra que se trata de contraste significativo ao nível de 5% de probabilidade.

**Tabela 17.3.2.** Médias ajustadas dos tratamentos.

| Tratamentos | Médias não ajustadas | Médias ajustadas | Tratamentos | Médias não ajustadas | Médias ajustadas |
|---|---|---|---|---|---|
| 1 (comum) | 4,96 | 4,96 | | | |
| 2 | 3,10 | 2,98 | 11 | 4,70 | 4,82 |
| 3 | 5,32 | 5,20 | 12 | 4,56 | 4,68 |
| 4 | 3,98 | 3,86 | 13 | 4,02 | 4,14 |
| 5 | 3,62 | 3,50 | 14 | 4,00 | 4,12 |
| 6 | 5,46 | 5,34 | 15 | 2,92 | 3,04 |
| 7 | 2,70 | 2,58 | 16 | 2,74 | 2,86 |
| 8 | 2,24 | 2,12 | 17 | 1,72 | 1,84 |
| 9 | 2,84 | 2,72 | 18 | 1,36 | 1,48 |
| 10 | 6,22 | 6,10 | 19 | 0,42 | 0,54 |

Para um contraste $Y_2$ entre dois tratamentos regulares de grupos diferentes (o 6 e o 16, por exemplo), teremos:

$$\hat{V}(\hat{Y}_2) = \frac{2}{r}\left(1 + \frac{1}{c}\right)s^2$$

$$= \frac{2}{5}\left(1 + \frac{1}{1}\right)0,5506$$

$$= 0,440$$

Logo:

$$\Delta = 5,16\sqrt{\frac{0,440}{2}} = 2,42$$

A estimativa do contraste em questão nos dá:

$$\hat{Y}_2 = 5,34 - 2,86 = 2,48$$

o que mostra que também esse contraste é significativo.

Finalmente, para um contraste $Y_3$ entre o tratamento comum e um tratamento regular (o 1 e o 4, por exemplo), teremos:

$$\hat{V}(\hat{Y}_3) = \frac{1}{r}\left(1 + \frac{1}{c} + \frac{1}{g} - \frac{1}{cg}\right)s^2$$

$$= \frac{1}{5}\left(1 + \frac{1}{1} + \frac{1}{2} - \frac{1}{2}\right)0,5506$$

$$= 0,440$$

Logo:

$$\Delta = 5{,}16\sqrt{\frac{0{,}440}{2}} = 2{,}42$$

A estimativa do contraste é:

$$\hat{Y}_3 = 4{,}96 - 3{,}86 = 1{,}10$$

resultado que não é significativo.

Uma grande vantagem desse tipo de delineamento é a sua robustez. Com efeito, nele, a perda de tratamentos não traz dificuldades. Por exemplo, se no segundo experimento tivessem sido perdidas as espécies 18 e 19, a única diferença seria que esse experimento teria 8 tratamentos, em vez de 10, e a análise seria feita da maneira explicada para o caso geral. Como conseqüência, os grupos de tratamentos regulares não precisam ter o mesmo tamanho. Poderíamos, de início, considerar no primeiro grupo 11 tratamentos regulares, e 7 no segundo. Mas é conveniente que esse número não seja excessivamente discrepante para que os blocos tenham todos tamanhos similares.

Uma perda séria seria, porém, a do tratamento comum, se for único, pois então a análise conjunta já não seria possível. Por isso, convém usar pelo menos dois tratamentos comuns. E assim se consegue reduzir a variância relativa ao contraste entre médias de tratamentos regulares de grupos distintos. Por exemplo, se tivéssemos, no caso presente, duas espécies comuns (c = 2), a variância que mencionamos seria:

$$\begin{aligned} V(\hat{Y}_2) &= \frac{2}{r}\left(1 + \frac{1}{c}\right)s^2 \\ &= \frac{2}{5}\left(1 + \frac{1}{2}\right)0{,}5506 \\ &= 0{,}330 \end{aligned}$$

em vez de 0,440. Teríamos, pois, maior precisão nesse tipo de comparação.

A perda de blocos traz alguma dificuldade, mas pode ser resolvida pelo método indicado na seção 17.4.

A perda de parcelas que não implique na perda total de um tratamento ou bloco se resolve facilmente: basta aplicar no experimento respectivo o método relativo aos blocos casualizados (Capítulo 5).

Saliente-se que, ao contrário do delineamento em blocos casualizados com alguns tratamentos comuns, os reticulados quadrados, cúbicos e retangulares são completamente destruídos pela perda de tratamentos ou de blocos.

## 17.4. Um exemplo mais complexo

Veremos agora o caso bem mais complexo de um grupo de ensaios com números diferentes de blocos. Tomaremos como exemplo um grupo de dois ensaios com variedades de cana-de-açúcar, realizado na Argentina por G. Kenning Voss. Os dados, reproduzidos na Tabela 17.4.1, referem-se a um ensaio com 7 variedades de cana, com 3 repetições, e outro com 8 variedades e 4 repetições. Havia 4 variedades comuns: CP 34-120, NA 56-30, NA 56-79, Tuc 5619.

As análises dos dois experimentos, em blocos casualizados, feitas da maneira usual, são reproduzidas a seguir.

**1º experimento**

| Causa de variação | GL | SQ | QM | F |
|---|---|---|---|---|
| Blocos | 2 | 65,44 | — | — |
| Tratamentos | 6 | 4.628,97 | 771,50 | 8,24** |
| Resíduo | 12 | 1.123,04 | 93,59 | |
| Total | 20 | 5.817,45 | | |

**2º experimento**

| Causa de variação | GL | QM | SQ | F |
|---|---|---|---|---|
| Blocos | 3 | 933,70 | — | — |
| Tratamentos | 7 | 6.664,33 | 952,05 | 11,30** |
| Resíduo | 21 | 1.770,00 | 84,28 | |
| Total | 31 | 9.368,03 | | |

**Tabela 17.4.1.** Experimentos de competição de variedades de cana-de-açúcar.

| 1º experimento | | | | |
|---|---|---|---|---|
| | Blocos | | | |
| Tratamentos | I | II | III | Totais de tratamentos |
| CP 34-120 | 46,6 | 45,7 | 49,6 | 141,9 |
| NA 56-30 | 61,1 | 72,1 | 51,3 | 184,5 |
| NA 56-79 | 74,2 | 74,3 | 100,7 | 249,2 |
| Tuc 5619 | 50,2 | 37,3 | 66,1 | 153,6 |
| CP 44-101 | 40,3 | 38,7 | 35,1 | 114,1 |
| NA 56-35 | 37,5 | 40,1 | 36,9 | 114,5 |
| NA 56-68 | 69,6 | 61,0 | 59,3 | 189,9 |
| | 379,5 | 369,2 | 399,0 | 1.147,7 |

| **2º experimento** | | | | | |
|---|---|---|---|---|---|
| | **Blocos** | | | | |
| **Tratamentos** | **I** | **II** | **III** | **IV** | **Totais de tratamentos** |
| CP 34-120 | 55,2 | 51,2 | 48,0 | 62,0 | 216,4 |
| NA 56-30 | 62,7 | 83,0 | 75,1 | 69,5 | 290,3 |
| NA 56-79 | 63,4 | 81,7 | 110,3 | 98,0 | 353,4 |
| Tuc 5619 | 62,0 | 69,1 | 77,9 | 74,6 | 283,6 |
| NA 56-62 | 71,0 | 72,9 | 81,6 | 77,5 | 303,0 |
| NA 59-17 | 59,5 | 83,0 | 82,9 | 89,8 | 315,2 |
| NA 59-44 | 73,2 | 98,6 | 81,0 | 85,9 | 338,7 |
| NA 59-60 | 47,6 | 37,7 | 42,3 | 42,8 | 170,4 |
| | 494,6 | 577,2 | 599,1 | 600,1 | 2.271,0 |

Para a análise conjunta, temos:

$$\begin{aligned}
\text{SQTotal} &= \Sigma x^2 - C \\
&= 68.541,99 + 170.538,06 - 220.519,05 \\
&= 18.561,00 \\
\text{SQBlocos} &= \left(\frac{1}{7}\right)(439.529,89) + \left(\frac{1}{8}\right)(1.296.829,82) - C \\
&= 4.374,66 \\
\text{SQResíduo} &= 1.123,04 + 1.770,00 \\
&= 2.893,04
\end{aligned}$$

Resta-nos obter a soma de quadrados da interação tratamentos comuns × experimentos, o que se consegue pela Tabela 17.4.2.

**Tabela 17.4.2.** Totais referentes aos tratamentos comuns.

| **Tratamentos comuns** | **1º experimento (3 repetições)** | **2º experimento (4 repetições)** | **Totais de tratamentos** |
|---|---|---|---|
| CP 34-120 | 141,9 (3) | 216,4 (4) | 358,3 (7) |
| NA 56-30 | 184,5 (3) | 290,3 (4) | 474,8 (7) |
| NA 56-79 | 249,2 (3) | 353,4 (4) | 602,6 (7) |
| Tuc 5619 | 153,6 (3) | 283,6 (4) | 437,2 (7) |
| | 729,2 (12) | 1.143,7 (16) | 1.872,9 (28) |

$$\text{SQExp.} = \left(\frac{1}{12}\right)(729,2)^2 + \left(\frac{1}{16}\right)(1.143,7)^2 - \left(\frac{1}{28}\right)(1.872,9)^2$$

$$= 126.064,15 - 125.276,94$$

$$= 787,21$$

$$\text{SQTrat. comuns} = \frac{(358,3)^2 + \ldots + (437,2)^2}{7} - \frac{(1.872,9)^2}{28}$$

$$= 4.449,42$$

$$\text{SQTrat. comuns e exp.} = \frac{(141,9)^2 + \ldots + (153,6)^2}{3} +$$

$$+ \frac{(216,4)^2 + \ldots + (283,6)^2}{4}$$

$$- \frac{(1.872,9)^2}{28} = 5.452,10$$

e finalmente:

$$\text{SQTrat. comuns e exp.} = 5.452,10 - 787,21 - 4.449,42$$

$$= 215,47$$

Assim, obtemos também:

$$\text{SQTrat. (aj.)} = 18.561,00 - (4.374,66 + 2.893,04 + 215,47)$$

$$= 11.077,83$$

Podemos, pois, organizar o quadro de análise de variância conjunta dos dois experimentos, dado a seguir.

**Análise conjunta**

| Causa de variação | GL | SQ | QM | F |
|---|---|---|---|---|
| Blocos | 6 | 4.374,66 | — | — |
| Tratamentos (aj.) | 10 | 11.077,83 | 1.107,78 | 12,64* |
| Interação tratamentos comuns × experimentos | 3 | 215,47 | 71,82 | 0,819 |
| Resíduo | 33 | 2.893,04 | 87,67 | |
| Total | 52 | 18.561,00 | | |

Tal como no exemplo de 17.3, a soma de quadrados de blocos poderia ser repartida assim:

SQBlocos = SQExperimentos + SQBlocos d. experimentos

com 1 e 5 graus de liberdade, respectivamente. Mas isto é desnecessário.

As médias de tratamentos regulares são corrigidas pela subtração de um ajuste que é:

$$K_1 = \frac{729,2}{12} - \frac{1.872,9}{28}$$
$$= -6,12$$

para o primeiro experimento, e:

$$K_2 = \frac{1.143,7}{16} - \frac{1.872,9}{28}$$
$$= 4,59$$

para o segundo experimento.

As médias de tratamentos são, pois, as da Tabela 17.4.3.

**Tabela 17.4.3.** Médias ajustadas dos tratamentos.

| **Variedades** | **Médias não ajustadas (t/ha)** | **Médias ajustadas (t/ha)** |
|---|---|---|
| CP 34-120 (comum) | 51,18 | 51,18 |
| NA 56-30 (comum) | 67,83 | 67,83 |
| NA 56-79 (comum) | 86,08 | 86,08 |
| Tuc 5619 (comum) | 62,46 | 62,46 |
| CP 44-101 | 38,03 | 44,15 |
| NA 56-35 | 38,17 | 44,29 |
| NA 56-68 | 63,30 | 69,42 |
| NA 56-62 | 75,75 | 71,16 |
| NA 59-17 | 78,80 | 74,21 |
| NA 59-44 | 84,68 | 80,09 |
| NA 59-60 | 42,60 | 38,01 |

As comparações entre tratamentos caem num dos casos seguintes.

- ❑ Contraste entre dois tratamentos regulares do mesmo grupo (as variedades CP 44-101 e NA 56-68, por exemplo). Temos:

$$\hat{V}(\hat{m}_i - \hat{m}_j) = \frac{2}{r_i}s^2$$

onde $r_i$ é o número de repetições do experimento em que aparecem os referidos tratamentos. No caso em questão, eles ocorrem no primeiro experimento, em que temos 3 repetições. Logo:

$$\hat{V}(\hat{m}_i - \hat{m}_j) = \frac{2}{3} 87,67 = 58,45$$

e a diferença mínima significativa pelo método de Tukey, ao nível de 5% de probabilidade, é:

$$\Delta = 4,88\sqrt{\left(\frac{1}{2}\right)58,45} = 26,35$$

onde o valor de q = 4,88 corresponde a n = 11 tratamentos e n' = 33 graus de liberdade.

A diferença estimada, $\hat{Y} = 44,15 - 69,42 = -25,27$, quase atinge o nível de significância.

Para o caso de dois tratamentos regulares do segundo grupo e, portanto, do segundo experimento, teríamos:

$$\hat{V}(\hat{m}_i - \hat{m}_j) = \frac{2}{4} 87,67 = 43,84$$

$$\Delta = 4,88\sqrt{\left(\frac{1}{2}\right)43,84} = 22,84$$

- Contraste entre dois tratamentos regulares de grupos diferentes (variedades CP 44-101 e NA 59-44, por exemplo). Temos:

$$\hat{V}(\hat{m}_i - \hat{m}_j) = \left(1 + \frac{1}{c}\right)\left(\frac{1}{r_i} + \frac{1}{r_j}\right)s^2$$

onde $r_i$ e $r_j$ são os números de repetições dos experimentos em que aparecem os tratamentos **i** e **j**, respectivamente. No caso, obtemos:

$$\hat{V}(\hat{m}_i - \hat{m}_j) = \left(1 + \frac{1}{4}\right)\left(\frac{1}{3} + \frac{1}{4}\right)87,67 = 63,93$$

$$\Delta = 4,88\sqrt{\left(\frac{1}{2}\right)63,93} = 27,57$$

Para o contraste entre as variedades CP 44-101 e NA 59-44, a estimativa obtida é:

$$\hat{Y} = 44,15 - 80,09 = -35,94$$

o que mostra ser ele significativo ao nível de 5% de probabilidade.

- Contraste entre dois tratamentos comuns (NA 56-79 e NA 56-30, por exemplo). Temos:

$$\hat{V}(\hat{m}_i - \hat{m}_j) = \frac{2}{b}s^2$$

onde **b** indica o número total de blocos de todos os experimentos analisados conjuntamente. No caso presente, obtemos:

$$\hat{V}(\hat{m}_i - \hat{m}_j) = \frac{2}{3+4}87,67 = 25,05$$

$$\Delta = 4,88\sqrt{\left(\frac{1}{2}\right)25,05} = 17,27$$

$$\hat{Y} = 86,08 - 67,83 = 18,25$$

O contraste em pauta é, pois, significativo ao nível de 5% de probabilidade.

- Contraste entre um tratamento regular e um comum (variedade NA 56-62 e CP 34-120, por exemplo). Temos:

$$\hat{V}(\hat{m}_i - \hat{m}_j) = \left[\frac{1}{r_i}\left(1 + \frac{1}{c}\right) + \frac{1}{b}\left(1 - \frac{1}{c}\right)\right]s^2$$

onde $\mathbf{r_i}$ é o número de repetições do tratamento regular, e **b**, o número total de blocos de todos os experimentos, ou, em outras palavras, é o número de repetições dos tratamentos comuns. No caso, temos:

$$\hat{V}(\hat{m}_i - \hat{m}_j) = \left[\frac{1}{3}\left(1 + \frac{1}{4}\right) + \frac{1}{3+4}\left(1 - \frac{1}{4}\right)\right]87,67 = 45,92$$

$$\Delta = 4,88\sqrt{\left(\frac{1}{2}\right)45,92} = 23,38$$

$$\hat{Y} = 71,16 - 51,18 = 19,98$$

Logo, o contraste em questão não é significativo.

Se o tratamento regular fosse do segundo grupo (e não do primeiro, como no exemplo anterior), teríamos:

$$\hat{V}(\hat{m}_i - \hat{m}_j) = \left[\frac{1}{4}\left(1 + \frac{1}{4}\right) + \frac{1}{3+4}\left(1 - \frac{1}{4}\right)\right]87,67 = 36,79$$

$$\Delta = 4,88\sqrt{\left(\frac{1}{2}\right)36,79} = 20,93$$

## 17.5. Uma dificuldade que pode ocorrer

No exemplo da seção 17.4 não houve o menor indício de existência da interação tratamentos comuns × experimentos. Isso mostra que os tratamentos comuns se comportam mais ou menos do mesmo modo em todos os ensaios, o que sugere que ocorra o mesmo com os tratamentos regulares. Tal fato deverá ocorrer quando todos os experimentos se realizarem lado a lado, em uma mesma área, ou em condições mais ou menos semelhantes, embora em localidades distintas. Porém, se, ao contrário, os experimentos forem feitos em condições ecológicas diferentes, poderá surgir uma interação tratamentos comuns × experimentos significativa, o que demonstrará comportamentos distintos das variedades comuns nos diversos locais. Em tal caso, a situação se torna um tanto complexa. Mas um procedimento indicado será, sem dúvida, o de tomar para resíduo o quadrado médio da interação tratamentos comuns × experimentos para a comparação de tratamentos regulares de grupos diferentes.

## 17.6. Exercício

Analisar os dados da Tabela 17.3.1, admitindo a perda das espécies 18 e 19.

## 17.7. Bibliografia

PAVATE, M. V. Combined analysis of balanced incomplete block designs with some common treatments. **Biometrics, 17**: 111-9, 1961.

PIMENTEL-GOMES, F. An extension of the method of joint analysis of experiments in complete randomised blocks. **Biometrics, 26**: 331-6, 1970.

PIMENTEL-GOMES, F.; GUIMARÃES, R. F. Joint analysis of experiments in complete randomised blocks with some common treatments. **Biometrics, 14**: 521-6, 1958.

YATES, F. A new method of arranging variety trials involving a large number of varieties. **J. Agr. Sci. 26**: 424-55, 1936.

# 18

# EXPERIMENTOS FATORIAIS COM TRATAMENTOS ADICIONAIS

## 18.1. Generalidades

Os experimentos fatoriais, especialmente os de $3 \times 3 \times 3$, com confundimento de 2 graus de liberdade da interação tripla, têm tido uso generalizado na experimentação agrícola. Mas podem tornar-se muito mais úteis e muito mais flexíveis com a utilização de parcelas adicionais em que se ensaiem outras combinações de tratamentos, sem complicar excessivamente a análise. Esta prática, de introdução relativamente recente na experimentação, vem se difundindo rapidamente, com excelentes resultados.

## 18.2. Um exemplo

Tomaremos como exemplo um ensaio de adubação de milho, fatorial de $3 \times 3 \times 3$ com N, P e K, com confundimento de 2 graus de liberdade da interação tripla (grupo W). A cada um dos três blocos de 9 parcelas juntaram-se 5 tratamentos adicionais:

000
111
111 + calcário (C)
111 + micronutrientes (M)
111 + micronutrientes + calcário

Assim, cada bloco ficou com 14 parcelas, 9 do fatorial e 5 dos tratamentos adicionais. Os dados obtidos constam na Tabela 18.2.1.

**Tabela 18.2.1.** Dados de produção de milho, em kg/ha, de um ensaio fatorial 3 × 3 × 3 com N, P, K (grupo W) e 5 tratamentos adicionais.

| | **1º bloco** | | **2º bloco** | | **3º bloco** | |
|---|---|---|---|---|---|---|
| Fatorial | 000 | 981 | 001 | 1.213 | 002 | 808 |
| | 012 | 1.216 | 010 | 1.510 | 011 | 942 |
| | 021 | 1.183 | 022 | 901 | 020 | 998 |
| | 101 | 1.213 | 102 | 1.404 | 100 | 1.327 |
| | 110 | 1.028 | 111 | 1.602 | 112 | 1.019 |
| | 122 | 1.574 | 120 | 1.214 | 121 | 1.401 |
| | 202 | 1.111 | 200 | 1.221 | 201 | 1.120 |
| | 211 | 1.333 | 212 | 1.694 | 210 | 1.444 |
| | 220 | 1.775 | 221 | 1.593 | 222 | 1.343 |
| Tratamentos adicionais | 000 | 1.290 | 000 | 1.039 | 000 | 947 |
| | 111 | 1.314 | 111 | 680 | 111 | 1.178 |
| | 111 + C | 1.296 | 111 + C | 1.324 | 111 + C | 947 |
| | 111 + M | 1.237 | 111 + M | 1.333 | 111 + M | 1.041 |
| | 111 + M + C | 1.324 | 111 + M + C | 1.079 | 111 + M + C | 949 |

A análise estatística, feita separadamente para o fatorial 3 × 3 × 3, deu os resultados seguintes.

| **Causa de variação** | **GL** | **SQ** | **QM** |
|---|---|---|---|
| Nitrogênio (N) | 2 | 487.138 | |
| Potássio (P) | 2 | 165.881 | |
| Potássio (K) | 2 | 17.574 | |
| Interação N' × P' | 1 | 115.837 | |
| Interação N' × K' | 1 | 6.165 | |
| Interação P' × K' | 1 | 114 | |
| Blocos | 2 | 211.352 | |
| Resíduo | 15 | 679.258 | 45.284 |
| Total | 26 | 1.683.319 | |

Por sua vez, os tratamentos adicionais deram a análise seguinte, feita para eles separadamente.

| **Causa de variação** | **GL** | **SQ** | **QM** |
|---|---|---|---|
| Tratamentos | 4 | 47.326 | |
| Blocos | 2 | 208.246 | |
| Resíduo | 8 | 282.664 | 35.333 |
| Total | 14 | 538.236 | |

Verifica-se que são similares os quadrados médios dos resíduos. Podemos, pois, obter um resíduo comum, com 15 + 8 = 23 graus de liberdade, para o qual teremos:

$$\text{QMResíduo} = \frac{679.258 + 282.664}{23}$$

$$= 41.823$$

A análise conjunta dá, pois, os resultados seguintes.

| **Causa de variação** | **GL** | **SQ** | **QM** | **F** |
|---|---|---|---|---|
| Nitrogênio linear (N') | 1 | 461.440 | 461.440 | 11,03** |
| Nitrogênio quadrático (N") | 1 | 25.698 | 25.698 | 0,614 |
| Fósforo linear (P') | 1 | 139.392 | 139.392 | 3,33 |
| Fósforo quadrático (P") | 1 | 26.489 | 26.489 | 0,633 |
| Potássio linear (K') | 1 | 10.177 | 10.177 | 0,243 |
| Potássio quadrático (K") | 1 | 7.397 | 7.397 | 0,177 |
| Interação N' × P' | 1 | 115.837 | 115.837 | 2,77 |
| Interação N' × K' | 1 | 6.165 | 6.165 | 0,147 |
| Interação P' × K' | 1 | 114 | 114 | 0,003 |
| Tratamentos adicionais | 4 | 47.326 | 11.831 | 0,283 |
| Resíduo | 23 | 961.922 | 41.823 | |

Pelos resultados dessa análise da variância, verifica-se que há um efeito linear significativo para o nitrogênio.

Está claro que podemos desdobrar os graus de liberdade relativos a tratamentos adicionais, para melhor estudar os contrastes aí incluídos.

## 18.3. Bibliografia

HEALY, M. J. R. The analysis of a factorial experiment with additional treatments. **Journal Agric. Science 47**: 205-6, 1956.

# 19

# A ANÁLISE DA VARIÂNCIA MULTIDIMENSIONAL

## 19.1. Generalidades

Nos experimentos mais comuns, cada parcela fornece o valor de uma só variável, a ser estudada pelos métodos estatísticos tradicionais. Mas há casos em que cada parcela do experimento nos dá observações relativas a duas ou mais variáveis, a serem analisadas. Tal ocorre, por exemplo, nos ensaios de consorciação. Se o consórcio for de milho e feijão, por exemplo, cada parcela dará uma produção de milho ($X_1$) e outra de feijão ($X_2$). Podemos fazer duas análises separadas: uma para as produções de milho (valores de $X_1$), outra para as de feijão (valores de $X_2$). Se essas variáveis fossem independentes entre si, essas análises separadas resolveriam perfeitamente o problema. Mas o mais comum é que, tal como na consorciação de milho com feijão, haja estreita correlação entre elas. E é exatamente no caso de haver correlação (positiva ou negativa) que se recomenda a análise multidimensional, que considera simultaneamente todas as variáveis que interessem.

Outro exemplo seria um ensaio de competição de cultivares de batatinha, em que a produção de cada parcela aparece repartida em várias categorias: batatas grandes, médias, pequenas e refugo, às quais caberiam 4 variáveis: $X_1$, $X_2$, $X_3$, $X_4$. Uma solução é a transformação em dinheiro, por meio de uma função linear

$$Y = c_1X_1 + c_2X_2 + c_3X_3 + c_4X_4 \quad ,$$

cujos coeficientes indicam o preço relativo de cada categoria. Os valores de Y para cada parcela são analisados a seguir. Mas o método geral de análise, nesse e em casos análogos, é a análise da variância multidimensional ou multivariada, isto é, a análise da variância aplicada simultaneamente a todas as variáveis que possam interessar. A função Y vista antes, que considera o aspecto econômico, pode ser depois associada a essa análise da variância da maneira como vamos expor.

A análise da variância multidimensional é método bastante promissor que, combinado a outras técninas da análise multidimensional (ou multivariada), está se tornando cada vez mais comum. Contribui para isto a facilidade cada vez maior da computação eletrônica, pois só com computador é possível aplicar com facilidade as técnicas da análise multidimensional que, salvo no caso de apenas duas ou três variáveis, exigem cálculos trabalhosos e demorados.

## 19.2. Um ensaio inteiramente casualizado

Tomaremos como exemplo um ensaio de fertilização em vasos, inteiramente casualizado, com 3 tratamentos (1. testemunha; 2. turfa fermentada; 3. turfa natural) e com 5 repetições. Determinaram-se nas plantas colhidas os teores de N e de P, que constam na Tabela 19.2.1. Para analisar esses dados, começamos calculando, como vimos no Capítulo 4, a soma de quadrados total (SQTotal) para $X_1$ (teor de N) e para $X_2$ (teor de P), exatamente como fizemos no Capítulo 4. Temos:

$$G_1 = \Sigma X_1 = 4,63 + 4,38 + \ldots + 4,56 = 76,95 \qquad N = 15$$

$$\Sigma X_1^2 = (4,63)^2 + (4,38)^2 + \ldots + (4,56)^2 = 402,4591$$

$$\text{SQTotal } (X_1) = \Sigma X_1^2 - \frac{(\Sigma X_1)^2}{N}$$

$$= 402,4591 - \frac{(76,95)^2}{15} = 7,7056$$

$$G_2 = \Sigma X_2 = 0,95 + 0,89 + \ldots + 0,91 = 14,99$$

$$\Sigma X_2^2 = (0,95)^2 + (0,89)^2 + \ldots + (0,91)^2 = 15,1729$$

$$\text{SQTotal } (X_2) = \Sigma X_2^2 - \frac{(\Sigma X_2)^2}{15}$$

$$= 15,1729 - \frac{(14,99)^2}{15} = 0,1929$$

**Tabela 19.2.1.** Teores de N ($X_1$) e de P ($X_2$) em plantas adubadas em vasos.

| **1. Testemunha** | | **2. Turfa fermentada** | | **3. Turfa natural** | |
|---|---|---|---|---|---|
| $X_1$ | $X_2$ | $X_1$ | $X_2$ | $X_1$ | $X_2$ |
| 4,63 | 0,95 | 6,03 | 1,08 | 4,71 | 0,96 |
| 4,38 | 0,89 | 5,96 | 1,05 | 4,81 | 0,93 |
| 4,94 | 1,01 | 6,16 | 1,08 | 4,49 | 0,87 |
| 4,96 | 1,23 | 6,33 | 1,19 | 4,43 | 0,82 |
| 4,48 | 0,94 | 6,08 | 1,08 | 4,56 | 0,91 |
| 23,39 | 5,02 | 30,56 | 5,48 | 23,00 | 4,49 |

Agora, surge uma novidade; devemos calcular a soma de produtos total (SPTotal) relativa aos teores de N ($X_1$) e de P ($X_2$). O método é perfeitamente análogo ao que se segue para calcular a SQTotal, mas trabalhando com produtos. Temos:

$$\Sigma X_1 X_2 = (4,63)(0,95) + (4,38)(0,89) + \ldots + (4,56)(0,91)$$

$$= 77,8038$$

$$\text{SPTotal } (X_1, X_2) = \Sigma X_1 X_2 = \frac{(\Sigma X_1)(\Sigma X_2)}{15}$$

$$= 77,8038 - \frac{(76,95)(14,99)}{15} = 0,9051$$

Com isso, estamos habilitados a escrever a **matriz de somas de quadrados e produtos total**.

$$A = \begin{bmatrix} \text{SQTotal } (X_1) & \text{SPTotal } (X_1, X_2) \\ \text{SPTotal } (X_1, X_2) & \text{SQTotal } (X_2) \end{bmatrix} = \begin{bmatrix} 7,7056 & 0,9051 \\ 0,9051 & 0,1929 \end{bmatrix}$$

Uma matriz é apenas isso, um conjunto de números com umas tantas linhas (no sentido horizontal) e umas tantas colunas (no sentido vertical). Por exemplo, a matriz:

$$M = \begin{bmatrix} 10 & 15 & -2 \\ 8 & 7 & 21 \end{bmatrix}$$

tem duas linhas e três colunas. A primeira linha é formada pelos números 10, 15, –2, e a segunda, pelos números 8, 7, 21. Já a primeira coluna é formada pelos números 10 e 8.

Precisamos agora obter a **matriz das somas de quadrados e produtos de tratamentos**, geralmente representada por H. Começamos calculando a soma de quadrados de tratamentos (SQT) para os teores de N ($X_1$) e também para os de P ($X_2$), do mesmo modo como fizemos no Capítulo 4. Temos:

$$\text{SQT}\ (X_1) = \frac{T_1^2 + T_2^2 + T_3^2}{r} - \frac{(\Sigma X_1)^2}{N}$$

$$= \frac{(23,39)^2 + (30,56)^2 + (23,00)^2}{5} - \frac{(76,95)^2}{15}$$

$$= 7,2476$$

onde $T_1 = 23{,}39$, $T_2 = 30{,}56$ e $T_3 = 23{,}00$ são os totais dos teores de N para os 3 tratamentos. Analogamente, temos, no que se refere aos teores de P:

$$\text{SQT}\ (X_2) = \frac{T_1^2 + T_2^2 + T_3^2}{r} - \frac{(\Sigma X_2)^2}{N}$$

$$= \frac{(5,02)^2 + (5,48)^2 + (4,49)^2}{5} - \frac{(14,99)^2}{15}$$

$$= 0,0982$$

Agora calculamos a soma de produtos de tratamentos (SPT), que se obtém com os totais relativos a tratamentos de $X_1$ e $X_2$. Assim:

$$\text{SPT}\ (X_1,\ X_2) = \frac{(23,39)(5,02) + (30,56)(5,48) + (23,00)(4,49)}{5} -$$

$$- \frac{(76,95)(14,99)}{15}$$

$$= 0,7326$$

A matriz de somas de quadrados e produtos de tratamentos é, pois:

$$H = \begin{bmatrix} \text{SQT}\ (X_1) & \text{SPT}\ (X_1,\ X_2) \\ \text{SPT}\ (X_1,\ X_2) & \text{SQT}\ (X_2) \end{bmatrix} = \begin{bmatrix} 7,2476 & 0,7326 \\ 0,7326 & 0,0982 \end{bmatrix}$$

Resta-nos calcular a matriz correspondente ao resíduo, que se obtém por subtração:

$$\begin{aligned} SQR\ (X_1) &= SQTotal\ (X_1) - SQT\ (X_1) \\ &= 7,7056 - 7,2476 = 0,4580 \\ SQR\ (X_2) &= SQTotal\ (X_2) - SQT\ (X_2) \\ &= 0,1929 - 0,0982 = 0,0947 \\ SPR\ (X_1,\ X_2) &= SPTotal\ (X_1,\ X_2) - SPT\ (X_1,\ X_2) \\ &= 0,9051 - 0,7326 = 0,1725 \end{aligned}$$

Podemos, então, escrever a matriz de somas de quadrados e produtos do resíduo:

$$E = \begin{bmatrix} 0,4580 & 0,1725 \\ 0,1725 & 0,0947 \end{bmatrix}$$

Com esses dados, já podemos escrever a tabela da análise da variância multidimensional, dada a seguir.

| **Causa de variação** | **GL** | **Matrizes** |
|---|---|---|
| Tratamentos | $k_1 = 2$ | $H = \begin{bmatrix} 7,2476 & 0,7326 \\ 0,7326 & 0,0982 \end{bmatrix}$ |
| Resíduo | $k_2 = 12$ | $E = \begin{bmatrix} 0,4580 & 0,1725 \\ 0,1725 & 0,0947 \end{bmatrix}$ |
| Total | 14 | $A = \begin{bmatrix} 7,7056 & 0,9051 \\ 0,9051 & 0,1929 \end{bmatrix}$ |

Note-se que a matriz E poderia ser obtida diretamente, desta maneira:

$$\begin{aligned} E = A - H &= \begin{bmatrix} 7,7056 & 0,9051 \\ 0,9051 & 0,1929 \end{bmatrix} - \begin{bmatrix} 7,2476 & 0,7326 \\ 0,7326 & 0,0982 \end{bmatrix} \\ &= \begin{bmatrix} 7,7056 - 7,2476 & 0,9051 - 0,7326 \\ 0,9051 - 0,7326 & 0,1929 - 0,0982 \end{bmatrix} \\ &= \begin{bmatrix} 0,4580 & 0,1725 \\ 0,1725 & 0,0947 \end{bmatrix} \end{aligned}$$

Obtida a tabela da análise da variância, é preciso aplicar-lhe um teste de significância, à semelhança do tradicional teste F. Para isso, é necessário calcular os determinantes das matrizes E e A. Mas o que é determinante de uma matriz? Dada uma matriz de 2 × 2, isto é, de 2 linhas e 2 colunas, tal como:

$$K = \begin{bmatrix} a & b \\ c & d \end{bmatrix}$$

o seu determinante, indicado por $|K|$ ou por det K, é:

$$|K| = \det K = ad - bc$$

Por exemplo, para:

$$K = \begin{bmatrix} 10 & 8 \\ 7 & 12 \end{bmatrix}$$

temos:

$$|K| = \det K = (10)(12) - (8)(7) = 120 - 56 = 64$$

Conclui-se que:

$$\det E = (0{,}4580)(0{,}0947) - (0{,}1725)(0{,}1725) = 0{,}013616$$

$$\det A = (7{,}7056)(0{,}1929) - (0{,}9051)(0{,}9051) = 0{,}667204$$

O teste de significância mais usado na análise da variância multidimensional é o de Wilks, indicado pela letra grega Λ (lambda maiúsculo), assim definido:

$$\Lambda = \frac{\det E}{\det (H + E)}$$

No caso dos ensaios inteiramente casualizados, temos: E = A – H. Logo:

$$H + E = H + (A - H) = H + A - H = A$$

Portanto, no caso de ensaios inteiramente casualizados:

$$\Lambda = \frac{\det E}{\det A}$$

No caso presente:

$$\Lambda = \frac{0{,}013616}{0{,}667204} = 0{,}0204$$

Duas diferenças importantes são notadas em relação à análise da variância tradicional:

- Na análise tradicional, antes de aplicar o teste F, faz-se a divisão das somas de quadrados pelos números de graus de liberdade; na análise multidimensional, essa divisão não é feita.
- No teste F, a contribuição dos tratamentos vai no numerador; no teste $\Lambda$, aparece no denominador.

Para avaliar a significância do valor de $\Lambda$ obtido, podem ser usadas tabelas especiais, bastante extensas. Mas o mais comum é transformar o valor de $\Lambda$ em um valor correspondente de F e usar as tabelas de F já conhecidas.

A transformação de $\Lambda$ em F se faz por meio de fórmulas que vamos indicar, nas quais:

- $p$ = número de variáveis;
- $k_1$ = número de graus de liberdade de tratamentos;
- $k_2$ = número de graus de liberdade do resíduo.

Há quatro casos a considerar:

A) $p = 2$, $k_1$ e $k_2$ quaisquer:

$$F[2k_1,\ 2(k_2 - 1)] = \frac{k_2 - 1}{k_1} \frac{1 - \sqrt{\Lambda}}{\sqrt{\Lambda}}$$

B) $k_1 = 1$, p e $k_2$ quaisquer:

$$F[p,\ k_2 - p + 1] = \frac{k_2 - p + 1}{p} \frac{1 - \Lambda}{\Lambda}$$

C) $k_1 = 2$, p e $k_2$ quaisquer:

$$F[2p,\ 2(k_2 - p + 1)] = \frac{k_2 - p + 1}{p} \frac{1 - \sqrt{\Lambda}}{\sqrt{\Lambda}}$$

D) caso geral (Harris, 1975):

$$F[pk_1,\ ab - c] = \left[\left(\frac{1}{\Lambda}\right)^{\frac{1}{b}} - 1\right] \frac{ab - c}{pk_1}$$

onde:

$$a = k_2 - 0,5(p - k_1 + 1) \qquad c = 0,5(pk_1 - 2)$$

$$\begin{cases} b = 1 \quad \text{no caso de } p^2 + k_1^2 = 5 \\ b = \sqrt{\dfrac{p^2k_1^2 - 4}{p^2 + k_1^2 - 5}} \quad \text{no caso de } p^2 + k_1^2 \neq 5 \end{cases}$$

Nos casos A, B e C, as fórmulas de transformação são exatas; no caso D, ela é quase sempre apenas aproximada.

No exemplo que estamos discutindo, podemos aplicar a fórmula do caso A (com p = 2) ou a do caso C (com $k_1$ = 2). No caso A, temos: p = 2, $k_1$ = 2, $k_2$ = 12, $\Lambda$ = 0,0204. Logo:

$$F[2 \times 2,\ 2(12 - 1)] = \frac{12 - 1}{2} \frac{1 - \sqrt{0,0204}}{\sqrt{0,0204}}$$

isto é:

F(4,22) = 33,01**

A fórmula do caso C conduz exatamente ao mesmo resultado, como não poderia deixar de ser.

Devemos, pois, usar as tabelas de F (Tabelas 1 e 2) com 4 graus de liberdade para o numerador e 22 para o denominador. Os limites correspondentes são:

Para o nível de 5% de probabilidade: 2,82

Para o nível de 1% de probabilidade: 4,31

Verifica-se, pois, que o resultado é significativo ao nível de 1% de probabilidade. Nessas condições, é rejeitada a hipótese de nulidade e conclui-se que não devem ser todas iguais as médias de tratamentos, cujas estimativas são:

| | **Tratamento 1** | **Tratamento 2** | **Tratamento 3** |
|---|---|---|---|
| Teor de N ($X_1$) | 4,68 | 6,11 | 4,60 |
| Teor de P ($X_2$) | 1,00 | 1,10 | 0,90 |

Note-se que a média estimada para o tratamento 1 é o conjunto das duas médias relativas ao N e ao P. Assim:

$$\hat{M}_1 = \begin{bmatrix} 4,68 \\ 1,00 \end{bmatrix}$$

Esse conjunto de dois números é um **vetor**. Analogamente, para os tratamentos 2 e 3, temos:

$$\hat{M}_2 = \begin{bmatrix} 6,11 \\ 1,10 \end{bmatrix} \quad \hat{M}_3 = \begin{bmatrix} 4,60 \\ 0,90 \end{bmatrix}$$

As três médias verdadeiras:

$$M_1 = \begin{bmatrix} m_{11} \\ m_{12} \end{bmatrix} \quad M_2 = \begin{bmatrix} m_{21} \\ m_{22} \end{bmatrix} \quad M_3 = \begin{bmatrix} m_{31} \\ m_{32} \end{bmatrix}$$

não devem ser iguais, uma vez que se rejeitou a hipótese de nulidade. Mas não sabemos se a diferença está só nos teores de N ($m_{11}$, $m_{21}$, $m_{31}$) ou só nos de P ($m_{12}$, $m_{22}$, $m_{32}$) ou em uma função linear de ambos. Para averiguar, faz-se necessária a aplicação de um teste, que veremos adiante.

## *Exercício*

Em um experimento inteiramente casualizado de consorciação de milho, feijão e mandioca, temos 5 tratamentos e 8 repetições e se obteve $\Lambda = 0,464$. Obter o valor de F correspondente.

Temos p = 3 variáveis, $k_1 = 4$ graus de liberdade para tratamentos, $k_2 = 35$ graus de liberdade para o resíduo. Devemos, pois, aplicar as fórmulas do caso D:

$$a = k_2 - 0,5(p - k_1 + 1) = 35 - 0,5(3 - 4 + 1) = 35$$

$$b = \sqrt{\frac{p^2k_1^2 - 4}{p^2 + k_1^2 - 5}} = \sqrt{\frac{3^2 4^2 - 4}{3^2 + 4^2 - 5}} = \sqrt{7} = 2,646$$

$$c = 0,5(pk_1 - 2) = 0,5(3 \times 4 - 2) = 5$$

$$ab - c = 35 \times 2,646 - 5 = 87,61$$

$$F[3 \times 4;\ 87,61] = \left[\left(\frac{1}{0,464}\right)^{\frac{1}{2,646}} - 1\right]\frac{87,61}{3 \times 4}$$

isto é, aproximadamente:

$$F[12,\ 88] = (1,3366 - 1)\frac{87,61}{3 \times 4} = 2,46$$

Com 12 e 88 graus de liberdade, a Tabela 2 nos dá, por interpolação, o limite F = 2,40, ao nível de 1% de probabilidade. O resultado obtido é, pois, altamente significativo.

A potência:

$$U = \left(\frac{1}{0,464}\right)^{\frac{1}{2,646}} = (2,155)^{0,3779} = 1,3366$$

pode ser obtida diretamente em calculadoras eletrônicas sofisticadas. Mas, na sua falta, pode ser calculada por logaritmo:

$$\log\ U = 0,3779 \quad \log 2,155 = 0,12601$$

$$U = \text{antilog}\ 0,12601 = 1,3366$$

## 19.3. Um ensaio em blocos casualizados

Neste caso, o método de obtenção das matrizes é análogo ao que acabamos de ver, mas seguindo as normas dadas no Capítulo 5 para os experimentos em blocos casualizados. Além das matrizes A (total) e H (de tratamentos), necessitamos calcular a matriz B (de blocos). No caso de **r** blocos e **n** tratamentos, temos:

$$SQB = \frac{B_1^2 + B_2^2 + \ldots + B_r^2}{n} - C$$

para $X_1$ e $X_2$, se forem duas as variáveis. Precisamos calcular também a soma de produtos de blocos, obtida com os totais de blocos de $X_1$ e de $X_2$ multiplicados. Consideremos como exemplo um experimento de consorciação de milho e feijão, com 7 tratamentos em 4 blocos casualizados. Seja $X_1$ a produção de milho na parcela, e $X_2$, a de feijão, ambas em kg/ha. Sejam, ainda, os seguintes os totais de blocos, cada um deles com um total de 7 parcelas.

| | **1º bloco** | **2º bloco** | **3º bloco** | **4º bloco** | **Total** |
|---|---|---|---|---|---|
| Milho ($X_1$) | 21.200 | 23.400 | 20.600 | 24.500 | 89.700 |
| Feijão ($X_2$) | 5.800 | 6.000 | 7.200 | 5.500 | 24.500 |

Temos:

$$SQB\ (X_1) = \frac{(21.200)^2 + (23.400)^2 + (20.600)^2 + (24.500)^2}{7} -$$

$$- \frac{(89.700)^2}{28}$$

$$= 1.441.070$$

$$SQB(X_2) = \frac{(5.800)^2 + (6.000)^2 + (7.200)^2 + (5.500)^2}{7} -$$

$$- \frac{(24.500)^2}{28}$$

$$= 238.214$$

$$SPB\ (X_1,\ X_2) = \frac{1}{7}\begin{bmatrix}(21.200)(5.800) + (23.400)(6.000) + \\ +(20.600)(7.200) + (24.500)(5.500)\end{bmatrix} -$$

$$- \frac{(89.700)(24.500)}{28}$$

$$= -426.072$$

Logo, a matriz B das somas de quadrados e produtos de blocos é:

$$B = \begin{bmatrix}1.441.070 & -426.072 \\ -426.072 & 238.214\end{bmatrix}$$

Note-se que uma soma de quadrados jamais pode ser negativa, mas isso não ocorre com uma soma de produtos. Logo, não é de estranhar o valor negativo (–426.072) obtido para SPB ($X_1$, $X_2$).

A análise da variância completa dá os valores seguintes. Note-se que as matrizes A e H foram calculadas da maneira já conhecida.

| **Causa de variação** | **GL** | **Matrizes** |
|---|---|---|
| Blocos | 3 | $B = \begin{bmatrix}1.441.070 & -426.072 \\ -426.072 & 238.214\end{bmatrix}$ |
| Tratamentos | $k_1 = 6$ | $H = \begin{bmatrix}3.500.000 & -800.000 \\ -800.000 & 750.000\end{bmatrix}$ |
| Resíduo | $k_2 = 18$ | $E = \begin{bmatrix}1.200.000 & -200.000 \\ -200.000 & 320.000\end{bmatrix}$ |
| Total | 27 | $A = \begin{bmatrix}6.141.070 & -1.426.072 \\ -1.426.072 & 1.308.214\end{bmatrix}$ |

A matriz do resíduo (E) se obtém por subtração:

$$E = A - (B + H)$$

Como:

$$B + H = \begin{bmatrix} 1.441.070 + 3.500.000 & -426.072 - 800.000 \\ -426.072 - 800.000 & 238.214 + 750.000 \end{bmatrix}$$

$$= \begin{bmatrix} 4.941.070 & -1.226.072 \\ -1.226.072 & 988.214 \end{bmatrix}$$

então:

$$E = \begin{bmatrix} 6.141.070 & -1.426.074 \\ -1.426.072 & 1.308.214 \end{bmatrix} - \begin{bmatrix} 4.941.070 & -1.226.072 \\ -1.226.072 & 988.214 \end{bmatrix}$$

$$= \begin{bmatrix} 1.200.000 & -200.000 \\ -200.000 & 320.000 \end{bmatrix}$$

Para aplicar o teste de Wilks, devemos calcular det E e det (H + E). Temos:

$$\det E = (1.200.000)\,(320.000) - (-200.000)^2$$

$$= 344.000.000.000$$

$$H + E = \begin{bmatrix} 4.200.000 & -1.000.000 \\ -1.000.000 & 1.070.000 \end{bmatrix}$$

$$\det\,(H + E) = (4.700.000)\,(1.070.000) - (-1.000.000)^2$$

$$= 4.029.000.000.000$$

Logo:

$$\Lambda = \frac{\det E}{\det\,(H + E)} = 0{,}0854$$

O valor do F correspondente, de acordo com a fórmula do caso A (seção 19.2), é:

$$F(12, 34) = \frac{18 - 1}{6} \cdot \frac{1 - \sqrt{0{,}0854}}{\sqrt{0{,}0854}} = 6{,}86$$

com $2k_1 = 2 \times 6 = 12$, $2(k_2 - 1) = 2(18 - 1) = 34$ graus de liberdade. Verifica-se que o valor de F obtido é significativo ao nível de 1% de probabilidade, o que nos leva a rejeitar a hipótese de nulidade.

## 19.4. Noções de álgebra de matrizes

Chama-se **matriz** um conjunto retangular de números, que são os seus **elementos**. Por exemplo, o conjunto:

$$A = \begin{bmatrix} 10 & 8 & -3 \\ -1 & 5 & 2 \end{bmatrix}$$

é uma matriz, que se diz de $2 \times 3$, pois tem 2 **linhas** e 3 **colunas**. Assim, o elemento 10 está na primeira linha e na primeira coluna; já o elemento 2 está na segunda linha e na terceira coluna. Tal matriz poderia ser simbolizada assim:

$$A = \begin{bmatrix} a_{11} & a_{12} & a_{13} \\ a_{21} & a_{22} & a_{23} \end{bmatrix}$$

Cada elemento tem dois índices, o primeiro de linha e o segundo de coluna. Assim, $a_{13}$ (que se lê: **a** índice um, três) é o elemento da primeira linha e da terceira coluna.

Costuma-se indicar entre colchetes ou entre parênteses o conjunto dos elementos de uma matriz. Assim:

$$A = \begin{bmatrix} 4 & 8 \\ -3 & 5 \\ 3 & 0 \\ 1 & 9 \end{bmatrix} \quad \text{ou} \quad A = \begin{pmatrix} 4 & 8 \\ -3 & 5 \\ 3 & 0 \\ 1 & 9 \end{pmatrix}$$

### *Igualdade, adição e subtração de matrizes*

Duas matrizes são iguais quando têm as mesmas dimensões (isto é, o mesmo número de linhas e o mesmo número de colunas) e, além disso, seus elementos são ordenadamente iguais. Assim, da igualdade:

$$\begin{bmatrix} a_{11} & a_{12} & a_{13} \\ a_{21} & a_{22} & a_{23} \end{bmatrix} = \begin{bmatrix} 2 & 3 & -8 \\ 5 & 0 & 4 \end{bmatrix}$$

conclui-se imediatamente que:

$$a_{11} = 2 \quad a_{12} = 3 \quad a_{13} = -8$$

$$a_{21} = 5 \quad a_{22} = 0 \quad a_{23} = 4$$

A adição e a subtração só são possíveis com matrizes de mesmas dimensões, e então se opera com os termos correspondentes. Assim, se:

$$M = \begin{bmatrix} 3 & 4 & 5 \\ -1 & 8 & 7 \end{bmatrix} \quad N = \begin{bmatrix} 0 & 11 & 15 \\ 8 & -2 & 4 \end{bmatrix}$$

então:

$$M + N = \begin{bmatrix} 3+0 & 4+11 & 5+15 \\ -1+8 & 8-2 & 7+4 \end{bmatrix} = \begin{bmatrix} 3 & 15 & 20 \\ 7 & 6 & 11 \end{bmatrix}$$

$$M - N = \begin{bmatrix} 3-0 & 4-11 & 5-15 \\ -1-8 & 8+2 & 7-4 \end{bmatrix} = \begin{bmatrix} 3 & -7 & -10 \\ -9 & 10 & 3 \end{bmatrix}$$

Uma matriz que tenha uma única linha ou uma única coluna é um **vetor**. Assim, considera-se uma matriz qualquer como um conjunto de vetores-linhas ou de vetores-colunas. Por exemplo, a matriz M anterior é formada pelos vetores-colunas:

$$\begin{bmatrix} 3 \\ -1 \end{bmatrix} \quad \begin{bmatrix} 4 \\ 8 \end{bmatrix} \quad \begin{bmatrix} 5 \\ 7 \end{bmatrix}$$

ou pelos vetores-linhas:

$$[3,\ 4,\ 5] \quad [-1,\ 8,\ 7]$$

**Matriz transposta** — Dada uma matriz A, sua transposta A' é obtida com os mesmos elementos originais, mas escrevendo suas linhas como colunas e vice-versa. Assim:

$$\text{A transposta de } A = \begin{bmatrix} 10 & 8 & -3 \\ -1 & 5 & 2 \end{bmatrix} \text{ é } A' = \begin{bmatrix} 10 & -1 \\ 8 & 5 \\ -3 & 2 \end{bmatrix}$$

Uma matriz A igual a sua transposta se diz simétrica. Por exemplo:

$$\text{A matriz } B = \begin{bmatrix} a & b \\ b & c \end{bmatrix} \text{ é simétrica.}$$

**Matriz quadrada** — É a que tem número igual de linhas e colunas. Por exemplo:

$$B = \begin{bmatrix} 5 & 12 & 3 \\ 0 & 3 & -4 \\ 11 & -4 & 2 \end{bmatrix} \qquad M = \begin{bmatrix} x & y \\ a & b \end{bmatrix}$$

são matrizes quadradas, a primeira de 3 × 3, a segunda de 2 × 2.

Em uma matriz quadrada:

$$A = \begin{bmatrix} a_{11} & a_{12} & a_{13} \\ a_{21} & a_{22} & a_{23} \\ a_{31} & a_{32} & a_{33} \end{bmatrix}$$

os elementos $a_{11}$, $a_{22}$, $a_{33}$ formam a diagonal principal (ou diagonal, simplesmente).

**Matriz diagonal** — É uma matriz quadrada cujos termos fora da diagonal são todos nulos. Por exemplo, são diagonais as matrizes:

$$D_1 = \begin{bmatrix} 8 & 0 & 0 \\ 0 & 12 & 0 \\ 0 & 0 & 5 \end{bmatrix} = \text{diag}(8,\ 12,\ 5)$$

$$D_2 = \begin{bmatrix} 4 & 0 & 0 & 0 \\ 0 & 7 & 0 & 0 \\ 0 & 0 & 0 & 0 \\ 0 & 0 & 0 & 3 \end{bmatrix} = \text{diag}(4,\ 7,\ 0,\ 3)$$

**Matriz unitária** — É uma matriz diagonal cujos termos da diagonal são iguais à unidade. Por exemplo:

$$I = \begin{bmatrix} 1 & 0 & 0 \\ 0 & 1 & 0 \\ 0 & 0 & 1 \end{bmatrix} = \text{diag}(1,\ 1,\ 1)$$

$$I = \begin{bmatrix} 1 & 0 \\ 0 & 1 \end{bmatrix} = \text{diag}(1,\ 1)$$

**Matriz nula** — É uma matriz cujos elementos são todos nulos. Geralmente se indica por Φ ou pela letra O. Por exemplo:

$$\Phi = \begin{bmatrix} 0 & 0 & 0 & 0 \\ 0 & 0 & 0 & 0 \end{bmatrix}$$

É claro que, sendo A uma matriz qualquer, temos:

$$A + \Phi = A - \Phi = A$$

**Escalar** — Os números que constituem os elementos de uma matriz chamam-se escalares. Por exemplo, 5 é um escalar, em contraste com

$$\begin{bmatrix} 5 & 8 & 1 \\ 3 & -2 & 7 \end{bmatrix}$$

que é uma matriz. Por sua vez, uma matriz 1 × 1 se confunde com o único escalar que ela encerra, isto é:

$$[5] = 5$$

**Multiplicação por um escalar** — Dada uma matriz:

$$A = \begin{bmatrix} a_{11} & a_{12} & a_{13} \\ a_{21} & a_{22} & a_{23} \end{bmatrix},$$

para multiplicá-la pelo escalar **n** deve-se multiplicar por **n** todos os seus elementos:

$$n\,A = \begin{bmatrix} n\,a_{11} & n\,a_{12} & n\,a_{13} \\ n\,a_{21} & n\,a_{22} & n\,a_{23} \end{bmatrix}$$

Conclui-se, pois, que:

$$8\begin{bmatrix} 4 & -1 \\ 5 & 0 \\ -2 & 7 \end{bmatrix} = \begin{bmatrix} 32 & -8 \\ 40 & 0 \\ -16 & 56 \end{bmatrix}$$

**Multiplicação de matrizes** — A multiplicação de matrizes é uma operação bem mais difícil do que a adição ou a subtração. O produto AB de uma matriz

A, de dimensões m × n, por uma matriz B, de dimensões p × q, só é possível se tivermos n = p, isto é, se o número de colunas de A for igual ao número de linhas de B.

O caso mais simples é o de um vetor-linha D de 1 × n, multiplicado por um vetor-coluna E de n × 1. Por exemplo:

$$D = [5,\ 4,\ 8] \qquad E = \begin{bmatrix} 3 \\ -1 \\ 7 \end{bmatrix}$$

O produto AB da matriz A de m × n por uma matriz B de n × q terá dimensões m × q. Logo, no caso anterior, de uma matriz D de 1 × n por uma matriz E de n × 1, o produto DE terá dimensões 1 × 1, isto é, trata-se de um escalar. Teremos:

$$DE = [5 \times 3 + 4(-1) + 8 \times 7] = [67] = 67$$

No caso geral do produto AB = C, o termo $c_{ij}$ de C é igual ao produto da linha **i** de A pela coluna **j** de B. Por exemplo:

$$A = \begin{bmatrix} a_{11} & a_{12} \\ a_{21} & a_{22} \end{bmatrix} \qquad B = \begin{bmatrix} b_{11} & b_{12} & b_{13} \\ b_{21} & b_{22} & b_{23} \end{bmatrix}$$

$$AB = \begin{bmatrix} a_{11}b_{11} + a_{12}b_{21} & a_{11}b_{12} + a_{12}b_{22} & a_{11}b_{13} + a_{12}b_{23} \\ a_{21}b_{11} + a_{22}b_{21} & a_{21}b_{12} + a_{22}b_{22} & a_{21}b_{13} + a_{22}b_{23} \end{bmatrix}$$

ou ainda:

$$AB = \begin{bmatrix} 5 & 4 \\ 3 & -1 \end{bmatrix} \times \begin{bmatrix} 5 & 3 & 7 \\ 0 & 8 & -2 \end{bmatrix} = \begin{bmatrix} 25 & 47 & 27 \\ 15 & 1 & 23 \end{bmatrix}$$

**Matriz inversa** — Dada uma matriz quadrada A, sua inversa $A^{-1}$ é uma matriz tal que:

$$AA^{-1} = A^{-1}A = I$$

Nem toda matriz quadrada tem inversa. As que têm chamam-se **não singulares**; as que não têm, **singulares**.

Por exemplo:

$$\text{A matriz inversa de } A = \begin{bmatrix} 2 & 1 \\ 1 & 1 \end{bmatrix} \text{ é } A^{-1} = \begin{bmatrix} 1 & -1 \\ -1 & 2 \end{bmatrix} \text{ porque:}$$

$$AA^{-1} = \begin{bmatrix} 2 & 1 \\ 1 & 1 \end{bmatrix}\begin{bmatrix} 1 & -1 \\ -1 & 2 \end{bmatrix} = \begin{bmatrix} 1 & 0 \\ 0 & 1 \end{bmatrix} = I$$

$$A^{-1}A = \begin{bmatrix} 1 & -1 \\ -1 & 2 \end{bmatrix}\begin{bmatrix} 2 & 1 \\ 1 & 1 \end{bmatrix} = \begin{bmatrix} 1 & 0 \\ 0 & 1 \end{bmatrix} = I$$

Logo, a matriz A é não singular, uma vez que tem inversa. Já a matriz

$$B = \begin{bmatrix} 1 & 1 \\ 1 & 1 \end{bmatrix}$$

não tem inversa. É, pois, uma matriz singular.

**Determinantes** — Não daremos a definição geral de determinante, por ser bastante complicada, mas veremos como se calculam os determinantes nos casos mais simples.

Para começar, só há determinante de matriz quadrada. Dada uma matriz A de $1 \times 1$, seu determinante (que se indica por $|A|$ ou por det A) é igual ao único elemento da matriz. Assim, se:

$$A = [8] \qquad B = [-5]$$

temos:

$$\det A = |A| = 8 \qquad \det B = |B| = -5$$

No caso de uma matriz C de $2 \times 2$:

$$C = \begin{bmatrix} c_{11} & c_{12} \\ c_{21} & c_{22} \end{bmatrix} = \begin{bmatrix} 7 & 5 \\ 4 & 6 \end{bmatrix}$$

temos:

$$|C| = c_{11}c_{22} - c_{12}c_{21} = 7 \times 6 - 5 \times 4 = 22$$

Já no caso de uma matriz A de $3 \times 3$, o determinante é calculado pela regra de Sarrus, que nos dá:

$$\begin{vmatrix} a_{11} & a_{12} & a_{13} \\ a_{21} & a_{22} & a_{23} \\ a_{31} & a_{32} & a_{33} \end{vmatrix} = \begin{array}{l} a_{11}a_{22}a_{33} + a_{12}a_{23}a_{31} + a_{13}a_{21}a_{32} - \\ - a_{13}a_{22}a_{31} - a_{11}a_{23}a_{32} - a_{12}a_{21}a_{33} \end{array}$$

Por exemplo:

$$\begin{vmatrix} 1 & 2 & 3 \\ 4 & 3 & 2 \\ 2 & 4 & 3 \end{vmatrix} = \begin{array}{l} 1 \times 3 \times 3 + 2 \times 2 \times 2 + 3 \times 4 \times 4 - 2 \times 3 \times 3 - 1 \times 4 \times 2 - \\ - 2 \times 4 \times 3 = 15 \end{array}$$

$$\begin{vmatrix} 1 & 2 & 3 \\ 4 & 5 & 6 \\ 7 & 8 & 9 \end{vmatrix} = \begin{array}{l} 1 \times 5 \times 9 + 2 \times 6 \times 7 + 3 \times 4 \times 8 - 3 \times 5 \times 7 - 1 \times 6 \times 8 - \\ - 2 \times 4 \times 9 = 0 \end{array}$$

Para matrizes de maiores dimensões, as regras são mais complicadas, mas não serão abordadas neste livro.

**Determinante de uma matriz singular** — Toda matriz quadrada singular tem determinante nulo; reciprocamente, é singular toda matriz quadrada de determinante nulo. Assim, a matriz:

$$A = \begin{bmatrix} 1 & 1 \\ 2 & 2 \end{bmatrix}$$

cujo determinante $|A| = 0$, é singular, isto é, não tem inversa.

## *Alguns casos simples de inversão de matrizes*

$$A = \begin{bmatrix} a & b \\ c & d \end{bmatrix} \rightarrow A^{-1} = \frac{1}{|A|}\begin{bmatrix} d & -b \\ -c & a \end{bmatrix}$$

$$D = \text{diag}(a, b, \ldots, h) \rightarrow D^{-1} = \text{diag}\left(\frac{1}{a}, \frac{1}{b}, \ldots, \frac{1}{h}\right)$$

com $a, b, \ldots, h \neq 0$.

## *Exercícios*

1) Dadas as matrizes:

$$A = \begin{bmatrix} 5 & 3 \\ -1 & 2 \end{bmatrix} \quad B = \begin{bmatrix} 8 & 2 \\ 1 & 0 \end{bmatrix} \quad C = \begin{bmatrix} -5 & 10 \\ 8 & 3 \end{bmatrix}$$

calcular A + B, A – B, A + B + C, A + C.

2) Sendo A, B, C as matrizes do exercício 1, calcular 5A, 2A + 3B, A + + 4B', A + A', A + B'.

3) Dadas as matrizes:

$$A = \begin{bmatrix} 1 & 2 \\ 3 & 4 \end{bmatrix} \quad B = \begin{bmatrix} 8 & 0 \\ 3 & 2 \end{bmatrix}$$

calcular AB, BA, A'A, AA'. Verificar que são diferentes as matrizes AB e BA.

4) Dado o vetor: $X = \begin{bmatrix} 3 \\ 1 \\ 3 \end{bmatrix}$, calcular X'X e XX'.

5) Dadas as matrizes:

$$A = \begin{bmatrix} 1 & 2 \\ 4 & 3 \end{bmatrix} \quad I = \begin{bmatrix} 1 & 0 \\ 0 & 1 \end{bmatrix} \quad D = \begin{bmatrix} 2 & 0 \\ 0 & 3 \end{bmatrix}$$

calcular AI, IA, AA', A'A, AD, DD.

6) Mostrar que é singular a matriz: $B = \begin{bmatrix} 1 & 2 \\ 3 & 6 \end{bmatrix}$.

Observação: É suficiente demonstrar que seu determinante é nulo.

7) Determinar **a** e **x**, de modo que sejam singulares as matrizes:

$$M = \begin{bmatrix} 1 & 8 \\ 3 & a \end{bmatrix} \quad N = \begin{bmatrix} 1-x & 2 \\ 4 & 8-x \end{bmatrix}$$

Resposta: a = 24; x = 0 ou 9.

8) Achar as inversas das matrizes:

$$A = \begin{bmatrix} 0,25 & 0,50 \\ -4,00 & 8,00 \end{bmatrix} \quad B = \begin{bmatrix} 8 & 0 \\ 0 & 4 \end{bmatrix}$$

Resposta:

$$A^{-1} = \frac{1}{4}\begin{bmatrix} 8,00 & -0,50 \\ 4,00 & 0,25 \end{bmatrix} = \begin{bmatrix} 2,000 & -\frac{1}{8} \\ 1,000 & \frac{1}{16} \end{bmatrix} \quad B^{-1} = \begin{bmatrix} \frac{1}{8} & 0 \\ 0 & \frac{1}{4} \end{bmatrix}$$

## *Raízes próprias de uma matriz*

Seja uma matriz quadrada:

$$A = \begin{bmatrix} 2 & 3 \\ 3 & 10 \end{bmatrix}$$

Consideremos a matriz:

$$A - \lambda I = \begin{bmatrix} 2 & 3 \\ 3 & 10 \end{bmatrix} - \lambda \begin{bmatrix} 1 & 0 \\ 0 & 1 \end{bmatrix} = \begin{bmatrix} 2-\lambda & 3 \\ 3 & 10-\lambda \end{bmatrix}$$

Tomemos agora a equação:

$$\det\ [A - \lambda I] = |A - \lambda I| = \begin{vmatrix} 2-\lambda & 3 \\ 3 & 10-\lambda \end{vmatrix} = 0$$

As raízes dessa equação são, por definição, as **raízes próprias** (ou **características**) ou os **valores próprios** (ou **característicos**) da matriz A.

No caso presente, o determinante nos dá:

$$(2-\lambda)(10-\lambda)-9=0$$

isto é:

$$\lambda^2-12\lambda+11=0$$

Essa equação nos fornece as raízes $\lambda_1 = 11$, $\lambda_2 = 1$, que são as raízes características da matriz A.

Como conseqüência, sabemos antecipadamente que:

$$\begin{vmatrix} 2-11 & 3 \\ 3 & 10-11 \end{vmatrix} = 0 \qquad \begin{vmatrix} 2-1 & 3 \\ 3 & 10-1 \end{vmatrix} = 0$$

e, pois, que essas matrizes são singulares.

### *Exercício*

Achar as raízes características da matriz:

$$B = \begin{bmatrix} 1 & 2 \\ 4 & 8 \end{bmatrix}.$$

Resposta: zero e 9.

O cálculo das raízes características de uma matriz é, em geral, bastante trabalhoso, pois implica, salvo em casos simples, a resolução de equações algébricas de grau elevado. Mas esse cálculo pode ser feito com facilidade nos computadores, que já dispõem, para isso, de programas apropriados.

## 19.5. Sistemas de equações lineares

São sistemas de equações de 1º grau, com qualquer número de incógnitas. Por exemplo:

$$\begin{cases} 3X_1 + 2X_2 = 8 \\ 8X_1 - X_2 = 15 \end{cases}$$

$$\begin{cases} X_1 - 2X_2 + X_3 = 0 \\ \quad\quad X_2 + 3X_3 = 4 \\ X_1 \quad\quad - 2X_3 = -1 \end{cases}$$

Do ponto de vista da álgebra de matrizes, esses sistemas de equações podem ser escritos assim:

$$\begin{bmatrix} 3 & 2 \\ 8 & -1 \end{bmatrix} \begin{bmatrix} X_1 \\ X_2 \end{bmatrix} = \begin{bmatrix} 8 \\ 15 \end{bmatrix}$$

$$\begin{bmatrix} 1 & -2 & 1 \\ 0 & 1 & 3 \\ 1 & 0 & -2 \end{bmatrix} \begin{bmatrix} X_1 \\ X_2 \\ X_3 \end{bmatrix} = \begin{bmatrix} 0 \\ 4 \\ -1 \end{bmatrix}$$

As matrizes:

$$A = \begin{bmatrix} 3 & 2 \\ 8 & -1 \end{bmatrix} \quad B = \begin{bmatrix} 1 & -2 & 1 \\ 0 & 1 & 3 \\ 1 & 0 & -2 \end{bmatrix}$$

se chamam **matrizes do sistema** ou dos **coeficientes das incógnitas**. Se o número de incógnitas for igual ao número de equações, essas matrizes serão quadradas.

Consideremos o sistema de equações:

$$\begin{bmatrix} 3 & 2 \\ 8 & -1 \end{bmatrix} \begin{bmatrix} X_1 \\ X_2 \end{bmatrix} = \begin{bmatrix} 8 \\ 15 \end{bmatrix}$$

ou seja:

$$AX = B$$

com:

$$A = \begin{bmatrix} 3 & 2 \\ 8 & -1 \end{bmatrix} \quad X = \begin{bmatrix} X_1 \\ X_2 \end{bmatrix} \quad B = \begin{bmatrix} 8 \\ 15 \end{bmatrix}$$

Quando a matriz A é não singular, o sistema tem solução, e esta solução é única. Mas nos interessam sistemas de equações:

$$AX = \Phi,$$

em que a matriz A seja singular e o segundo membro seja uma matriz nula ($\Phi$). É o caso, por exemplo, do sistema seguinte:

$$\begin{cases} X_1 + X_2 + 2X_3 = 0 \\ X_1 - X_2 + X_3 = 0 \\ 3X_1 + X_2 + 5X_3 = 0 \end{cases}$$

isto é:

$$\begin{bmatrix} 1 & 1 & 2 \\ 1 & -1 & 1 \\ 3 & 1 & 5 \end{bmatrix} \begin{bmatrix} X_1 \\ X_2 \\ X_3 \end{bmatrix} = \begin{bmatrix} 0 \\ 0 \\ 0 \end{bmatrix}$$

Equações lineares com o segundo membro nulo, como $X_1 + X_2 + 2X_3 = 0$, são chamadas homogêneas. Todo sistema de equações lineares homogêneas:

$$AX = \Phi$$

tem solução, ou seja, é **compatível**. Se a matriz A for não singular, a única solução possível será a solução nula: $X_1 = X_2 = \ldots = 0$, isto é, $X = \Phi$, e essa solução geralmente não interessa. Mas se a matriz A for singular, o sistema de equações será indeterminado, ou seja, terá infinitas soluções. Tal é o caso do sistema anterior, pois a matriz:

$$A = \begin{bmatrix} 1 & 1 & 2 \\ 1 & -1 & 1 \\ 3 & 1 & 5 \end{bmatrix}$$

é singular. Por exemplo, são soluções desse sistema:

A) $X_1 = -3, \quad X_2 = -1, \quad X_3 = 2$

B) $X_1 = 6, \quad X_2 = 2, \quad X_3 = -4$

C) $X_1 = -\frac{3}{2}, \quad X_2 = -\frac{1}{2}, \quad X_3 = 1$

além da solução nula $X_1 = X_2 = X_3 = 0$.

Para obter essas soluções não nulas, começamos abandonando uma das equações e dando a uma das incógnitas um valor arbitrário não nulo. Por exemplo, abandonamos a terceira equação e fazemos $X_3 = 1$. Fica:

$$\begin{cases} X_1 + X_2 + 2 = 0 \\ X_1 - X_2 + 1 = 0 \end{cases} \quad \text{isto é:} \quad \begin{cases} X_1 + X_2 = -2 \\ X_1 - X_2 = -1 \end{cases}$$

Resolvemos esse sistema por qualquer processo e achamos $X_1 = -\frac{3}{2}$, $X_2 = -\frac{1}{2}$. A solução encontrada é, pois, $X_1 = -\frac{3}{2}$, $X_2 = -\frac{1}{2}$, $X_3 = 1$. Para cada valor diferente de $X_3$, obtemos nova solução para o sistema.

## *Exercícios*

1) Resolver o sistema de equações homogêneas:

$$\begin{cases} X_1 - 2X_2 = 0 \\ 3X_1 - X_2 = 0 \end{cases}$$

**Solução**: A matriz:

$$A = \begin{bmatrix} 1 & -2 \\ 3 & -1 \end{bmatrix}$$

não é singular, pois $|A| = 5 \neq 0$. Nestas condições, a única solução possível é a solução nula $X_1 = X_2 = 0$.

2) Resolver o sistema:

$$\begin{cases} X_1 + 2X_2 = 0 \\ 3X_1 + 6X_2 = 0 \end{cases}$$

**Resposta**: A matriz do sistema é singular, logo ele é indeterminado. Além da solução nula, temos infinitas outras, tais como: A) $X_1 = 2$, $X_2 = -1$; B) $X_1 =$ $= -10$, $X_2 = 5$.

3) Resolver o sistema:

$$\begin{cases} X_2 - 2X_3 = 0 \\ X_1 + 2X_2 + 3X_3 = 0 \\ X_1 + 3X_2 + X_3 = 0 \end{cases}$$

**Resposta**: A matriz do sistema é singular, logo ele é indeterminado. Além da solução nula, temos infinitas outras, tais como: A) $X_1 = -7$, $X_2 = 2$, $X_3 = 1$; B) $X_1 = 14$, $X_2 = -4$, $X_3 = -2$; C) $X_1 = 7a$, $X_2 = 2a$, $X_3 = a$.

## 19.6. Função discriminante ou variável canônica

Dada uma análise da variância multidimensional, relativa às variáveis $X_1$, $X_2$, $X_3$, por exemplo, consideremos uma função linear:

$$Z = b_1X_1 + b_2X_2 + b_3X_3$$

Essa função, aplicada aos valores $X_1$, $X_2$, $X_3$ de cada parcela do experimento, nos dá N valores dessa variável única Z, um de cada uma das N parcelas do ensaio. Apliquemos a essa nova variável Z a análise da variância tradicional, unidimensional. Queremos obter uma função Z (com seus coeficientes $b_1$, $b_2$, $b_3$) para a qual o teste F de tratamentos dessa análise da variância tenha valor máximo. Para obter esses coeficientes, começamos encontrando as raízes características da matriz $E^{-1}H$ ou, o que é equivalente, encontrando as raízes da equação:

$$\det\ (H - \lambda E) = |H - \lambda E| = 0$$

onde as matrizes H (de tratamentos) e E (do resíduo) são tiradas da análise da variância multidimensional. A maior das raízes obtidas (todas elas positivas ou nulas) nos dá a primeira função discriminante ou primeira variável canônica, como veremos a seguir.

Tomemos como exemplo a análise da variância apresentada na seção 19.2. Nela, temos:

$$H = \begin{bmatrix} 7,2476 & 0,7326 \\ 0,7326 & 0,0982 \end{bmatrix} \qquad E = \begin{bmatrix} 0,4580 & 0,1725 \\ 0,1725 & 0,0947 \end{bmatrix}$$

A inversa $E^{-1}$ da matriz E é:

$$E^{-1} = \begin{bmatrix} 6,9549 & -12,6689 \\ -12,6689 & 33,6359 \end{bmatrix}$$

e o produto é:

$$E^{-1}H = \begin{bmatrix} 41,1257 & 3,8511 \\ -67,1781 & -5,9783 \end{bmatrix}$$

Para achar as raízes características dessa matriz, devemos, como vimos na seção 19.4, resolver a equação:

$$|E^{-1}H - \lambda I| = \begin{bmatrix} 41,1257 - \lambda & 3,8511 \\ -67,1781 & -5,9783 - \lambda \end{bmatrix} = 0$$

isto é:

$$(41,1257 - \lambda)(-5,9783 - \lambda) - (3,8511)(-67,1781) = 0$$

ou ainda:

$$\lambda^2 - 35,1474\lambda + 12,8478 = 0$$

As raízes dessa equação são $\lambda_1 = 34,778$ e $\lambda_2 = 0,370$. Chegaríamos ao mesmo resultado se considerássemos a equação:

$$|H - \lambda E| = \begin{vmatrix} 7,2476 - 0,4580\lambda & 0,7326 - 0,1725\lambda \\ 0,7326 - 0,1725\lambda & 0,0982 - 0,0947\lambda \end{vmatrix} = 0$$

isto é:

$$(7,2476 - 0,4580\lambda)(0,0982 - 0,0947\lambda) - (0,7326 - 0,1725\lambda)^2 = 0$$

ou ainda:

$$0,013616\lambda^2 - 0,4786\lambda + 0,1750 = 0$$

e mediante divisão pelo coeficiente da $\lambda^2$:

$$\lambda^2 - 35,1498\lambda + 12,8525 = 0$$

Essa equação nos dá: $\lambda_1 = 34,780$ e $\lambda_2 = 0,370$, valores que podem diferir ligeiramente dos anteriores por problemas de aproximação de decimais.

Note-se que esse último método tem a vantagem de não exigir a inversão da matriz E, operação muito trabalhosa para matrizes maiores, relativas a mais de duas variáveis. Mas o método usado pelos computadores é exatamente esse, de buscar as raízes próprias da matriz $E^{-1}H$.

Uma vez obtidas as raízes características, tomamos a maior ($\lambda_1$) e consideramos o sistema de equações

$$(E^{-1}H - \lambda_1 I)\begin{bmatrix} b_1 \\ b_2 \end{bmatrix} = \begin{bmatrix} 0 \\ 0 \end{bmatrix}$$

ou o sistema equivalente:

$$(H - \lambda_1 E)\begin{bmatrix} b_1 \\ b_2 \end{bmatrix} = \begin{bmatrix} 0 \\ 0 \end{bmatrix}$$

Nesse último caso, temos:

$$\begin{bmatrix} 7,2476 - 0,4580 \times 34,780 & 0,7326 - 0,1725 \times 34,780 \\ 0,7326 - 0,1725 \times 34,780 & 0,0982 - 0,0947 \times 34,780 \end{bmatrix}\begin{bmatrix} b_1 \\ b_2 \end{bmatrix} = \begin{bmatrix} 0 \\ 0 \end{bmatrix}$$

isto é:

$$\begin{bmatrix} -8,682 & -5,267 \\ -5,267 & -3,195 \end{bmatrix}\begin{bmatrix} b_1 \\ b_2 \end{bmatrix} = \begin{bmatrix} 0 \\ 0 \end{bmatrix}$$

ou seja:

$$\begin{cases} 8,682b_1 + 5,267b_2 = 0 \\ 5,267b_1 + 3,195b_2 = 0 \end{cases}$$

A matriz do sistema é singular nesse caso, conforme resulta da equação $|H - \lambda E| = 0$. Logo, o sistema de equações é indeterminado. Para resolvê-lo, podemos tomar $b_2 = 1$ e abandonar a segunda equação:

$$8,682b_1 + 5,267 \times 1 = 0 \qquad \text{Logo: } b_1 = -0,6067$$

Uma solução seria a função:

$$Z = -\ 0,6067X_1 + X_2$$

Mas é comum escolher uma solução **normalizada**, em que a soma dos quadrados dos coeficientes seja igual a um. Para obtê-la, tomamos nova solução:

$$Z^* = b_1^* X_1 + b_2^* X_2$$

onde:

$$b_1^* = \frac{b_1}{\sqrt{b_1^2 + b_2^2}} = \frac{-0,6067}{\sqrt{(0,6067)^2 + 1^2}} = -0,519$$

$$b_2^* = \frac{b_2}{\sqrt{b_1^2 + b_2^2}} = \frac{1}{\sqrt{(0,6067)^2 + 1^2}} = 0,855$$

Logo:

$$Z^* = -0,519X_1 + 0,855X_2$$

ou, indiferentemente, trocando o sinal do segundo membro:

$$Z^* = 0,519X_1 - 0,855X_2$$

Aplicada essa função discriminante (ou variável canônica) aos dados do exemplo da Tabela 19.2.1, que estamos discutindo, obtemos os números da Tabela 19.6.1. A análise da variância desses dados nos leva aos resultados seguintes.

| **Causa de variação** | **GL** | **SQ** | **QM** | **F** |
|---|---|---|---|---|
| Tratamentos | $k_1 = 2$ | 1,3738 | 0,6869 | 208,40** |
| Resíduo | $k_2 = 12$ | 0,039554 | QMR = 0,003296 | |

Note-se que o valor de F obtido pode ser calculado previamente com facilidade, pois temos:

$$F_{máx} = \frac{k_2}{k_1}\lambda_1 = \frac{12}{2} 34,780 = 208,68$$

A pequena diferença observada (208,68, em vez de 208,40) deve-se, como em outros casos, a problemas de aproximações de decimais.

As médias de tratamentos, em ordem decrescente, relativas à variável canônica Z*, são:

Tratamento 2: $\hat{m}_2 = 2,235$ a

Tratamento 3: $\hat{m}_3 = 1,620$ b

Tratamento 1: $\hat{m}_1 = 1,569$ b

**Tabela 19.6.1.** Valores da variável canônica principal $Z^* = 0{,}519X_1 - 0{,}855X_2$ nas parcelas do experimento de 19.2.1.

| | | | | | | Totais |
|---|---|---|---|---|---|---|
| Tratamento 1 | 1,591 | 1,512 | 1,700 | 1,523 | 1,521 | 7,847 |
| Tratamento 2 | 2,206 | 2,195 | 2,274 | 2,268 | 2,232 | 11,175 |
| Tratamento 3 | 1,624 | 1,701 | 1,586 | 1,598 | 1,589 | 8,098 |
| | | | | | | 27,120 |

Como comparar essas médias? Ou, de uma maneira mais geral, como provar um contraste entre essas médias:

$$Y = c_1 m_1 + c_2 m_2 + \ldots + c_v m_v$$

com $\Sigma c_i = 0$? O processo mais simples consiste em calcular, pelo método de Scheffé, uma diferença mínima significativa:

$$S = \sqrt{k_1 \hat{V}(\hat{Y}) F}$$

onde $k_1$ é o número de graus de liberdade de tratamentos, com:

$$\hat{Y} = c_1 \hat{m}_1 + c_2 \hat{m}_2 + \ldots + c_v \hat{m}_v$$

$$\hat{V}(\hat{Y}) = \frac{\Sigma c^2}{r} QMR$$

sendo **r** o número de repetições (suposto igual para todos os tratamentos). Quanto ao valor de F, ele é obtido assim:

$$F = \frac{k_2}{k_1} \cdot \frac{\theta}{1 - \theta}$$

onde $k_2$ é o número de graus de liberdade do resíduo e $\theta$ se obtém da Tabela 16, relativa ao nível de 5% de probabilidade. Para usar a tabela, calculamos primeiramente:

$$s = \text{mínimo } (p, k_1), \quad m = \frac{|p - k_1| - 1}{2}, \quad n = \frac{k_2 - p - 1}{2}.$$

No caso presente, temos:

$p = 2$ variáveis $\quad k_1 = 2$GL $\quad$ para tratamentos

$k_2 = 12$GL $\quad$ para o resíduo

$$s = \text{mínimo } (2, 2) = 2 \quad m = \frac{|2 - 2| - 1}{2} = -0{,}5$$

$$n = \frac{12 - 2 - 1}{2} = 4,5$$

A Tabela 14 nos dá, com m = –0,5:

$$\text{Para } n = 3 \rightarrow 0,638$$

$$\text{Para } n = 5 \rightarrow 0,498$$

Logo, por interpolação, θ = 0,533. Obtemos, portanto:

$$F = \frac{12}{2} \cdot \frac{0,533}{1 - 0,533} = 6,848$$

Logo:

$$S = \sqrt{2\frac{\Sigma c^2}{5}(0,003296)6,848}$$

No caso particular de um contraste entre as médias de dois tratamentos quaisquer, temos:

$$Y = m_i - m_u \qquad \Sigma c^2 = (1)^2 + (-1)^2 = 2$$

$$S = \sqrt{2\frac{2}{5}(0,003296)6,848} = 0,134$$

Conclui-se, pois, que o tratamento 2 (cuja média é 2,235) supera significativamente os demais, e que estes não diferem entre si.

Esse método se aplica sempre que a função linear de médias de variáveis ($Z^* = 0,519X_1 - 0,885X_2$, no caso presente) tenha sido sugerida pelos próprios dados.

Consideramos, agora, o caso mais simples, em que a função $Z = a_1X_1 + a_2X_2 + \ldots + a_pX_p$ tenha seus coeficientes fixados por razões independentes dos dados experimentais. Tal é o caso, por exemplo, de um experimento de consorciação, em que $X_1$ seja a produção de milho, de preço $a_1$, e $X_2$ a de feijão, de preço $a_2$. Em tal caso, calculamos Z para cada parcela, fazemos a análise da variância dos dados assim obtidos e encontramos $s^2$ = QMResíduo = QMR. Temos, então, pela aplicação direta do método de Scheffé (seção 3.5):

$$S = \sqrt{k_1\hat{V}(\hat{Y})F(k_1,\ k_2)}$$

onde:

$$\hat{V}(\hat{Y}) = \frac{\Sigma c^2}{r} QMR$$

e $F(k_1, k_2)$ se tira das Tabelas 1 e 2, com $k_1$ graus de liberdade (de tratamentos) e $k_2$ graus de liberdade (do resíduo).

No exemplo em discussão, se os coeficientes de $Y^* = 0{,}519X_1 - 0{,}855X_2$ proviessem de ensaio anterior ou de outras considerações alheias aos dados em estudo, teríamos, pela Tabela 1, $F(2{,}12) = 3{,}89$. No caso da comparação das médias duas a duas, o contraste em consideração seria $Y = m_i - m_u$ e teríamos:

$$\Sigma c^2 = (1)^2 + (-1)^2 = 2$$

Nessas condições, obteríamos:

$$S = \sqrt{k_1 \left(\frac{2}{r}\right)(QMR)F(k_1, k_2)}$$

$$= \sqrt{2\left(\frac{2}{5}\right)(0{,}003296)3{,}89}$$

$$= 0{,}101$$

Nesse caso, a diferença mínima significativa é menor ($S = 0{,}101$, em vez de $S = 0{,}134$), como seria de esperar. E se poderia aplicar sem dificuldade o teste de Tukey, que nos daria:

$$\Delta = q\sqrt{\frac{QMR}{r}} = 3{,}77\sqrt{\frac{0{,}003296}{5}} = 0{,}097$$

Note-se que obtivemos da equação $|H - \lambda E| = 0$ duas raízes características ($\lambda_1 = 34{,}780$ e $\lambda_2 = 0{,}370$) e só usamos a maior. Com o auxílio da menor, pelos métodos já expostos, calcularíamos uma segunda variável canônica $Z_1^*$ que, submetida à análise da variância tradicional (unidimensional), nos daria:

$$F = \frac{k_2}{k_1}\lambda_2 = \frac{12}{2} 0{,}370 = 2{,}22$$

O total das duas raízes características é:

$$\lambda_1 + \lambda_2 = 34{,}780 + 0{,}370 = 35{,}15$$

e, desse total, $\lambda_1 = 34{,}780$ representa 98,9%, ao passo que $\lambda_2$ corresponde a 1,1%. Essas porcentagens medem a importância relativa das duas variáveis canônicas. Em um caso como esse, em que a maior raiz corresponde a quase 99% do total, a variável canônica principal que lhe corresponde praticamente esgota toda a informação contida na análise multidimensional, com $X_1$ e $X_2$.

No caso de **p** variáveis observadas ($X_1$, $X_2$, ..., $X_p$) obtemos, em geral, **p** raízes características distintas, todas positivas ou nulas. Postas em ordem decrescente, cada uma delas nos dá uma variável canônica, e a cada variável canônica corresponde uma porcentagem total. Nos casos favoráveis, consideramos, então, apenas um número reduzido **p'** de variáveis canônicas, com **p'** bem menor do que **p**. Verifica-se, pois, que esse método pode levar a uma simplificação considerável dos problemas em que seja grande o número de variáveis observadas.

## 19.7. O teste de Roy

O teste de Wilks, que aplicamos na análise da variância multidimensional, não é o único existente. Há vários outros, dos quais o de Roy é o mais importante. Para aplicá-lo, procedemos como na seção 19.6 e calculamos as raízes características da matriz $E^{-1}H$ ou, o que é equivalente, as raízes da equação:

$$|H - \lambda E| = 0$$

Sendo $\lambda_1$ a maior dessas raízes, obtemos a seguir a estatística:

$$\theta = \frac{\lambda_1}{1 + \lambda_1}$$

O valor assim obtido se compara com o limite de significância dado pela Tabela 14. No caso do exemplo da seção 19.2, em que achamos pelo teste de Wilks $\lambda = 0{,}0204$, obtemos, como vimos na seção 19.6, as raízes características $\lambda_1 = 34{,}780$ e $\lambda_2 = 0{,}370$. A maior delas nos dá:

$$\theta_1 = \frac{\lambda_1}{1 + \lambda_1} = \frac{34,780}{1 + 34,780} = 0,972$$

Esse valor se compara com o que é dado pela Tabela 14 ($\theta = 0{,}533$), ao nível de 5% de probabilidade, como vimos na seção 19.6. Como temos $\theta = 0{,}972 > 0{,}533$, verificamos que o resultado é significativo ao nível de 5% de probabilidade e, pois, rejeitamos a hipótese de nulidade. Poderíamos procurar também o limite de 1% de probabilidade, que é $\theta = 0,658$. Conclui-se, pois, que realmente o resultado é também significativo ao nível de 1% de probabilidade.

## 19.8. Bibliografia


CHATFIELD, C.; COLLINS, A. J. **Introduction to multivariate analysis**. Londres: Chapman and Hall, 1980.

DAGNELIE, P. **Analyse statistique à plusieurs variables**. Gembloux: Presses Agronomiques, 1975.

DEMÉTRIO, C. G. B. **Análise multidimensional para dados de cana-de-açúcar**. Piracicaba, SP, 1985. Tese (Doutorado). Escola Superior de Agricultura "Luiz de Queiroz".

HARRIS, R. J. **A primer of multivariate statistics**. Nova York: Academic Press, 1975.

MORRISON, D. F. **Multivariate statistical methods**. 2ª ed. Tóquio: McGraw-Hill, 1976.

MYERS, J. L. **Fundamental of experimental design**. 3ª ed. Boston: Allyn and Bacon, 1979.

PIMENTEL-GOMES, F. **A análise da variância multivariada aplicada a experimentos agropecuários**. Lavras: Esal, 1985 (mimeo).

TATSUOKA, M. M. **Multivariate analysis techniques for educational and psychological research**. Nova York: John Willey, 1971.

# 20

# SUPERFÍCIES DE RESPOSTA

## 20.1. Introdução

Já vimos no Capítulo 12 como obter a equação de regressão relativa a uma só variável independente: por exemplo, níveis de um nutriente em um ensaio com fertilizantes. Quando os dados se referem a fenômenos naturais, é comum dar à representação geométrica dessa equação o nome de **curva de resposta**. Mas a equação de regressão pode referir-se a duas ou mais variáveis independentes. Por exemplo, em um ensaio fatorial de 3 × 3 com P e K, a equação de regressão pode ser um polinômio de 2º grau em $X_1$ e $X_2$:

$$Y = b_0 + b_1X_1 + b_2X_2 + b_{11}X_1^2 + b_{22}X_2^2 + b_{12}X_1X_2$$

onde $X_1$ se refere aos níveis de P, e $X_2$, aos de K. Em lugar do polinômio tradicional, poderíamos substituir $X_1$ por $\sqrt{X_1}$ e $X_2$ por $\sqrt{X_2}$, obtendo assim a equação polinomial com raiz quadrada:

$$Y = b_0 + b_1\sqrt{X_1} + b_2\sqrt{X_2} + b_{11}X_1 + b_{22}X_2 + b_{12}\sqrt{X_1X_2}$$

onde todas as raízes são consideradas positivas.

Em qualquer caso, é usual chamar **superfície de resposta** a representação geométrica de uma equação como essa, em que figurem duas ou mais variáveis independentes.

Para maior facilidade de cálculo, dado um experimento com dois fatores, cujos níveis eqüidistantes sejam indicados por $X_1$ e $X_2$, é preferível considerar as variáveis transformadas

$$x_1 = \frac{X_1 - \bar{X}_1}{q_1} \qquad x_2 = \frac{X_2 - \bar{X}_2}{q_2}$$

onde $\bar{X}_1$ é a média de $X_1$, $\bar{X}_2$ é a média de $X_2$, $q_1$ e $q_2$ são as diferenças entre níveis sucessivos de cada variável, supostos eqüidistantes. Por outro lado, seguindo o método indicado na seção 12.2, usamos os polinômios ortogonais de 2º grau:

$$Y = b_0 + b_1x_1 + b_2x_2 + b_{11}P_2(x_1) + b_{22}P_2(x_2) + b_{12}x_1x_2$$

No caso especial de um fatorial de 3 × 3 com P e K, com níveis eqüidistantes, temos:

$$x_1 = \frac{X_1 - q_1}{q_1} = \frac{X_1}{q_1} - 1\,, \quad x_2 = \frac{X_2 - q_2}{q_2} = \frac{X_2}{q_2} - 1$$

$$P_2(x_1) = x_1^2 - \frac{n^2 - 1}{12} = x_1^2 - \frac{3^2 - 1}{12} = x_1^2 - \frac{2}{3}$$

$$P_2(x_2) = x_2^2 - \frac{2}{3}$$

Se formos usar as tabelas de polinômios ortogonais do Capítulo 12, será conveniente escrever a equação sob a seguinte forma:

$$\hat{Y} = \bar{Y} + M_1B_1x_1 + M_2B_2x_2 + M_{11}B_{11}\left(x_1^2 - \frac{2}{3}\right) +$$

$$+ M_{22}B_{22}\left(x_2^2 - \frac{2}{3}\right) + B_{12}x_1x_2$$

No caso de experimentos industriais, não é raro usar-se equações de regressão de 1º grau, mas isto quase nunca é conveniente quando se trata de pesquisa agrícola. Por outro lado, equações polinomiais de regressão de grau acima do segundo quase nunca são usadas em qualquer tipo de pesquisa.

## 20.2. Um exemplo com um fatorial de 3 × 3

Trata-se de um ensaio fatorial de 3 × 3 com P e K, em 6 blocos casualizados, cujos totais de tratamentos constam na Tabela 20.2.1.

As estimativas $B_1$ e $B_{11}$ são obtidas assim:

$$B_1 = \frac{\Sigma C_1 T}{rK_1} \qquad B_{11} = \frac{\Sigma C_2 T}{rK_2}$$

onde os coeficientes $C_1$ e $C_2$ são tirados da Tabela 12.5.1 (p. 243). Para os coeficientes relativos ao fósforo, temos:

$$B_1 = \frac{(-1)657,1 + (0)951,5 + (1)1.081,4}{18 \times 2} = \frac{424,3}{36} = 11,786$$

$$B_{11} = \frac{(1)657,1 + (-2)951,5 + (1)1.081,4}{18 \times 6} = \frac{-164,5}{108} = -1,523$$

**Tabela 20.2.1.** Totais de 6 repetições de um ensaio fatorial de adubação de cana-de-açúcar, com os dados originais em t/ha.

| | $P_0$ | $P_{60}$ | $P_{120}$ | |
|---|---|---|---|---|
| $K_0$ | 230,5 (6) | 301,5 (6) | 341,2 (6) | 873,2 (18) |
| $K_{50}$ | 239,6 (6) | 331,6 (6) | 363,3 (6) | 934,5 (18) |
| $K_{100}$ | 187,0 (6) | 318,4 (6) | 376,9 (6) | 882,3 (18) |
| | 657,1 (18) | 951,5 (18) | 1.081,4 (18) | 2.690,0 (54) |

Analogamente, obtemos:

$$B_2 = \frac{(-1)873,2 + (0)934,5 \quad (1)882,3}{18 \times 2} = 0,253$$

$$B_{22} = \frac{(1)873,2 + (-2)934,5 + (1)882,3}{18 \times 6} = -1,051$$

Falta agora estimar o coeficiente $B_{12}$. Para fazê-lo, uma regra prática consiste em escrever na margem superior e na margem esquerda da Tabela 20.2.1 (dos totais dos tratamentos) os coeficientes $C_1$, relativos aos componentes lineares da regressão, e associá-los aos termos da tabela de totais de tratamentos:

| | –1 | 0 | 1 |
|---|---|---|---|
| –1 | (–1)(–1) 230,5 | (–1)(0) 301,5 | (–1)(1) 341,2 |
| 0 | (0)(–1) 239,6 | (0)(0) 331,6 | (0)(1) 363,3 |
| 1 | (1)(–1) 187,0 | (1)(0) 318,4 | (1)(1) 376,9 |

isto é:

| | **–1** | **0** | **1** |
|---|---|---|---|
| –1 | (1) 230,5 | (0) 301,5 | (–1) 341,2 |
| 0 | (0) 239,6 | (0) 331,6 | (0) 363,3 |
| 1 | (–1) 187,0 | (0) 318,6 | (1) 376,9 |

Temos agora:

$$B_{12} = \frac{\Sigma C_{12}T}{rK_{12}}$$

onde $C_{12}$ indica os coeficientes obtidos, **r** é o número de parcelas em cada total considerado (r = 6, no caso presente) e $K_{12}$ é a soma dos quadrados dos coeficientes $C_{12}$:

$$K_{12} = (1)^2 + (-1)^2 + (-1)^2 + (1)^2 = 4$$

onde já excluímos os coeficientes nulos. Temos, portanto:

$$\Sigma C_{12}T = (1)230,5 + (-1)341,2 + (-1)187,0 + (1)376,9 = 79,2$$

$$B_{12} = \frac{79,2}{6 \times 4} = 3,30$$

A equação de regressão é:

$$\hat{Y} = 49,81 + 1 \times 11,786x_1 + 1 \times 0,253x_2 +$$

$$+ 3(-1,523)\left(x_1^2 - \frac{2}{3}\right) + 3(-1,051)\left(x_2^2 - \frac{2}{3}\right) + 3,30x_1x_2$$

onde usamos os valores de M(1 e 3) tirados da Tabela 12.5.1 (p. 243) e também o valor $\overline{Y} = 49,81$, média geral do experimento.

As somas de quadrados para a análise da variância são obtidas como mostrado no Capítulo 12:

$$SQB_1 = SQP' = \frac{(\Sigma C_1 T)^2}{rK_1} = \frac{(424,3)^2}{18 \times 2} = 5.000,85$$

$$SQB_{11} = SQP'' = \frac{(\Sigma C_2 T)^2}{rK_2} = \frac{(-164,5)^2}{18 \times 6} = 250,56$$

$$SQB_{12} = SQN' \times P' = \frac{(\Sigma C_{12} T)^2}{rK_{12}} = \frac{(79,2)^2}{6 \times 4} = 261,36$$

e assim por diante. Sendo:

SQT = 5.698,93

SQB = 600,50

SQRes. = 2.496,00

fica simples completar a seguinte análise da variância.

| Causa de variação | GL | SQ | QM | F |
|---|---|---|---|---|
| P linear (P') ($B_1$) | 1 | 5.000,85 | 5.000,85 | 80,14** |
| P quadrático (P") ($B_{11}$) | 1 | 250,56 | 250,56 | 4,02 |
| K linear (K') ($B_2$) | 1 | 2,30 | 2,30 | 0,037 |
| K quadrático (K") ($B_{22}$) | 1 | 119,28 | 119,28 | 1,91 |
| Interação P' × K' ($B_{12}$) | 1 | 261,36 | 261,36 | 4,19* |
| Outras interações | 3 | 64,58 | 21,53 | 0,345 |
| (Tratamentos) | (8) | (5.698,93) | | |
| Blocos | 5 | 600,50 | 120,10 | |
| Resíduo | 40 | 2.496,00 | 62,40 | |

A simplificação da equação de regressão obtida dá:

$$\hat{Y} = 49,81 + 11,786x_1 + 0,253x_2 - 4,569\left(x_1^2 - \frac{2}{3}\right) -$$

$$- 3,153\left(x_2^2 - \frac{2}{3}\right) + 3,30x_1x_2$$

Com essa equação poderão ser feitos os estudos econômicos sobre o ensaio de adubação. Sendo $t_1$ o preço do fósforo ($P_2O_5$), $t_2$ o do potássio ($K_2O$) e **w** o preço da cana, as doses econômicas relativas a $x_1$ e $x_2$ são dadas pelas equações:

$$\begin{cases} 2b_{11}x_1 + b_{12}x_2 = \dfrac{t_1}{w} - b_1 \\ b_{12}x_1 + 2b_{22}x_2 = \dfrac{t_2}{w} - b_2 \end{cases}$$

Mas não se deve esquecer que, sendo $x_1$ e $x_2$ variáveis transformadas, $t_1$ é o preço da quantidade $q_1$ de $P_2O_5$, e $t_2$, da quantidade $q_2$ de $K_2O$.

Obtidas as soluções $x_1^+$ e $x_2^+$ desse sistema de equações, essas serão as doses econômicas a serem recomendadas, se a equação de regressão tiver máximo, e se este máximo estiver dentro do intervalo experimental (zero a 120 kg/ha para o fósforo, zero a 100 para o potássio). Mas a verificação de que isso se dá exige métodos matemáticos mais sofisticados. Em particular, o problema se complica consideravelmente com a possibilidade de ocorrência de **pontos de sela**, bastante comuns, pontos críticos que têm simultaneamente características de máximo e de mínimo, mas não são nem uma coisa nem outra.

## 20.3. Outros delineamentos apropriados para superfícies de resposta

Além dos delineamentos fatoriais, a estimação de superfícies de resposta pode utilizar outros delineamentos, dos quais os mais comuns são os fatoriais fracionários e os centrais compostos.

Um exemplo de delineamento central composto, no caso de dois nutrientes, é dado pelos tratamentos seguintes, nas variáveis transformadas $x_1$ e $x_2$: (0, 0), (–1, –1), (–1, 1), (1, –1), (1, 1), $(-\sqrt{2},0)$, $(\sqrt{2},0)$, $(0, -\sqrt{2})$, $(0, \sqrt{2})$. Nesse delineamento, os extremos do intervalo explorado são $-\sqrt{2}$ e $\sqrt{2}$, nos dois eixos, com um comprimento total de $2\sqrt{2} = 2,828$. Se quisermos, na prática, que esse intervalo no eixo $X_1$ (com valores originais) vá de zero a 120 kg/ha de $P_2O_5$, então $x_1 = -\sqrt{2}$ corresponderá a $X_1 = 0$, e $x_1 = \sqrt{2}$ a $X_1 = 120$ kg/ha de fósforo. O ponto central (0, 0), com $x_1 = 0$, receberá $X_1 = 60$ kg/ha de $P_2O_5$. Qual será o nível de fósforo correspondente a $x_1 = 1$? Ora, quando $x_1$ varia de zero a $\sqrt{2}$, $X_1$ vai de 60 a 120 kg/ha de $P_2O_5$. Logo, temos a regra de três:

$$\sqrt{2} - 0 = \sqrt{2} \longrightarrow 120 - 60 = 60$$

$$1 - 0 = 1 \longrightarrow X_1 - 60$$

Logo:

$$X_1 - 60 = \frac{60 \times 1}{\sqrt{2}} = \frac{60}{1,414} = 42,4$$

$$X_1 = 60 + 42,4 = 102,4 \text{ kg/ha de } P_2O_5$$

Se o intervalo de $X_2$ (com valores originais) variar de zero a 100 kg/ha de $K_2O$, a $x_2 = -\sqrt{2}$ corresponderá $X_2$ = zero de potássio; a $x_2 = \sqrt{2}$, $X_2 = 100$ kg/ha de potássio; a $x_2 = 0$, $X_2 = 50$ kg/ha de potássio; a $x_2 = 1$, $X_2 = 85,4$ kg/ha de potássio. Em resumo, na prática, os nove pontos do delineamento seriam os seguintes, na mesma ordem usada anteriormente: (60, 50), (17,6; 14, 6), (17,6; 85, 4), (102,4; 14,6), (102,4; 85,4), (0, 50), (120, 50), (60, 0), (60, 100).

No caso geral, esse delineamento inclui os seguintes pontos (Cochran e Cox, 1957), expressos nas variáveis transformadas:

Ponto central: (0, 0), n vezes

Fatorial de 2 × 2: (–1, –1), (–1, 1), (1, –1), (1, 1)

Pontos axiais: (–α, 0), (α, 0), (0, –α), (0, α)

Para dar propriedades mais convenientes ao delineamento, o estatístico dispõe de dois parâmetros que podem ser mudados: A. O valor de α; B. O número de pontos centrais (n). Por exemplo, Cochran e Cox (1957) recomendam esse delineamento com $\alpha = \sqrt{2}$ e n = 5 pontos centrais.

Outra explicação para a multiplicidade de pontos centrais é que permitem estimar o erro experimental, sem repetições dos demais pontos. Esses delineamentos são específicos para a indústria, e nela a repetição de todos os tratamentos fica muito cara. Assim, é comum recomendar-se apenas a repetição do ponto central. Se assim fizermos, o experimento contará com 13 parcelas, e a análise da variância terá o esquema seguinte.

| **Causa de variação** | **GL** |
|---|---|
| Regressão | 5 |
| Desvios da regressão | 3 |
| (Tratamentos) | (8) |
| Resíduo | 4 |
| Total | 12 |

Em geral, os 3 graus de liberdade dos desvios da regressão podem ser juntados aos do resíduo, que passam então a ser 7.

Os delineamentos centrais compostos têm a vantagem de, em muitos casos, exigir menor número de tratamentos do que os fatoriais completos correspondentes. Por exemplo, o fatorial de 3 × 3 × 3, com 27 tratamentos, pode ser substituído por um central composto de 15 pontos, se tiver um só ponto central, ou de 20, se tiver 6, como alguns recomendam. Mas a sua eficiência é menor e o delineamento é menos robusto. Uma opção melhor parecem ser os fatoriais fracionários, por exemplo, (1/4) 4 × 4 × 4, com 16 tratamentos, ou (1/5)

5 × 5 × 5, com 25 (Conagin e Jorge, 1982). Mas esses delineamentos devem ser usados, na pesquisa agrícola, com pelo menos duas repetições.

O estudo das superfícies de resposta é bastante difícil, e nele o uso de matrizes é quase sempre essencial. Pela sua complexidade, deve ficar quase sempre nas mãos de especialistas.

Maiores detalhes e conhecimentos mais profundos são dados por Pimentel-Gomes e Conagin (1991).

## 20.4. Bibliografia

ALVAREZ, V. V. H. **Avaliação da fertilidade do solo (superfícies de resposta — modelos aproximativos para expressar a relação fator-resposta)**. Universidade Federal de Viçosa, 1985.

ANDRADE, D. F.; NOLETO A. DE Q. Exemplos de fatoriais fracionados $(1/2)4^3$ e $(1/4)4^3$ para o ajuste de modelos polinomiais quadráticos. In: SIMPÓSIO DE ESTATÍSTICA APLICADA À EXPERIMENTAÇÃO AGRONÔMICA. Piracicaba, Esalq. **Pesq. Agr. Bras., 21**: 677-80, 1986.

BATISTA, L. B. Delineamento em círculos. **PAB 13 (4)**: 9-12, 1978.

BRAGA, J. M. **Avaliação da fertilidade do solo (ensaios de campo)**. Universidade Federal de Viçosa, 1982.

CAMPOS, H. **Aspectos da aplicação das superfícies de resposta a ensaios fatoriais de $3^3$ de adubação**. Piracicaba, 1967. Tese (livre-docência). Escola Superior de Agricultura "Luiz de Queiroz".

COCHRAN, W. G.; COX, G. M. **Experimental designs**. 2ª ed. Nova York: John Wiley, 1957.

CONAGIN, A.; JORGE, J. P. N. Delineamentos $(1/5)5^3$. **Bragantia, 36**: 23-58, 1977.

CONAGIN, A.; JORGE, J. P. N. Delineamentos (1/5) (5 × 5 × 5) em blocos. **Bragantia, 41**: 155-68, 1982.

JORGE, J. P. N.; CONAGIN, A. Estudos em um grupo especial de delineamentos $(1/5)5^3$. **Bragantia, 36**: 59-88, 1977.

MYERS, R. H. **Response surface methodology**. Boston: Allyn and Bacon, 1971.

PIMENTEL-GOMES, F. Novos aspectos do estudo econômico de ensaios de adubação. **Fertilité, 34**: 3-9, 1969.

PIMENTEL-GOMES, F.; CAMPOS, H. The efficiency of factorial $3^3$ designs as compared to a central composite rotatable designs. **Potash Review**, fev. 1972.

PIMENTEL-GOMES, F.; DOS ANJOS, N. M.; NEGRI NETO, A.; FURTINO, A. M.; ZAGATTO, L. C. A. G. Response surfaces applied to several hundred factorial experiments with fertilizers in Brazil. 11ª CONFERÊNCIA INTERNACIONAL DE BIOMETRIA. Toulouse, 1982.

PIMENTEL-GOMES, F.; CONAGIN, A. Experimentos de adubação: planejamento e análise estatística. In: EMBRAPA. **Métodos de pesquisa em fertilidade do solo**. Brasília, 1991.

ZIMMERMANN, F. J. P.; CONAGIN, A. Ajuste de modelos polinomiais de 2º grau em pesquisas com fertilizantes. **Pesq. Agr. Bras., 21**: 971-8, 1986.

# 21

# TESTES NÃO PARAMÉTRICOS

## 21.1. Introdução

Na seção 2.3, vimos as quatro hipóteses básicas que se admitem ao aplicar aos dados experimentais a análise de variância e os testes, também chamados provas, geralmente a ela associados: F, **t**, de Tukey, de Duncan, de Bonferroni, de Scheffé etc. Todos eles exigem que os erros experimentais tenham, pelo menos aproximadamente, distribuição normal, distribuição que tem dois parâmetros, a média **m** e a variância $\sigma^2$. E exigem também que a variância seja aproximadamente a mesma para todos os tratamentos, com relação entre o maior e o menor quadrado médio residual que não exceda 7, como vimos no Capítulo 8. A falta de normalidade não raro tem uma solução fácil e eficiente, como se segue.

Diz um teorema da estatística matemática que, em condições muito gerais, a média aritmética de **n** variáveis tem distribuição aproximadamente normal, desde que **n** não seja um número muito pequeno. A normalidade já é bastante razoável, em geral para $n > 5$ ou 6. Assim, se em um experimento com tomateiros avaliarmos a sanidade de cada parcela por uma nota (de zero a dez, por exemplo), as notas obtidas não se prestarão à aplicação da análise da variância, nem de testes a ela associados. Mas se as notas forem dadas independentemente por vários observadores treinados e forem atribuídas separadamente a cada tomateiro, a cada parcela corresponderá uma nota média, e a essas médias a análise da variância e os testes mencionados poderão ser aplicados sem nenhum problema se as variâncias não forem muito discrepantes. É essencial, porém, que cada observador trabalhe independentemente, sem conhecer a opinião dos outros, e que avalie cada planta sem considerar as demais. O mesmo princípio se aplica nas provas de xícara do café, em que se faz sua classificação de acordo com a bebida (Pimentel-Gomes et al., 1967). Nessas provas, cada parcela tem várias xícaras de café, que são avaliadas por vários degustadores previamente selecionados. E a cada bebida indicada (Rio, Riado, Duro, Apenas Mole, Mole e Estritamente Mole) corresponde uma nota, em uma escala convencional. As médias dessas notas por parcela é que são analisadas.

Mesmo assim, porém, há trabalhos experimentais cujos resultados não se prestam à aplicação da análise da variância nem das provas correlatas de comparação de médias de tratamentos. Faz-se necessário, então, lançar mão de outros testes, denominados **não paramétricos**. Na definição de Rodrigues (1970), prova não paramétrica é aquela que dispensa o conhecimento da forma e dos parâmetros da função de distribuição da variável aleatória em consideração. Mas essa definição na verdade excluiria várias provas consideradas não paramétricas, como a binomial. Um dos testes não paramétricos, talvez o de uso mais comum, é o do qui-quadrado, estudado no Capítulo 15, e que se aplica a dados de freqüências. Mas há muitos outros, tais como: o teste binomial, o de Wilcoxon, o de Kruskal-Wallis, o de Friedman, o de Kolmogorov-Smirnov etc. (Campos, 1983). No entanto, os testes não paramétricos são quase sempre de aplicação restrita e de resultados pouco satisfatórios. Apesar disso, apresentam algumas vantagens:

- Não exigem distribuição normal, nem variâncias iguais.
- Podem ser aplicados a dados que não sejam numéricos, por exemplo, em que haja uma escala nominal de valores. Um caso como este seria o da avaliação do sabor de um alimento, considerado como: mau, sofrível, regular, bom ou ótimo.

Discutiremos rapidamente, a seguir, alguns dos testes não paramétricos mais comuns, que se acrescentam ao do qui-quadrado.

## 21.2. O teste do sinal

Aplica-se quando temos só dois tratamentos, em blocos casualizados, e não podemos avaliar a diferença entre eles numericamente. Por exemplo, suponhamos que se quer comparar o café de máquina italiana com o café de coador. Podemos tomar, ao acaso, 40 pessoas e dar a cada uma delas uma xícara de cada um dos dois tipos de café, pedindo-lhes que digam qual o melhor. No caso de ser preferido o café de coador, consideraremos o sinal + (mais); caso contrário, será considerado o sinal – (menos). Suponhamos que seja o seguinte o resultado do experimento:

Preferem café de coador (sinal +): 25 pessoas

Preferem café de máquina (sinal –): 15 pessoas

Se os dois tipos de café fossem iguais, deveríamos ter, em média, 20 sinais mais e 20 sinais menos. Se o número N de blocos (ou de pessoas, o que é equivalente) for superior a 20, poderá ser aplicado o teste **t** com infinitos graus de liberdade. Assim:

$$t = \frac{B - 0,5N}{0,5\sqrt{N}} = \frac{2B - N}{\sqrt{N}}$$

onde B é o número de sinais mais (ou de sinais menos), 0,5N é o valor esperado (a média m = Np = N(1/2) = 0,5N), no caso de não haver efeito de tratamento (hipótese de nulidade), e $0,5\sqrt{N}$ é o desvio padrão ($\sigma$) da distribuição binomial:

$$\sigma = \sqrt{Npq} = \sqrt{N(0,5)(0,5)} = 0,5\sqrt{N}$$

É recomendável, porém, ao aplicar essa fórmula, fazer a correção de continuidade (Snedecor e Cochran, 1967), que consiste em subtrair 0,5 do valor absoluto do numerador da primeira fração, tomando, pois:

$$t = \frac{|B - 0,5N| - 0,5}{0,5\sqrt{N}} = \frac{|2B - N| - 1}{\sqrt{N}}$$

No caso presente, fica:

$$t = \frac{|2 \times 25 - 40| - 1}{\sqrt{40}} = 1,42$$

O limite de **t**, ao nível de 5% de probabilidade, é $t_o = 1,96$. Como o valor achado (1,42) é menor do que esse limite, conclui-se que o resultado não é significativo, isto é, não se comprovou diferença entre os tipos de café. Se, ao contrário, tivéssemos 28 pessoas favoráveis ao café de coador e, portanto, 28 sinais mais, o valor de **t** seria:

$$t = \frac{|2 \times 28 - 40| - 1}{\sqrt{40}} = 2,37^*$$

significativo ao nível de 5% de probabilidade, mas não ao de 1%, pois o limite de 1% é 2,58.

No caso de o número de blocos ser menor que ou igual a 20, faz-se necessário o uso de tabelas especiais, como a Tabela 15, que nos dá a probabilidade $P(n \leq B)$, isto é, a probabilidade de ter freqüência **n** de ocorrências menor do que ou igual ao valor observado B. Suponhamos, por exemplo, que, no mesmo experimento, fosse tomada a opinião de apenas 16 pessoas, com o seguinte resultado:

Preferem café de coador (sinal +): 12 pessoas

Preferem café de máquina (sinal –): 4 pessoas

Consideramos o número menor de observações: B = 4. Na Tabela 15, a probabilidade de ter um número de ocorrências $n \leq 4$, em N = 16 tentativas, é P = 0,0384, isto é, 3,84%. Tal resultado seria, pois, significativo ao nível de 5% de probabilidade, uma vez que temos $P \leq 5\%$. Nessas condições, se adotado o nível de significância de 5% de probabilidade, a hipótese de nulidade seria rejeitada, e concluiríamos que o café de coador é preferido.

É interessante salientar que, dentro das limitações já conhecidas relativamente às freqüências esperadas, que não deveriam ser menores do que 5, para N < 40, podemos aplicar a esse problema o teste de qui-quadrado. Por exemplo, no caso do primeiro experimento, com N = 40, teríamos a tabela seguinte, com os valores esperados entre parênteses.

| **Sinal +** | **Sinal –** | **Total** |
|---|---|---|
| 25 (20,0) | 15 (20,0) | 40 |

Calculamos, pois:

$$X^2 = \frac{(25 - 20,0)^2}{20,0} + \frac{(15 - 20,0)^2}{20,0} = 2,50$$

valor que, com um grau de liberdade, não é significativo. Já no caso de 28 pessoas favoráveis ao café de coador teríamos $X^2 = 6,40$, significativo ao nível de 5% de probabilidade.

É preciso considerar, porém, que o teste do sinal, aplicado com o auxílio da Tabela 15, é exato e não tem restrições, ao passo que a prova de qui-quadrado é apenas aproximada e seu uso está sujeito às restrições apontadas. Para N > 20, o teste **t**, aplicado como vimos, não é exato, mas tem aproximação excelente.

## 21.3. Intervalos de confiança para uma porcentagem

Um problema importante, na prática, em que os métodos chamados não paramétricos dão uma solução valiosa, é o de achar um intervalo de confiança para uma proporção ou porcentagem observada. Suponhamos, por exemplo, que, entre 16 animais vacinados contra tristeza, somente um tenha contraído a doença, depois de alguns meses em que estiveram sujeitos ao contágio. Neste caso, qual seria a probabilidade **P** de que contraiam a tristeza os animais vacinados? A probabilidade observada ($\hat{p}$), que é, na verdade, uma relação de freqüências, seria:

$$\hat{p} = \frac{B}{N} = \frac{1}{16} = 0{,}0625 = 6{,}25\%$$

onde B é o número de casos de contágio, e N, o número total de animais do ensaio. Mas a probabilidade verdadeira (**p**) poderia ser mais alta ou mais baixa do que essa estimativa. Intervalos de confiança para essa proporção ou probabilidade, em função de N e de B, são dados na Tabela 16. Nela, para N = 16 e B = 1, encontramos o intervalo de confiança (0,2%; 30,2%) para a probabilidade. Isso quer dizer que, repetido o ensaio muitas vezes, em 95% dos casos, intervalos de confiança como esse incluiriam o verdadeiro valor da probabilidade **p**. Essa é a linguagem rigorosa da estatística, mas, com menos rigor e mais intuitivamente, podemos dizer que o verdadeiro valor de **p**, desconhecido, tem 95% de probabilidade de estar entre 0,2% e 30,2%. Este intervalo, excessivamente amplo, só pode ser encurtado mediante o uso de maior número de repetições, isto é, de maior número de animais. Suponhamos, pois, que novos animais tenham sido ensaiados e que somente um entre 60 adoeceu. Qual o novo intervalo de confiança? A Tabela 15 não nos dá a solução, pois só vai até N = 20. Mas a resposta, em porcentagem, pode ser conseguida com as fórmulas seguintes:

$$PI = \frac{100B}{B + (N - B + 1)/F^*[2B, 2(N - B + 1)]}$$

$$PS = 100 - \frac{100(N - B)}{(N - B) + (B + 1)/F^*[2(N - B), 2(B + 1)]}$$

onde PI e PS são o extremo inferior e o superior do intervalo de confiança. $F^*[2B, 2(N - B + 1)]$ é o valor do F bilateral, com 2B e $2(N - B + 1)]$ graus de liberdade, dado pelas Tabelas 3 e 4. $F^*[2(N - B), 2(B + 1)]$ tem significado similar. No caso presente, temos N = 60, B = 1. Se adotado o intervalo de confiança de 95% de probabilidade, usamos a Tabela 3 e obtemos:

$$PI = \frac{100 \times 1}{1 + \frac{60}{F^*(2,120)}} = \frac{100}{1 + \frac{60}{0,0253}} = 0,04\%$$

pois $F^*(2,120) = 0,0253$. Por outro lado:

$$PS = 100 - \frac{100 \times 59}{59 + \frac{2}{F^*(118,4)}} = 100 - 91,08 = 8,92\%$$

O intervalo de confiança é então (0,04%; 8,92%). O aumento do número de repetições trouxe, pois, considerável encurtamento desse intervalo.

## 21.4. Comparação de porcentagens observadas

Em muitos experimentos, o resultado, traduzido por freqüências, pode ser expresso em porcentagens, que devem ser comparadas. Por exemplo, em um experimento com 3 métodos de enxertia (A, B, C) havia 200 enxertos para cada método e pegaram 180, 150 e 145 desses enxertos, respectivamente. Podemos organizar uma tabela de contingência exposta a seguir.

| Método de enxertia | Enxertos pegados | Enxertos mortos | Total de enxertos |
|---|---|---|---|
| A | 180 | 20 | 200 |
| B | 150 | 50 | 200 |
| C | 144 | 56 | 200 |
| | 474 | 126 | 600 |

Um caminho a seguir é a aplicação do teste de qui-quadrado, já visto no Capítulo 15, que nos daria, no caso presente, $X^2 = 22,42$, com 2 GL, significativo ao nível de 0,1% de probabilidade. Podemos, a seguir, considerar dois contrastes ortogonais: 1. O método A versus os outros dois; 2. O método B versus o método C.

Mas há outra solução interessante, baseada na distribuição binomial. Com efeito, demonstra-se que se **x** for, por exemplo, a porcentagem de pegamento dos enxertos no método A, calculada para N enxertos, a variável transformada:

$$y = \text{arco seno}\sqrt{\frac{x}{100}}$$

expressa em graus, tem variância:

$$V(y) = \frac{820,7}{N}$$

Assim, se considerarmos duas porcentagens $x_i$ e $x_u$, calculadas para $N_i$ e $N_u$ indivíduos, respectivamente, então a diferença entre as variáveis transformadas $y_i - y_u$ terá variância:

$$V(y_i - y_u) = \frac{820,7}{N_i} + \frac{820,7}{N_u} = 820,7\left(\frac{1}{N_i} + \frac{1}{N_u}\right)$$

Para provar a diferença $Z = y_i - y_u$ pelo teste de Tukey, usamos o valor:

$$\Delta = q\sqrt{\frac{820,7}{2}\left(\frac{1}{N_i} + \frac{1}{N_u}\right)}$$

onde **q** é tirado das Tabelas 6, 7 ou 8, para **n** tratamentos e infinitos graus de liberdade para o resíduo. No exemplo que estamos discutindo há n = 3 tratamentos, com $N_1 = N_2 = N_3 = 200$ enxertos cada um. Temos, pois, para qualquer uma das três comparações possíveis:

$$\Delta = 3,31\sqrt{\frac{820,7}{2}\left(\frac{1}{200} + \frac{1}{200}\right)} = 6,71$$

Os valores de **x** e de **y** para os três tratamentos são os seguintes.

| Tratamentos | Porcentagem de pegamento (x) | $y = \text{arco seno}\sqrt{\frac{x}{100}}$ |
|---|---|---|
| A | 90% | 71,57 |
| B | 75% | 60,00 |
| C | 72% | 58,05 |

Comparando os valores de **y**, verifica-se que o tratamento A supera significativamente os tratamentos B e C, e que estes não diferem significativamente entre si.

Está claro que se os números de enxertos ensaiados variassem de um tratamento para outro, haveria valores distintos de Δ para cada par de porcentagens comparadas.

Esse método é excelente, mas só se aplica quando a distribuição das freqüências é binomial, o que ocorre, por exemplo, no caso de porcentagem de acasalamentos fecundos, de pegamento de estacas, de partos distócicos. Não ocorre, por exemplo, no caso de doenças contagiosas, em que a distribuição não é binomial.

## 21.5. O teste de Kruskal-Wallis

Nesta e nas seções seguintes, discutiremos o teste de Kruskal-Wallis e o de Friedman, escolhidos como típicos dos métodos de análise não paramétricos que empregam estatísticas de ordem. O teste de Kruskal-Wallis se aplica a ensaios inteiramente casualizados, quando há três ou mais tratamentos. No caso de serem dois os tratamentos, há um teste semelhante, o de Wilcoxon (Campos, 1983).

Consideremos os dados da Tabela 21.5.1, relativos à porcentagem de plantas doentes em um experimento de tomateiros.

**Tabela 21.5.1.** Porcentagem de plantas doentes em um ensaio de tomateiros, inteiramente casualizado.

| Tratamento 1 | Tratamento 2 | Tratamento 3 |
|---|---|---|
| 10% (2) | 27% (4) | 40% (8) |
| 15% (3) | 28% (5) | 70% (12) |
| 5% (1) | 44% (9) | 55% (10) |
| 30% (6) | 35% (7) | 60% (11) |

Os números entre parênteses se referem à ordem dos dados, desde o menor (5%), que recebe o número 1, até o maior (70%), que recebe o número 12. A seguir somamos as ordens para cada um dos 3 tratamentos.

Tratamento 1: $R_1 = 2 + 3 + 1 + 6 = 12$

Tratamento 2: $R_2 = 4 + 5 + 9 + 7 = 25$

Tratamento 3: $R_3 = 8 + 12 + 10 + 11 = 41$

O teste se baseia exclusivamente nesses valores, sem levar em conta se as diferenças entre os dados originais são pequenas ou grandes. Ele daria, pois, o mesmo resultado para os dados da Tabela 21.5.2, em que a diferença entre os tratamentos é bem menor.

**Tabela 21.5.2.** Porcentagens de plantas doentes em um ensaio de tomateiros, inteiramente casualizado.

| Tratamento 1 | Tratamento 2 | Tratamento 3 |
|---|---|---|
| 20% (2) | 27% (4) | 33% (8) |
| 25% (3) | 28% (5) | 40% (12) |
| 18% (1) | 34% (9) | 36% (10) |
| 30% (6) | 31% (7) | 37% (11) |

Por outro lado, avaliando diferenças apenas de ordem, sem nenhum critério quantitativo mais preciso, a análise não paramétrica desse tipo dificulta muito a interpretação econômica dos resultados. Assim sendo, como regra, os métodos não paramétricos que usem estatísticas de ordem devem ser evitados, tanto quanto possível.

Com os valores de R obtidos, calculamos a estatística H, assim definida:

$$H = \frac{12}{N(N+1)} \Sigma \frac{R_i^2}{n_i} - 3(N+1)$$

onde N é o número total de parcelas no experimento, e $n_i$ é o número de repetições do tratamento **i**. No caso presente, temos:

$$H = \frac{12}{12 \times 13} \cdot \frac{(12)^2 + (25)^2 + (41)^2}{4} - 3 \times 13 = 8{,}115$$

No caso de k = 3 tratamentos, a significância de H se julga com o auxílio da Tabela 17. Nela, com $n_1 = n_2 = n_3 = 4$ (número de repetições para os 3 tratamentos), encontramos h = 7,731, com probabilidade $\alpha = 0{,}007$. Isto quer dizer que um valor $H \geq 7{,}731$ só ocorreria, por acaso, com a probabilidade $\alpha = 0{,}007 = 0{,}7\%$. Nestas condições, o resultado obtido é significativo ao nível de 0,7% e, pois, também ao de 1% usual.

No caso de mais de 3 tratamentos (k > 3), a Tabela 17 não é aplicável, mas podemos usar a de qui-quadrado, com (k – 1) graus de liberdade. Por exemplo, se fossem 5 os tratamentos (k = 5), com H = 12,216, teríamos, pela Tabela 13, com 4 graus de liberdade:

Ao nível de 5%: 9,49

Ao nível de 1%: 13,28

O valor de H = 12,216 seria, pois, significativo ao nível de 5% de probabilidade. Também se usa a tabela de qui-quadrado quando o número de repetições de um ou mais dos 3 tratamentos é maior do que 6.

O método que acabamos de expor é simples e rápido, mas não permite que haja empates. Como fazer, se eles aparecerem? A solução consiste em atribuir a cada parcela de um grupo de parcelas empatadas um valor igual à média dos números de ordem que lhes caberiam, se não houvesse o empate. Para exemplificar, voltemos ao experimento dos tomateiros doentes, com valores um pouco modificados (Tabela 21.5.3).

**Tabela 21.5.3.** Porcentagens de plantas doentes em um ensaio de tomateiros, inteiramente casualizado.

| Tratamento 1 | Tratamento 2 | Tratamento 3 |
|---|---|---|
| 18% (1) | 27% (4) | 33% (9) |
| 20% (2,5) | 28% (5) | 34% (10) |
| 20% (2,5) | 29% (7) | 37% (11) |
| 29% (7) | 29% (7) | 38% (12) |
| | | 40% (13) |

Temos duas parcelas empatadas com 20% de plantas doentes e três empatadas com 29%. As duas de 20% teriam, na ordem crescente de valores, os números 2 e 3: damos a cada uma o valor médio 2,5. As três de 29% dariam os números 6, 7 e 8; e cada uma recebe o valor médio 7.

Note-se que agora temos números distintos de repetições: $n_1 = 4$, $n_2 = 4$, $n_3 = 5$.

A estatística a calcular agora é:

$$H_1 = \frac{H}{C}$$

com H definido como anteriormente, e:

$$C = 1 - \frac{\Sigma t_i(t_i^2 - 1)}{N(N^2 - 1)}$$

onde $t_i$ é o número de observações empatadas em cada grupo de empates.

No caso presente, temos:

$$R_1 = 1 + 2,5 + 2,5 + 7 = 13$$

$$R_2 = 4 + 5 + 7 + 7 = 23$$

$$R_3 = 9 + 10 + 11 + 12 + 13 = 55$$

Note-se que em todos os casos devemos ter:

$$\Sigma R_i = \frac{N(N+1)}{2}$$

Essa propriedade permite uma verificação fácil dos cálculos. No caso presente, temos $\frac{N(N+1)}{2} = \frac{(13)(14)}{2} = 91$, e realmente $R_1 + R_2 + R_3 = 91$.

Por outro lado, temos:

$$H = \frac{12}{13 \times 14}\left[\frac{(13)^2}{4} + \frac{(23)^2}{4} + \frac{(55)^2}{5}\right] - 3 \times 14 = 9,400$$

No primeiro grupo de empates, há duas parcelas empatadas ($t_1 = 2$) e no segundo, três ($t_2 = 3$). Temos, pois:

$$C = 1 - \frac{2(2^2 - 1) + 3(3^2 - 1)}{13(13^2 - 1)} = 0,986$$

Logo:

$$H_1 = \frac{9,400}{0,986} = 9,533$$

Com $n_1 = n_2 = 4$, $n_3 = 5$, a Tabela 17 nos dá h = 7,760, com probabilidade $\alpha = 0,009 = 0,9\%$. O resultado seria, pois, significativo a esse nível de probabilidade.

Também no caso de empates se usa a tabela de qui-quadrado para avaliar a significância de H, quando não se pode aplicar a Tabela 17, isto é, para número de tratamentos acima de 3 ou número de repetições em um ou mais tratamentos acima de 6.

## 21.6. Comparação de médias nos ensaios inteiramente casualizados

Na seção anterior estudamos o teste de Kruskal-Wallis, que, no campo não paramétrico, substitui a prova de F. Mas é sempre interessante procurar comparar as médias de tratamentos duas a duas, para melhor apreciar as diferenças entre elas. Para isso, apresentaremos um método simplificado, de precisão muito satisfatória.

Há dois casos a considerar:

A) O experimento tem $k = 3$ tratamentos e não mais de 6 repetições para cada um ($n_i \leq 6$).

B) O experimento tem mais de 3 tratamentos ($k > 3$) ou mais de 6 repetições para alguns deles ou para todos.

A) Caso de $k = 3$, $n_i \leq 6$, com $i = 1, 2, 3$.

Começa-se calculando as médias das ordens:

$$\bar{R}_i = \frac{R_i}{n_i}$$

A seguir, calculam-se as diferenças mínimas significativas para cada par de médias $\bar{R}_i$ e $\bar{R}_j$:

$$\Delta_{ij} = \sqrt{\frac{N(N+1)}{12}\left(\frac{1}{n_i} + \frac{1}{n_j}\right)h}$$

onde **N** é o número total de parcelas do ensaio, $\mathbf{n_i}$ e $\mathbf{n_j}$ são os números de repetições dos tratamentos **i** e **j**, respectivamente, e **h** é um valor retirado da Tabela 17. Está claro que se os três tratamentos tiverem o mesmo número de repetições, os valores de $\Delta$ serão todos iguais. Isto ocorre para os exemplos das Tabelas 21.5.1 e 21.5.2, para os quais temos:

$$\bar{R}_1 = 3{,}00 \qquad \bar{R}_2 = 6{,}25 \qquad \bar{R}_3 = 10{,}25$$

$$\Delta = \sqrt{\frac{12 \times 13}{12}\left(\frac{1}{4} + \frac{1}{4}\right)5{,}692} = 6{,}08$$

Usamos aí o valor $h = 5{,}692$, correspondente a $\alpha = 4{,}9\%$ de probabilidade, nível bem próximo do usual, de 5%. Nestas condições, ao nível de 4,9% de probabilidade, a única diferença significativa do ensaio é a que existe entre os tratamentos 1 e 3.

No caso do experimento relativo à Tabela 21.5.3, o número de parcelas é N = 13, e a Tabela 17 nos dá h = 5,618, ao nível de 5% de probabilidade. Logo:

$$\Delta_{12} = \sqrt{\frac{13 \times 14}{12}\left(\frac{1}{4} + \frac{1}{4}\right)5,618} = 6,53$$

$$\Delta_{13} = \Delta_{23} = \sqrt{\frac{13 \times 14}{12}\left(\frac{1}{4} + \frac{1}{5}\right)5,618} = 6,19$$

As médias de tratamentos são:

$$\bar{R}_1 = 3,25 \qquad \bar{R}_2 = 5,75 \qquad \bar{R}_3 = 11,00$$

Também nesse caso se conclui que só se comprovou diferença entre os tratamentos 1 e 3.

B) Caso de $k > 3$ ou $n_i > 6$ para algum tratamento.

Nessas condições, a diferença mínima significativa $\Delta_{ij}$ entre as médias de dois tratamentos quaisquer, ao nível $\alpha$ de probabilidade, é dada pela fórmula:

$$\Delta_{ij} = t\sqrt{\frac{N(N+1)}{12}\left(\frac{1}{n_i} + \frac{1}{n_j}\right)}$$

onde **t** é tirado da Tabela 11, com infinitos graus de liberdade e com **n** igual ao número de contrastes em estudo, que é, no máximo, $n = \left(\frac{1}{2}\right)k(k-1)$.

Suponhamos, por exemplo, um ensaio inteiramente casualizado em que tenhamos:

$$n_1 = 5 \qquad R_1 = 70 \qquad \bar{R}_1 = 14,00$$

$$n_2 = 5 \qquad R_2 = 75 \qquad \bar{R}_2 = 15,00$$

$$n_3 = 5 \qquad R_3 = 100 \qquad \bar{R}_3 = 20,00$$

$$n_4 = 10 \qquad R_4 = 80 \qquad \bar{R}_4 = 8,00$$

As diferenças mínimas significativas calculadas com t = 2,64 (n = (1/2)4 × × 3 = 6 contrastes, $n_2 = \infty$, ao nível $\alpha$ de 5% de probabilidade) são:

$$\Delta_{12} = \Delta_{13} = \Delta_{23} = 2,64\sqrt{\frac{25 \times 26}{12}\left(\frac{1}{5} + \frac{1}{5}\right)} = 12,29$$

$$\Delta_{14} = \Delta_{24} = \Delta_{34} = 2,64\sqrt{\frac{25 \times 26}{12}\left(\frac{1}{5} + \frac{1}{10}\right)} = 10,64$$

Verifica-se que, ao nível de 5% de probabilidade, só é significativa a diferença entre os tratamentos 3 e 4.

Note-se que o valor de H nesse caso seria H = 9,60, correspondente a um qui-quadrado com 3 graus de liberdade. Pela Tabela 15, esse valor de H é significativo ao nível de 5% de probabilidade.

Note-se também que o teste feito para comparação de médias, nesse caso B, corresponde exatamente ao de Bonferroni.

## 21.7. O teste de Friedman

Destinado a substituir o teste F na análise não paramétrica, o teste de Friedman se aplica aos ensaios em blocos casualizados. Quando cada bloco encerra apenas dois tratamentos a prova indicada é a do sinal. Para o caso de três ou mais tratamentos, usa-se o teste de Friedman.

Tomaremos como exemplo os dados da Tabela 21.7.1, relativos a um ensaio com 3 tratamentos, em 5 blocos casualizados.

**Tabela 21.7.1.** Porcentagens de plantas doentes em ensaio de tomateiros, em blocos casualizados.

| | Tratamento 1 | Tratamento 2 | Tratamento 3 |
|---|---|---|---|
| 1º bloco | 20% (1) | 27% (2) | 40% (3) |
| 2º bloco | 28% (2) | 15% (1) | 60% (3) |
| 3º bloco | 5% (1) | 20% (3) | 15% (2) |
| 4º bloco | 40% (2) | 35% (1) | 60% (3) |
| 5º bloco | 18% (1) | 20% (2) | 25% (3) |

Para aplicar o método, começamos colocando em ordem os dados dentro de cada bloco, dando-lhes números de 1 a **k**, onde **k** é o tamanho do bloco. Tais números de ordem aparecem entre parênteses na Tabela 21.7.1. A seguir obtemos as somas desses números ($R_i$) para cada tratamento:

$$R_1 = 1 + 2 + 1 + 2 + 1 = 7$$

$$R_2 = 2 + 1 + 3 + 1 + 2 = 9$$

$$R_3 = 3 + 3 + 2 + 3 + 3 = 14$$

Continuando, calculamos a estatística K, chamada qui-quadrado de Friedman:

$$K = \frac{12}{bk(k+1)} \Sigma R_i^2 - 3b(k+1)$$

onde **b** é o número de blocos e **k** é o seu tamanho. Se o número de tratamentos for de 3 a 5, julga-se a significância de K por meio da Tabela 20.

No caso presente, temos b = 5, k = 3. Logo:

$$K = \frac{12}{5 \times 3 \times 4}\left[(7)^2 + (9)^2 + (14)^2\right] - 3 \times 5 \times 4 = 5,20$$

Pela Tabela 18, esse valor de K ou maior ocorreria com probabilidade de 0,093 ou 9,3% se fosse válida a hipótese de nulidade. Assim, se for adotado o limite usual de 5% de probabilidade, o resultado não será significativo.

No caso de haver mais de 5 tratamentos (k > 5) ou para números de blocos acima dos máximos previstos na Tabela 18, a estatística K tem distribuição aproximada do qui-quadrado, com (k – 1) graus de liberdade. Assim, por exemplo, se tivermos, num experimento com k = 6 tratamentos, em 5 blocos casualizados, K = 13,80, buscaremos os limites de significância na Tabela 13. Com 5 graus de liberdade obtemos:

Ao nível de 5%: 11,07

Ao nível de 1%: 15,09

O resultado seria significativo, portanto, ao nível de 5% de probabilidade.

Vejamos, agora, como proceder quando há empates. Tomaremos como exemplo os dados da Tabela 21.7.2.

**Tabela 21.7.2.** Porcentagens de plantas doentes em ensaio de tomateiros, em blocos casualizados.

| | **Tratamento 1** | **Tratamento 2** | **Tratamento 3** |
|---|---|---|---|
| 1º bloco | 20% (1,5) | 20% (1,5) | 40% (3) |
| 2º bloco | 28% (2) | 15% (1) | 60% (3) |
| 3º bloco | 5% (1) | 40% (2,5) | 40% (2,5) |
| 4º bloco | 40% (2) | 35% (1) | 60% (3) |
| 5º bloco | 18% (1) | 20% (2) | 25% (3) |

Tal como no teste de Kruskal-Wallis, no caso de empate, atribuímos a cada parcela de um grupo de parcelas empatadas um valor igual à média dos números que lhes caberiam se não houvesse empate. A única diferença é que agora a ordenação se faz separadamente dentro de cada bloco.

No exemplo em discussão, temos:

$$R_1 = 1,5 + 2 + 1 + 2 + 1 = 7,5$$

$$R_2 = 1,5 + 1 + 2,5 + 1 + 2 = 8,0$$

$$R_3 = 3 + 3 + 2,5 + 3 + 3 = 14,5$$

A estatística a calcular agora é:

$$K_1 = \frac{K}{C}$$

com K definido como anteriormente, e:

$$C = 1 - \frac{\Sigma Tj}{b^k(k^2 - 1)}$$

onde o índice **j** se refere aos blocos. Por sua vez:

$$T_j = \Sigma_i t_{ij}^3 - k$$

em que $\mathbf{t_{ij}}$ é o número de observações empatadas no grupo de empates **i** do bloco **j**.

No exemplo dos dados da Tabela 21.7.2, há duas observações empatadas no primeiro bloco. Temos, pois:

$$t_{11} = 2 \qquad t_{21} = 1 \qquad T_1 = 2^3 + 1^3 - 3 = 6$$

Também houve empate de duas observações no terceiro bloco, que nos dá:

$$t_{13} = 2 \qquad t_{23} = 1 \qquad T_3 = 2^3 + 1^3 - 3 = 6$$

Nos demais blocos não houve empate. No segundo, por exemplo, temos:

$$t_{12} = 1 \qquad t_{22} = 1 \qquad t_{32} = 1 \qquad T_2 = 1^3 + 1^3 + 1^3 - 3 = 0$$

O valor de $T_j$ é sempre nulo nos blocos em que não há empate.

Temos, pois:

$$C = 1 - \frac{6 + 0 + 6 + 0 + 0}{5 \times 3(3^2 - 1)} = 0{,}900$$

$$K = \frac{12}{5 \times 3 \times 4}\left[(7{,}5)^2 + (8{,}0)^2 + (14{,}5)^2\right] - 3 \times 5 \times 4 = 6{,}10$$

Logo:

$$K_1 = \frac{6{,}10}{0{,}900} = 6{,}78$$

Esse valor excede o limite 6,40, correspondente à probabilidade 0,039 ou 3,9%. Assim, se for adotado o limite usual de 5% de probabilidade, o resultado será significativo.

Também no caso da estatística $K_1$ recorre-se à distribuição de qui-quadrado com (k – 1) graus de liberdade, quando o número de tratamentos (k) ou de blocos (b) excede os máximos presentes na Tabela 18.

As comparações de médias nos ensaios em blocos casualizados, por métodos não paramétricos comparáveis aos de Tukey ou de Bonferroni, exigem tabelas especiais. Eles são expostos detalhadamente por Campos (1983).

## 21.8. Bibliografia

CAMPOS, H. **Estatística experimental não paramétrica**. 4ª ed. Piracicaba, 1983.

CONOVER, W. J. **Practical nonparametric statistics**. Nova York: John Wiley, 1971.

DIXON, W. J.; MASSEY JR., F. J. **Introduction to statistical analysis**. 3ª ed. Nova York: McGraw-Hill, 1969.

PIMENTEL-GOMES, F. et al. A influência de grãos pretos em ligas com cafés de bebida mole. **Anais E.S.A. "Luiz de Queiroz" 24**: 71-81, 1967.

PIMENTEL-GOMES, F. **A estatística moderna na pesquisa agropecuária**. Piracicaba: Associação Brasileira para Pesquisa da Potassa e do Fosfato (Potafos), 1984.

RODRIGUES, M. S. **Dicionário brasileiro de estatística**. 2ª ed. Rio de Janeiro: IBGE, 1970.

SIEGEL, S. **Nonparametric statistics for the behavioral sciences**. Nova York: McGraw-Hill, 1956.

SNEDECOR, G. W.; COCHRAN, W. G. **Statistical methods**. 6ª ed. Ames, Iowa: Iowa State College Press, 1967.

STEEL, R. G. D.; TORRIE, J. H. **Principles and procedures of statistics**. 2ª ed. Nova York: McGraw-Hill, 1981.

# 22

# TABELAS

**Tabela 1.** Limites unilaterais de F ao nível de 5% de probabilidade, para o caso de F > 1.

| $n_2$ \ $n_1$ | **1** | **2** | **3** | **4** | **5** | **6** | **7** | **8** | **9** | **10** | **11** |
|---|---|---|---|---|---|---|---|---|---|---|---|
| 1 | 161,4 | 199,5 | 215,7 | 224,6 | 230,2 | 234,0 | 236,8 | 238,9 | 240,5 | 241,9 | 243,0 |
| 2 | 18,51 | 19,00 | 19,16 | 19,25 | 19,30 | 19,33 | 19,35 | 19,37 | 19,38 | 19,40 | 19,40 |
| 3 | 10,13 | 9,55 | 9,28 | 9,12 | 9,01 | 8,94 | 8,89 | 8,85 | 8,81 | 8,79 | 8,76 |
| 4 | 7,71 | 6,94 | 6,59 | 6,39 | 6,26 | 6,16 | 6,09 | 6,04 | 6,00 | 5,96 | 5,93 |
| 5 | 6,61 | 5,79 | 5,41 | 5,19 | 5,05 | 4,95 | 4,88 | 4,82 | 4,77 | 4,74 | 4,70 |
| 6 | 5,99 | 5,14 | 4,76 | 4,53 | 4,39 | 4,28 | 4,21 | 4,15 | 4,10 | 4,06 | 4,03 |
| 7 | 5,59 | 4,74 | 4,35 | 4,12 | 3,97 | 3,87 | 3,79 | 3,73 | 3,68 | 3,64 | 3,60 |
| 8 | 5,32 | 4,46 | 4,07 | 3,84 | 3,69 | 3,58 | 3,50 | 3,44 | 3,39 | 3,35 | 3,31 |
| 9 | 5,12 | 4,26 | 3,86 | 3,63 | 3,48 | 3,37 | 3,29 | 3,23 | 3,18 | 3,14 | 3,10 |
| 10 | 4,96 | 4,10 | 3,71 | 3,48 | 3,33 | 3,22 | 3,14 | 3,07 | 3,02 | 2,98 | 2,94 |
| 11 | 4,84 | 3,98 | 3,59 | 3,36 | 3,20 | 3,09 | 3,01 | 2,95 | 2,90 | 2,85 | 2,82 |
| 12 | 4,75 | 3,89 | 3,49 | 3,26 | 3,11 | 3,00 | 2,91 | 2,85 | 2,80 | 2,75 | 2,72 |
| 13 | 4,67 | 3,81 | 3,41 | 3,18 | 3,03 | 2,92 | 2,83 | 2,77 | 2,71 | 2,67 | 2,63 |
| 14 | 4,60 | 3,74 | 3,34 | 3,11 | 2,96 | 2,85 | 2,76 | 2,70 | 2,65 | 2,60 | 2,56 |
| 15 | 4,54 | 3,68 | 3,29 | 3,06 | 2,90 | 2,79 | 2,71 | 2,64 | 2,59 | 2,54 | 2,51 |
| 16 | 4,49 | 3,63 | 3,24 | 3,01 | 2,85 | 2,74 | 2,66 | 2,59 | 2,54 | 2,49 | 2,45 |
| 17 | 4,45 | 3,59 | 3,20 | 2,96 | 2,81 | 2,70 | 2,61 | 2,55 | 2,49 | 2,45 | 2,41 |
| 18 | 4,41 | 3,55 | 3,16 | 2,93 | 2,77 | 2,66 | 2,58 | 2,51 | 2,46 | 2,41 | 2,37 |
| 19 | 4,38 | 3,52 | 3,13 | 2,90 | 2,74 | 2,63 | 2,54 | 2,48 | 2,42 | 2,38 | 2,34 |
| 20 | 4,35 | 3,49 | 3,10 | 2,87 | 2,71 | 2,60 | 2,51 | 2,45 | 2,39 | 2,35 | 2,31 |
| 21 | 4,32 | 3,47 | 3,07 | 2,84 | 2,68 | 2,57 | 2,49 | 2,42 | 2,37 | 2,32 | 2,28 |
| 22 | 4,30 | 3,44 | 3,05 | 2,82 | 2,66 | 2,55 | 2,46 | 2,40 | 2,34 | 2,30 | 2,26 |
| 23 | 4,28 | 3,42 | 3,03 | 2,80 | 2,64 | 2,53 | 2,44 | 2,37 | 2,32 | 2,27 | 2,24 |
| 24 | 4,26 | 3,40 | 3,01 | 2,78 | 2,62 | 2,51 | 2,42 | 2,36 | 2,30 | 2,25 | 2,22 |
| 25 | 4,24 | 3,39 | 2,99 | 2,76 | 2,60 | 2,49 | 2,40 | 2,34 | 2,28 | 2,24 | 2,20 |
| 26 | 4,23 | 3,37 | 2,98 | 2,74 | 2,59 | 2,47 | 2,39 | 2,32 | 2,27 | 2,22 | 2,18 |
| 27 | 4,21 | 3,35 | 2,96 | 2,73 | 2,57 | 2,46 | 2,37 | 2,31 | 2,25 | 2,20 | 2,16 |
| 28 | 4,20 | 3,34 | 2,95 | 2,71 | 2,56 | 2,45 | 2,36 | 2,29 | 2,24 | 2,19 | 2,15 |
| 29 | 4,18 | 3,33 | 2,93 | 2,70 | 2,55 | 2,43 | 2,35 | 2,28 | 2,22 | 2,18 | 2,14 |
| 30 | 4,17 | 3,32 | 2,92 | 2,69 | 2,53 | 2,42 | 2,33 | 2,27 | 2,21 | 2,16 | 2,12 |
| 40 | 4,08 | 3,23 | 2,84 | 2,61 | 2,45 | 2,34 | 2,25 | 2,18 | 2,12 | 2,08 | 2,04 |
| 60 | 4,00 | 3,15 | 2,76 | 2,53 | 2,37 | 2,25 | 2,17 | 2,10 | 2,04 | 1,99 | 1,95 |
| 120 | 3,92 | 3,07 | 2,68 | 2,45 | 2,29 | 2,17 | 2,09 | 2,02 | 1,96 | 1,91 | 1,86 |
| $\infty$ | 3,84 | 3,00 | 2,60 | 2,37 | 2,21 | 2,10 | 2,01 | 1,94 | 1,88 | 1,83 | 1,79 |

continua...

...continuação

**Tabela 1.** Limites unilaterais de F ao nível de 5% de probabilidade, para o caso de F > 1.

| 12 | 13 | 14 | 15 | 16 | 20 | 24 | 30 | 40 | 60 | 120 | ∞ |
|---|---|---|---|---|---|---|---|---|---|---|---|
| 243,9 | 244,4 | 245,0 | 245,9 | 246,0 | 248,0 | 249,1 | 250,1 | 251,1 | 252,2 | 253,3 | 254,3 |
| 19,41 | 19,42 | 19,42 | 19,43 | 19,43 | 19,45 | 19,45 | 19,46 | 19,47 | 19,48 | 19,49 | 19,50 |
| 8,74 | 8,72 | 8,71 | 8,70 | 8,69 | 8,66 | 8,64 | 8,62 | 8,59 | 8,57 | 8,55 | 8,53 |
| 5,91 | 5,89 | 5,87 | 5,86 | 5,84 | 5,80 | 5,77 | 5,75 | 5,72 | 5,69 | 5,66 | 5,63 |
| 4,68 | 4,66 | 4,64 | 4,62 | 4,60 | 4,56 | 4,53 | 4,50 | 4,46 | 4,43 | 4,40 | 4,36 |
| 4,00 | 3,98 | 3,96 | 3,94 | 3,92 | 3,87 | 3,84 | 3,81 | 3,77 | 3,74 | 3,70 | 3,67 |
| 3,57 | 3,55 | 3,52 | 3,51 | 3,49 | 3,44 | 3,41 | 3,38 | 3,34 | 3,30 | 3,27 | 3,23 |
| 3,28 | 3,25 | 3,23 | 3,22 | 3,20 | 3,15 | 3,12 | 3,08 | 3,04 | 3,01 | 2,97 | 2,93 |
| 3,07 | 3,04 | 3,02 | 3,01 | 2,98 | 2,94 | 2,90 | 2,86 | 2,83 | 2,79 | 2,75 | 2,71 |
| 2,91 | 2,88 | 2,86 | 2,85 | 2,82 | 2,77 | 2,74 | 2,70 | 2,66 | 2,62 | 2,58 | 2,54 |
| 2,79 | 2,76 | 2,74 | 2,72 | 2,70 | 2,65 | 2,61 | 2,57 | 2,53 | 2,49 | 2,45 | 2,40 |
| 2,69 | 2,66 | 2,64 | 2,62 | 2,60 | 2,54 | 2,51 | 2,47 | 2,43 | 2,38 | 2,34 | 2,30 |
| 2,60 | 2,57 | 2,55 | 2,53 | 2,51 | 2,46 | 2,42 | 2,38 | 2,34 | 2,30 | 2,25 | 2,21 |
| 2,53 | 2,50 | 2,48 | 2,46 | 2,44 | 2,39 | 2,35 | 2,31 | 2,27 | 2,22 | 2,18 | 2,13 |
| 2,48 | 2,45 | 2,43 | 2,40 | 2,39 | 2,33 | 2,29 | 2,25 | 2,20 | 2,16 | 2,11 | 2,07 |
| 2,42 | 2,39 | 2,37 | 2,35 | 2,33 | 2,28 | 2,24 | 2,19 | 2,15 | 2,11 | 2,06 | 2,01 |
| 2,38 | 2,35 | 2,33 | 2,31 | 2,29 | 2,23 | 2,19 | 2,15 | 2,10 | 2,06 | 2,01 | 1,96 |
| 2,34 | 2,31 | 2,29 | 2,27 | 2,25 | 2,19 | 2,15 | 2,11 | 2,06 | 2,02 | 1,97 | 1,92 |
| 2,31 | 2,28 | 2,26 | 2,23 | 2,21 | 2,16 | 2,11 | 2,07 | 2,03 | 1,98 | 1,93 | 1,88 |
| 2,28 | 2,25 | 2,23 | 2,20 | 2,18 | 2,12 | 2,08 | 2,04 | 1,99 | 1,95 | 1,90 | 1,84 |
| 2,25 | 2,22 | 2,20 | 2,18 | 2,15 | 2,10 | 2,05 | 2,01 | 1,96 | 1,92 | 1,87 | 1,81 |
| 2,23 | 2,20 | 2,18 | 2,15 | 2,13 | 2,07 | 2,03 | 1,98 | 1,94 | 1,89 | 1,84 | 1,78 |
| 2,20 | 2,17 | 2,14 | 2,13 | 2,10 | 2,05 | 2,01 | 1,96 | 1,91 | 1,86 | 1,81 | 1,76 |
| 2,18 | 2,15 | 2,13 | 2,11 | 2,09 | 2,03 | 1,98 | 1,94 | 1,89 | 1,84 | 1,79 | 1,73 |
| 2,16 | 2,13 | 2,11 | 2,09 | 2,06 | 2,01 | 1,96 | 1,92 | 1,87 | 1,82 | 1,77 | 1,71 |
| 2,15 | 2,12 | 2,10 | 2,07 | 2,05 | 1,99 | 1,95 | 1,90 | 1,85 | 1,80 | 1,75 | 1,69 |
| 2,13 | 2,10 | 2,08 | 2,06 | 2,03 | 1,97 | 1,93 | 1,88 | 1,84 | 1,79 | 1,73 | 1,67 |
| 2,12 | 2,09 | 2,06 | 2,04 | 2,02 | 1,96 | 1,91 | 1,87 | 1,82 | 1,77 | 1,71 | 1,65 |
| 2,10 | 2,07 | 2,05 | 2,03 | 2,00 | 1,94 | 1,90 | 1,85 | 1,81 | 1,75 | 1,70 | 1,64 |
| 2,09 | 2,06 | 2,04 | 2,01 | 1,99 | 1,93 | 1,89 | 1,84 | 1,79 | 1,74 | 1,68 | 1,62 |
| 2,00 | 1,97 | 1,95 | 1,92 | 1,90 | 1,84 | 1,79 | 1,74 | 1,69 | 1,64 | 1,58 | 1,51 |
| 1,92 | 1,89 | 1,86 | 1,84 | 1,81 | 1,75 | 1,70 | 1,65 | 1,59 | 1,53 | 1,47 | 1,39 |
| 1,83 | 1,80 | 1,77 | 1,75 | 1,73 | 1,66 | 1,61 | 1,55 | 1,50 | 1,43 | 1,35 | 1,25 |
| 1,75 | 1,72 | 1,69 | 1,67 | 1,64 | 1,57 | 1,52 | 1,46 | 1,39 | 1,32 | 1,22 | 1,00 |

Esta tabela foi adaptada a partir de resultados de Pearson e Hartley (*Biometrika tables for statisticians*, Cambridge University Press, 1956).

**Tabela 2.** Limites unilaterais de F ao nível de 1% de probabilidade, para o caso de F > 1.

| $n_2$ \ $n_1$ | **1** | **2** | **3** | **4** | **5** | **6** | **7** | **8** | **9** | **10** | **11** |
|---|---|---|---|---|---|---|---|---|---|---|---|
| 1 | 4.052 | 5.000 | 5.403 | 5.625 | 5.764 | 5.859 | 5.928 | 5.982 | 6.022 | 6.056 | 6.082 |
| 2 | 98,50 | 99,00 | 99,17 | 99,25 | 99,30 | 99,33 | 99,36 | 99,37 | 99,39 | 99,40 | 99,41 |
| 3 | 34,12 | 30,82 | 29,46 | 28,71 | 28,24 | 27,91 | 27,67 | 27,49 | 27,35 | 27,23 | 27,13 |
| 4 | 21,20 | 18,00 | 16,69 | 15,98 | 15,52 | 15,21 | 14,98 | 14,80 | 14,66 | 14,55 | 14,45 |
| 5 | 16,26 | 13,27 | 12,06 | 11,39 | 10,97 | 10,67 | 10,46 | 10,29 | 10,16 | 10,05 | 9,96 |
| 6 | 13,75 | 10,92 | 9,78 | 9,15 | 8,75 | 8,47 | 8,26 | 8,10 | 7,98 | 7,87 | 7,79 |
| 7 | 12,25 | 9,55 | 8,45 | 7,85 | 8,46 | 7,19 | 6,99 | 6,84 | 6,72 | 6,62 | 6,54 |
| 8 | 11,26 | 8,65 | 7,59 | 7,01 | 6,63 | 6,37 | 6,18 | 6,03 | 5,91 | 5,81 | 5,74 |
| 9 | 10,56 | 8,02 | 6,99 | 6,42 | 6,06 | 5,80 | 5,61 | 5,47 | 5,35 | 5,26 | 5,18 |
| 10 | 10,04 | 7,56 | 6,55 | 5,99 | 5,64 | 5,39 | 5,20 | 5,06 | 4,94 | 4,85 | 4,78 |
| 11 | 9,65 | 7,21 | 6,22 | 5,67 | 5,32 | 5,07 | 4,89 | 4,74 | 4,63 | 4,54 | 4,46 |
| 12 | 9,33 | 6,93 | 5,95 | 5,41 | 5,06 | 4,82 | 4,64 | 4,50 | 4,39 | 4,30 | 4,22 |
| 13 | 9,07 | 6,70 | 5,74 | 5,21 | 4,86 | 4,62 | 4,44 | 4,30 | 4,19 | 4,10 | 4,02 |
| 14 | 8,86 | 6,51 | 5,56 | 5,04 | 4,69 | 4,46 | 4,28 | 4,14 | 4,03 | 3,94 | 3,86 |
| 15 | 8,68 | 6,36 | 5,42 | 4,89 | 4,56 | 4,32 | 4,14 | 4,00 | 3,89 | 3,80 | 3,73 |
| 16 | 8,53 | 6,23 | 5,29 | 4,77 | 4,44 | 4,20 | 4,03 | 3,89 | 3,78 | 3,69 | 3,61 |
| 17 | 8,40 | 6,11 | 5,18 | 4,67 | 4,34 | 4,10 | 3,93 | 3,79 | 3,68 | 3,59 | 3,52 |
| 18 | 8,29 | 6,01 | 5,09 | 4,58 | 4,25 | 4,01 | 3,84 | 3,71 | 3,60 | 3,51 | 3,44 |
| 19 | 8,18 | 5,93 | 5,01 | 4,50 | 4,17 | 3,94 | 3,77 | 3,63 | 3,52 | 3,43 | 3,36 |
| 20 | 8,10 | 5,85 | 4,94 | 4,43 | 4,10 | 3,87 | 3,70 | 3,56 | 3,46 | 3,37 | 3,30 |
| 21 | 8,02 | 5,78 | 4,87 | 4,37 | 4,04 | 3,81 | 3,64 | 3,51 | 3,40 | 3,31 | 3,24 |
| 22 | 7,95 | 5,72 | 4,82 | 4,31 | 3,99 | 3,76 | 3,59 | 3,45 | 3,35 | 3,26 | 3,18 |
| 23 | 7,88 | 5,66 | 4,76 | 4,26 | 3,94 | 3,71 | 3,54 | 3,41 | 3,30 | 3,21 | 3,14 |
| 24 | 7,82 | 5,61 | 4,72 | 4,22 | 3,90 | 3,67 | 3,50 | 3,36 | 3,26 | 3,17 | 3,09 |
| 25 | 7,77 | 5,57 | 4,68 | 4,18 | 3,85 | 3,63 | 3,46 | 3,32 | 3,22 | 3,13 | 3,05 |
| 26 | 7,72 | 5,53 | 4,64 | 4,14 | 3,82 | 3,59 | 3,42 | 3,29 | 3,18 | 3,09 | 3,02 |
| 27 | 7,68 | 5,49 | 4,60 | 4,11 | 3,78 | 3,56 | 3,39 | 3,26 | 3,15 | 3,06 | 2,98 |
| 28 | 7,64 | 5,45 | 4,57 | 4,07 | 3,75 | 3,53 | 3,36 | 3,23 | 3,12 | 3,03 | 2,95 |
| 29 | 7,60 | 5,42 | 4,54 | 4,04 | 3,73 | 3,50 | 3,33 | 3,20 | 3,09 | 3,00 | 2,92 |
| 30 | 7,56 | 5,39 | 4,51 | 4,02 | 3,70 | 3,47 | 3,30 | 3,17 | 3,07 | 2,98 | 2,90 |
| 40 | 7,31 | 5,18 | 4,31 | 3,83 | 3,51 | 3,29 | 3,12 | 2,99 | 2,89 | 2,80 | 2,73 |
| 60 | 7,08 | 4,98 | 4,13 | 3,65 | 3,34 | 3,12 | 2,95 | 2,82 | 2,72 | 2,63 | 2,56 |
| 120 | 6,85 | 4,79 | 3,95 | 3,48 | 3,17 | 2,96 | 2,79 | 2,66 | 2,56 | 2,47 | 2,40 |
| ∞ | 6,63 | 4,61 | 3,78 | 3,32 | 3,02 | 2,80 | 2,64 | 2,51 | 2,41 | 2,32 | 2,24 |

continua...

...continuação

**Tabela 2.** Limites unilaterais de F ao nível de 1% de probabilidade, para o caso de F > 1.

| **12** | **13** | **14** | **15** | **16** | **20** | **24** | **30** | **40** | **60** | **120** | **∞** |
|---|---|---|---|---|---|---|---|---|---|---|---|
| 6.106 | 6.125 | 6.142 | 6.157 | 6.169 | 6.209 | 6.235 | 6.261 | 6.287 | 6.313 | 6.339 | 6.366 |
| 99,42 | 99,42 | 99,43 | 99,43 | 99,44 | 99,45 | 99,46 | 99,47 | 99,47 | 99,48 | 99,49 | 99,50 |
| 27,05 | 26,98 | 26,92 | 26,87 | 26,83 | 26,69 | 26,60 | 26,50 | 26,41 | 26,32 | 26,22 | 26,13 |
| 14,37 | 14,30 | 14,24 | 14,20 | 14,15 | 14,02 | 13,93 | 13,84 | 13,75 | 13,65 | 13,56 | 13,46 |
| 9,89 | 9,83 | 9,77 | 9,72 | 9,68 | 9,55 | 9,47 | 9,38 | 9,29 | 9,20 | 9,11 | 9,02 |
| 7,72 | 7,66 | 7,60 | 7,56 | 7,52 | 7,40 | 7,31 | 7,23 | 7,14 | 7,06 | 6,97 | 6,88 |
| 6,47 | 6,41 | 6,35 | 6,31 | 6,27 | 6,16 | 6,07 | 5,99 | 5,91 | 5,82 | 5,74 | 5,65 |
| 5,67 | 5,61 | 5,56 | 5,52 | 5,48 | 5,36 | 5,28 | 5,20 | 5,12 | 5,03 | 4,95 | 4,86 |
| 5,11 | 5,05 | 5,00 | 4,96 | 4,92 | 4,81 | 4,73 | 4,65 | 4,57 | 4,48 | 4,40 | 4,31 |
| 4,71 | 4,65 | 4,60 | 4,56 | 4,52 | 4,41 | 4,33 | 4,25 | 4,17 | 4,08 | 4,00 | 3,91 |
| 4,40 | 4,34 | 4,29 | 4,25 | 4,21 | 4,10 | 4,02 | 3,94 | 3,86 | 3,78 | 3,69 | 3,60 |
| 4,16 | 4,10 | 4,05 | 4,01 | 3,98 | 3,86 | 3,78 | 3,70 | 3,62 | 3,54 | 3,45 | 3,36 |
| 3,96 | 3,90 | 3,85 | 3,82 | 3,78 | 3,66 | 3,59 | 3,51 | 3,43 | 3,34 | 3,25 | 3,17 |
| 3,80 | 3,75 | 3,70 | 3,66 | 3,62 | 3,51 | 3,43 | 3,35 | 3,27 | 3,18 | 3,09 | 3,00 |
| 3,67 | 3,61 | 3,56 | 3,52 | 3,48 | 3,37 | 3,29 | 3,21 | 3,13 | 3,05 | 2,96 | 2,87 |
| 3,55 | 3,50 | 3,45 | 3,41 | 3,37 | 3,26 | 3,18 | 3,10 | 3,02 | 2,93 | 2,84 | 2,75 |
| 3,46 | 3,40 | 3,35 | 3,31 | 3,27 | 3,16 | 3,08 | 3,00 | 2,92 | 2,83 | 2,75 | 2,65 |
| 3,37 | 3,32 | 3,27 | 3,23 | 3,19 | 3,08 | 3,00 | 2,92 | 2,84 | 2,75 | 2,66 | 2,57 |
| 3,30 | 3,24 | 3,19 | 3,15 | 3,12 | 3,00 | 2,92 | 2,84 | 2,76 | 2,67 | 2,58 | 2,49 |
| 3,23 | 3,18 | 3,13 | 3,09 | 3,05 | 2,94 | 2,86 | 2,78 | 2,69 | 2,61 | 2,52 | 2,42 |
| 3,17 | 3,12 | 3,07 | 3,03 | 2,99 | 2,88 | 2,80 | 2,72 | 2,64 | 2,55 | 2,46 | 2,36 |
| 3,12 | 3,07 | 3,02 | 2,98 | 2,94 | 2,83 | 2,75 | 2,67 | 2,58 | 2,50 | 2,40 | 2,31 |
| 3,07 | 3,02 | 2,97 | 2,93 | 2,89 | 2,78 | 2,70 | 2,62 | 2,54 | 2,45 | 2,35 | 2,26 |
| 3,03 | 2,98 | 2,93 | 2,89 | 2,85 | 2,74 | 2,66 | 2,58 | 2,49 | 2,40 | 2,31 | 2,21 |
| 2,99 | 2,94 | 2,89 | 2,85 | 2,81 | 2,70 | 2,62 | 2,54 | 2,45 | 2,36 | 2,27 | 2,17 |
| 2,96 | 2,91 | 2,86 | 2,81 | 2,77 | 2,66 | 2,58 | 2,50 | 2,42 | 2,33 | 2,23 | 2,13 |
| 2,93 | 2,88 | 2,83 | 2,78 | 2,74 | 2,63 | 2,55 | 2,47 | 2,38 | 2,29 | 2,20 | 2,10 |
| 2,90 | 2,85 | 2,80 | 2,75 | 2,71 | 2,60 | 2,52 | 2,44 | 2,35 | 2,26 | 2,17 | 2,06 |
| 2,87 | 2,82 | 2,77 | 2,73 | 2,68 | 2,57 | 2,49 | 2,41 | 2,33 | 2,23 | 2,14 | 2,03 |
| 2,84 | 2,79 | 2,74 | 2,70 | 2,66 | 2,55 | 2,47 | 2,39 | 2,30 | 2,21 | 2,11 | 2,01 |
| 2,66 | 2,61 | 2,56 | 2,52 | 2,49 | 2,37 | 2,29 | 2,20 | 2,11 | 2,02 | 1,92 | 1,80 |
| 2,50 | 2,45 | 2,40 | 2,35 | 2,32 | 2,20 | 2,12 | 2,03 | 1,94 | 1,84 | 1,73 | 1,60 |
| 2,34 | 2,29 | 2,24 | 2,19 | 2,16 | 2,03 | 1,95 | 1,86 | 1,76 | 1,66 | 1,53 | 1,38 |
| 2,18 | 2,12 | 2,07 | 2,04 | 1,99 | 1,88 | 1,79 | 1,70 | 1,59 | 1,47 | 1,32 | 1,00 |

Esta tabela foi adaptada a partir de resultados de Pearson e Hartley (*Biometrika tables for statisticians*, Cambridge University Press, 1956).

**Tabela 3.** Limites bilaterais de F ao nível de 5% de probabilidade, para o caso de F < 1.

| $n_2$ \ $n_1$ | 1 | 2 | 3 | 4 | 5 | 6 | 7 | 8 | 9 | 10 | 11 | 12 | 13 | 14 | 15 | 16 | 20 | 24 | 30 | 40 | 60 | 120 | ∞ |
|---|---|---|---|---|---|---|---|---|---|---|---|---|---|---|---|---|---|---|---|---|---|---|---|
| 1 | 0,0015 | 0,0260 | 0,057 | 0,082 | 0,100 | 0,114 | 0,124 | 0,132 | 0,139 | 0,144 | 0,149 | 0,153 | 0,156 | 0,159 | 0,161 | 0,163 | 0,170 | 0,175 | 0,180 | 0,184 | 0,189 | 0,194 | 0,199 |
| 2 | 0,0013 | 0,0256 | 0,062 | 0,094 | 0,119 | 0,138 | 0,153 | 0,165 | 0,175 | 0,183 | 0,190 | 0,196 | 0,201 | 0,206 | 0,210 | 0,213 | 0,224 | 0,232 | 0,239 | 0,247 | 0,254 | 0,263 | 0,271 |
| 3 | 0,0012 | 0,0255 | 0,065 | 0,100 | 0,129 | 0,152 | 0,170 | 0,184 | 0,197 | 0,207 | 0,216 | 0,224 | 0,230 | 0,236 | 0,241 | 0,245 | 0,259 | 0,269 | 0,279 | 0,289 | 0,299 | 0,310 | 0,320 |
| 4 | 0,0011 | 0,0255 | 0,066 | 0,104 | 0,135 | 0,160 | 0,181 | 0,198 | 0,212 | 0,224 | 0,234 | 0,243 | 0,250 | 0,257 | 0,263 | 0,268 | 0,285 | 0,296 | 0,308 | 0,320 | 0,332 | 0,346 | 0,358 |
| 5 | 0,0011 | 0,0254 | 0,067 | 0,107 | 0,140 | 0,167 | 0,189 | 0,208 | 0,223 | 0,236 | 0,248 | 0,257 | 0,265 | 0,273 | 0,279 | 0,286 | 0,304 | 0,318 | 0,330 | 0,345 | 0,358 | 0,374 | 0,389 |
| 6 | 0,0011 | 0,0254 | 0,068 | 0,109 | 0,143 | 0,172 | 0,195 | 0,215 | 0,232 | 0,246 | 0,258 | 0,268 | 0,278 | 0,286 | 0,293 | 0,299 | 0,320 | 0,334 | 0,348 | 0,365 | 0,380 | 0,397 | 0,415 |
| 7 | 0,0011 | 0,0254 | 0,068 | 0,110 | 0,146 | 0,175 | 0,200 | 0,221 | 0,238 | 0,253 | 0,266 | 0,277 | 0,287 | 0,296 | 0,304 | 0,311 | 0,332 | 0,348 | 0,364 | 0,382 | 0,398 | 0,418 | 0,437 |
| 8 | 0,0010 | 0,0254 | 0,069 | 0,111 | 0,148 | 0,179 | 0,204 | 0,226 | 0,244 | 0,260 | 0,273 | 0,285 | 0,295 | 0,304 | 0,312 | 0,320 | 0,344 | 0,360 | 0,377 | 0,395 | 0,415 | 0,435 | 0,457 |
| 9 | 0,0010 | 0,0254 | 0,069 | 0,112 | 0,150 | 0,181 | 0,208 | 0,229 | 0,248 | 0,265 | 0,279 | 0,291 | 0,302 | 0,312 | 0,320 | 0,328 | 0,352 | 0,370 | 0,389 | 0,408 | 0,429 | 0,450 | 0,474 |
| 10 | 0,0010 | 0,0254 | 0,069 | 0,113 | 0,151 | 0,183 | 0,210 | 0,233 | 0,252 | 0,269 | 0,283 | 0,297 | 0,308 | 0,318 | 0,327 | 0,334 | 0,361 | 0,379 | 0,398 | 0,418 | 0,440 | 0,463 | 0,488 |
| 12 | 0,0010 | 0,0254 | 0,070 | 0,114 | 0,153 | 0,186 | 0,214 | 0,238 | 0,258 | 0,276 | 0,292 | 0,305 | 0,318 | 0,328 | 0,338 | 0,346 | 0,373 | 0,394 | 0,415 | 0,437 | 0,461 | 0,488 | 0,516 |
| 15 | 0,0010 | 0,0254 | 0,070 | 0,116 | 0,156 | 0,190 | 0,219 | 0,244 | 0,265 | 0,284 | 0,300 | 0,314 | 0,328 | 0,339 | 0,350 | 0,358 | 0,389 | 0,410 | 0,433 | 0,459 | 0,485 | 0,516 | 0,546 |
| 20 | 0,0010 | 0,0254 | 0,071 | 0,117 | 0,158 | 0,193 | 0,224 | 0,250 | 0,272 | 0,292 | 0,310 | 0,326 | 0,339 | 0,352 | 0,362 | 0,373 | 0,406 | 0,429 | 0,454 | 0,483 | 0,516 | 0,550 | 0,585 |
| 24 | 0,0010 | 0,0253 | 0,071 | 0,118 | 0,159 | 0,195 | 0,226 | 0,253 | 0,277 | 0,297 | 0,316 | 0,331 | 0,346 | 0,358 | 0,370 | 0,380 | 0,415 | 0,440 | 0,467 | 0,498 | 0,532 | 0,568 | 0,610 |
| 30 | 0,0010 | 0,0253 | 0,071 | 0,118 | 0,161 | 0,197 | 0,229 | 0,257 | 0,281 | 0,302 | 0,320 | 0,338 | 0,352 | 0,366 | 0,379 | 0,389 | 0,426 | 0,452 | 0,483 | 0,516 | 0,550 | 0,592 | 0,637 |
| 40 | 0,0010 | 0,0253 | 0,071 | 0,119 | 0,162 | 0,200 | 0,232 | 0,260 | 0,285 | 0,307 | 0,327 | 0,344 | 0,360 | 0,374 | 0,386 | 0,398 | 0,437 | 0,465 | 0,498 | 0,532 | 0,575 | 0,621 | 0,676 |
| 60 | 0,0010 | 0,0253 | 0,071 | 0,120 | 0,163 | 0,202 | 0,235 | 0,265 | 0,290 | 0,312 | 0,333 | 0,351 | 0,368 | 0,383 | 0,397 | 0,408 | 0,450 | 0,481 | 0,516 | 0,556 | 0,599 | 0,654 | 0,719 |
| 120 | 0,0010 | 0,0253 | 0,072 | 0,120 | 0,165 | 0,204 | 0,238 | 0,268 | 0,295 | 0,318 | 0,340 | 0,358 | 0,376 | 0,392 | 0,406 | 0,420 | 0,463 | 0,498 | 0,535 | 0,581 | 0,633 | 0,699 | 0,787 |
| ∞ | 0,0010 | 0,0253 | 0,072 | 0,121 | 0,166 | 0,206 | 0,242 | 0,272 | 0,300 | 0,325 | 0,347 | 0,368 | 0,385 | 0,402 | 0,417 | 0,431 | 0,478 | 0,516 | 0,559 | 0,610 | 0,676 | 0,763 | 1,000 |

Esta tabela foi adaptada a partir de resultados de Pearson e Hartley (*Biometrika tables for statisticians*, Cambridge University Press, 1956).

**Tabela 4.** Limites bilaterais de F ao nível de 1% de probabilidade, para o caso de $F < 1$.

| $n_2$ \ $n_1$ | 1 | 2 | 3 | 4 | 5 | 6 | 7 | 8 | 9 | 10 | 11 |
|---|---|---|---|---|---|---|---|---|---|---|---|
| 1 | 0,000062 | 0,0050 | 0,018 | 0,032 | 0,044 | 0,054 | 0,062 | 0,068 | 0,073 | 0,078 | 0,082 |
| 2 | 0,000050 | 0,0050 | 0,020 | 0,038 | 0,055 | 0,069 | 0,081 | 0,091 | 0,099 | 0,106 | 0,112 |
| 3 | 0,000046 | 0,0050 | 0,021 | 0,041 | 0,060 | 0,077 | 0,092 | 0,104 | 0,115 | 0,124 | 0,132 |
| 4 | 0,000044 | 0,0050 | 0,022 | 0,043 | 0,064 | 0,083 | 0,100 | 0,114 | 0,126 | 0,136 | 0,145 |
| 5 | 0,000043 | 0,0050 | 0,022 | 0,045 | 0,067 | 0,087 | 0,105 | 0,120 | 0,134 | 0,146 | 0,156 |
| 6 | 0,000043 | 0,0050 | 0,022 | 0,046 | 0,069 | 0,090 | 0,109 | 0,126 | 0,140 | 0,153 | 0,164 |
| 7 | 0,000042 | 0,0050 | 0,023 | 0,046 | 0,070 | 0,093 | 0,112 | 0,130 | 0,145 | 0,159 | 0,171 |
| 8 | 0,000042 | 0,0050 | 0,023 | 0,047 | 0,072 | 0,095 | 0,115 | 0,133 | 0,149 | 0,163 | 0,176 |
| 9 | 0,000042 | 0,0050 | 0,023 | 0,047 | 0,073 | 0,096 | 0,118 | 0,136 | 0,153 | 0,168 | 0,181 |
| 10 | 0,000041 | 0,0050 | 0,023 | 0,048 | 0,073 | 0,098 | 0,119 | 0,139 | 0,156 | 0,171 | 0,184 |
| 12 | 0,000041 | 0,0050 | 0,023 | 0,048 | 0,075 | 0,100 | 0,122 | 0,143 | 0,161 | 0,177 | 0,191 |
| 15 | 0,000041 | 0,0050 | 0,023 | 0,049 | 0,076 | 0,102 | 0,125 | 0,147 | 0,166 | 0,183 | 0,198 |
| 20 | 0,000040 | 0,0050 | 0,023 | 0,050 | 0,078 | 0,104 | 0,129 | 0,151 | 0,172 | 0,190 | 0,206 |
| 24 | 0,000040 | 0,0050 | 0,024 | 0,050 | 0,078 | 0,106 | 0,131 | 0,154 | 0,175 | 0,193 | 0,210 |
| 30 | 0,000040 | 0,0050 | 0,024 | 0,050 | 0,079 | 0,107 | 0,133 | 0,156 | 0,178 | 0,197 | 0,215 |
| 40 | 0,000040 | 0,0050 | 0,024 | 0,051 | 0,080 | 0,108 | 0,135 | 0,159 | 0,181 | 0,201 | 0,220 |
| 60 | 0,000040 | 0,0050 | 0,024 | 0,051 | 0,081 | 0,110 | 0,137 | 0,162 | 0,185 | 0,206 | 0,225 |
| 120 | 0,000039 | 0,0050 | 0,024 | 0,051 | 0,082 | 0,111 | 0,139 | 0,165 | 0,189 | 0,211 | 0,230 |
| ∞ | 0,000039 | 0,0050 | 0,024 | 0,052 | 0,082 | 0,113 | 0,141 | 0,168 | 0,193 | 0,216 | 0,236 |

| $n_2$ \ $n_1$ | 12 | 13 | 14 | 15 | 16 | 20 | 24 | 30 | 40 | 60 | 120 | ∞ |
|---|---|---|---|---|---|---|---|---|---|---|---|---|
| 1 | 0,085 | 0,088 | 0,090 | 0,093 | 0,095 | 0,101 | 0,105 | 0,109 | 0,113 | 0,118 | 0,122 | 0,127 |
| 2 | 0,118 | 0,122 | 0,126 | 0,130 | 0,133 | 0,143 | 0,150 | 0,157 | 0,165 | 0,173 | 0,181 | 0,189 |
| 3 | 0,138 | 0,144 | 0,150 | 0,154 | 0,159 | 0,172 | 0,181 | 0,191 | 0,201 | 0,211 | 0,222 | 0,234 |
| 4 | 0,153 | 0,161 | 0,167 | 0,172 | 0,177 | 0,193 | 0,204 | 0,216 | 0,229 | 0,242 | 0,255 | 0,269 |
| 5 | 0,165 | 0,173 | 0,180 | 0,186 | 0,192 | 0,210 | 0,223 | 0,236 | 0,251 | 0,266 | 0,282 | 0,299 |
| 6 | 0,174 | 0,182 | 0,190 | 0,197 | 0,204 | 0,224 | 0,238 | 0,253 | 0,270 | 0,287 | 0,305 | 0,324 |
| 7 | 0,181 | 0,190 | 0,199 | 0,206 | 0,213 | 0,235 | 0,251 | 0,267 | 0,285 | 0,304 | 0,324 | 0,345 |
| 8 | 0,187 | 0,197 | 0,206 | 0,214 | 0,221 | 0,244 | 0,261 | 0,279 | 0,299 | 0,319 | 0,341 | 0,365 |
| 9 | 0,192 | 0,202 | 0,212 | 0,220 | 0,228 | 0,253 | 0,271 | 0,290 | 0,311 | 0,332 | 0,356 | 0,382 |
| 10 | 0,196 | 0,207 | 0,217 | 0,226 | 0,234 | 0,260 | 0,279 | 0,299 | 0,321 | 0,345 | 0,369 | 0,397 |
| 12 | 0,204 | 0,216 | 0,226 | 0,235 | 0,244 | 0,272 | 0,292 | 0,314 | 0,339 | 0,365 | 0,394 | 0,424 |
| 15 | 0,212 | 0,224 | 0,235 | 0,246 | 0,255 | 0,286 | 0,308 | 0,332 | 0,360 | 0,389 | 0,422 | 0,457 |
| 20 | 0,221 | 0,234 | 0,246 | 0,258 | 0,268 | 0,301 | 0,327 | 0,355 | 0,385 | 0,418 | 0,457 | 0,500 |
| 24 | 0,226 | 0,240 | 0,253 | 0,264 | 0,275 | 0,311 | 0,337 | 0,366 | 0,400 | 0,437 | 0,478 | 0,526 |
| 30 | 0,231 | 0,246 | 0,259 | 0,271 | 0,282 | 0,321 | 0,348 | 0,380 | 0,417 | 0,457 | 0,505 | 0,559 |
| 40 | 0,236 | 0,252 | 0,266 | 0,279 | 0,291 | 0,331 | 0,361 | 0,397 | 0,435 | 0,481 | 0,535 | 0,599 |
| 60 | 0,243 | 0,258 | 0,273 | 0,287 | 0,300 | 0,342 | 0,376 | 0,413 | 0,459 | 0,510 | 0,571 | 0,654 |
| 120 | 0,249 | 0,266 | 0,282 | 0,297 | 0,311 | 0,356 | 0,392 | 0,435 | 0,485 | 0,546 | 0,621 | 0,735 |
| ∞ | 0,256 | 0,274 | 0,291 | 0,307 | 0,322 | 0,372 | 0,412 | 0,459 | 0,518 | 0,592 | 0,699 | 1,000 |

Esta tabela foi adaptada a partir de resultados de Pearson e Hartley (*Biometrika tables for statisticians*, Cambridge University Press, 1956).

**Tabela 5.** Valores de **t** em níveis de 10% a 0,1% de probabilidade.

| Graus de liberdade | 10% | 5% | 2% | 1% | 0,5% | 0,1% |
|---|---|---|---|---|---|---|
| 1 | 6,31 | 12,71 | 31,82 | 63,66 | 127,32 | 636,62 |
| 2 | 2,92 | 4,30 | 6,97 | 9,92 | 14,09 | 31,60 |
| 3 | 2,35 | 3,18 | 4,54 | 5,84 | 7,45 | 12,94 |
| 4 | 2,13 | 2,78 | 3,75 | 4,60 | 5,60 | 8,61 |
| 5 | 2,02 | 2,57 | 3,37 | 4,03 | 4,77 | 6,86 |
| 6 | 1,94 | 2,45 | 3,14 | 3,71 | 4,32 | 5,96 |
| 7 | 1,90 | 2,36 | 3,10 | 3,50 | 4,03 | 5,41 |
| 8 | 1,86 | 2,31 | 2,90 | 3,36 | 3,83 | 5,04 |
| 9 | 1,83 | 2,26 | 2,82 | 3,25 | 3,69 | 4,78 |
| 10 | 1,81 | 2,23 | 2,76 | 3,17 | 3,58 | 4,59 |
| 11 | 1,80 | 2,20 | 2,72 | 3,11 | 3,50 | 4,44 |
| 12 | 1,78 | 2,18 | 2,68 | 3,06 | 3,43 | 4,32 |
| 13 | 1,77 | 2,16 | 2,65 | 3,01 | 3,37 | 4,22 |
| 14 | 1,76 | 2,14 | 2,62 | 2,98 | 3,33 | 4,14 |
| 15 | 1,75 | 2,13 | 2,60 | 2,95 | 3,29 | 4,07 |
| 16 | 1,75 | 2,12 | 2,58 | 2,92 | 3,25 | 4,02 |
| 17 | 1,74 | 2,11 | 2,57 | 2,90 | 3,22 | 3,97 |
| 18 | 1,73 | 2,10 | 2,55 | 2,88 | 3,20 | 3,92 |
| 19 | 1,73 | 2,09 | 2,54 | 2,86 | 3,17 | 3,88 |
| 20 | 1,73 | 2,09 | 2,53 | 2,84 | 3,15 | 3,85 |
| 21 | 1,72 | 2,08 | 2,52 | 2,83 | 3,14 | 3,82 |
| 22 | 1,72 | 2,07 | 2,51 | 2,82 | 3,12 | 3,79 |
| 23 | 1,71 | 2,07 | 2,50 | 2,81 | 3,10 | 3,77 |
| 24 | 1,71 | 2,06 | 2,49 | 2,80 | 3,09 | 3,75 |
| 25 | 1,71 | 2,06 | 2,49 | 2,79 | 3,08 | 3,73 |
| 26 | 1,71 | 2,06 | 2,48 | 2,78 | 3,07 | 3,71 |
| 27 | 1,70 | 2,05 | 2,47 | 2,77 | 3,06 | 3,69 |
| 28 | 1,70 | 2,05 | 2,47 | 2,76 | 3,05 | 3,67 |
| 29 | 1,70 | 2,04 | 2,46 | 2,76 | 3,04 | 3,66 |
| 30 | 1,70 | 2,04 | 2,46 | 2,75 | 3,03 | 3,65 |
| 40 | 1,68 | 2,02 | 2,42 | 2,70 | 2,97 | 3,55 |
| 60 | 1,67 | 2,00 | 2,39 | 2,66 | 2,92 | 3,46 |
| 120 | 1,65 | 1,98 | 2,36 | 2,62 | 2,86 | 3,37 |
| $\infty$ | 1,65 | 1,96 | 2,33 | 2,58 | 2,81 | 3,29 |

Esta tabela foi adaptada a partir de dados de Fisher e Yates (*Statistical tables for biological, agricultural and medical research*. 2. ed. Londres: Oliver and Boyd, 1943).

**Tabela 6.** Valores da amplitude total estudentizada (q), para uso no teste de Tukey, ao nível de 10% de probabilidade.

n = número de tratamentos

n' = número de graus de liberdade do resíduo

| n' \ n | **2** | **3** | **4** | **5** | **6** | **7** | **8** | **9** | **10** |
|---|---|---|---|---|---|---|---|---|---|
| 1 | 8,929 | 13,440 | 16,360 | 18,490 | 20,150 | 21,510 | 22,640 | 23,620 | 24,480 |
| 2 | 4,130 | 5,733 | 6,773 | 7,538 | 8,139 | 8,633 | 9,049 | 9,409 | 9,725 |
| 3 | 3,328 | 4,467 | 5,199 | 5,738 | 6,162 | 6,511 | 6,806 | 7,062 | 7,287 |
| 4 | 3,015 | 3,976 | 4,586 | 5,035 | 5,388 | 5,679 | 5,926 | 6,139 | 6,327 |
| 5 | 2,850 | 3,717 | 4,264 | 4,664 | 4,979 | 5,238 | 5,458 | 5,648 | 5,816 |
| 6 | 2,748 | 3,559 | 4,065 | 4,435 | 4,726 | 4,966 | 5,168 | 5,344 | 5,499 |
| 7 | 2,680 | 3,451 | 3,931 | 4,280 | 4,555 | 4,780 | 4,972 | 5,137 | 5,283 |
| 8 | 2,630 | 3,374 | 3,834 | 4,169 | 4,431 | 4,646 | 4,829 | 4,987 | 5,126 |
| 9 | 2,592 | 3,316 | 3,761 | 4,084 | 4,337 | 4,545 | 4,721 | 4,873 | 5,007 |
| 10 | 2,563 | 3,270 | 3,704 | 4,018 | 4,264 | 4,465 | 4,636 | 4,783 | 4,013 |
| 11 | 2,540 | 3,234 | 3,658 | 3,965 | 4,205 | 4,401 | 4,568 | 4,711 | 4,838 |
| 12 | 2,521 | 3,204 | 3,621 | 3,922 | 4,156 | 4,349 | 4,511 | 4,652 | 4,776 |
| 13 | 2,505 | 3,179 | 3,589 | 3,885 | 4,116 | 4,305 | 4,464 | 4,602 | 4,724 |
| 14 | 2,491 | 3,158 | 3,563 | 3,854 | 4,081 | 4,267 | 4,424 | 4,560 | 4,680 |
| 15 | 2,479 | 3,140 | 3,540 | 3,828 | 4,052 | 4,235 | 4,390 | 4,524 | 4,641 |
| 16 | 2,469 | 3,124 | 3,520 | 3,804 | 4,026 | 4,207 | 4,360 | 4,492 | 4,608 |
| 17 | 2,460 | 3,110 | 3,503 | 3,784 | 4,004 | 4,183 | 4,334 | 4,464 | 4,579 |
| 18 | 2,452 | 3,098 | 3,488 | 3,767 | 3,984 | 4,161 | 4,311 | 4,440 | 4,554 |
| 19 | 2,445 | 3,087 | 3,474 | 3,751 | 3,966 | 4,142 | 4,290 | 4,418 | 4,531 |
| 20 | 2,439 | 3,078 | 3,462 | 3,736 | 3,950 | 4,124 | 4,271 | 4,398 | 4,510 |
| 24 | 2,420 | 3,047 | 3,423 | 3,692 | 3,900 | 4,070 | 4,213 | 4,336 | 4,445 |
| 30 | 2,400 | 3,017 | 3,386 | 3,648 | 3,851 | 4,016 | 4,155 | 4,275 | 4,381 |
| 40 | 2,381 | 2,988 | 3,349 | 3,605 | 3,803 | 3,963 | 4,099 | 4,215 | 4,317 |
| 60 | 2,363 | 2,959 | 3,312 | 3,562 | 3,755 | 3,911 | 4,042 | 4,155 | 4,254 |
| 120 | 2,344 | 2,930 | 3,276 | 3,520 | 3,707 | 3,859 | 3,987 | 4,096 | 4,191 |
| ∞ | 2,326 | 2,902 | 3,240 | 3,478 | 3,661 | 3,808 | 3,931 | 4,037 | 4,129 |

continua...

...continuação

**Tabela 6.** Valores da amplitude total estudentizada (q), para uso no teste de Tukey, ao nível de 10% de probabilidade.

n = número de tratamentos

n' = número de graus de liberdade do resíduo

| n' \ n | **11** | **12** | **13** | **14** | **15** | **16** | **17** | **18** | **19** |
|---|---|---|---|---|---|---|---|---|---|
| 1 | 25,240 | 25,920 | 26,540 | 27,100 | 27,620 | 28,100 | 28,540 | 28,960 | 29,350 |
| 2 | 10,010 | 10,260 | 10,490 | 10,700 | 10,890 | 11,070 | 11,240 | 11,390 | 11,540 |
| 3 | 7,487 | 7,667 | 7,832 | 7,982 | 8,120 | 8,249 | 8,368 | 8,479 | 8,584 |
| 4 | 6,495 | 6,645 | 6,783 | 6,909 | 7,025 | 7,133 | 7,233 | 7,327 | 7,414 |
| 5 | 5,966 | 6,101 | 6,223 | 6,336 | 6,440 | 6,536 | 6,626 | 6,710 | 6,784 |
| 6 | 5,637 | 5,762 | 5,875 | 5,979 | 6,075 | 6,164 | 6,247 | 6,325 | 6,398 |
| 7 | 5,413 | 5,530 | 5,637 | 5,735 | 5,826 | 5,190 | 5,988 | 6,061 | 6,130 |
| 8 | 5,250 | 5,362 | 5,464 | 5,558 | 5,644 | 5,724 | 5,799 | 5,869 | 5,935 |
| 9 | 5,127 | 5,234 | 5,333 | 5,423 | 5,506 | 5,583 | 5,655 | 5,723 | 5,786 |
| 10 | 5,029 | 5,134 | 5,229 | 5,317 | 5,397 | 5,472 | 5,542 | 5,607 | 5,668 |
| 11 | 4,951 | 5,053 | 5,146 | 5,231 | 5,309 | 5,382 | 5,450 | 5,514 | 5,573 |
| 12 | 4,886 | 4,986 | 5,077 | 5,160 | 5,236 | 5,308 | 5,374 | 5,436 | 5,495 |
| 13 | 4,832 | 4,930 | 5,109 | 5,100 | 5,176 | 5,245 | 5,311 | 5,372 | 5,429 |
| 14 | 4,786 | 4,882 | 4,970 | 5,050 | 5,124 | 5,192 | 5,256 | 5,316 | 5,373 |
| 15 | 4,746 | 4,841 | 4,927 | 5,006 | 5,079 | 5,147 | 5,209 | 5,269 | 5,324 |
| 16 | 4,712 | 4,805 | 4,890 | 4,968 | 5,040 | 5,107 | 5,169 | 5,227 | 5,282 |
| 17 | 4,682 | 4,774 | 4,858 | 4,935 | 5,005 | 5,071 | 5,133 | 5,190 | 5,244 |
| 18 | 4,655 | 4,746 | 4,829 | 4,905 | 4,975 | 5,040 | 5,101 | 5,158 | 5,211 |
| 19 | 4,631 | 4,721 | 4,803 | 4,879 | 4,948 | 5,012 | 5,073 | 5,129 | 5,182 |
| 20 | 4,609 | 4,699 | 4,780 | 4,855 | 4,924 | 4,987 | 5,047 | 5,103 | 5,155 |
| 24 | 4,541 | 4,628 | 4,708 | 4,780 | 4,847 | 4,909 | 4,966 | 5,021 | 5,071 |
| 30 | 4,474 | 4,559 | 4,635 | 4,706 | 4,770 | 4,830 | 4,886 | 4,949 | 4,988 |
| 40 | 4,408 | 4,490 | 4,564 | 4,632 | 4,695 | 4,752 | 4,807 | 4,857 | 4,905 |
| 60 | 4,342 | 4,421 | 4,493 | 4,558 | 4,619 | 4,675 | 4,727 | 4,775 | 4,821 |
| 120 | 4,276 | 4,353 | 4,422 | 4,485 | 4,453 | 4,597 | 4,647 | 4,694 | 4,738 |
| ∞ | 4,211 | 4,285 | 4,351 | 4,412 | 4,468 | 4,519 | 4,568 | 4,612 | 4,654 |

continua...

...continuação

**Tabela 6.** Valores da amplitude total estudentizada (q), para uso no teste de Tukey, ao nível de 10% de probabilidade.

n = número de tratamentos

n' = número de graus de liberdade do resíduo

| n' \ n | **20** | **22** | **24** | **26** | **28** | **30** | **32** | **34** | **36** |
|---|---|---|---|---|---|---|---|---|---|
| 1 | 29,710 | 30,390 | 30,990 | 31,540 | 32,040 | 32,500 | 32,930 | 33,330 | 33,710 |
| 2 | 11,680 | 11,930 | 12,160 | 12,360 | 12,550 | 12,730 | 12,890 | 13,040 | 13,180 |
| 3 | 8,688 | 8,864 | 9,029 | 9,177 | 9,314 | 9,440 | 9,557 | 9,666 | 9,768 |
| 4 | 7,497 | 7,650 | 7,789 | 7,914 | 8,029 | 8,135 | 8,234 | 8,326 | 8,412 |
| 5 | 6,863 | 7,000 | 7,123 | 7,236 | 7,340 | 7,435 | 7,523 | 7,606 | 7,683 |
| 6 | 6,467 | 6,593 | 6,708 | 6,812 | 6,908 | 6,996 | 7,078 | 7,155 | 7,227 |
| 7 | 6,195 | 6,315 | 6,422 | 6,521 | 6,611 | 6,695 | 6,773 | 6,845 | 6,913 |
| 8 | 5,997 | 6,111 | 6,214 | 6,308 | 6,395 | 6,475 | 6,549 | 6,618 | 6,683 |
| 9 | 5,846 | 5,956 | 6,055 | 6,146 | 6,229 | 6,306 | 6,378 | 6,444 | 6,507 |
| 10 | 5,726 | 5,833 | 5,930 | 6,017 | 6,098 | 6,173 | 6,242 | 6,307 | 6,368 |
| 11 | 5,630 | 5,734 | 5,828 | 5,914 | 5,992 | 6,065 | 6,132 | 6,196 | 6,255 |
| 12 | 5,550 | 5,652 | 5,744 | 5,827 | 5,904 | 5,976 | 6,042 | 6,013 | 6,161 |
| 13 | 5,483 | 5,583 | 5,673 | 5,755 | 5,830 | 5,900 | 5,965 | 6,025 | 6,082 |
| 14 | 5,246 | 5,524 | 5,612 | 5,693 | 5,767 | 5,836 | 5,899 | 5,959 | 6,014 |
| 15 | 5,376 | 5,473 | 5,560 | 5,639 | 5,713 | 5,780 | 5,843 | 5,901 | 5,956 |
| 16 | 5,333 | 5,428 | 5,515 | 5,593 | 5,665 | 5,372 | 5,793 | 5,851 | 5,905 |
| 17 | 5,295 | 5,389 | 5,474 | 5,552 | 5,623 | 5,689 | 5,750 | 5,806 | 5,860 |
| 18 | 5,262 | 5,355 | 5,439 | 5,515 | 5,585 | 5,650 | 5,711 | 5,767 | 5,820 |
| 19 | 5,232 | 5,324 | 5,407 | 5,483 | 5,552 | 5,616 | 5,676 | 5,732 | 5,784 |
| 20 | 5,205 | 5,296 | 5,378 | 5,453 | 5,522 | 5,586 | 5,645 | 5,700 | 5,752 |
| 24 | 5,119 | 5,208 | 5,287 | 5,360 | 5,427 | 5,489 | 5,546 | 5,600 | 5,650 |
| 30 | 5,034 | 5,120 | 5,197 | 5,267 | 5,332 | 5,392 | 5,447 | 5,499 | 5,547 |
| 40 | 4,949 | 5,032 | 5,107 | 5,174 | 5,236 | 5,294 | 5,347 | 5,397 | 5,444 |
| 60 | 4,864 | 4,944 | 5,015 | 5,081 | 5,141 | 5,196 | 5,247 | 5,295 | 5,340 |
| 120 | 4,779 | 4,856 | 4,924 | 4,987 | 5,044 | 5,097 | 5,146 | 5,192 | 5,235 |
| ∞ | 4,694 | 4,767 | 4,832 | 4,892 | 4,947 | 4,997 | 5,044 | 5,087 | 5,128 |

...continuação

**Tabela 6.** Valores da amplitude total estudentizada (q), para uso no teste de Tukey, ao nível de 10% de probabilidade.
n = número de tratamentos
n' = número de graus de liberdade do resíduo

| n' \ n | **38** | **40** | **50** | **60** | **70** | **80** | **90** | **100** |
|---|---|---|---|---|---|---|---|---|
| 1 | 34,060 | 34,390 | 35,790 | 36,910 | 37,830 | 38,620 | 39,300 | 39,910 |
| 2 | 13,310 | 13,340 | 13,970 | 14,400 | 14,750 | 15,050 | 15,310 | 15,540 |
| 3 | 9,864 | 9,954 | 10,340 | 10,650 | 10,910 | 11,120 | 11,310 | 11,480 |
| 4 | 8,493 | 8,569 | 8,806 | 9,156 | 9,373 | 9,557 | 9,718 | 8,860 |
| 5 | 7,756 | 7,825 | 8,118 | 8,353 | 8,548 | 8,715 | 8,859 | 8,988 |
| 6 | 7,294 | 7,358 | 7,630 | 7,848 | 8,029 | 8,184 | 8,139 | 8,438 |
| 7 | 6,976 | 7,036 | 7,294 | 7,500 | 7,672 | 7,818 | 7,946 | 8,059 |
| 8 | 6,744 | 6,801 | 7,048 | 7,245 | 7,409 | 7,550 | 7,672 | 7,780 |
| 9 | 6,566 | 6,621 | 6,859 | 7,050 | 7,208 | 7,343 | 7,461 | 7,566 |
| 10 | 6,425 | 6,479 | 6,709 | 6,895 | 7,048 | 7,180 | 7,295 | 7,396 |
| 11 | 6,310 | 6,363 | 6,588 | 6,678 | 6,918 | 7,047 | 7,158 | 7,258 |
| 12 | 6,215 | 6,267 | 6,487 | 6,663 | 6,810 | 6,936 | 7,045 | 7,142 |
| 13 | 6,135 | 6,186 | 6,402 | 6,575 | 6,719 | 6,842 | 6,949 | 7,045 |
| 14 | 6,067 | 6,116 | 6,329 | 6,499 | 6,641 | 6,762 | 6,868 | 6,961 |
| 15 | 6,008 | 6,057 | 6,266 | 6,433 | 6,573 | 6,692 | 6,796 | 6,888 |
| 16 | 5,956 | 6,004 | 6,210 | 6,376 | 5,513 | 6,631 | 6,734 | 6,825 |
| 17 | 5,910 | 5,958 | 6,612 | 6,325 | 6,461 | 6,577 | 6,679 | 6,769 |
| 18 | 5,870 | 5,917 | 6,118 | 6,280 | 6,414 | 6,529 | 6,630 | 6,719 |
| 19 | 5,833 | 5,880 | 6,079 | 6,239 | 6,372 | 6,485 | 6,585 | 6,674 |
| 20 | 5,801 | 5,847 | 6,044 | 6,203 | 6,335 | 6,447 | 6,546 | 6,633 |
| 24 | 5,697 | 5,741 | 5,933 | 6,086 | 6,214 | 6,324 | 6,419 | 5,503 |
| 30 | 5,593 | 5,636 | 5,821 | 5,969 | 6,093 | 6,198 | 6,291 | 6,372 |
| 40 | 5,488 | 5,529 | 5,708 | 5,850 | 5,959 | 6,071 | 6,160 | 6,238 |
| 60 | 5,382 | 5,422 | 5,593 | 5,730 | 5,844 | 5,941 | 6,026 | 6,102 |
| 120 | 5,275 | 5,313 | 5,476 | 5,606 | 5,715 | 5,808 | 5,888 | 5,960 |
| ∞ | 5,166 | 5,202 | 5,357 | 5,480 | 5,582 | 5,669 | 5,745 | 5,812 |

Esta tabela foi adaptada a partir de resultados de Peters e Summers (*Análise estatística e processo decisório*, 1973).

**Tabela 7.** Valores da amplitude total estudentizada (q), para uso no teste de Tukey, ao nível de 5% de probabilidade.

n = número de tratamentos

n' = número de graus de liberdade do resíduo

| n' \ n | 2 | 3 | 4 | 5 | 6 | 7 | 8 | 9 | 10 |
|---|---|---|---|---|---|---|---|---|---|
| 1 | 17,97 | 26,98 | 32,82 | 37,08 | 40,41 | 43,12 | 45,40 | 47,36 | 49,07 |
| 2 | 6,09 | 8,33 | 9,80 | 10,88 | 11,74 | 12,44 | 13,03 | 13,54 | 13,99 |
| 3 | 4,50 | 5,91 | 6,83 | 7,50 | 8,04 | 8,48 | 8,85 | 9,18 | 9,46 |
| 4 | 3,93 | 5,04 | 5,76 | 6,29 | 6,71 | 7,05 | 7,35 | 7,60 | 7,83 |
| 5 | 3,64 | 4,60 | 5,22 | 5,67 | 6,03 | 6,33 | 6,58 | 6,80 | 7,00 |
| 6 | 3,46 | 4,34 | 4,90 | 5,31 | 5,63 | 5,90 | 6,12 | 6,32 | 6,49 |
| 7 | 3,34 | 4,17 | 4,68 | 5,06 | 5,36 | 5,61 | 5,82 | 6,00 | 6,16 |
| 8 | 3,26 | 4,04 | 4,53 | 4,89 | 5,17 | 5,40 | 5,60 | 5,77 | 5,92 |
| 9 | 3,20 | 3,95 | 4,42 | 4,76 | 5,02 | 5,24 | 5,43 | 5,60 | 5,74 |
| 10 | 3,15 | 3,88 | 4,33 | 4,65 | 4,91 | 5,12 | 5,31 | 5,46 | 5,60 |
| 11 | 3,11 | 3,82 | 4,26 | 4,57 | 4,82 | 5,03 | 5,20 | 5,35 | 5,49 |
| 12 | 3,08 | 3,77 | 4,20 | 4,51 | 4,75 | 4,95 | 5,12 | 5,27 | 5,40 |
| 13 | 3,06 | 3,74 | 4,15 | 4,45 | 4,69 | 4,89 | 5,05 | 5,19 | 5,32 |
| 14 | 3,03 | 3,70 | 4,11 | 4,41 | 4,64 | 4,83 | 4,99 | 5,13 | 5,25 |
| 15 | 3,01 | 3,67 | 4,08 | 4,37 | 4,60 | 4,78 | 4,94 | 5,08 | 5,20 |
| 16 | 3,00 | 3,65 | 4,05 | 4,33 | 4,56 | 4,74 | 4,90 | 5,03 | 5,15 |
| 17 | 2,98 | 3,63 | 4,02 | 4,30 | 4,52 | 4,71 | 4,86 | 4,99 | 5,11 |
| 18 | 2,97 | 3,61 | 4,00 | 4,28 | 4,50 | 4,67 | 4,82 | 4,96 | 5,07 |
| 19 | 2,96 | 3,59 | 3,98 | 4,25 | 4,47 | 4,65 | 4,79 | 4,92 | 5,04 |
| 20 | 2,95 | 3,58 | 3,96 | 4,23 | 4,45 | 4,62 | 4,77 | 4,90 | 5,01 |
| 24 | 2,92 | 3,53 | 3,90 | 4,17 | 4,37 | 4,54 | 4,68 | 4,81 | 4,92 |
| 30 | 2,89 | 3,49 | 3,85 | 4,10 | 4,30 | 4,46 | 4,60 | 4,72 | 4,82 |
| 40 | 2,86 | 3,44 | 3,79 | 4,04 | 4,23 | 4,39 | 4,52 | 4,64 | 4,74 |
| 60 | 2,83 | 3,40 | 3,74 | 3,98 | 4,16 | 4,31 | 4,44 | 4,55 | 4,65 |
| 120 | 2,80 | 3,36 | 3,69 | 3,92 | 4,10 | 4,24 | 4,36 | 4,47 | 4,56 |
| ∞ | 2,77 | 3,31 | 3,63 | 3,86 | 4,03 | 4,17 | 4,29 | 4,39 | 4,47 |

continua...

...continuação

**Tabela 7.** Valores da amplitude total estudentizada (q), para uso no teste de Tukey, ao nível de 5% de probabilidade.
n = número de tratamentos
n' = número de graus de liberdade do resíduo

| n' \ n | 11 | 12 | 13 | 14 | 15 | 16 | 17 | 18 | 19 |
|---|---|---|---|---|---|---|---|---|---|
| 1 | 50,59 | 51,96 | 53,20 | 54,33 | 55,36 | 56,32 | 57,22 | 58,04 | 58,83 |
| 2 | 14,39 | 14,75 | 15,08 | 15,38 | 15,65 | 15,91 | 16,14 | 16,37 | 16,57 |
| 3 | 9,72 | 9,95 | 10,15 | 10,35 | 10,53 | 10,69 | 10,84 | 10,98 | 11,11 |
| 4 | 8,03 | 8,21 | 8,37 | 8,53 | 8,66 | 8,79 | 8,91 | 9,03 | 9,13 |
| 5 | 7,17 | 7,32 | 7,47 | 7,60 | 7,72 | 7,83 | 7,93 | 8,03 | 8,12 |
| 6 | 6,65 | 6,79 | 6,92 | 7,03 | 7,14 | 7,24 | 7,34 | 7,43 | 7,51 |
| 7 | 6,30 | 6,43 | 6,55 | 6,66 | 6,76 | 6,85 | 6,94 | 7,02 | 7,10 |
| 8 | 6,05 | 6,18 | 6,29 | 6,39 | 6,48 | 6,57 | 6,65 | 6,73 | 6,80 |
| 9 | 5,87 | 5,98 | 6,09 | 6,19 | 6,28 | 6,36 | 6,44 | 6,51 | 6,58 |
| 10 | 5,72 | 5,83 | 5,94 | 6,03 | 6,11 | 6,19 | 6,27 | 6,34 | 6,41 |
| 11 | 5,61 | 5,71 | 5,81 | 5,90 | 5,98 | 6,06 | 6,13 | 6,20 | 6,27 |
| 12 | 5,51 | 5,62 | 5,71 | 5,80 | 5,88 | 5,95 | 6,02 | 6,09 | 6,15 |
| 13 | 5,43 | 5,53 | 5,63 | 5,71 | 5,79 | 5,86 | 5,93 | 6,00 | 6,06 |
| 14 | 5,36 | 5,46 | 5,55 | 5,64 | 5,71 | 5,79 | 5,85 | 5,92 | 5,97 |
| 15 | 5,31 | 5,40 | 5,49 | 5,57 | 5,65 | 5,72 | 5,79 | 5,85 | 5,90 |
| 16 | 5,26 | 5,35 | 5,44 | 5,52 | 5,59 | 5,66 | 5,73 | 5,79 | 5,84 |
| 17 | 5,21 | 5,31 | 5,39 | 5,47 | 5,54 | 5,61 | 5,68 | 5,73 | 5,79 |
| 18 | 5,17 | 5,27 | 5,35 | 5,43 | 5,50 | 5,57 | 5,63 | 5,69 | 5,74 |
| 19 | 5,14 | 5,23 | 5,32 | 5,39 | 5,46 | 5,53 | 5,59 | 5,65 | 5,70 |
| 20 | 5,11 | 5,20 | 5,28 | 5,36 | 5,43 | 5,49 | 5,55 | 5,61 | 5,66 |
| 24 | 5,01 | 5,10 | 5,18 | 5,25 | 5,32 | 5,38 | 5,44 | 5,49 | 5,55 |
| 30 | 4,92 | 5,00 | 5,08 | 5,15 | 5,21 | 5,27 | 5,33 | 5,38 | 5,43 |
| 40 | 4,82 | 4,90 | 4,98 | 5,04 | 5,11 | 5,16 | 5,22 | 5,27 | 5,31 |
| 60 | 4,73 | 4,81 | 4,88 | 4,94 | 5,00 | 5,06 | 5,11 | 5,15 | 5,20 |
| 120 | 4,64 | 4,71 | 4,78 | 4,84 | 4,90 | 4,95 | 5,00 | 5,04 | 5,09 |
| ∞ | 4,55 | 4,62 | 4,69 | 4,74 | 4,80 | 4,85 | 4,89 | 4,93 | 4,97 |

continua...

...continuação

**Tabela 7.** Valores da amplitude total estudentizada (q), para uso no teste de Tukey, ao nível de 5% de probabilidade.

n = número de tratamentos

n' = número de graus de liberdade do resíduo

| n' \ n | **20** | **22** | **24** | **26** | **28** | **30** | **32** | **34** | **36** |
|---|---|---|---|---|---|---|---|---|---|
| 1 | 59,56 | 60,91 | 62,12 | 63,22 | 64,23 | 65,15 | 66,01 | 66,81 | 67,56 |
| 2 | 16,77 | 17,13 | 17,45 | 17,75 | 18,02 | 18,27 | 18,50 | 18,72 | 18,92 |
| 3 | 11,24 | 11,47 | 11,68 | 11,87 | 12,05 | 12,21 | 12,36 | 12,50 | 12,63 |
| 4 | 9,23 | 9,42 | 9,58 | 9,74 | 9,88 | 10,00 | 10,12 | 10,23 | 10,34 |
| 5 | 8,21 | 8,37 | 8,51 | 8,64 | 8,76 | 8,38 | 8,98 | 9,08 | 9,17 |
| 6 | 7,59 | 7,73 | 7,86 | 7,98 | 8,09 | 8,19 | 8,28 | 8,37 | 8,45 |
| 7 | 7,17 | 7,30 | 7,42 | 7,53 | 7,63 | 7,73 | 7,81 | 7,90 | 7,97 |
| 8 | 6,87 | 7,00 | 7,11 | 7,21 | 7,31 | 7,40 | 7,48 | 7,55 | 7,63 |
| 9 | 6,64 | 6,76 | 6,87 | 6,97 | 7,06 | 7,15 | 7,22 | 7,30 | 7,36 |
| 10 | 6,47 | 6,58 | 6,69 | 6,78 | 6,87 | 6,95 | 7,02 | 7,09 | 7,16 |
| 11 | 6,33 | 6,44 | 6,54 | 6,63 | 6,71 | 6,79 | 6,86 | 6,93 | 6,99 |
| 12 | 6,21 | 6,32 | 6,41 | 6,50 | 6,59 | 6,66 | 6,73 | 6,80 | 6,86 |
| 13 | 6,11 | 6,22 | 6,31 | 6,40 | 6,48 | 6,55 | 6,62 | 6,68 | 6,74 |
| 14 | 6,03 | 6,13 | 6,22 | 6,31 | 6,39 | 6,46 | 6,53 | 6,59 | 6,65 |
| 15 | 5,96 | 6,06 | 6,15 | 6,23 | 6,31 | 6,38 | 6,45 | 6,51 | 6,56 |
| 16 | 5,90 | 6,00 | 6,08 | 6,17 | 6,24 | 6,31 | 6,37 | 6,43 | 6,49 |
| 17 | 5,84 | 5,94 | 6,03 | 6,11 | 6,18 | 6,25 | 6,31 | 6,37 | 6,43 |
| 18 | 5,79 | 5,89 | 5,98 | 6,06 | 6,13 | 6,20 | 6,26 | 6,32 | 6,37 |
| 19 | 5,75 | 5,85 | 5,93 | 6,01 | 6,08 | 6,15 | 6,21 | 6,27 | 6,32 |
| 20 | 5,71 | 5,81 | 5,89 | 5,97 | 6,04 | 6,10 | 6,17 | 6,22 | 6,28 |
| 24 | 5,59 | 5,68 | 5,76 | 5,84 | 5,91 | 5,97 | 6,03 | 6,09 | 6,13 |
| 30 | 5,48 | 5,56 | 5,64 | 5,71 | 5,77 | 5,83 | 5,89 | 5,94 | 5,99 |
| 40 | 5,36 | 5,44 | 5,51 | 5,58 | 5,64 | 5,70 | 5,75 | 5,80 | 5,85 |
| 60 | 5,24 | 5,32 | 5,39 | 5,45 | 5,51 | 5,57 | 5,62 | 5,66 | 5,71 |
| 120 | 5,13 | 5,20 | 5,27 | 5,33 | 5,38 | 5,43 | 5,48 | 5,53 | 5,57 |
| ∞ | 5,01 | 5,08 | 5,14 | 5,20 | 5,25 | 5,30 | 5,35 | 5,39 | 5,43 |

continua...

...continuação

**Tabela 7.** Valores da amplitude total estudentizada (q), para uso no teste de Tukey, ao nível de 5% de probabilidade.
n = número de tratamentos
n' = número de graus de liberdade do resíduo

| n' \ n | 38 | 40 | 50 | 60 | 70 | 80 | 90 | 100 |
|---|---|---|---|---|---|---|---|---|
| 1 | 68,26 | 68,92 | 71,73 | 73,97 | 75,82 | 77,40 | 78,77 | 79,98 |
| 2 | 19,11 | 19,28 | 20,05 | 20,66 | 21,16 | 21,59 | 21,96 | 22,29 |
| 3 | 12,75 | 12,87 | 13,36 | 13,76 | 14,08 | 14,36 | 14,61 | 14,82 |
| 4 | 10,44 | 10,53 | 10,93 | 11,24 | 11,51 | 11,73 | 11,92 | 12,09 |
| 5 | 9,25 | 9,33 | 9,67 | 9,95 | 10,18 | 10,38 | 10,54 | 10,69 |
| 6 | 8,53 | 8,60 | 8,91 | 9,16 | 9,37 | 9,55 | 9,70 | 9,84 |
| 7 | 8,04 | 8,11 | 8,40 | 8,63 | 8,82 | 8,99 | 9,13 | 9,26 |
| 8 | 7,69 | 7,76 | 8,03 | 8,25 | 8,43 | 8,59 | 8,72 | 8,84 |
| 9 | 7,43 | 7,49 | 7,75 | 7,96 | 8,13 | 8,28 | 8,41 | 8,53 |
| 10 | 7,22 | 7,28 | 7,53 | 7,73 | 7,90 | 8,04 | 8,17 | 8,28 |
| 11 | 7,05 | 7,11 | 7,35 | 7,55 | 7,71 | 7,85 | 7,97 | 8,08 |
| 12 | 6,92 | 6,97 | 7,21 | 7,39 | 7,55 | 7,69 | 7,80 | 7,91 |
| 13 | 6,80 | 6,85 | 7,08 | 7,27 | 7,42 | 7,55 | 7,67 | 7,77 |
| 14 | 6,70 | 6,75 | 6,98 | 7,16 | 7,31 | 7,44 | 7,55 | 7,65 |
| 15 | 6,62 | 6,67 | 6,89 | 7,07 | 7,21 | 7,34 | 7,45 | 7,55 |
| 16 | 6,54 | 6,59 | 6,81 | 6,98 | 7,13 | 7,25 | 7,36 | 7,46 |
| 17 | 6,48 | 6,53 | 6,74 | 6,91 | 7,05 | 7,18 | 7,28 | 7,38 |
| 18 | 6,42 | 6,47 | 6,68 | 6,85 | 6,99 | 7,11 | 7,21 | 7,31 |
| 19 | 6,37 | 6,42 | 6,63 | 6,79 | 6,93 | 7,05 | 7,15 | 7,24 |
| 20 | 6,33 | 6,37 | 6,58 | 6,74 | 6,88 | 6,99 | 7,10 | 7,19 |
| 24 | 6,18 | 6,23 | 6,42 | 6,58 | 6,71 | 6,82 | 6,92 | 7,01 |
| 30 | 6,04 | 6,08 | 6,27 | 6,42 | 6,54 | 6,65 | 6,74 | 6,83 |
| 40 | 5,89 | 5,93 | 6,11 | 6,26 | 6,38 | 6,48 | 6,57 | 6,65 |
| 60 | 5,75 | 5,79 | 5,96 | 6,09 | 6,21 | 6,30 | 6,39 | 6,46 |
| 120 | 5,61 | 5,64 | 5,80 | 5,93 | 6,04 | 6,13 | 6,21 | 6,28 |
| ∞ | 5,46 | 5,50 | 5,65 | 5,76 | 5,86 | 5,95 | 6,02 | 6,09 |

Esta tabela foi adaptada a partir de resultados de Harter (Tables of range and studentized range, *Ann. Math. Stat.* 31: 1122-47).

**Tabela 8.** Valores da amplitude total estudentizada (q), para uso no teste de Tukey, ao nível de 1% de probabilidade.

n = número de tratamentos

n' = número de graus de liberdade do resíduo

| n' \ n | **2** | **3** | **4** | **5** | **6** | **7** | **8** | **9** | **10** |
|---|---|---|---|---|---|---|---|---|---|
| 1 | 90,03 | 135,0 | 164,3 | 185,6 | 202,2 | 215,8 | 227,2 | 237,0 | 245,6 |
| 2 | 14,04 | 19,02 | 22,29 | 24,72 | 26,63 | 28,20 | 29,53 | 30,68 | 31,69 |
| 3 | 8,26 | 10,62 | 12,17 | 13,33 | 14,24 | 15,00 | 15,64 | 16,20 | 16,69 |
| 4 | 6,51 | 8,12 | 9,17 | 9,96 | 10,58 | 11,10 | 11,55 | 11,93 | 12,27 |
| 5 | 5,70 | 6,98 | 7,80 | 8,42 | 8,91 | 9,32 | 9,70 | 9,97 | 10,24 |
| 6 | 5,24 | 6,33 | 7,03 | 7,56 | 7,97 | 8,32 | 8,61 | 8,87 | 9,10 |
| 7 | 4,95 | 5,92 | 6,54 | 7,00 | 7,37 | 7,68 | 7,94 | 8,17 | 8,37 |
| 8 | 4,75 | 5,64 | 6,20 | 6,62 | 6,96 | 7,24 | 7,47 | 7,68 | 7,86 |
| 9 | 4,60 | 5,43 | 5,96 | 6,35 | 6,66 | 6,92 | 7,13 | 7,32 | 7,50 |
| 10 | 4,48 | 5,27 | 5,77 | 6,14 | 6,43 | 6,67 | 6,88 | 7,06 | 7,21 |
| 11 | 4,39 | 5,15 | 5,62 | 5,97 | 6,25 | 6,48 | 6,67 | 6,84 | 6,99 |
| 12 | 4,32 | 5,05 | 5,50 | 5,84 | 6,10 | 6,32 | 6,51 | 6,67 | 6,81 |
| 13 | 4,26 | 4,96 | 5,40 | 5,73 | 5,98 | 6,19 | 6,37 | 6,53 | 6,67 |
| 14 | 4,21 | 4,90 | 5,32 | 5,63 | 5,88 | 6,08 | 6,26 | 6,41 | 6,54 |
| 15 | 4,17 | 4,84 | 5,25 | 5,56 | 5,80 | 5,99 | 6,16 | 6,31 | 6,44 |
| 16 | 4,13 | 4,79 | 5,19 | 5,49 | 5,72 | 5,92 | 6,08 | 6,22 | 6,35 |
| 17 | 4,10 | 4,74 | 5,14 | 5,43 | 5,66 | 5,85 | 6,01 | 6,15 | 6,27 |
| 18 | 4,07 | 4,70 | 5,09 | 5,38 | 5,60 | 5,79 | 5,94 | 6,08 | 6,20 |
| 19 | 4,05 | 4,67 | 5,05 | 5,33 | 5,55 | 5,74 | 5,89 | 6,02 | 6,14 |
| 20 | 4,02 | 4,64 | 5,02 | 5,29 | 5,51 | 5,09 | 5,84 | 5,97 | 6,09 |
| 24 | 3,96 | 4,55 | 4,91 | 5,17 | 5,37 | 5,54 | 5,68 | 5,81 | 5,92 |
| 30 | 3,89 | 4,46 | 4,80 | 5,05 | 5,24 | 5,40 | 5,54 | 5,65 | 5,76 |
| 40 | 3,82 | 4,37 | 4,70 | 4,93 | 5,11 | 5,26 | 5,39 | 5,50 | 5,60 |
| 60 | 3,76 | 4,28 | 4,60 | 4,82 | 4,99 | 5,13 | 5,25 | 5,36 | 5,45 |
| 120 | 3,70 | 4,20 | 4,50 | 4,71 | 4,87 | 5,00 | 5,12 | 5,21 | 5,30 |
| ∞ | 3,64 | 4,12 | 4,40 | 4,60 | 4,76 | 4,88 | 4,99 | 5,08 | 5,16 |

continua...

...continuação

**Tabela 8.** Valores da amplitude total estudentizada (q), para uso no teste de Tukey, ao nível de 1% de probabilidade.
n = número de tratamentos
n' = número de graus de liberdade do resíduo

| n' \ n | **11** | **12** | **13** | **14** | **15** | **16** | **17** | **18** | **19** |
|---|---|---|---|---|---|---|---|---|---|
| 1 | 253,2 | 260,0 | 266,2 | 271,8 | 277,0 | 281,8 | 286,3 | 290,4 | 294,3 |
| 2 | 32,59 | 33,40 | 34,13 | 34,81 | 35,43 | 36,00 | 36,53 | 37,03 | 37,50 |
| 3 | 17,13 | 17,53 | 17,89 | 18,22 | 18,52 | 18,81 | 19,07 | 19,32 | 19,55 |
| 4 | 12,57 | 12,84 | 13,09 | 13,32 | 13,53 | 13,73 | 13,91 | 14,08 | 14,24 |
| 5 | 10,48 | 10,70 | 10,89 | 11,08 | 11,24 | 11,40 | 11,55 | 11,68 | 11,81 |
| 6 | 9,30 | 9,48 | 9,65 | 9,81 | 9,95 | 10,08 | 10,21 | 10,32 | 10,43 |
| 7 | 8,55 | 8,71 | 8,86 | 9,00 | 9,12 | 9,24 | 9,35 | 9,46 | 9,55 |
| 8 | 8,03 | 8,18 | 8,31 | 8,44 | 8,55 | 8,66 | 8,76 | 8,85 | 8,94 |
| 9 | 7,65 | 7,78 | 7,91 | 8,02 | 8,13 | 8,23 | 8,32 | 8,41 | 8,50 |
| 10 | 7,36 | 7,48 | 7,60 | 7,71 | 7,81 | 7,91 | 7,99 | 8,08 | 8,15 |
| 11 | 7,13 | 7,25 | 7,36 | 7,46 | 7,56 | 7,65 | 7,73 | 7,81 | 7,88 |
| 12 | 6,94 | 7,06 | 7,17 | 7,26 | 7,36 | 7,44 | 7,52 | 7,59 | 7,66 |
| 13 | 6,79 | 6,90 | 7,01 | 7,10 | 7,19 | 7,27 | 7,34 | 7,42 | 7,48 |
| 14 | 6,66 | 6,77 | 6,87 | 6,96 | 7,05 | 7,13 | 7,20 | 7,27 | 7,33 |
| 15 | 6,56 | 6,66 | 6,76 | 6,84 | 6,93 | 7,00 | 7,07 | 7,14 | 7,20 |
| 16 | 6,46 | 6,56 | 6,66 | 6,74 | 6,82 | 6,90 | 6,97 | 7,03 | 7,09 |
| 17 | 6,38 | 6,48 | 6,57 | 6,66 | 6,73 | 6,81 | 6,87 | 6,94 | 7,00 |
| 18 | 6,31 | 6,41 | 6,50 | 6,58 | 6,66 | 6,72 | 6,79 | 6,85 | 6,91 |
| 19 | 6,25 | 6,34 | 6,43 | 6,51 | 6,58 | 6,65 | 6,72 | 6,78 | 6,84 |
| 20 | 6,19 | 6,28 | 6,37 | 6,45 | 6,52 | 6,59 | 6,65 | 6,71 | 6,77 |
| 24 | 6,02 | 6,11 | 6,19 | 6,26 | 6,33 | 6,39 | 6,45 | 6,51 | 6,56 |
| 30 | 5,85 | 5,93 | 6,01 | 6,08 | 6,14 | 6,20 | 6,26 | 6,31 | 6,36 |
| 40 | 5,69 | 5,76 | 5,84 | 5,90 | 5,96 | 6,02 | 6,07 | 6,12 | 6,16 |
| 60 | 5,53 | 5,60 | 5,67 | 5,73 | 5,78 | 5,84 | 5,89 | 5,93 | 5,97 |
| 120 | 5,38 | 5,44 | 5,50 | 5,56 | 5,61 | 5,66 | 5,71 | 5,75 | 5,79 |
| ∞ | 5,23 | 5,29 | 5,35 | 5,40 | 5,45 | 5,49 | 5,54 | 5,57 | 5,61 |

continua...

...continuação

**Tabela 8.** Valores da amplitude total estudentizada (q), para uso no teste de Tukey, ao nível de 1% de probabilidade.

n = número de tratamentos

n' = número de graus de liberdade do resíduo

| n' \ n | 20 | 22 | 24 | 26 | 28 | 30 | 32 | 34 | 36 |
|---|---|---|---|---|---|---|---|---|---|
| 1 | 298,0 | 304,7 | 310,8 | 316,3 | 321,3 | 326,0 | 330,3 | 334,3 | 338,0 |
| 2 | 37,95 | 38,76 | 39,49 | 40,15 | 40,76 | 41,32 | 41,84 | 42,33 | 42,78 |
| 3 | 19,77 | 20,17 | 20,53 | 20,86 | 21,16 | 21,44 | 21,70 | 21,95 | 22,17 |
| 4 | 14,40 | 14,68 | 14,93 | 15,16 | 15,37 | 15,57 | 15,75 | 15,92 | 16,08 |
| 5 | 11,93 | 12,16 | 12,36 | 12,54 | 12,71 | 12,87 | 13,02 | 13,15 | 13,28 |
| 6 | 10,54 | 10,73 | 10,91 | 11,06 | 11,21 | 11,34 | 11,47 | 11,58 | 11,69 |
| 7 | 9,65 | 9,82 | 9,97 | 10,11 | 10,24 | 10,36 | 10,47 | 10,58 | 10,67 |
| 8 | 9,03 | 9,18 | 9,32 | 9,45 | 9,57 | 9,68 | 9,78 | 9,87 | 9,96 |
| 9 | 8,58 | 8,72 | 8,85 | 8,97 | 9,08 | 9,18 | 9,27 | 9,36 | 9,44 |
| 10 | 8,23 | 8,36 | 8,48 | 8,60 | 8,70 | 8,79 | 8,88 | 8,97 | 9,04 |
| 11 | 7,95 | 8,08 | 8,20 | 8,30 | 8,40 | 8,49 | 8,58 | 8,65 | 8,73 |
| 12 | 7,73 | 7,85 | 7,96 | 8,07 | 8,16 | 8,25 | 8,33 | 8,40 | 8,47 |
| 13 | 7,55 | 7,66 | 7,77 | 7,87 | 7,96 | 8,04 | 8,12 | 8,19 | 8,26 |
| 14 | 7,40 | 7,51 | 7,61 | 7,70 | 7,79 | 7,87 | 7,95 | 8,02 | 8,08 |
| 15 | 7,26 | 7,37 | 7,47 | 7,57 | 7,65 | 7,73 | 7,80 | 7,87 | 7,93 |
| 16 | 7,15 | 7,26 | 7,36 | 7,44 | 7,53 | 7,60 | 7,67 | 7,74 | 7,80 |
| 17 | 7,05 | 7,16 | 7,25 | 7,34 | 7,42 | 7,49 | 7,56 | 7,63 | 7,69 |
| 18 | 6,97 | 7,07 | 7,16 | 7,25 | 7,32 | 7,40 | 7,46 | 7,53 | 7,59 |
| 19 | 6,89 | 6,99 | 7,08 | 7,17 | 7,24 | 7,31 | 7,38 | 7,44 | 7,50 |
| 20 | 6,82 | 6,92 | 7,01 | 7,09 | 7,17 | 7,24 | 7,30 | 7,36 | 7,42 |
| 24 | 6,61 | 6,70 | 6,79 | 6,86 | 6,94 | 7,00 | 7,06 | 7,12 | 7,17 |
| 30 | 6,41 | 6,49 | 6,57 | 6,64 | 6,71 | 6,77 | 6,83 | 6,88 | 6,93 |
| 40 | 6,21 | 6,29 | 6,36 | 6,43 | 6,49 | 6,55 | 6,60 | 6,65 | 6,70 |
| 60 | 6,02 | 6,09 | 6,16 | 6,22 | 6,28 | 6,33 | 6,38 | 6,42 | 6,47 |
| 120 | 5,83 | 5,90 | 5,96 | 6,02 | 6,07 | 6,12 | 6,16 | 6,20 | 6,24 |
| ∞ | 5,64 | 5,71 | 5,77 | 5,82 | 5,87 | 5,91 | 5,95 | 5,99 | 6,03 |

continua...

...continuação

**Tabela 8.** Valores da amplitude total estudentizada (q), para uso no teste de Tukey, ao nível de 1% de probabilidade.
n = número de tratamentos
n' = número de graus de liberdade do resíduo

| n' \ n | 38 | 40 | 50 | 60 | 70 | 80 | 90 | 100 |
|---|---|---|---|---|---|---|---|---|
| 1 | 341,5 | 344,8 | 358,9 | 370,1 | 379,4 | 387,3 | 394,1 | 400,1 |
| 2 | 43,21 | 43,61 | 45,33 | 46,70 | 47,83 | 48,80 | 49,64 | 50,38 |
| 3 | 22,39 | 22,59 | 23,45 | 24,13 | 24,71 | 25,19 | 25,62 | 25,99 |
| 4 | 16,23 | 16,37 | 16,98 | 17,46 | 17,86 | 18,20 | 18,50 | 18,77 |
| 5 | 13,40 | 13,52 | 14,00 | 14,39 | 14,72 | 14,99 | 15,23 | 15,45 |
| 6 | 11,80 | 11,90 | 12,31 | 12,65 | 12,92 | 13,16 | 13,37 | 13,55 |
| 7 | 10,77 | 10,85 | 11,23 | 11,52 | 11,77 | 11,99 | 12,17 | 12,34 |
| 8 | 10,05 | 10,13 | 10,47 | 10,75 | 10,97 | 11,17 | 11,34 | 11,49 |
| 9 | 9,52 | 9,59 | 9,91 | 10,17 | 10,38 | 10,57 | 10,73 | 10,87 |
| 10 | 9,12 | 9,19 | 9,49 | 9,73 | 9,93 | 10,10 | 10,25 | 10,39 |
| 11 | 8,80 | 8,86 | 9,15 | 9,38 | 9,57 | 9,73 | 9,88 | 10,00 |
| 12 | 8,54 | 8,60 | 8,88 | 9,09 | 9,28 | 9,43 | 9,57 | 9,69 |
| 13 | 8,33 | 8,39 | 8,65 | 8,86 | 9,04 | 9,19 | 9,32 | 9,44 |
| 14 | 8,15 | 8,20 | 8,46 | 8,66 | 8,83 | 8,98 | 9,11 | 9,22 |
| 15 | 7,99 | 8,05 | 8,30 | 8,49 | 8,66 | 8,80 | 8,92 | 9,04 |
| 16 | 7,86 | 7,92 | 8,15 | 8,35 | 8,51 | 8,65 | 8,77 | 8,87 |
| 17 | 7,74 | 7,80 | 8,03 | 8,22 | 8,38 | 8,51 | 8,63 | 8,74 |
| 18 | 7,64 | 7,70 | 7,92 | 8,11 | 8,26 | 8,39 | 8,51 | 8,61 |
| 19 | 7,55 | 7,60 | 7,83 | 8,01 | 8,16 | 8,29 | 8,40 | 8,50 |
| 20 | 7,47 | 7,52 | 7,74 | 7,92 | 8,07 | 8,19 | 8,30 | 8,40 |
| 24 | 7,22 | 7,27 | 7,48 | 7,64 | 7,78 | 7,90 | 8,00 | 8,10 |
| 30 | 6,98 | 7,02 | 7,22 | 7,37 | 7,50 | 7,61 | 7,71 | 7,80 |
| 40 | 6,74 | 6,78 | 6,96 | 7,10 | 7,22 | 7,33 | 7,42 | 7,50 |
| 60 | 6,51 | 6,55 | 6,71 | 6,84 | 6,95 | 7,05 | 7,13 | 7,21 |
| 120 | 6,28 | 6,32 | 6,47 | 6,59 | 6,69 | 6,78 | 6,85 | 6,92 |
| ∞ | 6,06 | 6,09 | 6,23 | 6,34 | 6,43 | 6,51 | 6,58 | 6,64 |

Esta tabela foi adaptada a partir de resultados de Harter (Tables of range and studentized range, *Ann. Math. Stat.* 31: 1122-47).

**Tabela 9.** Valores da amplitude total estudentizada (z), para uso no teste de Duncan, ao nível de 5% de probabilidade.
n = número de médias abrangidas pelo contraste
n' = número de graus de liberdade do resíduo

| n' \ n | 2 | 3 | 4 | 5 | 6 | 7 | 8 | 9 |
|---|---|---|---|---|---|---|---|---|
| 1 | 18,0 | 18,0 | 18,0 | 18,0 | 18,0 | 18,0 | 18,0 | 18,0 |
| 2 | 6,09 | 6,09 | 6,09 | 6,09 | 6,09 | 6,09 | 6,09 | 6,09 |
| 3 | 4,50 | 4,50 | 4,50 | 4,50 | 4,50 | 4,50 | 4,50 | 4,50 |
| 4 | 3,93 | 4,01 | 4,02 | 4,02 | 4,02 | 4,02 | 4,02 | 4,02 |
| 5 | 3,64 | 3,74 | 3,79 | 3,83 | 3,83 | 3,83 | 3,83 | 3,83 |
| 6 | 3,46 | 3,58 | 3,64 | 3,68 | 3,68 | 3,68 | 3,68 | 3,68 |
| 7 | 3,35 | 3,47 | 3,54 | 3,58 | 3,60 | 3,61 | 3,61 | 3,61 |
| 8 | 3,26 | 3,39 | 3,47 | 3,52 | 3,55 | 3,56 | 3,56 | 3,56 |
| 9 | 3,20 | 3,34 | 3,41 | 3,47 | 3,50 | 3,52 | 3,52 | 3,52 |
| 10 | 3,15 | 3,30 | 3,37 | 3,43 | 3,46 | 3,47 | 3,47 | 3,47 |
| 11 | 3,11 | 3,27 | 3,35 | 3,39 | 3,43 | 3,44 | 3,45 | 3,46 |
| 12 | 3,08 | 3,23 | 3,33 | 3,36 | 3,40 | 3,42 | 3,44 | 3,44 |
| 13 | 3,06 | 3,21 | 3,30 | 3,35 | 3,38 | 3,41 | 3,42 | 3,44 |
| 14 | 3,03 | 3,18 | 3,27 | 3,33 | 3,37 | 3,39 | 3,41 | 3,42 |
| 15 | 3,01 | 3,16 | 3,25 | 3,31 | 3,36 | 3,38 | 3,40 | 3,42 |
| 16 | 3,00 | 3,15 | 3,23 | 3,30 | 3,34 | 3,37 | 3,39 | 3,41 |
| 17 | 2,98 | 3,13 | 3,22 | 3,28 | 3,33 | 3,36 | 3,38 | 3,40 |
| 18 | 2,97 | 3,12 | 3,21 | 3,27 | 3,32 | 3,35 | 3,37 | 3,39 |
| 19 | 2,96 | 3,11 | 3,19 | 3,26 | 3,31 | 3,35 | 3,37 | 3,39 |
| 20 | 2,95 | 3,10 | 3,18 | 3,25 | 3,30 | 3,34 | 3,36 | 3,38 |
| 22 | 2,93 | 3,08 | 3,17 | 3,24 | 3,29 | 3,32 | 3,35 | 3,37 |
| 24 | 2,92 | 3,07 | 3,15 | 3,22 | 3,28 | 3,31 | 3,34 | 3,37 |
| 26 | 2,91 | 3,06 | 3,14 | 3,21 | 3,27 | 3,30 | 3,34 | 3,36 |
| 28 | 2,90 | 3,04 | 3,13 | 3,20 | 3,26 | 3,30 | 3,33 | 3,35 |
| 30 | 2,89 | 3,04 | 3,12 | 3,20 | 3,25 | 3,29 | 3,32 | 3,35 |
| 40 | 2,86 | 3,01 | 3,10 | 3,17 | 3,22 | 3,27 | 3,30 | 3,33 |
| 60 | 2,83 | 2,98 | 3,08 | 3,14 | 3,20 | 3,24 | 3,28 | 3,31 |
| 100 | 2,80 | 2,95 | 3,05 | 3,12 | 3,18 | 3,22 | 3,26 | 3,29 |
| ∞ | 2,77 | 2,92 | 3,02 | 3,09 | 3,15 | 3,19 | 3,23 | 3,26 |

continua...

...continuação

**Tabela 9.** Valores da amplitude total estudentizada (z), para uso no teste de Duncan, ao nível de 5% de probabilidade.
n = número de médias abrangidas pelo contraste
n' = número de graus de liberdade do resíduo

| n' \ n | **10** | **12** | **14** | **16** | **18** | **20** | **50** | **100** |
|---|---|---|---|---|---|---|---|---|
| 1 | 18,0 | 18,0 | 18,0 | 18,0 | 18,0 | 18,0 | 18,0 | 18,0 |
| 2 | 6,09 | 6,09 | 6,09 | 6,09 | 6,09 | 6,09 | 6,09 | 6,09 |
| 3 | 4,50 | 4,50 | 4,50 | 4,50 | 4,50 | 4,50 | 4,50 | 4,50 |
| 4 | 4,02 | 4,02 | 4,02 | 4,02 | 4,02 | 4,02 | 4,02 | 4,02 |
| 5 | 3,83 | 3,83 | 3,83 | 3,83 | 3,83 | 3,83 | 3,83 | 3,83 |
| 6 | 3,68 | 3,68 | 3,68 | 3,68 | 3,68 | 3,68 | 3,68 | 3,68 |
| 7 | 3,61 | 3,61 | 3,61 | 3,61 | 3,61 | 3,61 | 3,61 | 3,61 |
| 8 | 3,56 | 3,56 | 3,56 | 3,56 | 3,56 | 3,56 | 3,56 | 3,56 |
| 9 | 3,52 | 3,52 | 3,52 | 3,52 | 3,52 | 3,52 | 3,52 | 3,52 |
| 10 | 3,47 | 3,47 | 3,47 | 3,47 | 3,47 | 3,48 | 3,48 | 3,48 |
| 11 | 3,46 | 3,46 | 3,46 | 3,46 | 3,47 | 3,48 | 3,48 | 3,48 |
| 12 | 3,46 | 3,46 | 3,46 | 3,46 | 3,47 | 3,48 | 3,48 | 3,48 |
| 13 | 3,45 | 3,45 | 3,46 | 3,46 | 3,47 | 3,47 | 3,47 | 3,47 |
| 14 | 3,44 | 3,45 | 3,46 | 3,46 | 3,47 | 3,47 | 3,47 | 3,47 |
| 15 | 3,43 | 3,44 | 3,45 | 3,46 | 3,47 | 3,47 | 3,47 | 3,47 |
| 16 | 3,43 | 3,44 | 3,45 | 3,46 | 3,47 | 3,47 | 3,47 | 3,47 |
| 17 | 3,42 | 3,44 | 3,45 | 3,46 | 3,47 | 3,47 | 3,47 | 3,47 |
| 18 | 3,41 | 3,43 | 3,45 | 3,46 | 3,47 | 3,47 | 3,47 | 3,47 |
| 19 | 3,41 | 3,43 | 3,44 | 3,46 | 3,47 | 3,47 | 3,47 | 3,47 |
| 20 | 3,40 | 3,43 | 3,44 | 3,46 | 3,46 | 3,47 | 3,47 | 3,47 |
| 22 | 3,39 | 3,42 | 3,44 | 3,45 | 3,46 | 3,47 | 3,47 | 3,47 |
| 24 | 3,38 | 3,41 | 3,44 | 3,45 | 3,46 | 3,47 | 3,47 | 3,47 |
| 26 | 3,38 | 3,41 | 3,43 | 3,45 | 3,46 | 3,47 | 3,47 | 3,47 |
| 28 | 3,37 | 3,40 | 3,43 | 3,45 | 3,46 | 3,47 | 3,47 | 3,47 |
| 30 | 3,37 | 3,40 | 3,43 | 3,44 | 3,46 | 3,47 | 3,47 | 3,47 |
| 40 | 3,35 | 3,39 | 3,42 | 3,44 | 3,46 | 3,47 | 3,47 | 3,47 |
| 60 | 3,33 | 3,37 | 3,40 | 3,43 | 3,45 | 3,47 | 3,48 | 3,48 |
| 100 | 3,32 | 3,36 | 3,40 | 3,42 | 3,45 | 3,47 | 3,53 | 3,53 |
| ∞ | 3,29 | 3,34 | 3,38 | 3,41 | 3,44 | 3,47 | 3,61 | 3,67 |

Esta tabela foi transcrita do artigo de Duncan (Multiple range and multiple F tests, *Biometrics* 11: 1-42, 1955).

**Tabela 10.** Valores da amplitude total estudentizada (z), para uso no teste de Duncan, ao nível de 1% de probabilidade.

n = número de médias abrangidas pelo contraste

n' = número de graus de liberdade do resíduo

| n' \ n | **2** | **3** | **4** | **5** | **6** | **7** | **8** | **9** |
|---|---|---|---|---|---|---|---|---|
| 1 | 90,0 | 90,0 | 90,0 | 90,0 | 90,0 | 90,0 | 90,0 | 90,0 |
| 2 | 14,0 | 14,0 | 14,0 | 14,0 | 14,0 | 14,0 | 14,0 | 14,0 |
| 3 | 8,26 | 8,5 | 8,6 | 8,7 | 8,8 | 8,9 | 8,9 | 9,0 |
| 4 | 6,51 | 6,8 | 6,9 | 7,0 | 7,1 | 7,1 | 7,2 | 7,2 |
| 5 | 5,70 | 5,96 | 6,11 | 6,18 | 6,26 | 6,33 | 6,40 | 6,44 |
| 6 | 5,24 | 5,51 | 5,65 | 5,73 | 5,81 | 5,88 | 5,95 | 6,00 |
| 7 | 4,95 | 5,22 | 5,37 | 5,45 | 5,53 | 5,61 | 5,69 | 5,73 |
| 8 | 4,74 | 5,00 | 5,14 | 5,23 | 5,32 | 5,40 | 5,47 | 5,51 |
| 9 | 4,60 | 4,86 | 4,99 | 5,08 | 5,17 | 5,25 | 5,32 | 5,36 |
| 10 | 4,48 | 4,73 | 4,88 | 4,96 | 5,06 | 5,13 | 5,20 | 5,24 |
| 11 | 4,39 | 4,63 | 4,77 | 4,86 | 4,94 | 5,01 | 5,06 | 5,12 |
| 12 | 4,32 | 4,55 | 4,68 | 4,76 | 4,84 | 4,92 | 4,96 | 5,02 |
| 13 | 4,26 | 4,48 | 4,62 | 4,69 | 4,74 | 4,84 | 4,88 | 4,94 |
| 14 | 4,21 | 4,42 | 4,55 | 4,63 | 4,70 | 4,78 | 4,83 | 4,87 |
| 15 | 4,17 | 4,37 | 4,50 | 4,58 | 4,64 | 4,72 | 4,77 | 4,81 |
| 16 | 4,13 | 4,34 | 4,45 | 4,54 | 4,60 | 4,67 | 4,72 | 4,76 |
| 17 | 4,10 | 4,30 | 4,41 | 4,50 | 4,56 | 4,63 | 4,68 | 4,72 |
| 18 | 4,07 | 4,27 | 4,38 | 4,46 | 4,53 | 4,59 | 4,64 | 4,68 |
| 19 | 4,05 | 4,24 | 4,35 | 4,43 | 4,50 | 4,56 | 4,61 | 4,64 |
| 20 | 4,02 | 4,22 | 4,33 | 4,40 | 4,47 | 4,53 | 4,58 | 4,61 |
| 22 | 3,99 | 4,17 | 4,28 | 4,36 | 4,42 | 4,48 | 4,53 | 4,57 |
| 24 | 3,96 | 4,14 | 4,24 | 4,33 | 4,39 | 4,44 | 4,49 | 4,53 |
| 26 | 3,93 | 4,11 | 4,21 | 4,30 | 4,36 | 4,41 | 4,46 | 4,50 |
| 28 | 3,91 | 4,08 | 4,18 | 4,28 | 4,34 | 4,39 | 4,43 | 4,(??) |
| 30 | 3,89 | 4,06 | 4,16 | 4,22 | 4,32 | 4,36 | 4,41 | 4,45 |
| 40 | 3,82 | 3,99 | 4,10 | 4,17 | 4,24 | 4,30 | 4,34 | 4,37 |
| 60 | 3,76 | 3,92 | 4,03 | 4,12 | 4,17 | 4,23 | 4,27 | 4,31 |
| 100 | 3,71 | 3,86 | 3,98 | 4,06 | 4,11 | 4,17 | 4,21 | 4,25 |
| ∞ | 3,64 | 3,80 | 3,90 | 3,98 | 4,04 | 4,09 | 4,14 | 4,17 |

continua...

...continuação

**Tabela 10.** Valores da amplitude total estudentizada (z), para uso no teste de Duncan, ao nível de 1% de probabilidade.
n = número de médias abrangidas pelo contraste
n' = número de graus de liberdade do resíduo

| n' \ n | **10** | **12** | **14** | **16** | **18** | **20** | **50** | **100** |
|---|---|---|---|---|---|---|---|---|
| 1 | 90,0 | 90,0 | 90,0 | 90,0 | 90,0 | 90,0 | 90,0 | 90,0 |
| 2 | 14,0 | 14,0 | 14,0 | 14,0 | 14,0 | 14,0 | 14,0 | 14,0 |
| 3 | 9,0 | 9,0 | 9,1 | 9,2 | 9,3 | 9,3 | 9,3 | 9,3 |
| 4 | 7,3 | 7,3 | 7,4 | 7,4 | 7,5 | 7,5 | 7,5 | 7,5 |
| 5 | 6,5 | 6,6 | 6,6 | 6,7 | 6,7 | 6,8 | 6,8 | 6,8 |
| 6 | 6,0 | 6,1 | 6,2 | 6,2 | 6,3 | 6,3 | 6,3 | 6,3 |
| 7 | 5,8 | 5,8 | 5,9 | 5,9 | 6,0 | 6,0 | 6,0 | 6,0 |
| 8 | 5,5 | 5,6 | 5,7 | 5,7 | 5,8 | 5,8 | 5,8 | 5,8 |
| 9 | 5,4 | 5,5 | 5,5 | 5,6 | 5,7 | 5,7 | 5,7 | 5,7 |
| 10 | 5,28 | 5,36 | 5,42 | 5,48 | 5,54 | 5,55 | 5,55 | 5,55 |
| 11 | 5,15 | 5,24 | 5,28 | 5,34 | 5,38 | 5,39 | 5,39 | 5,39 |
| 12 | 5,07 | 5,13 | 5,17 | 5,22 | 5,24 | 5,26 | 5,26 | 5,26 |
| 13 | 4,98 | 5,04 | 5,08 | 5,13 | 5,14 | 5,15 | 5,15 | 5,15 |
| 14 | 4,91 | 4,96 | 5,00 | 5,04 | 5,06 | 5,07 | 5,07 | 5,07 |
| 15 | 4,84 | 4,90 | 4,94 | 4,97 | 4,99 | 5,00 | 5,00 | 5,00 |
| 16 | 4,79 | 4,84 | 4,88 | 4,91 | 4,93 | 4,94 | 4,94 | 4,94 |
| 17 | 4,75 | 4,80 | 4,83 | 4,86 | 4,88 | 4,89 | 4,89 | 4,89 |
| 18 | 4,71 | 4,76 | 4,79 | 4,82 | 4,84 | 4,85 | 4,85 | 4,85 |
| 19 | 4,67 | 4,72 | 4,76 | 4,79 | 4,81 | 4,82 | 4,82 | 4,82 |
| 20 | 4,65 | 4,69 | 4,73 | 4,76 | 4,78 | 4,79 | 4,79 | 4,79 |
| 22 | 4,60 | 4,65 | 4,68 | 4,71 | 4,74 | 4,75 | 4,75 | 4,75 |
| 24 | 4,57 | 4,62 | 4,64 | 4,67 | 4,70 | 4,72 | 4,74 | 4,74 |
| 26 | 4,53 | 4,58 | 4,62 | 4,65 | 4,67 | 4,69 | 4,73 | 4,73 |
| 28 | 4,51 | 4,56 | 4,60 | 4,62 | 4,65 | 4,67 | 4,72 | 4,72 |
| 30 | 4,48 | 4,54 | 4,58 | 4,61 | 4,63 | 4,65 | 4,71 | 4,71 |
| 40 | 4,41 | 4,46 | 4,51 | 4,54 | 4,57 | 4,59 | 4,69 | 4,69 |
| 60 | 4,34 | 4,39 | 4,44 | 4,47 | 4,50 | 4,53 | 4,66 | 4,66 |
| 100 | 4,29 | 4,35 | 4,38 | 4,42 | 4,45 | 4,48 | 4,64 | 4,65 |
| ∞ | 4,20 | 4,26 | 4,31 | 4,34 | 4,38 | 4,41 | 4,60 | 4,68 |

Esta tabela foi transcrita do artigo de Duncan (Multiple range and multiple F tests, *Biometrics* 11: 1-42, 1955).

**Tabela 11.** Valores de **t** (bilaterais) para aplicação, ao nível α de probabilidade e com $n_2$ graus de liberdade, do teste de Bonferroni a **n** contrastes (preferivelmente ortogonais), escolhidos previamente.

n = número de médias abrangidas pelo contraste

$n_2$ = número de graus de liberdade do resíduo

| $n_2$ \ n | **2** | **3** | **4** | **5** | **6** | **7** | **8** | **9** | **10** |
|---|---|---|---|---|---|---|---|---|---|
| | | | | α = 0,05 | | | | | |
| 5 | 3,17 | 3,54 | 3,81 | 4,04 | 4,22 | 4,38 | 4,53 | 4,66 | 4,78 |
| 7 | 2,84 | 3,13 | 3,34 | 3,50 | 3,64 | 3,76 | 3,86 | 3,95 | 4,03 |
| 10 | 2,64 | 2,87 | 3,04 | 3,17 | 3,28 | 3,37 | 3,45 | 3,52 | 3,58 |
| 12 | 2,56 | 2,78 | 2,94 | 3,06 | 3,15 | 3,24 | 3,31 | 3,37 | 3,43 |
| 15 | 2,49 | 2,69 | 2,84 | 2,95 | 3,04 | 3,11 | 3,18 | 3,24 | 3,29 |
| 20 | 2,42 | 2,61 | 2,75 | 2,85 | 2,93 | 3,00 | 3,06 | 3,11 | 3,16 |
| 24 | 2,39 | 2,58 | 2,70 | 2,80 | 2,88 | 2,94 | 3,00 | 3,05 | 3,09 |
| 30 | 2,36 | 2,54 | 2,66 | 2,75 | 2,83 | 2,89 | 2,94 | 2,99 | 3,03 |
| 40 | 2,33 | 2,50 | 2,62 | 2,71 | 2,78 | 2,84 | 2,89 | 2,93 | 2,97 |
| 60 | 2,30 | 2,47 | 2,58 | 2,66 | 2,73 | 2,79 | 2,84 | 2,88 | 2,92 |
| 120 | 2,27 | 2,43 | 2,54 | 2,62 | 2,68 | 2,74 | 2,79 | 2,83 | 2,86 |
| ∞ | 2,24 | 2,39 | 2,50 | 2,58 | 2,64 | 2,69 | 2,74 | 2,77 | 2,81 |
| | | | | α = 0,01 | | | | | |
| 5 | 4,78 | 5,25 | 5,60 | 5,89 | 6,15 | 6,36 | 6,56 | 6,70 | 6,86 |
| 7 | 4,03 | 4,36 | 4,59 | 4,78 | 4,95 | 5,09 | 5,21 | 5,31 | 5,40 |
| 10 | 3,58 | 3,83 | 4,01 | 4,15 | 4,27 | 4,37 | 4,45 | 4,53 | 4,59 |
| 12 | 3,43 | 3,65 | 3,80 | 3,93 | 4,04 | 4,13 | 4,20 | 4,26 | 4,32 |
| 15 | 3,29 | 3,48 | 3,62 | 3,74 | 3,82 | 3,90 | 3,97 | 4,02 | 4,07 |
| 20 | 3,16 | 3,33 | 3,46 | 3,55 | 3,63 | 3,70 | 3,76 | 3,80 | 3,85 |
| 24 | 3,09 | 3,26 | 3,38 | 3,47 | 3,54 | 3,61 | 3,66 | 3,70 | 3,74 |
| 30 | 3,03 | 3,19 | 3,30 | 3,39 | 3,46 | 3,52 | 3,57 | 3,61 | 3,65 |
| 40 | 2,97 | 3,12 | 3,23 | 3,31 | 3,38 | 3,43 | 3,48 | 3,51 | 3,55 |
| 60 | 2,92 | 3,06 | 3,16 | 3,24 | 3,30 | 3,34 | 3,39 | 3,42 | 3,46 |
| 120 | 2,86 | 2,99 | 3,09 | 3,16 | 3,22 | 3,27 | 3,31 | 3,34 | 3,37 |
| ∞ | 2,81 | 2,94 | 3,02 | 3,09 | 3,15 | 3,19 | 3,23 | 3,26 | 3,29 |

continua...

continuação...

**Tabela 11.** Valores de t (bilaterais) para aplicação, ao nível α de probabilidade e com $n_2$ graus de liberdade, do teste de Bonferroni a **n** contrastes (preferivelmente ortogonais), escolhidos previamente.

n = número de médias abrangidas pelo contraste

$n_2$ = número de graus de liberdade do resíduo

| $n_2$ \ n | 15 | 20 | 25 | 30 | 35 | 40 | 45 | 50 |
|---|---|---|---|---|---|---|---|---|
| | | | | α = 0,05 | | | | |
| 5 | 5,25 | 5,60 | 5,89 | 6,15 | 6,36 | 6,56 | 6,70 | 6,86 |
| 7 | 4,36 | 4,59 | 4,78 | 4,95 | 5,09 | 5,21 | 5,31 | 5,40 |
| 10 | 3,83 | 4,01 | 4,15 | 4,27 | 4,37 | 4,45 | 4,53 | 4,59 |
| 12 | 3,65 | 3,80 | 3,93 | 4,04 | 4,13 | 4,20 | 4,26 | 4,32 |
| 15 | 3,48 | 3,62 | 3,74 | 3,82 | 3,90 | 3,97 | 4,02 | 4,07 |
| 20 | 3,33 | 3,46 | 3,55 | 3,63 | 3,70 | 3,76 | 3,80 | 3,85 |
| 24 | 3,26 | 3,38 | 3,47 | 3,54 | 3,61 | 3,66 | 3,70 | 3,74 |
| 30 | 3,19 | 3,30 | 3,39 | 3,46 | 3,52 | 3,57 | 3,61 | 3,65 |
| 40 | 3,12 | 3,23 | 3,31 | 3,38 | 3,43 | 3,48 | 3,51 | 3,55 |
| 60 | 3,06 | 3,16 | 3,24 | 3,30 | 3,34 | 3,39 | 3,42 | 3,46 |
| 120 | 2,99 | 3,09 | 3,16 | 3,22 | 3,27 | 3,31 | 3,34 | 3,37 |
| ∞ | 2,94 | 3,02 | 3,09 | 3,15 | 3,19 | 3,23 | 3,26 | 3,29 |
| | | | | α = 0,01 | | | | |
| 5 | 7,51 | 8,00 | 8,37 | 8,68 | 8,95 | 9,19 | 9,41 | 9,68 |
| 7 | 5,79 | 6,08 | 6,30 | 6,49 | 6,67 | 6,83 | 6,93 | 7,06 |
| 10 | 4,86 | 5,06 | 5,20 | 5,33 | 5,44 | 5,52 | 5,60 | 5,70 |
| 12 | 4,56 | 4,73 | 4,86 | 4,95 | 5,04 | 5,12 | 5,20 | 5,27 |
| 15 | 4,29 | 4,42 | 4,53 | 4,61 | 4,71 | 4,78 | 4,84 | 4,90 |
| 20 | 4,03 | 4,15 | 4,25 | 4,33 | 4,39 | 4,46 | 4,52 | 4,56 |
| 24 | 3,91 | 4,04 | 4,1* | 4,2* | 4,3* | 4,3* | 4,3* | 4,4* |
| 30 | 3,80 | 3,90 | 3,98 | 4,13 | 4,26 | 4,1* | 4,2* | 4,2* |
| 40 | 3,70 | 3,79 | 3,88 | 3,93 | 3,97 | 4,01 | 4,1* | 4,1* |
| 60 | 3,59 | 3,69 | 3,76 | 3,81 | 3,84 | 3,89 | 3,93 | 3,97 |
| 120 | 3,50 | 3,58 | 3,64 | 3,69 | 3,73 | 3,77 | 3,80 | 3,83 |
| ∞ | 3,40 | 3,48 | 3,54 | 3,59 | 3,63 | 3,66 | 3,69 | 3,72 |

* Obtido por interpolação gráfica.

Esta tabela foi adaptada de dados de Chew (*Comparisons among treatment means in an analysis of variance*, USDA, Washington, 1977).

**Tabela 12.** Valores de polinômios para adaptação da lei de Mitscherlich, para os casos de quatro e cinco níveis igualmente espaçados.

| z | $J_{42}^{(z)}$ | $J_{43}^{(z)}$ | $J_{44}^{(z)}$ | $J_{32}^{(z)}$ | $J_{33}^{(z)}$ | $J_{34}^{(z)}$ | $J_{35}^{(z)}$ |
|---|---|---|---|---|---|---|---|
| 0,00 | –2,000 | 1,000 | 1,000 | –3,000 | 1,000 | 1,000 | 1,000 |
| 0,01 | –2,040 | 0,980 | 1,040 | –3,071 | 0,959 | 1,040 | 1,041 |
| 0,02 | –2,081 | 0,959 | 1,081 | –3,144 | 0,916 | 1,080 | 1,085 |
| 0,03 | –2,123 | 0,937 | 1,123 | –3,218 | 0,872 | 1,120 | 1,131 |
| 0,04 | –2,165 | 0,915 | 1,165 | –3,295 | 0,825 | 1,160 | 1,180 |
| 0,05 | –2,208 | 0,892 | 1,208 | –3,374 | 0,776 | 1,200 | 1,232 |
| 0,06 | –2,251 | 0,868 | 1,251 | –3,454 | 0,725 | 1,239 | 1,286 |
| 0,07 | –2,295 | 0,844 | 1,295 | –3,537 | 0,671 | 1,279 | 1,343 |
| 0,08 | –2,340 | 0,819 | 1,340 | –3,622 | 0,615 | 1,318 | 1,403 |
| 0,09 | –2,386 | 0,793 | 1,386 | –3,709 | 0,557 | 1,357 | 1,467 |
| 0,10 | –2,432 | 0,766 | 1,432 | –3,798 | 0,496 | 1,396 | 1,533 |
| 0,11 | –2,479 | 0,738 | 1,479 | –3,890 | 0,432 | 1,435 | 1,603 |
| 0,12 | –2,526 | 0,709 | 1,527 | –3,984 | 0,365 | 1,473 | 1,676 |
| 0,13 | –2,575 | 0,680 | 1,575 | –4,081 | 0,295 | 1,511 | 1,753 |
| 0,14 | –2,624 | 0,649 | 1,624 | –4,179 | 0,222 | 1,548 | 1,833 |
| 0,15 | –2,674 | 0,618 | 1,674 | –4,281 | 0,146 | 1,585 | 1,917 |
| 0,16 | –2,724 | 0,585 | 1,725 | –4,385 | 0,067 | 1,621 | 2,005 |
| 0,17 | –2,776 | 0,552 | 1,777 | –4,492 | –0,016 | 1,657 | 2,097 |
| 0,18 | –2,828 | 0,517 | 1,829 | –4,601 | –0,103 | 1,692 | 2,193 |
| 0,19 | –2,881 | 0,482 | 1,832 | –4,713 | –0,193 | 1,726 | 2,293 |
| 0,20 | –2,934 | 0,445 | 1,936 | –4,829 | –0,268 | 1,760 | 2,397 |
| 0,21 | –2,989 | 0,407 | 1,991 | –4,946 | –0,387 | 1,792 | 2,506 |
| 0,22 | –3,044 | 0,368 | 2,046 | –5,067 | –0,490 | 1,824 | 2,620 |
| 0,23 | –3,100 | 0,327 | 2,103 | –5,191 | –0,597 | 1,854 | 2,739 |
| 0,24 | –3,157 | 0,285 | 2,160 | –5,318 | –0,709 | 1,883 | 2,862 |
| 0,25 | –3,215 | 0,242 | 2,219 | –5,448 | –0,820 | 1,911 | 2,991 |
| 0,26 | –3,273 | 0,198 | 2,278 | –5,581 | –0,948 | 1,938 | 3,125 |
| 0,27 | –3,333 | 0,152 | 2,338 | –5,718 | –1,075 | 1,962 | 3,265 |
| 0,28 | –3,393 | 0,105 | 2,399 | –5,858 | –1,208 | 1,996 | 3,410 |
| 0,29 | –3,454 | 0,056 | 2,461 | –6,001 | –1,347 | 2,007 | 3,561 |
| 0,30 | –3,516 | 0,006 | 2,524 | –6,147 | –1,491 | 2,027 | 3,718 |
| 0,31 | –5,579 | –0,046 | 2,588 | –6,297 | –1,641 | 2,044 | 3,881 |
| 0,32 | –3,642 | –0,099 | 2,653 | –6,451 | –1,798 | 2,059 | 4,051 |
| 0,33 | –3,707 | –0,154 | 2,719 | –6,603 | –1,961 | 2,072 | 4,228 |
| 0,34 | –3,772 | –0,211 | 2,785 | –6,768 | –2,132 | 2,082 | 4,411 |

continua...

Continuação...

**Tabela 12.** Valores de polinômios para adaptação da lei de Mitscherlich, para os casos de quatro e cinco níveis igualmente espaçados.

| z | $J_{42}^{(z)}$ | $J_{43}^{(z)}$ | $J_{44}^{(z)}$ | $J_{32}^{(z)}$ | $J_{33}^{(z)}$ | $J_{34}^{(z)}$ | $J_{35}^{(z)}$ |
|---|---|---|---|---|---|---|---|
| 0,35 | –3,838 | –0,269 | 2,853 | –6,933 | –2,309 | 2,039 | 4,602 |
| 0,36 | –3,905 | –0,329 | 2,922 | –7,101 | –2,494 | 2,094 | 4,800 |
| 0,37 | –3,973 | –0,391 | 2,992 | –7,272 | –2,686 | 2,095 | 5,003 |
| 0,38 | –4,042 | –0,454 | 3,063 | –7,448 | –2,886 | 2,093 | 5,218 |
| 0,39 | –4,112 | –0,520 | 3,135 | –7,627 | –3,095 | 2,087 | 5,439 |
| 0,40 | –4,182 | –0,587 | 3,208 | –7,811 | –3,312 | 2,077 | 5,669 |
| 0,41 | –4,254 | –0,656 | 3,282 | –7,998 | –3,538 | 2,064 | 5,907 |
| 0,42 | –4,326 | –0,728 | 3,357 | –8,189 | –3,773 | 2,046 | 6,154 |
| 0,43 | –4,400 | –0,801 | 3,434 | –8,385 | –4,017 | 2,023 | 6,410 |
| 0,44 | –4,474 | –0,876 | 3,511 | –8,584 | –4,271 | 1,996 | 6,676 |
| 0,45 | –4,549 | –0,954 | 3,590 | –8,788 | –4,536 | 1,963 | 6,951 |
| 0,46 | –4,625 | –1,034 | 3,669 | –8,995 | –4,811 | 1,925 | 7,237 |
| 0,47 | –4,702 | –1,116 | 3,750 | –9,207 | –5,097 | 1,881 | 7,532 |
| 0,48 | –4,779 | –1,200 | 3,832 | –9,423 | –5,394 | 1,831 | 7,839 |
| 0,49 | –4,858 | –1,286 | 3,916 | –9,643 | –5,703 | 1,774 | 8,156 |
| 0,50 | –4,938 | –1,375 | 4,000 | –9,867 | –6,023 | 1,711 | 8,484 |
| 0,51 | –5,518 | –1,466 | 4,086 | –10,096 | –6,357 | 1,640 | 8,825 |
| 0,52 | –5,099 | –1,560 | 4,172 | –10,328 | –6,703 | 1,562 | 9,177 |
| 0,53 | –5,182 | –1,656 | 4,260 | –10,565 | –7,063 | 1,475 | 9,542 |
| 0,54 | –5,265 | –1,755 | 4,350 | –10,807 | –7,436 | 1,380 | 9,919 |
| 0,55 | –5,349 | –1,856 | 4,440 | –11,052 | –7,823 | 1,276 | 10,310 |
| 0,56 | –5,434 | –1,960 | 4,532 | –11,302 | –8,226 | 1,163 | 10,714 |
| 0,57 | –5,520 | –2,067 | 4,625 | –11,556 | –8,643 | 1,040 | 11,132 |
| 0,58 | –5,606 | –2,176 | 4,719 | –11,814 | –9,076 | 0,906 | 11,564 |
| 0,59 | –5,694 | –2,288 | 4,815 | –12,076 | –9,525 | 0,761 | 12,011 |

continua...

Continuação...

**Tabela 12.** Valores de polinômios para adaptação da lei de Mitscherlich, para os casos de quatro e cinco níveis igualmente espaçados.

| z | $J_{42}^{(z)}$ | $J_{43}^{(z)}$ | $J_{44}^{(z)}$ | $J_{32}^{(z)}$ | $J_{33}^{(z)}$ | $J_{34}^{(z)}$ | $J_{35}^{(z)}$ |
|---|---|---|---|---|---|---|---|
| 0,60 | –5,782 | –2,403 | 4,912 | –12,342 | –9,991 | 0,605 | 12,474 |
| 0,61 | –5,872 | –2,521 | 5,010 | –12,613 | –10,474 | 0,436 | 12,952 |
| 0,62 | –5,962 | –2,642 | 5,110 | –12,887 | –10,975 | 0,255 | 13,446 |
| 0,63 | –6,053 | –2,766 | 5,211 | –13,166 | –11,494 | 0,061 | 13,957 |
| 0,64 | –6,145 | –2,893 | 5,313 | –13,448 | –12,033 | –0,148 | 14,485 |
| 0,65 | –6,238 | –3,023 | 5,417 | –13,734 | –12,590 | –0,371 | 15,030 |
| 0,66 | –6,332 | –3,156 | 5,522 | –14,024 | –13,168 | –0,610 | 15,593 |
| 0,67 | –6,427 | –3,293 | 5,628 | –14,318 | –13,766 | –0,865 | 16,176 |
| 0,68 | –6,522 | –3,433 | 5,736 | –14,616 | –14,386 | –1,136 | 16,777 |
| 0,69 | –6,619 | –3,576 | 5,845 | –14,917 | –15,027 | –1,425 | 17,398 |
| 0,70 | –6,716 | –3,722 | 5,956 | –15,221 | –15,691 | –1,733 | 18,039 |
| 0,71 | –6,814 | –3,872 | 6,068 | –15,529 | –16,379 | –2,060 | 18,700 |
| 0,72 | –6,913 | –4,026 | 6,182 | –15,840 | –17,090 | –2,407 | 19,384 |
| 0,73 | –7,013 | –4,183 | 6,297 | –16,154 | –17,826 | –2,775 | 20,089 |
| 0,74 | –7,113 | –4,343 | 6,413 | –16,471 | –18,587 | –3,166 | 20,816 |
| 0,75 | –7,215 | –4,508 | 6,531 | –16,791 | –19,374 | –3,579 | 21,567 |
| 0,76 | –7,317 | –4,676 | 6,651 | –17,114 | –20,188 | –4,016 | 22,342 |
| 0,77 | –7,420 | –4,848 | 6,772 | –17,439 | –21,030 | –4,478 | 23,141 |
| 0,78 | –7,524 | –5,024 | 6,894 | –17,766 | –21,900 | –4,967 | 23,965 |
| 0,79 | –7,629 | –5,203 | 7,018 | –18,095 | –22,800 | –5,482 | 24,815 |
| 0,80 | –7,734 | –5,387 | 7,144 | –18,427 | –23,729 | –6,026 | 25,692 |
| 0,81 | –7,841 | –5,575 | 7,271 | –18,759 | –24,689 | –6,599 | 26,595 |
| 0,82 | –7,948 | –5,767 | 7,400 | –19,094 | –25,680 | –7,204 | 27,527 |
| 0,83 | –8,056 | –5,963 | 7,530 | –19,429 | –26,704 | –7,840 | 28,487 |
| 0,84 | –8,164 | –6,163 | 7,662 | –19,765 | –27,762 | –8,509 | 29,477 |
| 0,85 | –8,274 | –6,368 | 7,796 | –20,102 | –28,854 | –9,214 | 30,497 |
| 0,86 | –8,384 | –6,577 | 7,931 | –20,440 | –29,980 | –9,954 | 31,548 |
| 0,87 | –8,495 | –6,790 | 8,068 | –20,777 | –31,143 | –10,732 | 32,631 |
| 0,88 | –8,606 | –7,008 | 8,206 | –21,114 | –32,343 | –11,548 | 33,746 |
| 0,89 | –8,719 | –7,231 | 8,346 | –21,451 | –33,581 | –12,406 | 34,895 |

continua...

Continuação...

**Tabela 12.** Valores de polinômios para adaptação da lei de Mitscherlich, para os casos de quatro e cinco níveis igualmente espaçados.

| z | $J_{42}^{(z)}$ | $J_{43}^{(z)}$ | $J_{44}^{(z)}$ | $J_{32}^{(z)}$ | $J_{33}^{(z)}$ | $J_{34}^{(z)}$ | $J_{35}^{(z)}$ |
|---|---|---|---|---|---|---|---|
| 0,90 | –8,832 | –7,458 | 8,488 | –21,786 | –34,858 | –13,305 | 36,078 |
| 0,91 | –8,946 | –7,690 | 8,631 | –22,120 | –36,175 | –14,248 | 37,297 |
| 0,92 | –9,060 | –7,927 | 8,777 | –22,453 | –37,533 | –15,237 | 38,551 |
| 0,93 | –9,175 | –8,168 | 8,923 | –22,783 | –38,933 | –16,273 | 39,843 |
| 0,94 | –9,291 | –8,415 | 9,072 | –23,111 | –40,376 | –17,357 | 41,172 |
| 0,95 | –9,408 | –8,666 | 9,222 | –23,436 | –41,863 | –18,493 | 42,541 |
| 0,96 | –9,525 | –8,922 | 9,374 | –23,758 | –43,395 | –19,681 | 43,949 |
| 0,97 | –9,643 | –9,184 | 9,528 | –24,075 | –44,974 | –20,924 | 45,398 |
| 0,98 | –9,761 | –9,451 | 9,684 | –24,389 | –46,600 | –22,223 | 46,889 |
| 0,99 | –9,850 | –9,723 | 9,811 | –24,697 | –48,275 | –23,581 | 48,422 |
| 1,00 | –10,000 | –10,000 | 10,000 | –25,000 | –50,000 | –25,000 | 50,000 |

**Tabela 13.** Limites unilaterais de $\chi^2$ (qui-quadrado).

| Graus de liberdade | Probabilidade 20% | 10% | 5% | 2% | 1% | 0,1% |
|---|---|---|---|---|---|---|
| 1 | 1,64 | 2,71 | 3,84 | 5,41 | 6,64 | 10,83 |
| 2 | 3,22 | 4,60 | 5,99 | 7,82 | 9,21 | 13,82 |
| 3 | 4,64 | 6,25 | 7,82 | 9,84 | 11,34 | 16,27 |
| 4 | 5,99 | 7,78 | 9,49 | 11,67 | 13,28 | 18,46 |
| 5 | 7,29 | 9,24 | 11,07 | 13,39 | 15,09 | 20,52 |
| 6 | 8,56 | 10,64 | 12,59 | 15,03 | 16,81 | 22,46 |
| 7 | 9,80 | 12,02 | 14,07 | 16,62 | 18,48 | 24,32 |
| 8 | 11,03 | 13,36 | 15,51 | 18,17 | 20,09 | 26,12 |
| 9 | 12,24 | 14,68 | 16,92 | 19,68 | 21,67 | 27,88 |
| 10 | 13,44 | 15,99 | 18,31 | 21,16 | 23,21 | 29,59 |
| 11 | 14,63 | 17,28 | 19,68 | 22,62 | 24,72 | 31,26 |
| 12 | 15,81 | 18,55 | 21,03 | 24,05 | 26,22 | 32,91 |
| 13 | 16,98 | 19,81 | 22,36 | 25,47 | 27,69 | 34,53 |
| 14 | 18,15 | 21,06 | 23,68 | 26,87 | 29,14 | 36,12 |
| 15 | 19,31 | 22,31 | 25,00 | 28,26 | 30,58 | 37,70 |
| 16 | 20,46 | 23,54 | 26,30 | 29,63 | 32,00 | 39,25 |
| 17 | 21,62 | 24,77 | 27,59 | 31,00 | 33,41 | 40,79 |
| 18 | 22,76 | 25,99 | 28,87 | 32,35 | 34,80 | 42,31 |
| 19 | 23,90 | 27,20 | 30,14 | 33,69 | 36,19 | 43,82 |
| 20 | 25,04 | 28,41 | 31,41 | 35,02 | 37,57 | 45,32 |
| 21 | 26,17 | 29,62 | 32,67 | 36,34 | 38,93 | 46,80 |
| 22 | 27,30 | 30,81 | 33,92 | 37,66 | 40,29 | 48,27 |
| 23 | 28,43 | 32,01 | 35,17 | 38,97 | 41,64 | 49,73 |
| 24 | 29,55 | 33,20 | 36,42 | 40,27 | 42,98 | 51,18 |
| 25 | 30,68 | 34,38 | 37,65 | 41,57 | 44,31 | 52,62 |
| 26 | 31,80 | 35,56 | 38,88 | 42,86 | 45,64 | 54,05 |
| 27 | 32,91 | 36,74 | 40,11 | 44,14 | 46,96 | 55,48 |
| 28 | 34,03 | 37,92 | 41,34 | 45,42 | 48,28 | 56,89 |
| 29 | 35,14 | 39,09 | 42,56 | 46,69 | 49,59 | 58,30 |
| 30 | 36,25 | 40,26 | 43,77 | 47,96 | 50,89 | 59,70 |

**Tabela 14.** Valores críticos da maior raiz característica (θ); aos níveis de 5% e de 1% de probabilidade (os de 1%, entre parênteses).

| n | s = 2 | | | | | m | | | | | | | |
|---|---|---|---|---|---|---|---|---|---|---|---|---|---|
| | **–0,5** | **0** | **1** | **2** | **3** | **4** | **5** | **6** | **7** | **8** | **9** | **10** | **15** |
| 1 | 0,858 | 0,894 | 0,930 | 0,947 | 0,958 | 0,965 | 0,970 | 0,973 | 0,976 | 0,979 | 0,981 | 0,982 | 0,987 |
| | (0,937) | (0,954) | (0,970) | (0,977) | (0,982) | (0,985) | (0,987) | (0,989) | (0,990) | (0,991) | (0,992) | (0,992) | (0,995) |
| 3 | 0,638 | 0,702 | 0,776 | 0,820 | 0,849 | 0,870 | 0,885 | 0,898 | 0,908 | 0,916 | 0,922 | 0,928 | 0,948 |
| | (0,764) | (0,808) | (0,858) | (0,886) | (0,905) | (0,919) | (0,929) | (0,936) | (0,943) | (0,948) | (0,952) | (0,956) | (0,968) |
| 5 | 0,498 | 0,565 | 0,651 | 0,706 | 0,746 | 0,776 | 0,799 | 0,818 | 0,834 | 0,847 | 0,858 | 0,868 | 0,901 |
| | (0,623) | (0,677) | (0,745) | (0,787) | (0,817) | (0,839) | (0,857) | (0,871) | (0,882) | (0,892) | (0,900) | (0,907) | (0,931) |
| 10 | 0,318 | 0,374 | 0,455 | 0,514 | 0,561 | 0,598 | 0,629 | 0,656 | 0,679 | 0,698 | 0,716 | 0,732 | 0,789 |
| | (0,418) | (0,470) | (0,548) | (0,597) | (0,638) | (0,670) | (0,697) | (0,720) | (0,739) | (0,756) | (0,771) | (0,783) | (0,831) |
| 15 | 0,232 | 0,278 | 0,348 | 0,402 | 0,446 | 0,483 | 0,515 | 0,542 | 0,567 | 0,589 | 0,609 | 0,627 | 0,696 |
| | (0,312) | (0,357) | (0,425) | (0,476) | (0,517) | (0,551) | (0,580) | (0,606) | (0,628) | (0,648) | (0,665) | (0,681) | (0,742) |
| 20 | 0,183 | 0,221 | 0,281 | 0,329 | 0,369 | 0,404 | 0,434 | 0,461 | 0,486 | 0,508 | 0,528 | 0,546 | 0,620 |
| | (0,249) | (0,288) | (0,347) | (0,394) | (0,433) | (0,466) | (0,495) | (0,521) | (0,543) | (0,564) | (0,583) | (0,600) | (0,667) |
| 25 | 0,151 | 0,184 | 0,236 | 0,278 | 0,314 | 0,346 | 0,375 | 0,401 | 0,424 | 0,446 | 0,465 | 0,484 | 0,558 |
| | (0,207) | (0,240) | (0,293) | (0,336) | (0,372) | (0,403) | (0,431) | (0,456) | (0,478) | (0,499) | (0,517) | (0,535) | (0,604) |
| 30 | 0,129 | 0,157 | 0,203 | 0,241 | 0,274 | 0,303 | 0,330 | 0,354 | 0,376 | 0,396 | 0,416 | 0,433 | 0,507 |
| | (0,177) | (0,207) | (0,254) | (0,293) | (0,326) | (0,355) | (0,381) | (0,405) | (0,427) | (0,447) | (0,465) | (0,482) | (0,552) |
| 40 | 0,099 | 0,122 | 0,159 | 0,190 | 0,218 | 0,243 | 0,266 | 0,287 | 0,306 | 0,325 | 0,342 | 0,359 | 0,428 |
| | (0,137) | (0,161) | (0,200) | (0,232) | (0,261) | (0,286) | (0,309) | (0,331) | (0,350) | (0,369) | (0,386) | (0,402) | (0,470) |
| 50 | 0,081 | 0,099 | 0,130 | 0,157 | 0,180 | 0,202 | 0,222 | 0,241 | 0,259 | 0,275 | 0,291 | 0,306 | 0,370 |
| | (0,112) | (0,132) | (0,165) | (0,193) | (0,217) | (0,240) | (0,260) | (0,279) | (0,297) | (0,313) | (0,329) | (0,344) | (0,408) |
| 100 | 0,042 | 0,052 | 0,069 | 0,084 | 0,097 | 0,110 | 0,122 | 0,134 | 0,145 | 0,155 | 0,166 | 0,176 | 0,220 |
| | (0,058) | (0,069) | (0,088) | (0,104) | (0,118) | (0,132) | (0,145) | (0,157) | (0,168) | (0,179) | (0,190) | (0,200) | (0,246) |
| 500 | 0,009 | 0,011 | 0,014 | 0,018 | 0,021 | 0,024 | 0,027 | 0,029 | 0,032 | 0,035 | 0,037 | 0,040 | 0,052 |
| | (0,012) | (0,015) | (0,019) | (0,022) | (0,026) | (0,029) | (0,032) | (0,035) | (0,038) | (0,041) | (0,043) | (0,046) | (0,059) |
| 1000 | 0,004 | 0,005 | 0,007 | 0,009 | 0,010 | 0,012 | 0,013 | 0,015 | 0,016 | 0,018 | 0,019 | 0,020 | 0,027 |
| | (0,006) | (0,007) | (0,010) | (0,011) | (0,013) | (0,015) | (0,016) | (0,018) | (0,019) | (0,021) | (0,022) | (0,023) | (0,030) |

continua...

continuação...

**Tabela 14.** Valores críticos da maior raiz característica (θ); aos níveis de 5% e de 1% de probabilidade (os de 1%, entre parênteses).

| | s = 3 | m | | | | | | | | | | | |
|---|---|---|---|---|---|---|---|---|---|---|---|---|---|
| **n** | **–0,5** | **0** | **1** | **2** | **3** | **4** | **5** | **6** | **7** | **8** | **9** | **10** | **15** |
| 1 | 0,922<br>(0,966) | 0,938<br>(0,973) | 0,956<br>(0,981) | 0,965<br>(0,985) | 0,972<br>(0,988) | 0,976<br>(0,990) | 0,979<br>(0,991) | 0,982<br>(0,992) | 0,984<br>(0,993) | 0,985<br>(0,994) | 0,986<br>(0,994) | 0,987<br>(0,995) | 0,991<br>(0,996) |
| 3 | 0,756<br>(0,844) | 0,792<br>(0,868) | 0,839<br>(0,898) | 0,868<br>(0,917) | 0,887<br>(0,930) | 0,902<br>(0,939) | 0,913<br>(0,946) | 0,922<br>(0,952) | 0,930<br>(0,956) | 0,936<br>(0,960) | 0,941<br>(0,963) | 0,945<br>(0,966) | 0,960<br>(0,975) |
| 5 | 0,625<br>(0,725) | 0,669<br>(0,758) | 0,729<br>(0,804) | 0,770<br>(0,834) | 0,800<br>(0,856) | 0,822<br>(0,873) | 0,840<br>(0,886) | 0,855<br>(0,897) | 0,867<br>(0,906) | 0,877<br>(0,913) | 0,886<br>(0,919) | 0,894<br>(0,925) | 0,920<br>(0,944) |
| 10 | 0,429<br>(0,520) | 0,472<br>(0,559) | 0,537<br>(0,616) | 0,586<br>(0,659) | 0,625<br>(0,692) | 0,656<br>(0,719) | 0,683<br>(0,742) | 0,705<br>(0,760) | 0,725<br>(0,777) | 0,741<br>(0,791) | 0,756<br>(0,803) | 0,770<br>(0,814) | 0,819<br>(0,854) |
| 15 | 0,324<br>(0,402) | 0,362<br>(0,438) | 0,422<br>(0,494) | 0,469<br>(0,537) | 0,508<br>(0,573) | 0,541<br>(0,603) | 0,569<br>(0,628) | 0,594<br>(0,651) | 0,616<br>(0,670) | 0,635<br>(0,688) | 0,653<br>(0,703) | 0,669<br>(0,717) | 0,730<br>(0,771) |
| 20 | 0,260<br>(0,327) | 0,293<br>(0,359) | 0,346<br>(0,410) | 0,390<br>(0,452) | 0,427<br>(0,487) | 0,458<br>(0,517) | 0,486<br>(0,543) | 0,511<br>(0,566) | 0,533<br>(0,587) | 0,554<br>(0,605) | 0,572<br>(0,622) | 0,589<br>(0,638) | 0,656<br>(0,698) |
| 25 | 0,218<br>(0,275) | 0,246<br>(0,303) | 0,294<br>(0,351) | 0,333<br>(0,389) | 0,367<br>(0,422) | 0,397<br>(0,451) | 0,424<br>(0,477) | 0,448<br>(0,500) | 0,470<br>(0,520) | 0,490<br>(0,539) | 0,508<br>(0,557) | 0,525<br>(0,573) | 0,594<br>(0,637) |
| 30 | 0,187<br>(0,237) | 0,212<br>(0,263) | 0,255<br>(0,303) | 0,291<br>(0,342) | 0,322<br>(0,373) | 0,350<br>(0,400) | 0,375<br>(0,425) | 0,398<br>(0,447) | 0,419<br>(0,467) | 0,439<br>(0,486) | 0,457<br>(0,503) | 0,473<br>(0,519) | 0,543<br>(0,585) |
| 40 | 0,146<br>(0,186) | 0,166<br>(0,207) | 0,201<br>(0,243) | 0,232<br>(0,274) | 0,259<br>(0,301) | 0,283<br>(0,326) | 0,305<br>(0,348) | 0,326<br>(0,368) | 0,345<br>(0,387) | 0,363<br>(0,405) | 0,379<br>(0,421) | 0,395<br>(0,436) | 0,462<br>(0,501) |
| 50 | 0,119<br>(0,153) | 0,136<br>(0,171) | 0,167<br>(0,202) | 0,192<br>(0,229) | 0,216<br>(0,253) | 0,237<br>(0,274) | 0,257<br>(0,294) | 0,275<br>(0,313) | 0,292<br>(0,330) | 0,309<br>(0,346) | 0,324<br>(0,361) | 0,339<br>(0,376) | 0,402<br>(0,438) |
| 100 | 0,063<br>(0,081) | 0,072<br>(0,091) | 0,089<br>(0,109) | 0,104<br>(0,125) | 0,118<br>(0,140) | 0,131<br>(0,153) | 0,143<br>(0,166) | 0,155<br>(0,178) | 0,166<br>(0,189) | 0,177<br>(0,200) | 0,187<br>(0,211) | 0,197<br>(0,221) | 0,242<br>(0,267) |
| 500 | 0,013<br>(0,017) | 0,015<br>(0,019) | 0,019<br>(0,023) | 0,022<br>(0,027) | 0,026<br>(0,031) | 0,029<br>(0,034) | 0,031<br>(0,037) | 0,034<br>(0,040) | 0,037<br>(0,043) | 0,040<br>(0,046) | 0,043<br>(0,049) | 0,045<br>(0,052) | 0,058<br>(0,064) |
| 1000 | 0,007<br>(0,009) | 0,008<br>(0,010) | 0,010<br>(0,012) | 0,011<br>(0,014) | 0,013<br>(0,015) | 0,015<br>(0,017) | 0,016<br>(0,019) | 0,018<br>(0,020) | 0,019<br>(0,022) | 0,020<br>(0,023) | 0,022<br>(0,025) | 0,023<br>(0,026) | 0,030<br>(0,33) |

continua...

continuação...

**Tabela 14.** Valores críticos da maior raiz característica (θ); aos níveis de 5% e de 1% de probabilidade (os de 1%, entre parênteses).

| n | s = 4 | | | | | | m | | | | | | |
|---|---|---|---|---|---|---|---|---|---|---|---|---|---|
| | **–0,5** | **0** | **1** | **2** | **3** | **4** | **5** | **6** | **7** | **8** | **9** | **10** | **15** |
| 1 | 0,950<br>(0,979) | 0,959<br>(0,982) | 0,969<br>(0,987) | 0,975<br>(0,990) | 0,979<br>(0,991) | 0,982<br>(0,993) | 0,985<br>(0,993) | 0,986<br>(0,994) | 0,988<br>(0,995) | 0,989<br>(0,995) | 0,990<br>(0,996) | 0,991<br>(0,996) | 0,993<br>(0,997) |
| 3 | 0,824<br>(0,888) | 0,846<br>(0,903) | 0,877<br>(0,923) | 0,898<br>(0,936) | 0,912<br>(0,945) | 0,923<br>(0,952) | 0,931<br>(0,957) | 0,938<br>(0,962) | 0,944<br>(0,965) | 0,948<br>(0,968) | 0,952<br>(0,971) | 0,956<br>(0,973) | 0,967<br>(0,980) |
| 5 | 0,708<br>(0,788) | 0,739<br>(0,811) | 0,782<br>(0,844) | 0,813<br>(0,866) | 0,836<br>(0,883) | 0,854<br>(0,896) | 0,868<br>(0,906) | 0,880<br>(0,915) | 0,889<br>(0,922) | 0,898<br>(0,927) | 0,905<br>(0,933) | 0,911<br>(0,937) | 0,933<br>(0,953) |
| 10 | 0,513<br>(0,595) | 0,547<br>(0,625) | 0,601<br>(0,671) | 0,641<br>(0,706) | 0,674<br>(0,733) | 0,700<br>(0,756) | 0,723<br>(0,775) | 0,742<br>(0,791) | 0,759<br>(0,805) | 0,773<br>(0,817) | 0,786<br>(0,827) | 0,798<br>(0,837) | 0,840<br>(0,872) |
| 15 | 0,399<br>(0,472) | 0,431<br>(0,501) | 0,482<br>(0,549) | 0,523<br>(0,587) | 0,558<br>(0,618) | 0,587<br>(0,644) | 0,612<br>(0,667) | 0,634<br>(0,686) | 0,654<br>(0,703) | 0,671<br>(0,719) | 0,687<br>(0,733) | 0,701<br>(0,745) | 0,756<br>(0,793) |
| 20 | 0,326<br>(0,390) | 0,354<br>(0,417) | 0,402<br>(0,463) | 0,441<br>(0,500) | 0,474<br>(0,531) | 0,503<br>(0,558) | 0,529<br>(0,582) | 0,552<br>(0,603) | 0,572<br>(0,621) | 0,591<br>(0,638) | 0,607<br>(0,654) | 0,623<br>(0,668) | 0,684<br>(0,723) |
| 25 | 0,275<br>(0,332) | 0,301<br>(0,357) | 0,344<br>(0,399) | 0,380<br>(0,434) | 0,412<br>(0,465) | 0,440<br>(0,491) | 0,464<br>(0,515) | 0,487<br>(0,536) | 0,507<br>(0,555) | 0,526<br>(0,573) | 0,543<br>(0,589) | 0,559<br>(0,603) | 0,624)<br>(0,663) |
| 30 | 0,238<br>(0,289) | 0,261<br>(0,312) | 0,301<br>(0,351) | 0,334<br>(0,384) | 0,364<br>(0,412) | 0,390<br>(0,438) | 0,414<br>(0,461) | 0,435<br>(0,482) | 0,455<br>(0,501) | 0,474<br>(0,518) | 0,491<br>(0,534) | 0,507<br>(0,549) | 0,572<br>(0,611) |
| 40 | 0,188<br>(0,229) | 0,207<br>(0,248) | 0,240<br>(0,282) | 0,269<br>(0,311) | 0,294<br>(0,336) | 0,318<br>(0,360) | 0,339<br>(0,381) | 0,359<br>(0,400) | 0,377<br>(0,418) | 0,395<br>(0,435) | 0,411<br>(0,450) | 0,426<br>(0,465) | 0,490<br>(0,527) |
| 50 | 0,155<br>(0,190) | 0,171<br>(0,206) | 0,199<br>(0,236) | 0,224<br>(0,261) | 0,247<br>(0,284) | 0,268<br>(0,305) | 0,287<br>(0,324) | 0,305<br>(0,342) | 0,322<br>(0,358) | 0,338<br>(0,374) | 0,353<br>(0,389) | 0,367<br>(0,403) | 0,428<br>(0,463) |
| 100 | 0,082<br>(0,102) | 0,091<br>(0,112) | 0,108<br>(0,129) | 0,123<br>(0,145) | 0,137<br>(0,159) | 0,150<br>(0,172) | 0,162<br>(0,185) | 0,174<br>(0,197) | 0,185<br>(0,208) | 0,196<br>(0,219) | 0,206<br>(0,230) | 0,216<br>(0,240) | 0,261<br>(0,285) |
| 500 | 0,017<br>(0,022) | 0,020<br>(0,024) | 0,023<br>(0,028) | 0,027<br>(0,032) | 0,030<br>(0,035) | 0,033<br>(0,039) | 0,036<br>(0,042) | 0,039<br>(0,045) | 0,042<br>(0,048) | 0,045<br>(0,051) | 0,048<br>(0,054) | 0,050<br>(0,056) | 0,063<br>(0,070) |
| 1000 | 0,009<br>(0,011) | 0,010<br>(0,012) | 0,012<br>(0,014) | 0,014<br>(0,016) | 0,015<br>(0,018) | 0,017<br>(0,020) | 0,018<br>(0,021) | 0,020<br>(0,023) | 0,021<br>(0,024) | 0,023<br>(0,026) | 0,024<br>(0,027) | 0,026<br>(0,029) | 0,032<br>(0,036) |

continua...

continuação...

**Tabela 14.** Valores críticos da maior raiz característica (θ); aos níveis de 5% e de 1% de probabilidade (os de 1%, entre parênteses).

| | s = 5 | | | | | | m | | | | | | |
|---|---|---|---|---|---|---|---|---|---|---|---|---|---|
| **n** | **–0,5** | **0** | **1** | **2** | **3** | **4** | **5** | **6** | **7** | **8** | **9** | **10** | **15** |
| 1 | 0,966 (0,986) | 0,971 (0,988) | 0,977 (0,990) | 0,981 (0,992) | 0,984 (0,993) | 0,986 (0,994) | 0,988 (0,995) | 0,989 (0,995) | 0,990 (0,996) | 0,991 (0,996) | 0,992 (0,997) | 0,992 (0,997) | 0,994 (0,998) |
| 3 | 0,866 (0,916) | 0,881 (0,926) | 0,903 (0,939) | 0,918 (0,949) | 0,929 (0,956) | 0,937 (0,961) | 0,944 (0,965) | 0,949 (0,968) | 0,953 (0,971) | 0,957 (0,973) | 0,960 (0,975) | 0,963 (0,977) | 0,972 (0,983) |
| 5 | 0,766 (0,832) | 0,788 (0,848) | 0,821 (0,872) | 0,845 (0,889) | 0,863 (0,902) | 0,877 (0,913) | 0,888 (0,921) | 0,898 (0,928) | 0,906 (0,933) | 0,913 (0,938) | 0,918 (0,943) | 0,924 (0,946) | 0,942 (0,959) |
| 10 | 0,580 (0,653) | 0,607 (0,676) | 0,651 (0,714) | 0,685 (0,743) | 0,713 (0,766) | 0,735 (0,785) | 0,755 (0,801) | 0,771 (0,815) | 0,786 (0,827) | 0,799 (0,837) | 0,810 (0,847) | 0,820 (0,855) | 0,857 (0,885) |
| 15 | 0,462 (0,530) | 0,483 (0,554) | 0,533 (0,595) | 0,569 (0,627) | 0,599 (0,655) | 0,625 (0,678) | 0,648 (0,698) | 0,667 (0,715) | 0,685 (0,731) | 0,701 (0,744) | 0,715 (0,757) | 0,728 (0,786) | 0,777 (0,811) |
| 20 | 0,383 (0,444) | 0,407 (0,468) | 0,449 (0,507) | 0,485 (0,540) | 0,515 (0,568) | 0,542 (0,593) | 0,565 (0,614) | 0,586 (0,633) | 0,604 (0,651) | 0,621 (0,666) | 0,637 (0,680) | 0,651 (0,693) | 0,708 (0,744) |
| 25 | 0,326 (0,382) | 0,349 (0,404) | 0,388 (0,442) | 0,422 (0,473) | 0,451 (0,501) | 0,477 (0,526) | 0,500 (0,547) | 0,521 (0,567) | 0,540 (0,585) | 0,557 (0,601) | 0,573 (0,616) | 0,588 (0,630) | 0,648 (0,685) |
| 30 | 0,284 (0,334) | 0,305 (0,355) | 0,341 (0,390) | 0,373 (0,421) | 0,400 (0,448) | 0,425 (0,471) | 0,448 (0,493) | 0,468 (0,512) | 0,487 (0,530) | 0,504 (0,546) | 0,520 (0,562) | 0,535 (0,576) | 0,597 (0,634) |
| 40 | 0,226 (0,268) | 0,243 (0,285) | 0,275 (0,317) | 0,302 (0,344) | 0,327 (0,368) | 0,349 (0,390) | 0,370 (0,410) | 0,389 (0,429) | 0,406 (0,446) | 0,423 (0,462) | 0,438 (0,477) | 0,453 (0,491) | 0,514 (0,550) |
| 50 | 0,187 (0,223) | 0,202 (0,239) | 0,230 (0,266) | 0,254 (0,290) | 0,276 (0,312) | 0,296 (0,332) | 0,315 (0,351) | 0,332 (0,368) | 0,348 (0,384) | 0,364 (0,399) | 0,378 (0,413) | 0,392 (0,427) | 0,451 (0,484) |
| 100 | 0,101 (0,122) | 0,110 (0,131) | 0,126 (0,148) | 0,141 (0,163) | 0,155 (0,177) | 0,168 (0,190) | 0,180 (0,203) | 0,191 (0,215) | 0,203 (0,226) | 0,213 (0,237) | 0,224 (0,247) | 0,233 (0,257) | 0,278 (0,302) |
| 500 | 0,022 (0,026) | 0,024 (0,028) | 0,027 (0,032) | 0,031 (0,036) | 0,034 (0,040) | 0,038 (0,043) | 0,041 (0,046) | 0,044 (0,049) | 0,047 (0,052) | 0,049 (0,055) | 0,052 (0,058) | 0,055 (0,061) | 0,068 (0,075) |
| 1000 | 0,011 (0,013) | 0,012 (0,014) | 0,014 (0,016) | 0,016 (0,018) | 0,017 (0,020) | 0,019 (0,022) | 0,021 (0,024) | 0,022 (0,025) | 0,024 (0,027) | 0,025 (0,028) | 0,027 (0,030) | 0,028 (0,031) | 0,035 (0,039) |

continua...

continuação...

**Tabela 14.** Valores críticos da maior raiz característica (θ); aos níveis de 5% e de 1% de probabilidade (os de 1%, entre parênteses).

| n | s = 6 | | | | | m | | | | | | | |
|---|---|---|---|---|---|---|---|---|---|---|---|---|---|
| | **–0,5** | **0** | **1** | **2** | **3** | **4** | **5** | **6** | **7** | **8** | **9** | **10** | **15** |
| 1 | 0,975 (0,989) | 0,978 (0,991) | 0,983 (0,993) | 0,985 (0,994) | 0,988 (0,995) | 0,989 (0,995) | 0,990 (0,996) | 0,991 (0,996) | 0,992 (0,997) | 0,993 (0,997) | 0,993 (0,997) | 0,994 (0,997) | 0,995 (0,998) |
| 3 | 0,895 (0,934) | 0,906 (0,941) | 0,922 (0,951) | 0,933 (0,958) | 0,941 (0,963) | 0,948 (0,968) | 0,953 (0,971) | 0,957 (0,973) | 0,961 (0,976) | 0,964 (0,978) | 0,966 (0,979) | 0,968 (0,980) | 0,976 (0,985) |
| 5 | 0,808 (0,863) | 0,825 (0,875) | 0,850 (0,893) | 0,869 (0,906) | 0,883 (0,917) | 0,895 (0,925) | 0,904 (0,932) | 0,912 (0,938) | 0,918 (0,942) | 0,924 (0,947) | 0,929 (0,950) | 0,934 (0,953) | 0,949 (0,964) |
| 10 | 0,633 (0,698) | 0,655 (0,717) | 0,692 (0,748) | 0,721 (0,772) | 0,744 (0,792) | 0,764 (0,809) | 0,781 (0,823) | 0,795 (0,834) | 0,808 (0,845) | 0,819 (0,854) | 0,829 (0,862) | 0,838 (0,869) | 0,871 (0,896) |
| 15 | 0,514 (0,578) | 0,537 (0,599) | 0,576 (0,633) | 0,608 (0,662) | 0,635 (0,686) | 0,658 (0,706) | 0,678 (0,724) | 0,696 (0,740) | 0,711 (0,754) | 0,726 (0,766) | 0,739 (0,777) | 0,750 (0,787) | 0,795 (0,826) |
| 20 | 0,432 (0,491) | 0,454 (0,511) | 0,491 (0,546) | 0,523 (0,576) | 0,551 (0,601) | 0,575 (0,623) | 0,596 (0,643) | 0,615 (0,660) | 0,632 (0,676) | 0,648 (0,690) | 0,662 (0,703) | 0,676 (0,715) | 0,728 (0,762) |
| 25 | 0,372 (0,426) | 0,392 (0,445) | 0,428 (0,479) | 0,458 (0,508) | 0,485 (0,533) | 0,509 (0,556) | 0,531 (0,576) | 0,550 (0,594) | 0,568 (0,611) | 0,584 (0,626) | 0,599 (0,640) | 0,613 (0,652) | 0,669 (0,704) |
| 30 | 0,326 (0,375) | 0,345 (0,394) | 0,378 (0,426) | 0,407 (0,454) | 0,433 (0,479) | 0,457 (0,501) | 0,478 (0,521) | 0,497 (0,539) | 0,514 (0,556) | 0,531 (0,572) | 0,546 (0,586) | 0,560 (0,599) | 0,618 (0,654) |
| 40 | 0,261 (0,303) | 0,278 (0,319) | 0,307 (0,348) | 0,333 (0,374) | 0,356 (0,397) | 0,378 (0,418) | 0,397 (0,437) | 0,416 (0,454) | 0,432 (0,471) | 0,448 (0,486) | 0,463 (0,500) | 0,477 (0,513) | 0,536 (0,570) |
| 50 | 0,218 (0,254) | 0,232 (0,269) | 0,258 (0,294) | 0,281 (0,318) | 0,302 (0,338) | 0,322 (0,358) | 0,340 (0,375) | 0,357 (0,392) | 0,372 (0,407) | 0,387 (0,422) | 0,401 (0,436) | 0,414 (0,448) | 0,472 (0,504) |
| 100 | 0,119 (0,140) | 0,128 (0,149) | 0,144 (0,166) | 0,158 (0,180) | 0,172 (0,194) | 0,184 (0,207) | 0,197 (0,220) | 0,208 (0,231) | 0,219 (0,242) | 0,230 (0,253) | 0,240 (0,263) | 0,250 (0,273) | 0,294 (0,318) |
| 500 | 0,026 (0,031) | 0,028 (0,033) | 0,031 (0,037) | 0,035 (0,041) | 0,039 (0,044) | 0,042 (0,047) | 0,045 (0,051) | 0,048 (0,054) | 0,051 (0,057) | 0,054 (0,060) | 0,057 (0,063) | 0,059 (0,066) | 0,073 (0,080) |
| 1000 | 0,013 (0,016) | 0,014 (0,017) | 0,016 (0,019) | 0,018 (0,021) | 0,020 (0,022) | 0,021 (0,024) | 0,023 (0,026) | 0,024 (0,028) | 0,026 (0,029) | 0,028 (0,031) | 0,029 (0,032) | 0,031 (0,034) | 0,037 (0,041) |

continua...

continuação...

**Tabela 14.** Valores críticos da maior raiz característica (θ); aos níveis de 5% e de 1% de probabilidade (os de 1%, entre parênteses).

| | s = 7 | | | | | m | | | | | | | |
|---|---|---|---|---|---|---|---|---|---|---|---|---|---|
| **n** | **–0,5** | **0** | **1** | **2** | **3** | **4** | **5** | **6** | **7** | **8** | **9** | **10** | **15** |
| 1 | 0,981<br>(0,992) | 0,983<br>(0,993) | 0,986<br>(0,994) | 0,988<br>(0,995) | 0,990<br>(0,996) | 0,991<br>(0,996) | 0,992<br>(0,997) | 0,993<br>(0,997) | 0,993<br>(0,997) | 0,994<br>(0,997) | 0,994<br>(0,998) | 0,995<br>(0,998) | 0,996<br>(0,998) |
| 3 | 0,915<br>(0,947) | 0,923<br>(0,952) | 0,935<br>(0,960) | 0,944<br>(0,965) | 0,950<br>(0,969) | 0,956<br>(0,972) | 0,960<br>(0,975) | 0,963<br>(0,977) | 0,966<br>(0,979) | 0,969<br>(0,981) | 0,971<br>(0,982) | 0,973<br>(0,983) | 0,979<br>(0,987) |
| 5 | 0,840<br>(0,885) | 0,852<br>(0,895) | 0,872<br>(0,909) | 0,887<br>(0,920) | 0,899<br>(0,928) | 0,908<br>(0,935) | 0,917<br>(0,941) | 0,923<br>(0,946) | 0,929<br>(0,950) | 0,934<br>(0,953) | 0,938<br>(0,956) | 0,941<br>(0,959) | 0,955<br>(0,968) |
| 10 | 0,677<br>(0,735) | 0,695<br>(0,751) | 0,726<br>(0,777) | 0,750<br>(0,797) | 0,771<br>(0,814) | 0,788<br>(0,828) | 0,802<br>(0,840) | 0,815<br>(0,851) | 0,826<br>(0,860) | 0,836<br>(0,868) | 0,845<br>(0,875) | 0,853<br>(0,882) | 0,882<br>(0,906) |
| 15 | 0,560<br>(0,619) | 0,579<br>(0,636) | 0,613<br>(0,667) | 0,641<br>(0,691) | 0,665<br>(0,713) | 0,686<br>(0,731) | 0,704<br>(0,747) | 0,720<br>(0,761) | 0,734<br>(0,773) | 0,747<br>(0,784) | 0,759<br>(0,794) | 0,769<br>(0,804) | 0,810<br>(0,839) |
| 20 | 0,475<br>(0,531) | 0,494<br>(0,549) | 0,528<br>(0,580) | 0,557<br>(0,607) | 0,582<br>(0,630) | 0,604<br>(0,650) | 0,624<br>(0,667) | 0,641<br>(0,684) | 0,657<br>(0,698) | 0,671<br>(0,711) | 0,685<br>(0,723) | 0,697<br>(0,734) | 0,745<br>(0,777) |
| 25 | 0,412<br>(0,464) | 0,431<br>(0,482) | 0,463<br>(0,512) | 0,491<br>(0,539) | 0,516<br>(0,563) | 0,538<br>(0,583) | 0,558<br>(0,602) | 0,576<br>(0,618) | 0,593<br>(0,634) | 0,608<br>(0,648) | 0,622<br>(0,661) | 0,635<br>(0,673) | 0,688<br>(0,721) |
| 30 | 0,364<br>(0,412) | 0,381<br>(0,429) | 0,412<br>(0,458) | 0,439<br>(0,484) | 0,463<br>(0,507) | 0,485<br>(0,528) | 0,505<br>(0,547) | 0,523<br>(0,564) | 0,540<br>(0,580) | 0,555<br>(0,594) | 0,569<br>(0,607) | 0,583<br>(0,620) | 0,638<br>(0,671) |
| 40 | 0,294<br>(0,336) | 0,309<br>(0,351) | 0,337<br>(0,378) | 0,362<br>(0,402) | 0,384<br>(0,423) | 0,404<br>(0,443) | 0,423<br>(0,461) | 0,440<br>(0,478) | 0,456<br>(0,493) | 0,471<br>(0,508) | 0,485<br>(0,521) | 0,499<br>(0,534) | 0,555<br>(0,588) |
| 50 | 0,247<br>(0,283) | 0,260<br>(0,296) | 0,285<br>(0,321) | 0,307<br>(0,343) | 0,327<br>(0,363) | 0,346<br>(0,381) | 0,363<br>(0,398) | 0,379<br>(0,414) | 0,395<br>(0,429) | 0,409<br>(0,443) | 0,422<br>(0,456) | 0,435<br>(0,469) | 0,491<br>(0,522) |
| 100 | 0,136<br>(0,158) | 0,145<br>(0,167) | 0,160<br>(0,182) | 0,175<br>(0,197) | 0,188<br>(0,211) | 0,200<br>(0,223) | 0,212<br>(0,236) | 0,224<br>(0,247) | 0,235<br>(0,258) | 0,245<br>(0,269) | 0,255<br>(0,279) | 0,265<br>(0,288) | 0,309<br>(0,332) |
| 500 | 0,030<br>(0,035) | 0,032<br>(0,037) | 0,036<br>(0,041) | 0,039<br>(0,045) | 0,042<br>(0,048) | 0,046<br>(0,052) | 0,049<br>(0,055) | 0,052<br>(0,058) | 0,055<br>(0,061) | 0,058<br>(0,064) | 0,061<br>(0,067) | 0,064<br>(0,070) | 0,077<br>(0,084) |
| 1000 | 0,015<br>(0,018) | 0,016<br>(0,019) | 0,018<br>(0,021) | 0,020<br>(0,023) | 0,022<br>(0,025) | 0,023<br>(0,026) | 0,025<br>(0,028) | 0,027<br>(0,030) | 0,028<br>(0,031) | 0,030<br>(0,033) | 0,031<br>(0,034) | 0,033<br>(0,036) | 0,040<br>(0,043) |

continua...

continuação...

**Tabela 14.** Valores críticos da maior raiz característica (θ); aos níveis de 5% e de 1% de probabilidade (os de 1%, entre parênteses).

| n | s = 8 | m | | | | | | | | | | | |
|---|---|---|---|---|---|---|---|---|---|---|---|---|---|
| | **–0,5** | **0** | **1** | **2** | **3** | **4** | **5** | **6** | **7** | **8** | **9** | **10** | **15** |
| 1 | 0,985<br>(0,994) | 0,986<br>(0,994) | 0,989<br>(0,995) | 0,990<br>(0,996) | 0,992<br>(0,996) | 0,992<br>(0,997) | 0,993<br>(0,997) | 0,994<br>(0,997) | 0,994<br>(0,998) | 0,995<br>(0,998) | 0,995<br>(0,998) | 0,995<br>(0,998) | 0,997<br>(0,999) |
| 3 | 0,930<br>(0,957) | 0,936<br>(0,960) | 0,945<br>(0,966) | 0,952<br>(0,970) | 0,958<br>(0,974) | 0,962<br>(0,976) | 0,965<br>(0,979) | 0,968<br>(0,980) | 0,971<br>(0,982) | 0,973<br>(0,983) | 0,974<br>(0,984) | 0,976<br>(0,985) | 0,982<br>(0,989) |
| 5 | 0,864<br>(0,903) | 0,874<br>(0,910) | 0,890<br>(0,922) | 0,902<br>(0,931) | 0,912<br>(0,938) | 0,920<br>(0,943) | 0,927<br>(0,948) | 0,932<br>(0,952) | 0,937<br>(0,956) | 0,941<br>(0,958) | 0,945<br>(0,961) | 0,948<br>(0,963) | 0,959<br>(0,972) |
| 10 | 0,713<br>(0,766) | 0,728<br>(0,779) | 0,754<br>(0,800) | 0,775<br>(0,818) | 0,793<br>(0,833) | 0,808<br>(0,845) | 0,821<br>(0,855) | 0,832<br>(0,865) | 0,842<br>(0,873) | 0,851<br>(0,880) | 0,859<br>(0,886) | 0,865<br>(0,892) | 0,892<br>(0,914) |
| 15 | 0,598<br>(0,653) | 0,615<br>(0,669) | 0,645<br>(0,695) | 0,670<br>(0,717) | 0,692<br>(0,736) | 0,710<br>(0,752) | 0,727<br>(0,767) | 0,741<br>(0,779) | 0,754<br>(0,791) | 0,766<br>(0,801) | 0,776<br>(0,810) | 0,786<br>(0,818) | 0,824<br>(0,851) |
| 20 | 0,513<br>(0,567) | 0,531<br>(0,583) | 0,561<br>(0,610) | 0,587<br>(0,634) | 0,610<br>(0,655) | 0,630<br>(0,673) | 0,648<br>(0,690) | 0,664<br>(0,704) | 0,679<br>(0,718) | 0,692<br>(0,729) | 0,705<br>(0,740) | 0,716<br>(0,750) | 0,761<br>(0,791) |
| 25 | 0,449<br>(0,499) | 0,466<br>(0,515) | 0,495<br>(0,543) | 0,521<br>(0,567) | 0,544<br>(0,588) | 0,565<br>(0,607) | 0,583<br>(0,625) | 0,600<br>(0,640) | 0,616<br>(0,655) | 0,630<br>(0,668) | 0,643<br>(0,680) | 0,655<br>(0,691) | 0,705<br>(0,736) |
| 30 | 0,398<br>(0,445) | 0,414<br>(0,460) | 0,443<br>(0,488) | 0,468<br>(0,512) | 0,491<br>(0,533) | 0,511<br>(0,552) | 0,530<br>(0,570) | 0,547<br>(0,586) | 0,563<br>(0,601) | 0,577<br>(0,614) | 0,590<br>(0,627) | 0,603<br>(0,639) | 0,655<br>(0,687) |
| 40 | 0,325<br>(0,365) | 0,339<br>(0,379) | 0,365<br>(0,405) | 0,388<br>(0,427) | 0,409<br>(0,448) | 0,428<br>(0,467) | 0,446<br>(0,484) | 0,463<br>(0,500) | 0,478<br>(0,514) | 0,493<br>(0,528) | 0,506<br>(0,541) | 0,519<br>(0,553) | 0,573<br>(0,605) |
| 50 | 0,274<br>(0,310) | 0,286<br>(0,323) | 0,310<br>(0,345) | 0,331<br>(0,366) | 0,351<br>(0,385) | 0,368<br>(0,403) | 0,385<br>(0,419) | 0,401<br>(0,435) | 0,416<br>(0,449) | 0,429<br>(0,462) | 0,442<br>(0,475) | 0,455<br>(0,487) | 0,508<br>(0,539) |
| 100 | 0,153<br>(0,175) | 0,161<br>(0,184) | 0,176<br>(0,199) | 0,190<br>(0,213) | 0,203<br>(0,226) | 0,216<br>(0,239) | 0,228<br>(0,251) | 0,239<br>(0,262) | 0,250<br>(0,273) | 0,260<br>(0,283) | 0,270<br>(0,293) | 0,279<br>(0,312) | 0,323<br>(0,346) |
| 500 | 0,034<br>(0,039) | 0,036<br>(0,041) | 0,040<br>(0,045) | 0,043<br>(0,049) | 0,047<br>(0,052) | 0,050<br>(0,056) | 0,053<br>(0,059) | 0,056<br>(0,062) | 0,059<br>(0,065) | 0,062<br>(0,069) | 0,065<br>(0,072) | 0,068<br>(0,074) | 0,081<br>(0,088) |
| 1000 | 0,017<br>(0,020) | 0,018<br>(0,021) | 0,020<br>(0,023) | 0,022<br>(0,025) | 0,024<br>(0,027) | 0,025<br>(0,029) | 0,027<br>(0,030) | 0,029<br>(0,032) | 0,030<br>(0,034) | 0,032<br>(0,035) | 0,033<br>(0,037) | 0,035<br>(0,038) | 0,042<br>(0,046) |

continua...

continuação...

**Tabela 14.** Valores críticos da maior raiz característica (θ); aos níveis de 5% e de 1% de probabilidade (os de 1%, entre parênteses).

| | s = 9 | | | | | | m | | | | | | |
|---|---|---|---|---|---|---|---|---|---|---|---|---|---|
| **n** | **–0,5** | **0** | **1** | **2** | **3** | **4** | **5** | **6** | **7** | **8** | **9** | **10** | **15** |
| 1 | 0,988 (0,995) | 0,989 (0,995) | 0,991 (0,996) | 0,992 (0,997) | 0,993 (0,997) | 0,994 (0,997) | 0,994 (0,998) | 0,995 (0,998) | 0,995 (0,998) | 0,995 (0,998) | 0,996 (0,998) | 0,996 (0,998) | 0,997 (0,999) |
| 3 | 0,942 (0,964) | 0,946 (0,967) | 0,953 (0,971) | 0,959 (0,975) | 0,963 (0,977) | 0,967 (0,979) | 0,970 (0,981) | 0,972 (0,983) | 0,974 (0,984) | 0,976 (0,985) | 0,977 (0,986) | 0,979 (0,987) | 0,984 (0,990) |
| 5 | 0,883 (0,917) | 0,891 (0,923) | 0,904 (0,932) | 0,914 (0,939) | 0,922 (0,945) | 0,929 (0,950) | 0,935 (0,954) | 0,939 (0,957) | 0,944 (0,960) | 0,947 (0,963) | 0,950 (0,965) | 0,953 (0,967) | 0,963 (0,974) |
| 10 | 0,743 (0,791) | 0,756 (0,802) | 0,778 (0,820) | 0,797 (0,835) | 0,812 (0,848) | 0,825 (0,859) | 0,837 (0,868) | 0,847 (0,876) | 0,855 (0,884) | 0,863 (0,890) | 0,870 (0,896) | 0,876 (0,901) | 0,901 (0,920) |
| 15 | 0,632 (0,683) | 0,674 (0,697) | 0,674 (0,720) | 0,696 (0,740) | 0,715 (0,756) | 0,732 (0,771) | 0,747 (0,784) | 0,760 (0,795) | 0,771 (0,805) | 0,782 (0,815) | 0,792 (0,823) | 0,801 (0,831) | 0,835 (0,861) |
| 20 | 0,548 (0,598) | 0,563 (0,612) | 0,591 (0,637) | 0,614 (0,659) | 0,635 (0,678) | 0,654 (0,695) | 0,670 (0,709) | 0,685 (0,723) | 0,698 (0,735) | 0,711 (0,746) | 0,722 (0,756) | 0,733 (0,766) | 0,775 (0,803) |
| 25 | 0,482 (0,530) | 0,497 (0,544) | 0,525 (0,570) | 0,549 (0,592) | 0,570 (0,612) | 0,589 (0,630) | 0,606 (0,646) | 0,622 (0,660) | 0,636 (0,673) | 0,650 (0,686) | 0,662 (0,697) | 0,673 (0,707) | 0,720 (0,750) |
| 30 | 0,430 (0,475) | 0,445 (0,490) | 0,471 (0,515) | 0,495 (0,537) | 0,516 (0,557) | 0,535 (0,575) | 0,552 (0,591) | 0,569 (0,606) | 0,583 (0,620) | 0,597 (0,633) | 0,610 (0,645) | 0,622 (0,656) | 0,671 (0,702) |
| 40 | 0,353 (0,393) | 0,366 (0,406) | 0,391 (0,430) | 0,413 (0,451) | 0,433 (0,471) | 0,451 (0,488) | 0,468 (0,505) | 0,484 (0,520) | 0,499 (0,534) | 0,512 (0,547) | 0,525 (0,559) | 0,538 (0,571) | 0,590 (0,620) |
| 50 | 0,299 (0,335) | 0,311 (0,347) | 0,333 (0,369) | 0,354 (0,389) | 0,373 (0,407) | 0,390 (0,424) | 0,406 (0,439) | 0,421 (0,454) | 0,435 (0,468) | 0,448 (0,481) | 0,461 (0,493) | 0,473 (0,504) | 0,524 (0,554) |
| 100 | 0,169 (0,192) | 0,177 (0,200) | 0,192 (0,215) | 0,206 (0,229) | 0,219 (0,241) | 0,231 (0,254) | 0,242 (0,265) | 0,253 (0,276) | 0,264 (0,287) | 0,274 (0,297) | 0,284 (0,307) | 0,293 (0,316) | 0,336 (0,359) |
| 500 | 0,038 (0,043) | 0,040 (0,045) | 0,043 (0,049) | 0,047 (0,053) | 0,051 (0,056) | 0,054 (0,060) | 0,057 (0,063) | 0,060 (0,066) | 0,063 (0,070) | 0,066 (0,073) | 0,069 (0,076) | 0,072 (0,079) | 0,086 (0,093) |
| 1000 | 0,019 (0,022) | 0,020 (0,023) | 0,022 (0,025) | 0,024 (0,027) | 0,026 (0,029) | 0,028 (0,031) | 0,029 (0,032) | 0,031 (0,034) | 0,032 (0,036) | 0,034 (0,037) | 0,036 (0,039) | 0,037 (0,041) | 0,044 (0,048) |

continua...

continuação...

**Tabela 14.** Valores críticos da maior raiz característica (θ); aos níveis de 5% e de 1% de probabilidade (os de 1%, entre parênteses).

| n | s = 10 | | | | | m | | | | | | | |
|---|---|---|---|---|---|---|---|---|---|---|---|---|---|
| | **–0,5** | **0** | **1** | **2** | **3** | **4** | **5** | **6** | **7** | **8** | **9** | **10** | **15** |
| 1 | 0,990<br>(0,996) | 0,991<br>(0,996) | 0,992<br>(0,997) | 0,993<br>(0,997) | 0,994<br>(0,997) | 0,994<br>(0,998) | 0,995<br>(0,998) | 0,995<br>(0,998) | 0,996<br>(0,998) | 0,996<br>(0,998) | 0,996<br>(0,998) | 0,997<br>(0,999) | 0,997<br>(0,999) |
| 3 | 0,950<br>(0,969) | 0,954<br>(0,971) | 0,960<br>(0,975) | 0,964<br>(0,978) | 0,968<br>(0,980) | 0,971<br>(0,982) | 0,973<br>(0,983) | 0,975<br>(0,985) | 0,977<br>(0,986) | 0,978<br>(0,987) | 0,980<br>(0,988) | 0,981<br>(0,988) | 0,985<br>(0,991) |
| 5 | 0,898<br>(0,928) | 0,905<br>(0,33) | 0,910<br>(0,940) | 0,924<br>(0,946) | 0,931<br>(0,951) | 0,937<br>(0,955) | 0,941<br>(0,959) | 0,946<br>(0,962) | 0,949<br>(0,964) | 0,952<br>(0,967) | 0,955<br>(0,969) | 0,958<br>(0,970) | 0,967<br>(0,977) |
| 10 | 0,769<br>(0,812) | 0,780<br>(0,822) | 0,799<br>(0,837) | 0,815<br>(0,851) | 0,829<br>(0,862) | 0,840<br>(0,871) | 0,851<br>(0,880) | 0,859<br>(0,887) | 0,867<br>(0,893) | 0,874<br>(0,899) | 0,880<br>(0,904) | 0,886<br>(0,909) | 0,908<br>(0,926) |
| 15 | 0,662<br>(0,710) | 0,675<br>(0,721) | 0,699<br>(0,742) | 0,719<br>(0,759) | 0,736<br>(0,774) | 0,751<br>(0,788) | 0,764<br>(0,799) | 0,776<br>(0,810) | 0,787<br>(0,819) | 0,797<br>(0,827) | 0,806<br>(0,835) | 0,814<br>(0,842) | 0,846<br>(0,869) |
| 20 | 0,578<br>(0,626) | 0,592<br>(0,639) | 0,617<br>(0,661) | 0,639<br>(0,681) | 0,658<br>(0,698) | 0,675<br>(0,713) | 0,690<br>(0,727) | 0,704<br>(0,740) | 0,716<br>(0,751) | 0,728<br>(0,761) | 0,738<br>(0,771) | 0,748<br>(0,779) | 0,787<br>(0,814) |
| 25 | 0,512<br>(0,558) | 0,526<br>(0,571) | 0,551<br>(0,595) | 0,573<br>(0,615) | 0,593<br>(0,634) | 0,611<br>(0,650) | 0,627<br>(0,665) | 0,642<br>(0,678) | 0,655<br>(0,691) | 0,667<br>(0,702) | 0,679<br>(0,712) | 0,690<br>(0,722) | 0,734<br>(0,762) |
| 30 | 0,459<br>(0,503) | 0,473<br>(0,516) | 0,497<br>(0,539) | 0,519<br>(0,560) | 0,539<br>(0,579) | 0,557<br>(0,595) | 0,573<br>(0,611) | 0,589<br>(0,625) | 0,603<br>(0,638) | 0,615<br>(0,650) | 0,627<br>(0,661) | 0,639<br>(0,672) | 0,686<br>(0,715) |
| 40 | 0,380<br>(0,419) | 0,392<br>(0,431) | 0,415<br>(0,454) | 0,436<br>(0,474) | 0,455<br>(0,492) | 0,473<br>(0,509) | 0,489<br>(0,524) | 0,504<br>(0,539) | 0,518<br>(0,552) | 0,531<br>(0,564) | 0,543<br>(0,576) | 0,555<br>(0,587) | 0,605<br>(0,635) |
| 50 | 0,323<br>(0,359) | 0,335<br>(0,370) | 0,356<br>(0,391) | 0,375<br>(0,410) | 0,393<br>(0,427) | 0,410<br>(0,443) | 0,425<br>(0,458) | 0,440<br>(0,472) | 0,453<br>(0,485) | 0,466<br>(0,498) | 0,478<br>(0,510) | 0,490<br>(0,521) | 0,540<br>(0,569) |
| 100 | 0,185<br>(0,208) | 0,193<br>(0,215) | 0,207<br>(0,230) | 0,220<br>(0,243) | 0,233<br>(0,256) | 0,245<br>(0,268) | 0,256<br>(0,279) | 0,267<br>(0,290) | 0,278<br>(0,301) | 0,287<br>(0,311) | 0,297<br>(0,320) | 0,306<br>(0,329) | 0,348<br>(0,371) |
| 500 | 0,042<br>(0,047) | 0,044<br>(0,049) | 0,047<br>(0,053) | 0,051<br>(0,057) | 0,054<br>(0,061) | 0,058<br>(0,064) | 0,061<br>(0,067) | 0,064<br>(0,071) | 0,067<br>(0,074) | 0,070<br>(0,077) | 0,073<br>(0,080) | 0,076<br>(0,083) | 0,090<br>(0,097) |
| 1000 | 0,021<br>(0,024) | 0,022<br>(0,025) | 0,024<br>(0,027) | 0,026<br>(0,029) | 0,028<br>(0,031) | 0,030<br>(0,033) | 0,031<br>(0,034) | 0,033<br>(0,036) | 0,034<br>(0,038) | 0,036<br>(0,040) | 0,038<br>(0,041) | 0,039<br>(0,043) | 0,047<br>(0,050) |

continua...

continuação...

**Tabela 14.** Valores críticos da maior raiz característica (θ); aos níveis de 5% e de 1% de probabilidade (os de 1%, entre parênteses).

| | s = 11 | | | | | | m | | | | | | |
|---|---|---|---|---|---|---|---|---|---|---|---|---|---|
| **n** | **–0,5** | **0** | **1** | **2** | **3** | **4** | **5** | **6** | **7** | **8** | **9** | **10** | **15** |
| 1 | 0,992 (0,996) | 0,992 (0,997) | 0,993 (0,997) | 0,994 (0,997) | 0,995 (0,998) | 0,995 (0,998) | 0,996 (0,998) | 0,996 (0,998) | 0,996 (0,998) | 0,997 (0,999) | 0,997 (0,999) | 0,997 (0,999) | 0,998 (0,999) |
| 3 | 0,957 (0,974) | 0,960 (0,975) | 0,965 (0,978) | 0,969 (0,981) | 0,972 (0,982) | 0,974 (0,984) | 0,976 (0,985) | 0,978 (0,986) | 0,979 (0,987) | 0,981 (0,988) | 0,982 (0,989) | 0,983 (0,989) | 0,987 (0,992) |
| 5 | 0,911 (0,937) | 0,916 (0,941) | 0,925 (0,947) | 0,932 (0,952) | 0,938 (0,956) | 0,943 (0,960) | 0,947 (0,963) | 0,951 (0,966) | 0,954 (0,968) | 0,957 (0,970) | 0,959 (0,971) | 0,961 (0,973) | 0,970 (0,979) |
| 10 | 0,791 (0,830) | 0,800 (0,838) | 0,817 (0,852) | 0,831 (0,864) | 0,843 (0,874) | 0,854 (0,882) | 0,863 (0,889) | 0,870 (0,896) | 0,877 (0,902) | 0,884 (0,907) | 0,889 (0,911) | 0,895 (0,916) | 0,915 (0,931) |
| 15 | 0,688 (0,733) | 0,700 (0,743) | 0,721 (0,761) | 0,739 (0,777) | 0,754 (0,790) | 0,768 (0,802) | 0,780 (0,813) | 0,791 (0,822) | 0,801 (0,831) | 0,810 (0,839) | 0,818 (0,845) | 0,825 (0,852) | 0,855 (0,877) |
| 20 | 0,606 (0,651) | 0,618 (0,663) | 0,641 (0,683) | 0,661 (0,701) | 0,678 (0,717) | 0,694 (0,731) | 0,708 (0,743) | 0,721 (0,755) | 0,732 (0,765) | 0,743 (0,775) | 0,753 (0,783) | 0,762 (0,791) | 0,798 (0,824) |
| 25 | 0,540 (0,584) | 0,552 (0,596) | 0,576 (0,617) | 0,596 (0,636) | 0,615 (0,653) | 0,631 (0,668) | 0,646 (0,682) | 0,660 (0,695) | 0,672 (0,706) | 0,684 (0,717) | 0,695 (0,727) | 0,705 (0,736) | 0,646 (0,774) |
| 30 | 0,486 (0,529) | 0,499 (0,541) | 0,521 (0,562) | 0,542 (0,581) | 0,561 (0,599) | 0,577 (0,615) | 0,593 (0,629) | 0,607 (0,642) | 0,620 (0,655) | 0,633 (0,666) | 0,644 (0,677) | 0,655 (0,686) | 0,699 (0,728) |
| 40 | 0,405 (0,443) | 0,417 (0,455) | 0,438 (0,476) | 0,458 (0,495) | 0,476 (0,512) | 0,492 (0,528) | 0,508 (0,542) | 0,522 (0,556) | 0,536 (0,569) | 0,548 (0,581) | 0,560 (0,592) | 0,571 (0,603) | 0,619 (0,648) |
| 50 | 0,346 (0,381) | 0,357 (0,392) | 0,377 (0,411) | 0,396 (0,429) | 0,413 (0,446) | 0,429 (0,461) | 0,444 (0,476) | 0,458 (0,489) | 0,470 (0,502) | 0,483 (0,514) | 0,495 (0,525) | 0,506 (0,536) | 0,554 (0,582) |
| 100 | 0,200 (0,223) | 0,208 (0,230) | 0,222 (0,244) | 0,235 (0,258) | 0,247 (0,270) | 0,259 (0,282) | 0,270 (0,293) | 0,281 (0,303) | 0,291 (0,314) | 0,301 (0,323) | 0,310 (0,333) | 0,319 (0,342) | 0,360 (0,383) |
| 500 | 0,046 (0,052) | 0,048 (0,053) | 0,051 (0,057) | 0,055 (0,061) | 0,058 (0,064) | 0,062 (0,068) | 0,065 (0,071) | 0,068 (0,074) | 0,071 (0,078) | 0,074 (0,081) | 0,077 (0,084) | 0,080 (0,087) | 0,094 (0,101) |
| 1000 | 0,023 (0,026) | 0,024 (0,027) | 0,026 (0,029) | 0,028 (0,031) | 0,030 (0,033) | 0,032 (0,035) | 0,033 (0,037) | 0,035 (0,038) | 0,037 (0,040) | 0,038 (0,042) | 0,040 (0,043) | 0,041 (0,045) | 0,049 (0,052) |

continua...

continuação...

**Tabela 14.** Valores críticos da maior raiz característica (θ); aos níveis de 5% e de 1% de probabilidade (os de 1%, entre parênteses).

| | s = 12 | | | | | | m | | | | | | |
|---|---|---|---|---|---|---|---|---|---|---|---|---|---|
| **n** | **–0,5** | **0** | **1** | **2** | **3** | **4** | **5** | **6** | **7** | **8** | **9** | **10** | **15** |
| 1 | 0,993<br>(0,997) | 0,993<br>(0,997) | 0,994<br>(0,998) | 0,995<br>(0,998) | 0,995<br>(0,998) | 0,996<br>(0,998) | 0,996<br>(0,998) | 0,996<br>(0,998) | 0,997<br>(0,999) | 0,997<br>(0,999) | 0,997<br>(0,999) | 0,997<br>(0,999) | 0,998<br>(0,999) |
| 3 | 0,963<br>(0,997) | 0,965<br>(0,979) | 0,969<br>(0,981) | 0,972<br>(0,983) | 0,975<br>(0,984) | 0,977<br>(0,986) | 0,979<br>(0,987) | 0,980<br>(0,988) | 0,981<br>(0,989) | 0,983<br>(0,989) | 0,984<br>(0,990) | 0,984<br>(0,990) | 0,988<br>(0,993) |
| 5 | 0,921<br>(0,944) | 0,926<br>(0,948) | 0,033<br>(0,953) | 0,939<br>(0,957) | 0,944<br>(0,961) | 0,949<br>(0,964) | 0,952<br>(0,966) | 0,956<br>(0,969) | 0,958<br>(0,971) | 0,961<br>(0,972) | 0,963<br>(0,974) | 0,965<br>(0,975) | 0,972<br>(0,980) |
| 10 | 0,810<br>(0,846) | 0,818<br>(0,853) | 0,833<br>(0,865) | 0,845<br>(0,875) | 0,856<br>(0,884) | 0,865<br>(0,891) | 0,873<br>(0,898) | 0,880<br>(0,904) | 0,886<br>(0,909) | 0,892<br>(0,914) | 0,897<br>(0,918) | 0,902<br>(0,921) | 0,920<br>(0,936) |
| 15 | 0,711<br>(0,753) | 0,722<br>(0,762) | 0,740<br>(0,778) | 0,757<br>(0,792) | 0,771<br>(0,805) | 0,783<br>(0,815) | 0,794<br>(0,825) | 0,804<br>(0,834) | 0,813<br>(0,842) | 0,822<br>(0,849) | 0,829<br>(0,855) | 0,836<br>(0,861) | 0,864<br>(0,885) |
| 20 | 0,631<br>(0,674) | 0,642<br>(0,684) | 0,663<br>(0,703) | 0,681<br>(0,719) | 0,697<br>(0,733) | 0,711<br>(0,746) | 0,724<br>(0,758) | 0,736<br>(0,769) | 0,747<br>(0,778) | 0,757<br>(0,787) | 0,766<br>(0,795) | 0,774<br>(0,802) | 0,809<br>(0,833) |
| 25 | 0,565<br>(0,607) | 0,577<br>(0,618) | 0,598<br>(0,638) | 0,617<br>(0,656) | 0,634<br>(0,671) | 0,649<br>(0,685) | 0,664<br>(0,698) | 0,677<br>(0,710) | 0,688<br>(0,721) | 0,699<br>(0,731) | 0,709<br>(0,740) | 0,719<br>(0,749) | 0,758<br>(0,784) |
| 30 | 0,511<br>(0,552) | 0,523<br>(0,563) | 0,544<br>(0,583) | 0,563<br>(0,601) | 0,581<br>(0,617) | 0,596<br>(0,632) | 0,611<br>(0,646) | 0,625<br>(0,658) | 0,637<br>(0,670) | 0,648<br>(0,680) | 0,659<br>(0,690) | 0,669<br>(0,700) | 0,712<br>(0,739) |
| 40 | 0,428<br>(0,466) | 0,439<br>(0,477) | 0,460<br>(0,496) | 0,478<br>(0,514) | 0,496<br>(0,531) | 0,511<br>(0,546) | 0,526<br>(0,560) | 0,540<br>(0,573) | 0,552<br>(0,585) | 0,564<br>(0,596) | 0,576<br>(0,607) | 0,587<br>(0,617) | 0,632<br>(0,660) |
| 50 | 0,368<br>(0,402) | 0,378<br>(0,412) | 0,397<br>(0,431) | 0,415<br>(0,448) | 0,431<br>(0,464) | 0,447<br>(0,479) | 0,461<br>(0,493) | 0,474<br>(0,506) | 0,487<br>(0,518) | 0,499<br>(0,529) | 0,510<br>(0,540) | 0,521<br>(0,550) | 0,567<br>(0,595) |
| 100 | 0,215<br>(0,238) | 0,222<br>(0,245) | 0,236<br>(0,259) | 0,249<br>(0,271) | 0,261<br>(0,283) | 0,272<br>(0,295) | 0,283<br>(0,306) | 0,293<br>(0,316) | 0,303<br>(0,326) | 0,313<br>(0,336) | 0,323<br>(0,345) | 0,331<br>(0,354) | 0,372<br>(0,394) |
| 500 | 0,050<br>(0,055) | 0,052<br>(0,057) | 0,055<br>(0,061) | 0,059<br>(0,065) | 0,062<br>(0,068) | 0,065<br>(0,072) | 0,069<br>(0,075) | 0,072<br>(0,078) | 0,075<br>(0,082) | 0,078<br>(0,085) | 0,081<br>(0,088) | 0,084<br>(0,091) | 0,098<br>(0,105) |
| 1000 | 0,025<br>(0,028) | 0,026<br>(0,029) | 0,028<br>(0,031) | 0,030<br>(0,033) | 0,032<br>(0,035) | 0,034<br>(0,037) | 0,035<br>(0,039) | 0,037<br>(0,041) | 0,039<br>(0,042) | 0,040<br>(0,044) | 0,042<br>(0,045) | 0,043<br>(0,047) | 0,051<br>(0,055) |

continua...

continuação...

**Tabela 14.** Valores críticos da maior raiz característica (θ); aos níveis de 5% e de 1% de probabilidade (os de 1%, entre parênteses).

| n | s = 13 | | | | | m | | | | | | | |
|---|---|---|---|---|---|---|---|---|---|---|---|---|---|
| | **–0,5** | **0** | **1** | **2** | **3** | **4** | **5** | **6** | **7** | **8** | **9** | **10** | **15** |
| 1 | 0,994<br>(0,997) | 0,994<br>(0,998) | 0,995<br>(0,998) | 0,995<br>(0,998) | 0,996<br>(0,998) | 0,996<br>(0,998) | 0,997<br>(0,999) | 0,997<br>(0,999) | 0,997<br>(0,999) | 0,997<br>(0,999) | 0,997<br>(0,999) | 0,998<br>(0,999) | 0,998<br>(0,999) |
| 3 | 0,967<br>(0,980) | 0,969<br>(0,981) | 0,973<br>(0,983) | 0,975<br>(0,985) | 0,977<br>(0,986) | 0,979<br>(0,987) | 0,981<br>(0,988) | 0,982<br>(0,989) | 0,983<br>(0,990) | 0,984<br>(0,990) | 0,985<br>(0,991) | 0,986<br>(0,991) | 0,989<br>(0,993) |
| 5 | 0,930<br>(0,950) | 0,934<br>(0,953) | 0,940<br>(0,958) | 0,945<br>(0,961) | 0,950<br>(0,965) | 0,953<br>(0,967) | 0,957<br>(0,969) | 0,959<br>(0,971) | 0,962<br>(0,973) | 0,964<br>(0,975) | 0,966<br>(0,976) | 0,968<br>(0,977) | 0,974<br>(0,982) |
| 10 | 0,826<br>(0,860) | 0,833<br>(0,865) | 0,846<br>(0,876) | 0,857<br>(0,885) | 0,867<br>(0,893) | 0,875<br>(0,899) | 0,882<br>(0,906) | 0,889<br>(0,911) | 0,895<br>(0,915) | 0,900<br>(0,919) | 0,905<br>(0,923) | 0,909<br>(0,927) | 0,925<br>(0,940) |
| 15 | 0,732<br>(0,771) | 0,741<br>(0,779) | 0,758<br>(0,794) | 0,773<br>(0,806) | 0,786<br>(0,818) | 0,797<br>(0,827) | 0,807<br>(0,836) | 0,816<br>(0,844) | 0,825<br>(0,851) | 0,833<br>(0,858) | 0,839<br>(0,864) | 0,846<br>(0,869) | 0,871<br>(0,891) |
| 20 | 0,653<br>(0,694) | 0,664<br>(0,703) | 0,683<br>(0,720) | 0,699<br>(0,735) | 0,714<br>(0,749) | 0,727<br>(0,760) | 0,740<br>(0,771) | 0,750<br>(0,781) | 0,760<br>(0,790) | 0,770<br>(0,798) | 0,778<br>(0,806) | 0,786<br>(0,813) | 0,818<br>(0,841) |
| 25 | 0,588<br>(0,629) | 0,599<br>(0,639) | 0,619<br>(0,657) | 0,636<br>(0,673) | 0,652<br>(0,688) | 0,667<br>(0,701) | 0,680<br>(0,713) | 0,692<br>(0,724) | 0,703<br>(0,734) | 0,713<br>(0,743) | 0,723<br>(0,752) | 0,732<br>(0,760) | 0,769<br>(0,794) |
| 30 | 0,534<br>(0,574) | 0,545<br>(0,584) | 0,565<br>(0,603) | 0,583<br>(0,619) | 0,599<br>(0,635) | 0,614<br>(0,648) | 0,628<br>(0,661) | 0,641<br>(0,673) | 0,652<br>(0,684) | 0,663<br>(0,694) | 0,674<br>(0,704) | 0,683<br>(0,712) | 0,723<br>(0,750) |
| 40 | 0,450<br>(0,487) | 0,461<br>(0,497) | 0,480<br>(0,516) | 0,498<br>(0,532) | 0,514<br>(0,548) | 0,529<br>(0,562) | 0,543<br>(0,576) | 0,556<br>(0,588) | 0,568<br>(0,600) | 0,580<br>(0,611) | 0,591<br>(0,621) | 0,601<br>(0,631) | 0,645<br>(0,672) |
| 50 | 0,388<br>(0,422) | 0,398<br>(0,432) | 0,417<br>(0,450) | 0,433<br>(0,466) | 0,449<br>(0,481) | 0,464<br>(0,495) | 0,478<br>(0,509) | 0,490<br>(0,521) | 0,502<br>(0,533) | 0,514<br>(0,544) | 0,525<br>(0,554) | 0,535<br>(0,564) | 0,580<br>(0,607) |
| 100 | 0,229<br>(0,252) | 0,236<br>(0,259) | 0,250<br>(0,272) | 0,262<br>(0,285) | 0,274<br>(0,297) | 0,285<br>(0,308) | 0,296<br>(0,319) | 0,306<br>(0,329) | 0,316<br>(0,339) | 0,325<br>(0,348) | 0,334<br>(0,357) | 0,343<br>(0,366) | 0,383<br>(0,405) |
| 500 | 0,053<br>(0,059) | 0,055<br>(0,061) | 0,059<br>(0,065) | 0,063<br>(0,069) | 0,066<br>(0,072) | 0,069<br>(0,076) | 0,073<br>(0,079) | 0,076<br>(0,082) | 0,079<br>(0,085) | 0,082<br>(0,088) | 0,085<br>(0,092) | 0,088<br>(0,094) | 0,102<br>(0,109) |
| 1000 | 0,027<br>(0,031) | 0,028<br>(0,031) | 0,030<br>(0,033) | 0,032<br>(0,035) | 0,034<br>(0,037) | 0,036<br>(0,039) | 0,037<br>(0,041) | 0,039<br>(0,042) | 0,041<br>(0,044) | 0,042<br>(0,046) | 0,044<br>(0,047) | 0,045<br>(0,049) | 0,053<br>(0,057) |

continua...

continuação...

Tabela 14. Valores críticos da maior raiz característica (θ); aos níveis de 5% e de 1% de probabilidade (os de 1%, entre parênteses).

| | s = 14 | | | | | | m | | | | | | |
|---|---|---|---|---|---|---|---|---|---|---|---|---|---|
| **n** | **–0,5** | **0** | **1** | **2** | **3** | **4** | **5** | **6** | **7** | **8** | **9** | **10** | **15** |
| 1 | 0,995<br>(0,998) | 0,995<br>(0,998) | 0,995<br>(0,998) | 0,996<br>(0,998) | 0,996<br>(0,998) | 0,997<br>(0,999) | 0,997<br>(0,999) | 0,997<br>(0,999) | 0,997<br>(0,999) | 0,997<br>(0,999) | 0,998<br>(0,999) | 0,998<br>(0,999) | 0,998<br>(0,999) |
| 3 | 0,971<br>(0,982) | 0,973<br>(0,983) | 0,975<br>(0,985) | 0,978<br>(0,986) | 0,980<br>(0,987) | 0,981<br>(0,988) | 0,982<br>(0,989) | 0,984<br>(0,990) | 0,985<br>(0,991) | 0,986<br>(0,991) | 0,986<br>(0,992) | 0,987<br>(0,992) | 0,990<br>(0,994) |
| 5 | 0,937<br>(0,956) | 0,940<br>(0,958) | 0,946<br>(0,962) | 0,950<br>(0,965) | 0,954<br>(0,968) | 0,958<br>(0,970) | 0,960<br>(0,972) | 0,963<br>(0,974) | 0,965<br>(0,975) | 0,967<br>(0,977) | 0,969<br>(0,978) | 0,970<br>(0,979) | 0,976<br>(0,983) |
| 10 | 0,841<br>(0,871) | 0,847<br>(0,877) | 0,858<br>(0,886) | 0,868<br>(0,894) | 0,877<br>(0,901) | 0,884<br>(0,907) | 0,891<br>(0,912) | 0,896<br>(0,917) | 0,902<br>(0,921) | 0,906<br>(0,925) | 0,911<br>(0,928) | 0,915<br>(0,932) | 0,930<br>(0,944) |
| 15 | 0,751<br>(0,787) | 0,759<br>(0,794) | 0,774<br>(0,808) | 0,788<br>(0,819) | 0,799<br>(0,829) | 0,810<br>(0,838) | 0,819<br>(0,846) | 0,827<br>(0,854) | 0,835<br>(0,860) | 0,842<br>(0,866) | 0,848<br>(0,872) | 0,854<br>(0,877) | 0,878<br>(0,897) |
| 20 | 0,674<br>(0,713) | 0,683<br>(0,721) | 0,701<br>(0,737) | 0,716<br>(0,750) | 0,730<br>(0,762) | 0,742<br>(0,773) | 0,753<br>(0,783) | 0,763<br>(0,792) | 0,773<br>(0,801) | 0,781<br>(0,809) | 0,789<br>(0,816) | 0,797<br>(0,822) | 0,827<br>(0,849) |
| 25 | 0,610<br>(0,649) | 0,620<br>(0,658) | 0,638<br>(0,675) | 0,654<br>(0,689) | 0,669<br>(0,703) | 0,682<br>(0,715) | 0,695<br>(0,727) | 0,706<br>(0,737) | 0,717<br>(0,746) | 0,726<br>(0,755) | 0,735<br>(0,763) | 0,744<br>(0,771) | 0,779<br>(0,802) |
| 30 | 0,556<br>(0,594) | 0,566<br>(0,604) | 0,584<br>(0,621) | 0,601<br>(0,636) | 0,616<br>(0,651) | 0,631<br>(0,664) | 0,644<br>(0,676) | 0,656<br>(0,687) | 0,667<br>(0,697) | 0,677<br>(0,707) | 0,687<br>(0,716) | 0,696<br>(0,724) | 0,734<br>(0,759) |
| 40 | 0,471<br>(0,507) | 0,481<br>(0,516) | 0,499<br>(0,534) | 0,516<br>(0,550) | 0,531<br>(0,564) | 0,546<br>(0,578) | 0,559<br>(0,591) | 0,572<br>(0,603) | 0,583<br>(0,614) | 0,594<br>(0,624) | 0,605<br>(0,634) | 0,615<br>(0,643) | 0,656<br>(0,683) |
| 50 | 0,408<br>(0,441) | 0,417<br>(0,450) | 0,435<br>(0,467) | 0,451<br>(0,483) | 0,466<br>(0,497) | 0,480<br>(0,511) | 0,493<br>(0,524) | 0,506<br>(0,535) | 0,517<br>(0,547) | 0,528<br>(0,557) | 0,539<br>(0,567) | 0,549<br>(0,577) | 0,592<br>(0,618) |
| 100 | 0,243<br>(0,266) | 0,250<br>(0,273) | 0,263<br>(0,286) | 0,275<br>(0,298) | 0,287<br>(0,309) | 0,298<br>(0,320) | 0,308<br>(0,331) | 0,318<br>(0,341) | 0,328<br>(0,350) | 0,337<br>(0,360) | 0,346<br>(0,368) | 0,355<br>(0,377) | 0,394<br>(0,416) |
| 500 | 0,057<br>(0,063) | 0,059<br>(0,065) | 0,063<br>(0,069) | 0,066<br>(0,073) | 0,070<br>(0,076) | 0,073<br>(0,080) | 0,076<br>(0,083) | 0,079<br>(0,086) | 0,083<br>(0,089) | 0,085<br>(0,092) | 0,088<br>(0,095) | 0,091<br>(0,098) | 0,105<br>(0,113) |
| 1000 | 0,029<br>(0,032) | 0,030<br>(0,033) | 0,032<br>(0,035) | 0,034<br>(0,037) | 0,036<br>(0,039) | 0,038<br>(0,041) | 0,039<br>(0,043) | 0,041<br>(0,044) | 0,043<br>(0,046) | 0,044<br>(0,048) | 0,046<br>(0,050) | 0,047<br>(0,051) | 0,055<br>(0,059) |

continua...

continuação...

**Tabela 14.** Valores críticos da maior raiz característica (θ); aos níveis de 5% e de 1% de probabilidade (os de 1%, entre parênteses).

| | s = 15 | | | | | m | | | | | | | |
|---|---|---|---|---|---|---|---|---|---|---|---|---|---|
| **n** | **–0,5** | **0** | **1** | **2** | **3** | **4** | **5** | **6** | **7** | **8** | **9** | **10** | **15** |
| 1 | 0,995 (0,998) | 0,996 (0,998) | 0,996 (0,998) | 0,996 (0,998) | 0,997 (0,999) | 0,997 (0,999) | 0,997 (0,999) | 0,997 (0,999) | 0,998 (0,999) | 0,998 (0,999) | 0,998 (0,999) | 0,998 (0,999) | 0,998 (0,999) |
| 3 | 0,974 (0,984) | 0,976 (0,985) | 0,978 (0,986) | 0,980 (0,988) | 0,981 (0,989) | 0,983 (0,989) | 0,984 (0,990) | 0,985 (0,991) | 0,986 (0,991) | 0,987 (0,992) | 0,987 (0,992) | 0,988 (0,993) | 0,991 (0,994) |
| 5 | 0,943 (0,960) | 0,946 (0,962) | 0,951 (0,965) | 0,955 (0,968) | 0,958 (0,970) | 0,961 (0,973) | 0,964 (0,974) | 0,966 (0,976) | 0,968 (0,977) | 0,969 (0,979) | 0,971 (0,980) | 0,972 (0,981) | 0,978 (0,984) |
| 10 | 0,853 (0,882) | 0,859 (0,886) | 0,869 (0,895) | 0,878 (0,902) | 0,885 (0,908) | 0,892 (0,913) | 0,898 (0,918) | 0,903 (0,923) | 0,908 (0,926) | 0,913 (0,930) | 0,917 (0,933) | 0,920 (0,936) | 0,934 (0,947) |
| 15 | 0,767 (0,802) | 0,775 (0,808) | 0,789 (0,820) | 0,801 (0,831) | 0,812 (0,840) | 0,821 (0,848) | 0,830 (0,855) | 0,837 (0,862) | 0,844 (0,868) | 0,851 (0,874) | 0,857 (0,879) | 0,862 (0,883) | 0,884 (0,902) |
| 20 | 0,693 (0,729) | 0,701 (0,737) | 0,717 (0,751) | 0,731 (0,764) | 0,744 (0,775) | 0,755 (0,785) | 0,766 (0,795) | 0,775 (0,803) | 0,784 (0,811) | 0,792 (0,818) | 0,800 (0,825) | 0,806 (0,831) | (0,835) (0,856) |
| 25 | 0,629 (0,667) | 0,639 (0,675) | 0,656 (0,691) | 0,671 (0,705) | 0,685 (0,717) | 0,697 (0,729) | 0,709 (0,739) | 0,719 (0,749) | 0,729 (0,758) | 0,738 (0,766) | 0,747 (0,774) | 0,755 (0,781) | 0,788 (0,811) |
| 30 | 0,576 (0,613) | 0,585 (0,622) | 0,603 (0,638) | 0,618 (0,652) | 0,633 (0,666) | 0,646 (0,678) | 0,658 (0,689) | 0,669 (0,700) | 0,680 (0,710) | 0,690 (0,719) | 0,699 (0,727) | 0,708 (0,735) | 0,744 (0,769) |
| 40 | 0,490 (0,526) | 0,500 (0,534) | 0,517 (0,551) | 0,533 (0,566) | 0,548 (0,580) | 0,562 (0,593) | 0,574 (0,605) | 0,586 (0,616) | 0,597 (0,627) | 0,608 (0,637) | 0,618 (0,646) | 0,627 (0,655) | 0,668 (0,693) |
| 50 | 0,427 (0,459) | 0,436 (0,468) | 0,452 (0,484) | 0,468 (0,499) | 0,482 (0,513) | 0,496 (0,526) | 0,508 (0,538) | 0,520 (0,549) | 0,531 (0,560) | 0,542 (0,570) | 0,552 (0,580) | 0,562 (0,589) | 0,604 (0,629) |
| 100 | 0,257 (0,280) | 0,263 (0,286) | 0,276 (0,299) | 0,288 (0,311) | 0,299 (0,322) | 0,310 (0,333) | 0,320 (0,343) | 0,330 (0,353) | 0,339 (0,362) | 0,349 (0,371) | 0,357 (0,379) | 0,366 (0,388) | 0,404 (0,426) |
| 500 | 0,061 (0,067) | 0,063 (0,069) | 0,067 (0,073) | 0,070 (0,076) | 0,073 (0,080) | 0,077 (0,083) | 0,080 (0,087) | 0,083 (0,090) | 0,086 (0,093) | 0,089 (0,096) | 0,092 (0,099) | 0,095 (0,102) | 0,109 (0,116) |
| 1000 | 0,031 (0,034) | 0,032 (0,036) | 0,034 (0,038) | 0,036 (0,039) | 0,038 (0,041) | 0,040 (0,043) | 0,041 (0,045) | 0,043 (0,047) | 0,045 (0,048) | 0,046 (0,050) | 0,048 (0,052) | 0,049 (0,053) | 0,057 (0,061) |

continua...

continuação...

**Tabela 14.** Valores críticos da maior raiz característica (θ); aos níveis de 5% e de 1% de probabilidade (os de 1%, entre parênteses).

| | s = 16 | | | | | m | | | | | | | |
|---|---|---|---|---|---|---|---|---|---|---|---|---|---|
| **n** | **–0,5** | **0** | **1** | **2** | **3** | **4** | **5** | **6** | **7** | **8** | **9** | **10** | **15** |
| 1 | 0,996 | 0,996 | 0,996 | 0,997 | 0,997 | 0,997 | 0,997 | 0,998 | 0,998 | 0,998 | 0,998 | 0,998 | 0,999 |
| | (0,998) | (0,998) | (0,998) | (0,999) | (0,999) | (0,999) | (0,999) | (0,999) | (0,999) | (0,999) | (0,999) | (0,999) | (0,999) |
| 3 | 0,977 | 0,978 | 0,980 | 0,982 | 0,983 | 0,984 | 0,985 | 0,986 | 0,987 | 0,988 | 0,988 | 0,989 | 0,991 |
| | (0,986) | (0,986) | (0,988) | (0,989) | (0,990) | (0,990) | (0,991) | (0,992) | (0,992) | (0,992) | (0,993) | (0,993) | (0,995) |
| 5 | 0,949 | 0,951 | 0,955 | 0,958 | 0,962 | 0,964 | 0,966 | 0,968 | 0,970 | 0,972 | 0,973 | 0,974 | 0,979 |
| | (0,964) | (0,966) | (0,969) | (0,971) | (0,973) | (0,975) | (0,976) | (0,978) | (0,979) | (0,980) | (0,981) | (0,982) | (0,986) |
| 10 | 0,865 | 0,870 | 0,879 | 0,886 | 0,893 | 0,899 | 0,905 | 0,910 | 0,914 | 0,918 | 0,922 | 0,925 | 0,938 |
| | (0,891) | (0,895) | (0,902) | (0,909) | (0,914) | (0,919) | (0,924) | (0,927) | (0,931) | (0,934) | (0,937) | (0,940) | (0,950) |
| 15 | 0,782 | 0,789 | 0,802 | 0,813 | 0,823 | 0,831 | 0,839 | 0,846 | 0,853 | 0,859 | 0,865 | 0,870 | 0,890 |
| | (0,815) | (0,821) | (0,831) | (0,841) | (0,849) | (0,857) | (0,864) | (0,870) | (0,875) | (0,881) | (0,885) | (0,890) | (0,907) |
| 20 | 0,710 | 0,718 | 0,732 | 0,745 | 0,757 | 0,768 | 0,778 | 0,786 | 0,794 | 0,802 | 0,809 | 0,815 | 0,842 |
| | (0,745) | (0,752) | (0,765) | (0,777) | (0,787) | (0,796) | (0,805) | (0,813) | (0,820) | (0,827) | (0,833) | (0,839) | (0,862) |
| 25 | 0,648 | 0,656 | 0,672 | 0,686 | 0,699 | 0,711 | 0,722 | 0,732 | 0,741 | 0,750 | 0,758 | 0,765 | 0,796 |
| | (0,683) | (0,691) | (0,706) | (0,719) | (0,730) | (0,741) | (0,751) | (0,760) | (0,769) | (0,776) | (0,783) | (0,790) | (0,819) |
| 30 | 0,594 | 0,603 | 0,619 | 0,634 | 0,648 | 0,660 | 0,672 | 0,683 | 0,693 | 0,702 | 0,711 | 0,719 | 0,754 |
| | (0,630) | (0,638) | (0,653) | (0,667) | (0,680) | (0,691) | (0,702) | (0,712) | (0,721) | (0,730) | (0,738) | (0,745) | (0,777) |
| 40 | 0,509 | 0,518 | 0,534 | 0,549 | 0,563 | 0,576 | 0,589 | 0,600 | 0,611 | 0,621 | 0,630 | 0,639 | 0,678 |
| | (0,543) | (0,552) | (0,567) | (0,582) | (0,595) | (0,607) | (0,619) | (0,629) | (0,640) | (0,649) | (0,658) | (0,667) | (0,703) |
| 50 | 0,444 | 0,453 | 0,469 | 0,483 | 0,497 | 0,510 | 0,522 | 0,534 | 0,545 | 0,555 | 0,565 | 0,574 | 0,615 |
| | (0,476) | (0,485) | (0,500) | (0,514) | (0,528) | (0,540) | (0,552) | (0,563) | (0,573) | (0,583) | (0,592) | (0,601) | (0,640) |
| 100 | 0,270 | 0,276 | 0,289 | 0,300 | 0,311 | 0,322 | 0,332 | 0,342 | 0,351 | 0,360 | 0,368 | 0,377 | 0,414 |
| | (0,293) | (0,299) | (0,311) | (0,323) | (0,334) | (0,344 | (0,354) | (0,364) | (0,373) | (0,382) | (0,390) | (0,398) | (0,436) |
| 500 | 0,065 | 0,067 | 0,070 | 0,074 | 0,077 | 0,081 | 0,084 | 0,087 | 0,090 | 0,093 | 0,096 | 0,099 | 0,113 |
| | (0,071) | (0,073) | (0,077) | (0,080) | (0,084) | (0,087) | (0,090) | (0,094) | (0,097) | (0,100) | (0,103) | (0,106) | (0,120) |
| 1000 | 0,033 | 0,034 | 0,036 | 0,038 | 0,040 | 0,042 | 0,043 | 0,045 | 0,047 | 0,048 | 0,050 | 0,052 | 0,059 |
| | (0,037) | (0,038) | (0,040) | (0,042) | (0,043) | (0,045) | (0,047) | (0,049) | (0,050) | (0,052) | (0,053) | (0,055) | (0,063) |

continua...

continuação...

**Tabela 14.** Valores críticos da maior raiz característica (θ); aos níveis de 5% e de 1% de probabilidade (os de 1%, entre parênteses).

| n | s = 17 | | | | | m | | | | | | | |
|---|---|---|---|---|---|---|---|---|---|---|---|---|---|
| | **–0,5** | **0** | **1** | **2** | **3** | **4** | **5** | **6** | **7** | **8** | **9** | **10** | **15** |
| 1 | 0,996<br>(0,998) | 0,996<br>(0,998) | 0,997<br>(0,999) | 0,997<br>(0,999) | 0,997<br>(0,999) | 0,998<br>(0,999) | 0,998<br>(0,999) | 0,998<br>(0,999) | 0,998<br>(0,999) | 0,998<br>(0,999) | 0,998<br>(0,999) | 0,998<br>(0,999) | 0,999<br>(0,999) |
| 3 | 0,979<br>(0,987) | 0,980<br>(0,988) | 0,982<br>(0,989) | 0,983<br>(0,990) | 0,985<br>(0,990) | 0,986<br>(0,991) | 0,987<br>(0,992) | 0,987<br>(0,992) | 0,988<br>(0,993) | 0,989<br>(0,993) | 0,989<br>(0,993) | 0,990<br>(0,994) | 0,992<br>(0,995) |
| 5 | 0,953<br>(0,967) | 0,955<br>(0,969) | 0,959<br>(0,971) | 0,962<br>(0,973) | 0,965<br>(0,975) | 0,967<br>(0,977) | 0,969<br>(0,978) | 0,971<br>(0,979) | 0,972<br>(0,980) | 0,974<br>(0,981) | 0,975<br>(0,982) | 0,976<br>(0,983) | 0,981<br>(0,986) |
| 10 | 0,875<br>(0,899) | 0,879<br>(0,903) | 0,887<br>(0,909) | 0,894<br>(0,915) | 0,900<br>(0,920) | 0,906<br>(0,925) | 0,911<br>(0,928) | 0,915<br>(0,932) | 0,919<br>(0,935) | 0,923<br>(0,938) | 0,926<br>(0,941) | 0,929<br>(0,943) | 0,941<br>(0,953) |
| 15 | 0,796<br>(0,826) | 0,802<br>(0,832) | 0,813<br>(0,842) | 0,824<br>(0,850) | 0,833<br>(0,858) | 0,841<br>(0,865) | 0,848<br>(0,871) | 0,855<br>(0,877) | 0,861<br>(0,882) | 0,866<br>(0,887) | 0,872<br>(0,891) | 0,876<br>(0,895) | 0,896<br>(0,912) |
| 20 | 0,726<br>(0,759) | 0,733<br>(0,765) | 0,746<br>(0,777) | 0,759<br>(0,788) | 0,769<br>(0,798) | 0,779<br>(0,807) | 0,788<br>(0,815) | 0,797<br>(0,822) | 0,804<br>(0,829) | 0,811<br>(0,835) | 0,818<br>(0,841) | 0,824<br>(0,846) | 0,849<br>(0,868) |
| 25 | 0,665<br>(0,699) | 0,672<br>(0,706) | 0,687<br>(0,719) | 0,700<br>(0,732) | 0,712<br>(0,743) | 0,724<br>(0,753) | 0,734<br>(0,762) | 0,743<br>(0,771) | 0,752<br>(0,778) | 0,760<br>(0,786) | 0,768<br>(0,793) | 0,775<br>(0,799) | 0,804<br>(0,826) |
| 30 | 0,612<br>(0,646) | 0,620<br>(0,654) | 0,635<br>(0,668) | 0,649<br>(0,681) | 0,662<br>(0,693) | 0,674<br>(0,704) | 0,685<br>(0,714) | 0,695<br>(0,723) | 0,705<br>(0,732) | 0,713<br>(0,740) | 0,722<br>(0,748) | 0,729<br>(0,755) | 0,762<br>(0,785) |
| 40 | 0,526<br>(0,560) | 0,535<br>(0,568) | 0,550<br>(0,583) | 0,565<br>(0,596) | 0,578<br>(0,609) | 0,591<br>(0,621) | 0,602<br>(0,632) | 0,613<br>(0,642) | 0,623<br>(0,652) | 0,633<br>(0,661) | 0,642<br>(0,669) | 0,651<br>(0,677) | 0,688<br>(0,712) |
| 50 | 0,461<br>(0,493) | 0,469<br>(0,500) | 0,484<br>(0,515) | 0,499<br>(0,529) | 0,512<br>(0,542) | 0,524<br>(0,553) | 0,536<br>(0,565) | 0,347<br>(0,575) | 0,558<br>(0,585) | 0,568<br>(0,595) | 0,577<br>(0,604) | 0,586<br>(0,612) | 0,625<br>(0,650) |
| 100 | 0,283<br>(0,306) | 0,289<br>(0,312) | 0,301<br>(0,323) | 0,312<br>(0,335) | 0,323<br>(0,345) | 0,333<br>(0,356) | 0,343<br>(0,365) | 0,353<br>(0,375) | 0,362<br>(0,384) | 0,370<br>(0,392) | 0,379<br>(0,401) | 0,387<br>(0,409) | 0,424<br>(0,445) |
| 500 | 0,069<br>(0,075) | 0,070<br>(0,077) | 0,074<br>(0,081) | 0,077<br>(0,084) | 0,081<br>(0,087) | 0,084<br>(0,091) | 0,087<br>(0,094) | 0,091<br>(0,097) | 0,094<br>(0,101) | 0,097<br>(0,104) | 0,100<br>(0,107) | 0,103<br>(0,110) | 0,116<br>(0,124) |
| 1000 | 0,035<br>(0,039) | 0,036<br>(0,040) | 0,038<br>(0,042) | 0,040<br>(0,043) | 0,042<br>(0,045) | 0,043<br>(0,049) | 0,045<br>(0,049) | 0,047<br>(0,051) | 0,049<br>(0,052) | 0,050<br>(0,054) | 0,052<br>(0,055) | 0,053<br>(0,057) | 0,061<br>(0,065) |

continua...

continuação...

**Tabela 14.** Valores críticos da maior raiz característica (θ); aos níveis de 5% e de 1% de probabilidade (os de 1%, entre parênteses).

| | s = 18 | | | | | m | | | | | | | |
|---|---|---|---|---|---|---|---|---|---|---|---|---|---|
| **n** | **–0,5** | **0** | **1** | **2** | **3** | **4** | **5** | **6** | **7** | **8** | **9** | **10** | **15** |
| 1 | 0,997 (0,999) | 0,997 (0,999) | 0,997 (0,999) | 0,997 (0,999) | 0,998 (0,999) | 0,998 (0,999) | 0,998 (0,999) | 0,998 (0,999) | 0,998 (0,999) | 0,998 (0,999) | 0,998 (0,999) | 0,998 (0,999) | 0,999 (0,999) |
| 3 | 0,981 (0,988) | 0,982 (0,989) | 0,983 (0,990) | 0,985 (0,991) | 0,986 (0,991) | 0,987 (0,992) | 0,988 (0,992) | 0,988 (0,993) | 0,989 (0,993) | 0,990 (0,994) | 0,990 (0,994) | 0,991 (0,994) | 0,992 (0,995) |
| 5 | 0,957 (0,970) | 0,959 (0,971) | 0,962 (0,973) | 0,965 (0,975) | 0,967 (0,977) | 0,969 (0,979) | 0,971 (0,980) | 0,973 (0,981) | 0,974 (0,982) | 0,976 (0,983) | 0,977 (0,984) | 0,978 (0,984) | 0,982 (0,987) |
| 10 | 0,883 (0,906) | 0,887 (0,909) | 0,895 (0,916) | 0,901 (0,921) | 0,907 (0,925) | 0,912 (0,929) | 0,916 (0,933) | 0,920 (0,936) | 0,924 (0,939) | 0,927 (0,942) | 0,930 (0,944) | 0,933 (0,947) | 0,945 (0,956) |
| 15 | 0,808 (0,837) | 0,814 (0,842) | 0,824 (0,851) | 0,834 (0,859) | 0,842 (0,866) | 0,849 (0,872) | 0,856 (0,878) | 0,862 (0,883) | 0,868 (0,888) | 0,873 (0,893) | 0,878 (0,897) | 0,882 (0,901) | 0,900 (0,916) |
| 20 | 0,740 (0,772) | 0,747 (0,778) | 0,759 (0,789) | 0,771 (0,799) | 0,781 (0,808) | 0,790 (0,816) | 0,798 (0,823) | 0,806 (0,830) | 0,813 (0,837) | 0,820 (0,843) | 0,826 (0,848) | 0,832 (0,853) | 0,855 (0,874) |
| 25 | 0,680 (0,713) | 0,688 (0,720) | 0,701 (0,732) | 0,714 (0,744) | 0,725 (0,754) | 0,736 (0,763) | 0,745 (0,772) | 0,754 (0,780) | 0,762 (0,788) | 0,770 (0,795) | 0,777 (0,801) | 0,784 (0,807) | 0,812 (0,833) |
| 30 | 0,628 (0,661) | 0,636 (0,669) | 0,650 (0,682) | 0,663 (0,694) | 0,676 (0,705) | 0,687 (0,716) | 0,697 (0,725) | 0,707 (0,734) | 0,716 (0,742) | 0,724 (0,750) | 0,732 (0,757) | 0,740 (0,764) | 0,771 (0,793) |
| 40 | 0,543 (0,575) | 0,551 (0,583) | 0,566 (0,597) | 0,579 (0,610) | 0,592 (0,622) | 0,604 (0,633) | 0,615 (0,644) | 0,625 (0,654) | 0,635 (0,663) | 0,645 (0,671) | 0,654 (0,680) | 0,662 (0,688) | 0,698 (0,721) |
| 50 | 0,477 (0,508) | 0,485 (0,516) | 0,500 (0,530) | 0,513 (0,543) | 0,526 (0,555) | 0,538 (0,566) | 0,549 (0,577) | 0,560 (0,587) | 0,570 (0,597) | 0,579 (0,606) | 0,589 (0,615) | 0,597 (0,623) | 0,635 (0,659) |
| 100 | 0,295 (0,318) | 0,301 (0,324) | 0,313 (0,335) | 0,324 (0,346) | 0,334 (0,357) | 0,344 (0,367) | 0,354 (0,376) | 0,364 (0,385) | 0,372 (0,294) | 0,381 (0,403) | 0,389 (0,411) | 0,397 (0,419) | 0,434 (0,455) |
| 500 | 0,072 (0,079) | 0,074 (0,081) | 0,078 (0,084) | 0,081 (0,088) | 0,084 (0,091) | 0,088 (0,094) | 0,091 (0,098) | 0,094 (0,101) | 0,097 (0,104) | 0,100 (0,107) | 0,103 (0,110) | 0,106 (0,113) | 0,120 (0,127) |
| 1000 | 0,037 (0,041) | 0,038 (0,042) | 0,040 (0,043) | 0,042 (0,045) | 0,044 (0,047) | 0,045 (0,049) | 0,047 (0,051) | 0,049 (0,052) | 0,051 (0,054) | 0,052 (0,056) | 0,054 (0,058) | 0,055 (0,059) | 0,063 (0,067) |

continua...

continuação...

**Tabela 14.** Valores críticos da maior raiz característica (θ); aos níveis de 5% e de 1% de probabilidade (os de 1%, entre parênteses).

| n | s = 19 | m | | | | | | | | | | | |
|---|---|---|---|---|---|---|---|---|---|---|---|---|---|
| | –0,5 | 0 | 1 | 2 | 3 | 4 | 5 | 6 | 7 | 8 | 9 | 10 | 15 |
| 1 | 0,997<br>(0,999) | 0,997<br>(0,999) | 0,997<br>(0,999) | 0,998<br>(0,999) | 0,998<br>(0,999) | 0,998<br>(0,999) | 0,998<br>(0,999) | 0,998<br>(0,999) | 0,998<br>(0,999) | 0,998<br>(0,999) | 0,998<br>(0,999) | 0,999<br>(0,999) | 0,999<br>(0,999) |
| 3 | 0,983<br>(0,989) | 0,984<br>(0,990) | 0,985<br>(0,991) | 0,986<br>(0,991) | 0,987<br>(0,992) | 0,988<br>(0,992) | 0,989<br>(0,993) | 0,989<br>(0,993) | 0,990<br>(0,994) | 0,990<br>(0,994) | 0,991<br>(0,994) | 0,991<br>(0,995) | 0,993<br>(0,996) |
| 5 | 0,961<br>(0,972) | 0,962<br>(0,974) | 0,965<br>(0,976) | 0,968<br>(0,977) | 0,970<br>(0,979) | 0,971<br>(0,980) | 0,973<br>(0,981) | 0,975<br>(0,982) | 0,976<br>(0,983) | 0,977<br>(0,934) | 0,978<br>(0,985) | 0,979<br>(0,985) | 0,983<br>(0,988) |
| 10 | 0,891<br>(0,913) | 0,895<br>(0,916) | 0,902<br>(0,921) | 0,907<br>(0,926) | 0,913<br>(0,930) | 0,917<br>(0,934) | 0,921<br>(0,937) | 0,925<br>(0,940) | 0,928<br>(0,943) | 0,931<br>(0,945) | 0,934<br>(0,948) | 0,937<br>(0,949) | 0,947<br>(0,958) |
| 15 | 0,820<br>(0,847) | 0,825<br>(0,851) | 0,834<br>(0,859) | 0,843<br>(0,867) | 0,851<br>(0,873) | 0,857<br>(0,879) | 0,864<br>(0,885) | 0,869<br>(0,889) | 0,875<br>(0,894) | 0,879<br>(0,898) | 0,884<br>(0,902) | 0,888<br>(0,905) | 0,905<br>(0,920) |
| 20 | 0,753<br>(0,784) | 0,760<br>(0,789) | 0,771<br>(0,800) | 0,782<br>(0,809) | 0,791<br>(0,817) | 0,800<br>(0,825) | 0,808<br>(0,832) | 0,815<br>(0,838) | 0,822<br>(0,844) | 0,828<br>(0,850) | 0,833<br>(0,855) | 0,839<br>(0,859) | 0,861<br>(0,879) |
| 25 | 0,695<br>(0,727) | 0,702<br>(0,733) | 0,715<br>(0,744) | 0,726<br>(0,755) | 0,737<br>(0,765) | 0,747<br>(0,774) | 0,756<br>(0,782) | 0,764<br>(0,789) | 0,772<br>(0,796) | 0,779<br>(0,803) | 0,786<br>(0,809) | 0,792<br>(0,815) | 0,819<br>(0,839) |
| 30 | 0,644<br>(0,676) | 0,651<br>(0,682) | 0,664<br>(0,695) | 0,677<br>(0,706) | 0,688<br>(0,717) | 0,699<br>(0,727) | 0,708<br>(0,736) | 0,718<br>(0,744) | 0,726<br>(0,752) | 0,734<br>(0,759) | 0,742<br>(0,766) | 0,749<br>(0,773) | 0,779<br>(0,800) |
| 40 | 0,559<br>(0,590) | 0,566<br>(0,597) | 0,580<br>(0,611) | 0,593<br>(0,623) | 0,605<br>(0,635) | 0,617<br>(0,645) | 0,627<br>(0,655) | 0,637<br>(0,665) | 0,647<br>(0,674) | 0,656<br>(0,682) | 0,664<br>(0,690) | 0,672<br>(0,697) | 0,707<br>(0,729) |
| 50 | 0,493<br>(0,523) | 0,500<br>(0,530) | 0,514<br>(0,543) | 0,527<br>(0,556) | 0,539<br>(0,568) | 0,551<br>(0,579) | 0,562<br>(0,589) | 0,572<br>(0,599) | 0,582<br>(0,608) | 0,591<br>(0,617) | 0,600<br>(0,625) | 0,608<br>(0,633) | 0,645<br>(0,668) |
| 100 | 0,307<br>(0,330) | 0,313<br>(0,336) | 0,324<br>(0,347) | 0,335<br>(0,358) | 0,346<br>(0,368) | 0,355<br>(0,377) | 0,365<br>(0,387) | 0,374<br>(0,396) | 0,383<br>(0,404) | 0,391<br>(0,413) | 0,399<br>(0,421) | 0,407<br>(0,428) | 0,443<br>(0,464) |
| 500 | 0,076<br>(0,083) | 0,078<br>(0,084) | 0,081<br>(0,088) | 0,085<br>(0,092) | 0,088<br>(0,095) | 0,091<br>(0,098) | 0,094<br>(0,102) | 0,098<br>(0,105) | 0,101<br>(0,108) | 0,104<br>(0,111) | 0,107<br>(0,114) | 0,110<br>(0,117) | 0,124<br>(0,131) |
| 1000 | 0,039<br>(0,042) | 0,040<br>(0,043) | 0,042<br>(0,045) | 0,044<br>(0,047) | 0,046<br>(0,049) | 0,047<br>(0,051) | 0,049<br>(0,053) | 0,051<br>(0,054) | 0,052<br>(0,056) | 0,054<br>(0,058) | 0,056<br>(0,060) | 0,057<br>(0,061) | 0,065<br>(0,069) |

continua...

continuação...

**Tabela 14.** Valores críticos da maior raiz característica (θ); aos níveis de 5% e de 1% de probabilidade (os de 1%, entre parênteses).

| | s = 20 | | | | | m | | | | | | | |
|---|---|---|---|---|---|---|---|---|---|---|---|---|---|
| **n** | **–0,5** | **0** | **1** | **2** | **3** | **4** | **5** | **6** | **7** | **8** | **9** | **10** | **15** |
| 1 | 0,997 | 0,997 | 0,998 | 0,998 | 0,998 | 0,998 | 0,998 | 0,998 | 0,998 | 0,998 | 0,999 | 0,999 | 0,999 |
| | (0,999) | (0,999) | (0,999) | (0,999) | (0,999) | (0,999) | (0,999) | (0,999) | (0,999) | (0,999) | (0,999) | (0,999) | (1,000) |
| 3 | 0,984 | 0,985 | 0,986 | 0,987 | 0,988 | 0,989 | 0,989 | 0,990 | 0,990 | 0,991 | 0,991 | 0,992 | 0,993 |
| | (0,990) | (0,991) | (0,991) | (0,992) | (0,993) | (0,993) | (0,993) | (0,994) | (0,994) | (0,994) | (0,995) | (0,995) | (0,996) |
| 5 | 0,964 | 0,965 | 0,968 | 0,970 | 0,972 | 0,974 | 0,975 | 0,976 | 0,977 | 0,979 | 0,979 | 0,980 | 0,984 |
| | (0,975) | (0,976) | (0,977) | (0,979) | (0,980) | (0,981) | (0,982) | (0,983) | (0,984) | (0,985) | (0,985) | (0,986) | (0,989) |
| 10 | 0,899 | 0,902 | 0,908 | 0,913 | 0,918 | 0,922 | 0,926 | 0,929 | 0,932 | 0,935 | 0,938 | 0,940 | 0,948 |
| | (0,918) | (0,921) | (0,926) | (0,930) | (0,934) | (0,938) | (0,941) | (0,943) | (0,946) | (0,948) | (0,950) | (0,952) | (0,960) |
| 15 | 0,830 | 0,835 | 0,844 | 0,851 | 0,858 | 0,865 | 0,871 | 0,876 | 0,881 | 0,885 | 0,889 | 0,893 | 0,909 |
| | (0,855) | (0,860) | (0,867) | (0,874) | (0,880) | (0,885) | (0,890) | (0,895) | (0,899) | (0,903) | (0,906) | (0,910) | (0,923) |
| 20 | 0,766 | 0,772 | 0,782 | 0,792 | 0,801 | 0,809 | 0,816 | 0,823 | 0,829 | 0,835 | 0,841 | 0,846 | 0,867 |
| | (0,795) | (0,800) | (0,809) | (0,818) | (0,826) | (0,833) | (0,839) | (0,845) | (0,851) | (0,856) | (0,861) | (0,865) | (0,884) |
| 25 | 0,708 | 0,715 | 0,727 | 0,738 | 0,748 | 0,757 | 0,766 | 0,773 | 0,781 | 0,788 | 0,794 | 0,800 | 0,326 |
| | (0,739) | (0,745) | (0,756) | (0,766) | (0,775) | (0,783) | (0,791) | (0,798) | (0,804) | (0,811) | (0,817) | (0,822) | (0,329) |
| 30 | 0,658 | 0,665 | 0,677 | 0,689 | 0,700 | 0,710 | 0,719 | 0,728 | 0,736 | 0,744 | 0,751 | 0,758 | 0,305 |
| | (0,689) | (0,695) | (0,707) | (0,718) | (0,728) | (0,737) | (0,746) | (0,753) | (0,761) | (0,768) | (0,774) | (0,781) | (0,807) |
| 40 | 0,573 | 0,581 | 0,594 | 0,606 | 0,618 | 0,629 | 0,639 | 0,649 | 0,658 | 0,666 | 0,674 | 0,682 | 0,715 |
| | (0,604) | (0,611) | (0,624) | (0,635) | (0,646) | (0,657) | (0,666) | (0,675) | (0,684) | (0,692) | (0,699) | (0,706) | (0,737) |
| 50 | 0,507 | 0,514 | 0,528 | 0,540 | 0,552 | 0,563 | 0,573 | 0,583 | 0,593 | 0,602 | 0,610 | 0,618 | 0,654 |
| | (0,537) | (0,544) | (0,557) | (0,569) | (0,580) | (0,590) | (0,600) | (0,610) | (0,619) | (0,627) | (0,635) | (0,643) | (0,677) |
| 100 | 0,319 | 0,325 | 0,336 | 0,346 | 0,356 | 0,366 | 0,375 | 0,384 | 0,393 | 0,401 | 0,409 | 0,417 | 0,452 |
| | (0,342) | (0,347) | (0,358) | (0,369) | (0,378) | (0,388) | (0,397) | (0,406) | (0,414) | (0,422) | (0,430) | (0,438) | (0,472) |
| 500 | 0,080 | 0,081 | 0,085 | 0,088 | 0,092 | 0,095 | 0,098 | 0,101 | 0,104 | 0,107 | 0,110 | 0,113 | 0,127 |
| | (0,086) | (0,088) | (0,092) | (0,095) | (0,099) | (0,102) | (0,105) | (0,108) | (0,111) | (0,115) | (0,117) | (0,120) | (0,135) |
| 1000 | 0,041 | 0,042 | 0,044 | 0,046 | 0,048 | 0,049 | 0,051 | 0,053 | 0,054 | 0,056 | 0,058 | 0,059 | 0,067 |
| | (0,044) | (0,046) | (0,047) | (0,049) | (0,051) | (0,053) | (0,55) | (0,056) | (0,058) | (0,060) | (0,062) | (0,063) | (0,071) |

Esta tabela foi adaptada a partir de dados de Harris (*A primer of multivariate statistics*. Nova York: Academic Press, 1975).

**Tabela 15.** Valores críticos para aplicação do teste do sinal: P (n ≤ B).
B é o número de sinais, considerado sempre o menor dos dois. N é o número de blocos.

| B | N = 4 | N = 5 | N = 6 | N = 7 | N = 8 |
|---|---|---|---|---|---|
| 0 | 0,0625 | 0,0312 | 0,0156 | 0,0078 | 0,0039 |
| 1 | 0,3125 | 0,1875 | 0,1094 | 0,0625 | 0,0352 |
| 2 | 0,6875 | 0,5000 | 0,3438 | 0,2266 | 0,1445 |
| 3 | | | | 0,5000 | 0,3633 |

| B | N = 9 | N = 10 | N = 11 | N = 12 | N = 13 | N = 14 |
|---|---|---|---|---|---|---|
| 0 | 0,0020 | 0,0010 | 0,0005 | 0,0002 | 0,0001 | 0,0000 |
| 1 | 0,0195 | 0,0107 | 0,0059 | 0,0032 | 0,0017 | 0,0009 |
| 2 | 0,0898 | 0,0547 | 0,0327 | 0,0193 | 0,0112 | 0,0065 |
| 3 | 0,2539 | 0,1719 | 0,1133 | 0,0730 | 0,0461 | 0,0287 |
| 4 | | 0,3770 | 0,2744 | 0,1938 | 0,1334 | 0,0898 |
| 5 | | | 0,5000 | 0,3872 | 0,2905 | 0,2120 |

| B | N = 15 | N = 16 | N = 17 | N = 18 | N = 19 | N = 20 |
|---|---|---|---|---|---|---|
| 0 | 0,0000 | 0,0000 | 0,0000 | 0,0000 | 0,0000 | 0,0000 |
| 1 | 0,0005 | 0,0003 | 0,0001 | 0,0001 | 0,0000 | 0,0000 |
| 2 | 0,0037 | 0,0021 | 0,0012 | 0,0007 | 0,0004 | 0,0002 |
| 3 | 0,0176 | 0,0106 | 0,0064 | 0,0038 | 0,0022 | 0,0013 |
| 4 | 0,0592 | 0,0384 | 0,0245 | 0,0154 | 0,0096 | 0,0059 |
| 5 | 0,1509 | 0,1051 | 0,0717 | 0,0481 | 0,0318 | 0,0207 |
| 6 | 0,3036 | 0,2272 | 0,1662 | 0,1189 | 0,0835 | 0,0577 |
| 7 | | 0,4016 | 0,3145 | 0,2403 | 0,1796 | 0,1316 |
| 8 | | | | | 0,3238 | 0,2517 |

**Tabela 16.** Intervalos de confiança para **p** (em porcentagem), na distribuição binomial, ao nível de 5% de probabilidade.

| B | N = 5 | N = 6 | N = 7 |
|---|---|---|---|
| 0 | (0,0%; 52,2%) | (0,0%; 45,9%) | (0,0%; 41,0%) |
| 1 | (0,5%; 71,6%) | (0,4%; 64,1%) | (0,4%; 57,8%) |
| 2 | (5,3%; 85,3%) | (4,3%; 77,7%) | (3,7%; 71,0%) |
| 3 | (14,7%; 94,7%) | (11,8%; 88,2%) | (9,9%; 81,6%) |
| 4 | | | (18,4%; 90,1%) |

| B | N = 8 | N = 9 | N = 10 |
|---|---|---|---|
| 0 | (0,0%; 36,9%) | (0,0%; 33,6%) | (0,0%; 30,8%) |
| 1 | (0,3%; 52,7%) | (0,3%; 48,2%) | (0,2%; 44,5%) |
| 2 | (3,2%; 65,1%) | (2,8%; 60,0%) | (2,5%; 55,6%) |
| 3 | (8,5%; 75,5%) | (7,5%; 70,1%) | (6,9%; 65,2%) |
| 4 | (15,7%; 84,3%) | (13,7%; 78,8%) | (12,2%; 73,8%) |
| 5 | | (21,2%; 86,3%) | (18,7%; 81,3%) |
| 6 | | | |

| B | N = 11 | N = 12 | N = 13 |
|---|---|---|---|
| 0 | (0,0%; 28,5%) | (0,0%; 26,5%) | (0,0%; 24,7%) |
| 1 | (0,2%; 41,3%) | (0,2%; 38,5%) | (0,2%; 36,0%) |
| 2 | (2,3%; 51,8%) | (2,1%; 48,4%) | (1,9%; 45,5%) |
| 3 | (6,0%; 61,0%) | (5,5%; 57,2%) | (5,0%; 53,8%) |
| 4 | (10,9%; 68,2%) | (9,9%; 65,1%) | (9,1%; 61,4%) |
| 5 | (16,8%; 76,6%) | (15,2%; 72,3%) | (13,9%; 68,4%) |
| 6 | (23,4%; 83,2%) | (21,1%; 78,9%) | (19,2%; 74,9%) |
| 7 | | | (25,1%; 80,8%) |
| 8 | | | |

continua...

Continuação...

**Tabela 16.** Intervalos de confiança para **p** (em porcentagem), na distribuição binomial, ao nível de 5% de probabilidade.

| B | N = 14 | N = 15 | N = 16 |
|---|---|---|---|
| 0 | (0,0%; 23,2%) | (0,0%; 21,8%) | (0,0%; 20,6%) |
| 1 | (0,2%; 33,9%) | (0,2%; 32,0%) | (0,2%; 30,2%) |
| 2 | (1,8%; 42,8%) | (1,7%; 40,5%) | (1,6%; 38,4%) |
| 3 | (4,7%; 50,8%) | (4,3%; 48,1%) | (4,0%; 45,6%) |
| 4 | (8,4%; 58,1%) | (7,8%; 55,1%) | (7,3%; 52,4%) |
| 5 | (12,8%; 64,9%) | (11,8%; 61,6%) | (11,0%; 58,7%) |
| 6 | (17,7%; 71,1%) | (16,3%; 67,7%) | (15,2%; 64,6%) |
| 7 | (23,0%; 77,0%) | (21,3%; 73,4%) | (19,8%; 70,1%) |
| 8 | | (26,6%; 78,7%) | (24,7%; 75,3%) |

| B | N = 17 | N = 18 |
|---|---|---|
| 0 | (0,0%; 19,5%) | (0,0%; 18,6%) |
| 1 | (0,2%; 28,7%) | (0,1%; 27,4%) |
| 2 | (1,5%; 36,4%) | (1,4%; 34,8%) |
| 3 | (3,8%; 43,4%) | (3,6%; 41,4%) |
| 4 | (6,8%; 49,9%) | (6,4%; 47,6%) |
| 5 | (10,3%; 56,0%) | (9,7%; 53,5%) |
| 6 | (14,2%; 61,7%) | (13,3%; 59,0%) |
| 7 | (18,4%; 67,1%) | (17,3%; 64,2%) |
| 8 | (23,0%; 72,2%) | (21,5%; 69,2%) |
| 9 | (27,8%; 77,0%) | (26,0%; 74,0%) |

| B | N = 19 | N = 20 |
|---|---|---|
| 0 | (0,0%; 17,7%) | (0,0%; 16,8%) |
| 1 | (0,1%; 26,1%) | (0,1%; 24,9%) |
| 2 | (1,3%; 33,2%) | (1,2%; 31,8%) |
| 3 | (3,4%; 39,6%) | (3,2%; 38,0%) |
| 4 | (6,0%; 45,6%) | (5,7%; 43,5%) |
| 5 | (9,2% 51,2%) | (8,7%; 49,1%) |
| 6 | (12,6%; 56,5%) | (11,9%; 54,3%) |
| 7 | (16,3%; 61,6%) | (15,4%; 59,2%) |
| 8 | (20,2%; 66,5%) | (19,1%; 63,9%) |
| 9 | (24,4%; 71,1%) | (23,1%; 68,5%) |
| 10 | (28,9%; 75,6%) | (27,2%; 72,8%) |

Esta tabela foi adaptada a partir de dados de Campos (*Estatística experimental não paramétrica*. 4. ed., Piracicaba).

**Tabela 17.** Limites da distribuição de H no teste de Kruskal-Wallis, com k = 3 tratamentos, $n_1 \leqslant n_2 \leqslant n_3 \leqslant 6$, onde $P(H \geqslant h) = \alpha$.

| $n_1$ | $n_2$ | $n_3$ | h | $\alpha$ | $n_1$ | $n_2$ | $n_3$ | h | $\alpha$ |
|---|---|---|---|---|---|---|---|---|---|
| 3 | 3 | 3 | 4,622 | 0,100 | 3 | 3 | 4 | 4,700 | 0,101 |
| | | | 5,600 | 0,050 | | | | 4,709 | 0,092 |
| | | | 5,956 | 0,025 | | | | 5,727 | 0,050 |
| | | | 6,489 | 0,011 | | | | 6,154 | 0,025 |
| | | | 7,200 | 0,004 | | | | 6,746 | 0,010 |
| 3 | 3 | 5 | 4,412 | 0,109 | 3 | 3 | 6 | 5,551 | 0,051 |
| | | | 4,533 | 0,097 | | | | 5,615 | 0,050 |
| | | | 5,515 | 0,051 | | | | 6,385 | 0,025 |
| | | | 5,648 | 0,049 | | | | 6,436 | 0,022 |
| | | | 6,303 | 0,026 | | | | 7,192 | 0,010 |
| | | | 6,376 | 0,020 | | | | | |
| | | | 6,982 | 0,011 | | | | | |
| | | | 7,079 | 0,009 | | | | | |
| 3 | 4 | 4 | 4,477 | 0,102 | 3 | 4 | 5 | 4,523 | 0,103 |
| | | | 4,546 | 0,099 | | | | 4,549 | 0,099 |
| | | | 5,576 | 0,051 | | | | 4,939 | 0,075 |
| | | | 5,598 | 0,049 | | | | 5,631 | 0,050 |
| | | | 6,394 | 0,025 | | | | 6,410 | 0,025 |
| | | | 6,659 | 0,020 | | | | 6,676 | 0,020 |
| | | | 7,144 | 0,010 | | | | 7,445 | 0,010 |
| 3 | 4 | 6 | 5,604 | 0,050 | 3 | 5 | 5 | 4,545 | 0,100 |
| | | | 5,610 | 0,049 | | | | 4,993 | 0,075 |
| | | | 6,500 | 0,025 | | | | 5,626 | 0,051 |
| | | | 6,538 | 0,025 | | | | 5,706 | 0,046 |
| | | | 7,467 | 0,010 | | | | 6,488 | 0,025 |
| | | | 7,500 | 0,010 | | | | 6,752 | 0,021 |
| | | | | | | | | 6,866 | 0,019 |
| | | | | | | | | 7,542 | 0,010 |
| 3 | 5 | 6 | 5,554 | 0,052 | 3 | 6 | 6 | 5,600 | 0,052 |
| | | | 5,600 | 0,050 | | | | 5,625 | 0,050 |
| | | | 6,621 | 0,026 | | | | 5,683 | 0,025 |
| | | | 6,667 | 0,024 | | | | 6,725 | 0,025 |
| | | | 7,560 | 0,010 | | | | 7,683 | 0,010 |
| | | | 7,590 | 0,010 | | | | 7,725 | 0,010 |

continua...

Continuação...

**Tabela 17.** Limites da distribuição de H no teste de Kruskal-Wallis, com k = 3 tratamentos, $n_1 \leqslant n_2 \leqslant n_3 \leqslant 6$, onde $P(H \geqslant h) = \alpha$.

| $n_1$ | $n_2$ | $n_3$ | h | α | $n_1$ | $n_2$ | $n_3$ | h | α |
|---|---|---|---|---|---|---|---|---|---|
| 4 | 4 | 4 | 4,500 | 0,104 | 4 | 4 | 5 | 4,619 | 0,100 |
| | | | 4,654 | 0,097 | | | | 5,014 | 0,076 |
| | | | 5,115 | 0,074 | | | | 5,024 | 0,074 |
| | | | 5,654 | 0,055 | | | | 5,618 | 0,050 |
| | | | 5,692 | 0,049 | | | | 6,597 | 0,026 |
| | | | 6,577 | 0,026 | | | | 6,676 | 0,024 |
| | | | 6,731 | 0,021 | | | | 6,943 | 0,020 |
| | | | 7,538 | 0,011 | | | | 7,744 | 0,011 |
| | | | 7,731 | 0,007 | | | | 7,760 | 0,009 |
| 4 | 4 | 6 | 5,667 | 0,050 | 4 | 5 | 5 | 4,520 | 0,101 |
| | | | 5,681 | 0,049 | | | | 4,523 | 0,099 |
| | | | 6,595 | 0,026 | | | | 5,023 | 0,075 |
| | | | 6,667 | 0,025 | | | | 5,643 | 0,050 |
| | | | 7,724 | 0,010 | | | | 6,671 | 0,025 |
| | | | 7,795 | 0,010 | | | | 6,943 | 0,020 |
| | | | | | | | | 7,766 | 0,010 |
| 4 | 5 | 6 | 5,656 | 0,051 | 4 | 6 | 6 | 5,721 | 0,050 |
| | | | 5,661 | 0,051 | | | | 5,724 | 0,050 |
| | | | 6,736 | 0,025 | | | | 6,783 | 0,025 |
| | | | 7,750 | 0,025 | | | | 6,812 | 0,024 |
| | | | 7,896 | 0,010 | | | | 7,989 | 0,010 |
| | | | 7,936 | 0,010 | | | | 8,000 | 0,010 |
| 5 | 5 | 5 | 4,560 | 0,100 | 5 | 5 | 6 | 5,698 | 0,050 |
| | | | 5,040 | 0,075 | | | | 5,729 | 0,050 |
| | | | 5,660 | 0,051 | | | | 6,781 | 0,025 |
| | | | 5,780 | 0,049 | | | | 6,788 | 0,025 |
| | | | 6,740 | 0,025 | | | | 8,012 | 0,010 |
| | | | 7,980 | 0,011 | | | | 8,028 | 0,010 |
| | | | 8,000 | 0,009 | | | | | |
| 5 | 6 | 6 | 5,752 | 0,050 | 6 | 6 | 6 | 5,719 | 0,050 |
| | | | 5,765 | 0,050 | | | | 5,801 | 0,049 |
| | | | 6,838 | 0,025 | | | | 6,877 | 0,026 |
| | | | 6,848 | 0,025 | | | | 6,889 | 0,025 |
| | | | 8,119 | 0,010 | | | | 8,187 | 0,010 |
| | | | 8,124 | 0,010 | | | | 8,222 | 0,010 |

Esta tabela foi adaptada a partir de dados de Campos (*Estatística experimental não paramétrica*. 4. ed. Piracicaba).

**Tabela 18.** Limites da distribuição da estatística **K** de Friedman, para **k** tratamentos e **b** blocos, onde $P(K \geqslant K_0) = \alpha$.

| **k** | **b** | $\mathbf{k_0}$ | $\alpha$ | **k** | **b** | $\mathbf{k_0}$ | $\alpha$ |
|---|---|---|---|---|---|---|---|
| 3 | 4 | 4,50 | 0,125 | 3 | 5 | 4,80 | 0,124 |
| | | 6,00 | 0,069 | | | 5,20 | 0,093 |
| | | 6,50 | 0,042 | | | 6,40 | 0,039 |
| | | | | | | 7,60 | 0,024 |
| | | 8,00 | 0,005 | | | 8,40 | 0,008 |
| 3 | 6 | 4,33 | 0,142 | 3 | 7 | 4,57 | 0,112 |
| | | 5,33 | 0,072 | | | 5,43 | 0,085 |
| | | 6,33 | 0,052 | | | 6,00 | 0,051 |
| | | 7,00 | 0,029 | | | 7,14 | 0,027 |
| | | 8,33 | 0,012 | | | 8,00 | 0,016 |
| | | 9,00 | 0,008 | | | 8,86 | 0,008 |
| 3 | 8 | 4,75 | 0,120 | 3 | 9 | 4,67 | 0,107 |
| | | 5,25 | 0,079 | | | 5,56 | 0,069 |
| | | 6,25 | 0,047 | | | 6,00 | 0,057 |
| | | 7,00 | 0,030 | | | 6,22 | 0,048 |
| | | 9,00 | 0,010 | | | 6,89 | 0,031 |
| | | | | | | 8,67 | 0,010 |
| 3 | 10 | 4,20 | 0,135 | 3 | 11 | 4,91 | 0,100 |
| | | 5,00 | 0,092 | | | 5,64 | 0,062 |
| | | 5,60 | 0,066 | | | 6,54 | 0,043 |
| | | 6,20 | 0,046 | | | 7,09 | 0,027 |
| | | 7,40 | 0,026 | | | 8,91 | 0,011 |
| | | 8,60 | 0,012 | | | 9,46 | 0,007 |
| | | 9,60 | 0,007 | | | | |
| 3 | 12 | 4,67 | 0,108 | 4 | 3 | 5,80 | 0,148 |
| | | 5,17 | 0,080 | | | 6,60 | 0,075 |
| | | 6,17 | 0,050 | | | 7,00 | 0,054 |
| | | 7,17 | 0,028 | | | 7,40 | 0,033 |
| | | 8,67 | 0,011 | | | 8,20 | 0,017 |
| | | 9,50 | 0,008 | | | 9,00 | 0,002 |

Continuação...

**Tabela 18.** Limites da distribuição da estatística **K** de Friedman, para **k** tratamentos e **b** blocos, onde $P(K \geqslant K_0) = \alpha$.

| **k** | **b** | $\mathbf{k_0}$ | $\alpha$ | **k** | **b** | $\mathbf{k_0}$ | $\alpha$ |
|---|---|---|---|---|---|---|---|
| 4 | 4 | 6,00 | 0,105 | 4 | 5 | 6,12 | 0,107 |
| | | 6,30 | 0,094 | | | 6,38 | 0,093 |
| | | 7,50 | 0,052 | | | 7,32 | 0,055 |
| | | 7,80 | 0,036 | | | 7,80 | 0,044 |
| | | 8,40 | 0,019 | | | 8,76 | 0,023 |
| | | 9,30 | 0,012 | | | 9,72 | 0,012 |
| | | 9,60 | 0,007 | | | 9,96 | 0,009 |
| 4 | 6 | 6,20 | 0,110 | 4 | 7 | 6,26 | 0,100 |
| | | 6,40 | 0,089 | | | 7,63 | 0,052 |
| | | 7,40 | 0,056 | | | 7,80 | 0,041 |
| | | 7,60 | 0,043 | | | 9,00 | 0,023 |
| | | 8,80 | 0,023 | | | 10,37 | 0,010 |
| | | 10,00 | 0,010 | | | | |
| 4 | 8 | 6,30 | 0,100 | 5 | 3 | 7,20 | 0,117 |
| | | 7,50 | 0,051 | | | 7,47 | 0,096 |
| | | 7,65 | 0,049 | | | 8,27 | 0,056 |
| | | 8,85 | 0,025 | | | 8,53 | 0,045 |
| | | 10,35 | 0,011 | | | 9,87 | 0,015 |
| | | 10,50 | 0,009 | | | 10,13 | 0,008 |
| 5 | 4 | 7,40 | 0,113 | 5 | 5 | 7,52 | 0,107 |
| | | 7,60 | 0,095 | | | 7,68 | 0,094 |
| | | 8,60 | 0,060 | | | 8,80 | 0,056 |
| | | 8,80 | 0,049 | | | 8,96 | 0,049 |
| | | 9,10 | 0,025 | | | 10,08 | 0,026 |
| | | 11,00 | 0,010 | | | 11,52 | 0,010 |

Esta tabela foi adaptada a partir de dados de Campos (*Estatística experimental não paramétrica*. 4. ed. Piracicaba).